Fragmente einer fragmentierten Welt

Transmissions

Studies on conditions, processes and dynamics of textual transmission

Edited by
Rosa Maria Piccione

Volume 11

Fragmente einer fragmentierten Welt

Zur Problematik des Umgangs mit Fragmenten in der gegenwärtigen klassisch-philologischen Forschung

Herausgegeben von
Fabia Neuerburg, Theofanis Tsiampokalos und
Piotr Wozniczka

DE GRUYTER

ISBN 978-3-11-150137-6
e-ISBN (PDF) 978-3-11-150878-8
ISSN 2625-4018

Library of Congress Control Number: 2024937155

Bibliografische Information der Deutschen Nationalbibliothek
Die Deutsche Nationalbibliothek verzeichnet diese Publikation in der Deutschen Nationalbibliografie; detaillierte bibliografische Daten sind im Internet über http://dnb.dnb.de abrufbar.

Einbandabbildung: Salone Sansovino © Biblioteca Nazionale Marciana
Satz: Integra Software Services Pvt. Ltd.
Druck und Bindung: CPI books GmbH, Leck

www.degruyter.com

Prof. Dr. Georg Wöhrle zum 70. Geburtstag

Zum Geleit

Es ist eine große Freude, dass die in diesem Band vereinigten Beiträge einer an der Universität Trier organisierten Tagung zu verdanken sind; denn hier beschäftigt man sich seit vielen Jahren intensiv mit ‚Fragmenten', sei es mit denen der sogenannten Vorsokratiker, sei es mit denen des Aristoteles oder des Diodor und natürlich in besonderem Maße mit den auf Papyri überlieferten. Aber es ist ja auch eine Binsenweisheit, dass der Umgang mit fragmentarisch überlieferten Texten zum Kern aller altertumswissenschaftlichen Arbeit gehört. Das gilt im weiteren Sinne selbst dann, wenn man sich wesentlich den mehr oder weniger vollständig erhaltenen Werken antiker Autoren zuwendet, denn natürlich stellen auch diese nur einen winzigen Bruchteil eines ursprünglichen Gesamtkorpus dar. Im vorliegenden Unternehmen aber geht es um die im eigentlichen Sinne bruchstückhafte (wesentlich sekundär erfasste) Überlieferung, Ausgangspunkt bedeutender Sammlungen vor allem (aber nicht nur) des vergangenen Jahrhunderts. Vielfach erscheint im Blick auf solche Sammlungen der rekonstruierende Umgang mit den entsprechenden Fragmenten ein wenig vergleichbar der Suche nach der „ursprünglichen Lehre" (original gospel) des Buddhismus, wie das von Edward Conze einst beschrieben wurde. Die weitere Überlieferung gleicht dabei einem großen Baum, dessen Äste und Stamm, ja schließlich Wurzeln man auf der Suche nach dem eigentlichen Kern gewissermaßen Stück für Stück entfernen möchte – so spricht etwa Hermann Diels einmal "von dem unendlichen Wuste der Orphiker und Pythagoreer". Das aber wäre, so Conze „like regarding an oak tree as a degeneration of an acorn". Dabei geraten dann die Größe und die vielfältige Schönheit des Baumes oftmals aus dem Blick, während der ursprüngliche Samen gar nicht mehr auffindbar ist. Erst seit wenigen Jahrzehnten treten auch hermeneutisch-methodische Fragen in den Vordergrund, zum Beispiel die Frage danach, was denn eigentlich ein ‚Fragment' sei. Wenn nämlich auch der Wunsch verständlich ist, möglichst weit zum ursprünglichen Text eines Autors und seines Werkes vorzudringen, so ist es doch keineswegs technisch-banal zu fragen, wieviel Kontext etwa den gesammelten Zeugnissen beizugeben wäre, welche Zeugnisse als authentisch gelten könnten und vor allem, welcher Begriff von Authentizität überhaupt zugrunde liegen sollte (zum Glück wurden die antiken Texte noch nicht mit einer künstlichen Intelligenz wie ChatGPT verfasst). Diese und weitere Fragen können natürlich im Rahmen einer Tagung auch angesichts der unterschiedlichen Ausgangspunkte der einzelnen altertumswissenschaftlichen Disziplinen nur ansatzweise erörtert werden. Es wäre etwa wünschenswert, auch die archäologischen Fächer in diese Diskussion stärker einzubeziehen, die ja im ganz handgreiflichen Sinne mit Fragmenten zu tun haben (gerade wurden in Trier bei Bauarbeiten für eine neue Feuerwehrwache erstaunliche Reste einer Kultstätte für den Gott Mithras entdeckt). Jedenfalls kann und möge der vorliegende Band wichtige Impulse für die weitere Diskussion einer zentralen Thematik im Bereich (nicht nur) der Altertumswissenschaften vermitteln!

Georg Wöhrle

https://doi.org/10.1515/9783111508788-202

Vorwort

Die Idee zu einer Tagung über Fragmentforschung entsprang den zahlreichen Gesprächen, die wir oft an der Universität Trier geführt haben. Dabei stellten wir fest, dass sich einerseits bei unserer Beschäftigung mit ‚Fragmenten' trotz der unterschiedlichen Forschungsgegenstände immer wieder ähnliche Probleme ergaben und dass wir andererseits nicht immer die gleiche Vorstellung von ‚Fragment' teilten. Ermuntert zu diesen Diskussionen und in der Folge zur Konzipierung und Organisation der Tagung hat uns Prof. Dr. Georg Wöhrle, dem wir für die stetige Unterstützung des Vorhabens sowie zahlreiche Denkanstöße zu großem Dank verpflichtet sind. Viele weitere Personen und Institutionen trugen zur erfolgreichen Durchführung der Tagung am 27. und 28. November 2020 an der Universität Trier sowie anschließend zur Erstellung des Sammelbandes bei. Zunächst sei allen teilnehmenden Wissenschaftler:innen herzlich gedankt, dass sie in der turbulenten Zeit der Pandemie den Weg, wenn auch letzten Endes nur den digitalen, nach Trier auf sich genommen haben und dass wir durch ihre Teilnahme und ihre schriftlichen Beiträge unser Vorhaben realisieren konnten. Unser Dank gebührt zudem der Universität Trier, deren großzügige finanzielle Unterstützung durch die inneruniversitäre Forschungsförderung und durch das Graduiertenzentrum der Universität Trier aus dem TriGUT-Fond die Organisation der Tagung überhaupt erst ermöglicht hat. Ebenso danken wir dem Fach Klassische Philologie der Universität Trier für eine zusätzliche finanzielle Unterstützung der Tagung. Bei unseren wissenschaftlichen Hilfskräften Jens Hartmann, Sophie Kröner und Jana Simon bedanken wir uns für ihren Einsatz und ihre unschätzbare Hilfe bei der Organisation und Durchführung der Tagung. Den Kollegen Prof. Dr. Stefan Busch, JProf. Dr. Diego De Brasi und Dr. Johannes Schwind sei für die kritische Lektüre und wertvolles Feedback zur Einleitung dieses Bandes gedankt. Ein herzliches Dankeschön gebührt schließlich Prof. Dr. Rosa Maria Piccione, die uns als Herausgeberin der Reihe ‚Transmissions' (W. de Gruyter) seit der Anfangsphase bis zur Publikation des Bandes stets mit ihrem Rat zur Seite stand und unser Fragmentprojekt wohlwollend unterstützte. Ebenso danken wir besonders dem anonymen Gutachter für seine konstruktiven Anmerkungen und Verbesserungsvorschläge zum Band insgesamt und zu den einzelnen Beiträgen. Wir hoffen, dass der Band, der eine breite Vielfalt klassisch-philologischer Fragmentforschung widerspiegelt, sowohl für Spezialisten als auch für ein breiteres Fachpublikum von Interesse und Nutzen sein wird.

Fabia Neuerburg, Theofanis Tsiampokalos und Piotr Wozniczka

https://doi.org/10.1515/9783111508788-203

Inhalt

Fabia Neuerburg, Theofanis Tsiampokalos und Piotr Wozniczka

Einleitung

τὸ εὖ γίνεσθαι μὲν παρὰ μικρόν, οὐ μὴν μικρὸν εἶναι.
Diog. Laert. 7, 26

Die Überlieferung antiker griechischer und lateinischer Texte stellt einen jahrtausendelangen Prozess der Selektion und Filterung dar. Abgesehen von nicht zu unterschätzenden Zufällen wie z. B. Naturkatastrophen oder kriegerischen Auseinandersetzungen, die öffentliche Bibliotheken oder private Büchersammlungen im Ganzen oder partiell zerstörten, hing das Schicksal einzelner Werke größtenteils von den Interessen ihrer Leser ab, die zu jeder Zeit nur bestimmte Bücher für lesenswert hielten und gleichzeitig andere vernachlässigten. Das Interesse der potentiellen Leserschaft war gerade deshalb relevant, da die Lebensdauer von Papyrus, des Hauptschriftträgers für die literarische Produktion in der griechisch-römischen Antike, naturgemäß begrenzt war.[1] Nur die Autoren und die Werke, die sich stets eines größeren Leserkreises erfreuten und im besten Fall als kanonische Vertreter ihrer Gattung galten, wurden von den folgenden Generationen in dem Umfang gelesen und kopiert, der ihnen einen – oft trotzdem nicht lückenlosen – Fortbestand sicherte. Infolge dieses kontinuierlichen Auswahl- und Kopierprozesses wurde allerdings nur ein Bruchstück der antiken Literatur tradiert, das Meiste ist unwiederbringlich verloren gegangen.[2]

Diese enormen Verluste antiker Werke können kaum durch einige aufsehenerregende Entdeckungen von Manuskripten, Papyri und Inschriften kompensiert werden.[3] Einen begrenzten Blick auf das Verlorene ermöglichen uns außerdem nur noch die literarischen ‚Fragmente', also Bruchstücke aus verlorenen Texten, die sekundär überliefert sind, so z. B. als Zitate oder Paraphrasen bei späteren Autoren, die noch unmittelbar oder bereits mittelbar durch Exzerpte oder Kompendien Zugang zu nunmehr verlorenen Werken hatten. Angesichts des beachtlichen Potenzials dieser Textzeugnisse für

1 Die Lebensdauer von Papyri kann aufgrund der materiellen Beschaffenheit im idealen Fall maximal auf zwei- oder dreihundert Jahre geschätzt werden. Für den nordeuropäischen Raum muss man diesen Zeitraum aus klimatischen Gründen gewiss deutlich reduzieren. Ein Text auf Papyrus musste somit im Laufe der Tradierung mehrmals kopiert werden. Dazu s. etwa Turner (1968) 7–8 und Reinard, 95 Fn. 68 in diesem Band.

2 Zutreffend dazu Stephens (2002): „Classical literature itself is fragmentary: all but a fraction of it has perished (...)". Der Grad des Überlieferten bzw. des Verlorenen lässt sich nur annähernd bestimmen. Zu den enormen Verlusten der griechischen Geschichtsschreibung s. z. B. Strasburger (1977) und Baron (2013) 1–5. Zu einer metaphorischen Erweiterung des Fragment-Begriffs, die nicht nur überlieferte Texte, sondern auch Erscheinungen von Meganarrativen und -diskursen, umfasst, s. insb. Bierl (2009).

3 Man denke in diesem Zusammenhang etwa an Menanders *Dyskolos*, Sapphos Gedichte oder *Hellenica Oxyrhynchia*. Für eine Auflistung der in den Papyri überlieferten Autoren s. Papathomas (2016³) 98–228 mit Verweisen auf die Sekundärliteratur. Zu Menanders Dyskolos s. in diesem Band Christian Orth. Zur Inschrift von Diogenes von Oinoanda s. in diesem Band Christian Vassallo.

https://doi.org/10.1515/9783111508788-001

die Rekonstruktion der verlorenen Werke wurden sie seit dem Beginn der altertumswissenschaftlichen Forschung systematisch gesammelt und in Fragmentsammlungen zu einzelnen oder mehreren Autoren aufgenommen. Von diesen frühen und oft monumentalen Fragmenteditionen wurden viele im Nachhinein zu grundlegenden Nachschlagewerken, die spätere Generationen von Forscher:innen sowohl in inhaltlicher als auch methodischer Hinsicht erheblich beeinflussten.[4] Das Edieren von ‚Fragmenten' entwickelte sich seitdem zu einem wichtigen Forschungszweig der Altertumswissenschaft.

Die Beschäftigung mit ‚Fragmenten' bringt jedoch eine Reihe methodischer Probleme mit sich, die auf eine grundlegende Frage zurückgeführt werden können: Worum handelt es sich eigentlich bei diesen ‚Fragmenten', die von uns gesammelt, kommentiert und ediert werden? Die unmittelbare Übertragung des Begriffs des physischen Bruchstückes auf literarische Fragmente impliziert den Anspruch auf eine dahinterliegende Vollständigkeit, von der nun einige ‚Fragmente' erhalten geblieben sind, wie bei einer Scherbe eines Tongefäßes oder dem Bruchstück einer Statue.[5] Dieses ursprüngliche Ganze soll wiederum durch eine sinnvolle Zuordnung der erhaltenen Teile ansatzweise rekonstruiert werden. Die literarischen ‚Fragmente' sind jedoch im Gegensatz zu ihren materiellen Äquivalenten das Produkt einer jahrtausendelangen Textüberlieferung und durchlaufen in der Regel während dieses Prozesses aufgrund von unbeabsichtigten oder intendierten Texteingriffen durch die überliefernden Autoren und die Kopisten eine tiefgreifende Umwandlung hinsichtlich ihrer Form und ihres Inhalts. Oft handelt es sich somit bei ‚Fragmenten' um keine Bruchstücke des verlorenen Originals in Form von wörtlichen Zitaten, sondern um – mehr oder weniger – sinngemäß bearbeitete und rekontextualisierte Paraphrasen der herangezogenen Vorlagen. Dies wirft die grundlegende Frage nach ihrer Zuverlässigkeit für die Rekonstruktion des Verlorenen auf.

Die gegenwärtige Fragmentforschung wurde sich dieser Begriffsproblematik in den letzten Jahrzehnten immer bewusster und suchte nach einer neuen begrifflichen Schärfe. Diverse Fachrichtungen schlugen dabei einige neue Begriffe als Ersatz für den Terminus ‚Fragment' vor, die mit der jeweiligen methodischen Tradition, Zielsetzung und vor allem mit der Beschaffenheit der zur Verfügung stehenden Fragmenttexte eng zusammenhängen.

4 Um nur einige wichtige Fragmentsammlungen in chronologischer Reihenfolge zu nennen: *FHG* (Müller/Langlois (1841–1884)); *GGM* (Müller (1855–1861)); Rose^3 (Rose (^{3}1886)); *HRR* (Peter (1870 [^{2}1914]–1906)); *Epicurea* (Usener (1887)); Ribbeck (Ribbeck (^{3}1897–1898)); DK bzw. *VS* (Diels/Kranz (^{6}1951–1952, Erstausgabe von H. Diels 1903)); *SVF* (von Arnim (1903–1905)); *FGrHist* (Jacoby (1923–1959)); *CA* (Powell (1925)); *ORF* (Malcovati (^{2}1955, Erstausgabe 1930)).

5 Zur Geschichte des Begriffs ‚Fragment' s. Zinn (1959); Ostermann (1991) 11–13 und Ostermann (1996); Dionisotti (1997) und jüngst Wöhrle (2022) 386–391. Die Vorstellung von einem ursprünglichen verlorenen Ganzen, aus dem nur Bruchstücke tradiert sind, wird interessanterweise auch mit Rücksicht auf vollständig erhaltene Werke verwendet, vgl. die Editionstitel wie ‚*Opera omnia*' versus ‚*Opera quae supersunt*'.

In seinem einflussreichen Beitrag zum Umgang mit historischen Fragmenten und Epitomen sprach sich Peter Brunt am Rande seiner Überlegungen für die Verwendung des Begriffes ‚*reliquiae*' statt ‚Fragmente' aus, da die Letzteren auf wörtliche Zitate hindeuteten, während die meisten historischen ‚Fragmente' eher ungenaue Andeutungen, Paraphrasen und Kurzfassungen seien.[6] Der Begriff mag ähnlich wie ein ‚Fragment' die Existenz eines ursprünglichen Ganzen voraussetzen, aus dem ‚Überreste' erhalten bleiben, fokussiert aber den fragmentierten Endstand einer Textüberlieferung, ohne genauer auf die Qualität der Tradierung hinzuweisen. Der Terminus ‚*reliquiae*' verspricht somit im Hinblick auf die tatsächliche Qualität unserer Überreste zu Recht weniger, als dies *a priori* ein ‚Fragment' tut, das auf ein wörtliches Zitat hindeuten mag. Er erschließt aber semantisch nicht die ‚Bruchstücke', die möglicherweise von Beginn an keinem vollendeten oder unvollendeten Werk eines Autors angehörten, sondern schon immer z. B. in Form von Sprüchen oder Lehrsätzen berühmter Philosophen als ‚Fragmente' fungierten, die ursprünglich auf eine mündliche Tradition zurückgingen.[7]

Häufiger trifft man in der Fragmentforschung als Ersatz für ‚Fragment' auf einen weiteren, durchaus nicht neuen Begriff: ‚*testimonium*' bzw. ‚Zeugnis'. Traditionell findet er sich in den Fragmenteditionen als konsequenter Begleiter der ‚Fragmente' am Anfang jedes editorischen Weges. Während mit Letzteren die Überreste verlorener Texte im Einzelnen bezeichnet werden, verweisen die *testimonia* im Allgemeinen auf das Leben und das Schaffen einzelner Autoren.[8] Im Gegensatz zu dieser weit praktizierten Zweiteilung wird jedoch in einigen Fragmenteditionen der *testimonium*-Begriff intentional nicht neben, sondern anstelle des ‚Fragments' verwendet. Die Gründe dafür können je nach der Edition vielfältig sein, zudem muss der Begriff *testimonium* nicht immer semantisch gleich aufgefasst werden. In manchen Fällen wird in der Forschung vermutet, dass die gesammelten ‚Fragmente' nicht auf ein ursprüngliches Ganzes zurück-

6 Brunt (1980) 477. Mit dem Begriff ‚*reliquiae*' nimmt Brunt *expressis verbis* Bezug auf Peters (1870) Edition der römischen Historiker (*Historicorum Romanorum Reliquiae*). Vgl. auch die Edition *C. Sallusti Crispi Historiarum Reliquiae* von Maurenbrecher (1891). Auch in jüngerer Zeit findet der Begriff Verwendung wie etwa bei der Fragmentsammlung *Euhemeri Messenii reliquiae* von Winiarczyk (1991). Gelegentlich trifft man auf eine griechische Entsprechung des Begriffs wie z. B. λείψανα (‚Überbleibsel, Überreste; Reliquien') bei Wyttenbach (1800) 457 zur Bezeichnung der Fragmente verlorener Werke Plutarchs (λείψανα τῶν οὐ σῳζομένων Πλουτάρχου συγγραμμάτων).

7 Wie z. B. die Aussagen von Thales von Milet oder Pythagoras von Samos, die wohl nie einem von ihnen verfassten Werk entstammen, sondern schon immer als einzelne Sentenzen rezipiert und weiter tradiert wurden. Vgl. auch zum Thema im Allgemeinen Wöhrle (2009) 3. Zu ‚Sentenzen' von Pythagoras von Samos s. in diesem Band Katarzyna Prochenko. Zur längst umstrittenen Frage, ob Pythagoras eine einzige Schrift hinterlassen hatte, s. übrigens Riedweg (1997) 65–92 (mit ergänzenden Hinweisen).

8 Die Zweiteilung in Testimonien und Fragmente geht auf die Edition der Vorsokratiker von Diels und Kranz (Erstausgabe von H. Diels 1903) zurück, welche zwischen den doxographischen Berichten über die einzelnern Vorsokratiker (A) und den Fragmenten ihrer Werke (B), im Prinzip also wörtlichen Zitaten, differenziert. Diese Zweiteilung wurde später von Jacoby (1923 *FGrHist* I A) viii übernommen. Zum Thema s. Laks (1997); Schepens (2000) 4–6. Zu dieser Dichotomie s. auch Schepens (1997a) an einer praxisorientierten Fallstudie (*FGrHist* 566 Fr. 28).

gehen oder dieses sogar niemals existierte, wie etwa im Fall eines Thales von Milet.[9] Folglich scheint die Verwendung von ‚Fragmenten' als Inbegriff der Teile eines nie existierenden Ganzen nicht besonders sinnvoll zu sein. Mit dem Begriff *testimonium* mag darüber hinaus die fragliche Authentizität bzw. Qualität der gesammelten ‚Fragmente' aufgrund der sekundären Überlieferung zum Ausdruck gebracht werden.[10] Schließlich lässt der Begriff ein neues semantisches Feld zu, mit dem auch die grundlegende Funktion der sekundären Autoren als Vermittler älterer Texte erfasst werden kann.

So wird innerhalb der Editionsreihe *Traditio Praesocratica* der Begriff *testimonium* nicht nur deswegen gewählt, weil eine Differenzierung zwischen den gesammelten Zeugnissen im Fall der Vorsokratiker sehr problematisch ist und der *testimonium*-Begriff, der *per definitionem* alle möglichen Textsorten umfasst, zur Überwindung dieser Problematik beiträgt. Vielmehr vermag man damit auch die überliefernden Autoren/Texte und somit die Kontexte der ‚Zeugnisse' gezielter in den Blick zu nehmen. Wie nämlich Georg Wöhrle in der Einleitung zum Thales-Band der *Traditio Praesocratica* erläutert, lässt sich mit dem Begriff ‚Zeugnis' bzw. *testimonium* die doppelte Natur unserer Forschungsobjekte zum Ausdruck bringen. Einerseits ermöglichen ‚Zeugnisse' aus der sekundären Überlieferung, Aussagen über den überlieferten Autor/Text zu treffen, zum anderen besagen sie jedoch auch Wesentliches über den überliefernden Autor/Text selbst.[11] In einem kürzlich veröffentlichten Beitrag, der sich ausschließlich der Problematik des Begriffes ‚Fragment' in der klassisch-philologischen Forschung widmet, betont Georg Wöhrle den besonderen Mehrwert der vermittelnden Texte nicht nur als Quelle der ‚Zeugnisse' über verlorene Werke und Autoren, sondern vor allem als Lieferanten wertvoller Kontexte und Interpretationen dieser ‚Zeugnisse'. Dabei erweitert der Autor den Zeugnis-Begriff um eine literaturtheoretische Perspektive und plädiert für die Verwendung des Terminus ‚Zeugnistext' anstelle des ‚Fragments' und somit für die Aufhebung des etablierten Dualismus.[12]

Gelegentlich spricht man anstelle von ‚Fragmenten' nur von ‚Texten', wobei sich hinter dieser definitorischen Festlegung nicht immer ein literaturtheoretischer Ansatz verbergen muss. Vielmehr kann es sich hier um eine pragmatische Entscheidung

9 So führen Diels u. Kranz (1951[6]) für Thales von Milet hauptsächlich nur ‚Testimonien' (A) an und unter ‚Fragmenten' (B) nur vier angebliche Fragmente. Vgl. dazu Wöhrle (2009) 3.

10 So verwendet bereits Döring (1972) den Begriff ‚Testimonium'/‚Zeugnis', um das Erbe der Megariker zu bezeichnen, verweist dann aber auf einzelne Zeugnisse im Kommentar mit ‚fr.' In seiner Edition der *reliquiae* des Euhemeros von Messene sammelt Winiarczyk – anders als Jacoby (*FGrHist* 63), der an der Teilung in ‚Fragmente' und ‚Testimonien' festhält – nur *testimonia*: „*in hac editione testimonia a fragmentis non secernuntur, quod mea sententia genuina illius auctoris verba non sunt nobis tradita*" (Winiarczyk (1991) v).

11 Wöhrle (2009) 3, 6.

12 Wöhrle (2022) insb. 394 zur Definition des Begriffes ‚Zeugnistext'.

handeln, die der enormen Heterogenität des gesammelten Materials geschuldet ist, das anhand der vorhandenen Begrifflichkeit nicht sinnvoll differenziert werden kann.[13]

Die laufende Debatte über die angemessene Terminologie im Umgang mit dem fragmentarischen Erbe antiker Literatur, die längst noch nicht in alle Fächer der altertumswissenschaftlichen Forschung im gleichen Grad vorgedrungen ist, verdeutlicht außerdem, dass man sich gegenwärtig verstärkt mit den überliefernden Autoren und ihren Texten auseinandersetzt. Sie sind nämlich der Hauptgrund dafür, warum es des Öfteren nicht zweckmäßig ist, die von ihnen herangezogenen ‚Zeugnisse' als ‚Fragmente' zu bezeichnen. Wie längst in der Fragmentforschung erkannt, schreiben die sekundären Autoren ihre Vorlagen nur selten wortgetreu ab, viel häufiger ändern sie diese tiefgreifend hinsichtlich der Sprache und des Inhalts, indem sie sie umdeuten und rekontextualisieren. Die ‚Fragmente' sind daher – von reinen Exzerptsammlungen wie z. B. den *Excerpta Constantiniana* abgesehen, wobei auch hier verallgemeinernd von einem neuen Kontext der ‚Exzerpte' die Rede sein kann – immer strukturell und konzeptionell in einen neuen Zusammenhang eingebettet, mit ihm aufs Engste verknüpft und folglich von ihm schwerlich trennbar.

Diese Erkenntnis entspricht im Übrigen modernen literaturtheoretischen Ansätzen. Die von Julia Kristeva geprägte ‚Intertextualität', die weitgehend von Michail Bachtins Konzept der ‚Dialogizität' beeinflusst ist,[14] begreift literarische Texte als „(...) eine *Überlagerung von Text-Ebenen*, ein Dialog verschiedener Schreibweisen: der des Schriftstellers, der des Adressaten (oder auch der Person), der des gegenwärtigen oder vorangegangenen Kontextes".[15] Vor diesem Hintergrund stellt auch ein literarisches ‚Fragment', das immer ein (fragmentierter) Text ist, gewöhnlicherweise ein dynamisches Ergebnis des Dialogs eines Autors/Textes mit einem anderen Text/Autor dar, der von zahlreichen Faktoren wie z. B. den gattungsrelevanten Normen, den antizipierten Erwartungen des historischen/implizierten Lesers oder nicht zuletzt den kulturellen Diskursen bestimmt ist. Dementsprechend muss man zunächst die Aufmerksamkeit auf die engeren und breiteren Kontexte der sekundären Überlieferung, wie etwa auf das textuelle Umfeld des Überlieferten oder auf seinen gesellschaftlichen und intellektu-

---

13 Graham (2010) bezeichnet in seiner Sammlung zu den wichtigsten Vorsokratikern das von ihm gesammelte Material konsequent als ‚Texte', obwohl im Untertitel seiner Sammlung von ‚Fragmenten' und ‚Testimonien' die Rede ist.

14 Zum Konzept s. etwa Bachtin (1986) 77–99.

15 Kristeva (1971) 346, vgl. auch Aczel (2013[5]) 349–351. Der Begriff wurde von späteren Wissenschaftlern:innen in einem engeren Sinn verwendet (vgl. z. B. Genette (2015[7]) 10), die ‚Intertextualität' eher als Oberbegriff für die konventionellen Arten von Textreferenz wie Zitat, Anspielung, Parodie, Travestie usw. verstanden. Zu dieser späteren Verwendung des Begriffs s. die kritische Stellungnahme von Kristeva (1974) 59–60. Zur Bedeutung der Intertextualität für die Erforschung antiker griechischer und lateinischer Texte s. Fowler (1997) 13–14. Für weitere theoretisch-methodische Ansätze zum selben Phänomen aus altertumswissenschaftlicher Perspektive, vgl. Thomas (1986) 171–198, insb. 175–176 zum sog. „causal reference"; Plett (1999) 313–329; Vamvouri (2020) 1–8.

ellen Rahmen richten, bevor man sich der Rekonstruktion des ursprünglichen Zusammenhangs der ‚Fragmente' zuwendet.

Parallel zu diesen Überlegungen aus der poststrukturalischen Warte wendet sich auch die klassisch-philologische Fragmentforschung der letzten Jahrzehnte der Analyse der überlieferten Kontexte bzw. der überliefernden Autoren zu, sowohl auf einer theoretischen als auch auf einer praktischen Ebene. Einerseits versucht man – ähnlich wie im Fall der ‚Fragmente' – die überliefernden Texte und ihre Funktion begrifflich einzugrenzen, andererseits widmet man sich verstärkt der Untersuchung der Arbeitsmethode und der Agenda der überliefernden Autoren.

Im Rahmen der Erforschung der ‚Fragmente' griechischer Historiker (*FGrHist*) prägte Guido Schepens den Terminus ‚cover-text', der heutzutage eine breite Verwendung in den historiographischen Studien findet. Laut Schepens erfüllen ‚cover-texts' eine dreifache Aufgabe. Zunächst bewahren sie die Texte verlorener Autoren, ferner überlagern sie diese Texte durch stilistische und sprachliche Veränderungen, schließlich umgeben sie diese mit einem neuen Kontext, wodurch die ursprüngliche Bedeutung der ‚Fragmente' verändert werden kann.[16] Schepens Ansatz hebt zutreffend die wichtigsten Probleme der Arbeit mit Texten aus der sekundären Überlieferung hervor und regt zu einer kritischen Beschäftigung mit diesen an. Zudem veranschaulicht er, dass die *conditio sine qua non* der Beschäftigung mit ‚Fragmenten' im Gebiet der antiken Historiographie – und dies trifft eigentlich für die Mehrheit der altertumswissenschaftlichen Fächer zu – die Rekonstruktion des Verlorenen ist. Dies soll im Übrigen nach Schepens Auslegung in zwei Schritten realisiert werden. Erstens muss der ‚cover-text' dekonstruiert werden. Infolge dieses Prozesses soll das ‚Fragment' von seinem Deckmantel gelöst und nach Möglichkeit in seinem ursprünglichen Wortlaut und seiner Bedeutung wiederhergestellt werden. Zweitens soll der ursprüngliche Kontext des ‚Fragments' rekonstruiert werden.[17] Dies ist freilich nur anhand von Paralleltexten mit gewisser Sicherheit durchführbar.

Auch lässt sich in diesem Kontext der bereits erwähnte Begriff ‚Zeugnis/Testimonium' bzw. ‚Zeugnistext' von Georg Wöhrle aufgrund seiner doppelten Bedeutung anführen: Erstens als Zeugnis für das überlieferte Textstück eines verlorenen Werkes, zweitens eben als Zeugnis für die Methode und Agenda des überliefernden Autors. Anders aber als beim Konzept des ‚cover-text' liegt hier das Hauptinteresse nicht auf der Rekonstruktion des Ursprünglichen, ohne dass diese Zielsetzung im Prinzip in Frage gestellt wird, sondern auf der Erschließung neuer Kontexte und sich daraus ergebender Bedeutungen vor dem Hintergrund einer langwierigen Rezeptionsgeschichte der ‚Zeugnisse'/‚Zeugnistexte' zur frühgriechischen Philosophie.

---

16 Schepens (1997b) 166–167, Fn. 66. Vgl. auch zum Begriff Schepens (2000) 12.

17 Schepens (1997b) 168. Das Verfahren der Rekontextualisierung der Fragmente wurde von Schepens in Anlehnung an Vattuone (1991) 7–17 erarbeitet. Zur Methodik der Arbeit mit Fragmenten seit der Bestimmung seines Umfangs und Authentizität bis hin zu seiner Edition s. auch Schepens (2000) 4–20.

Ein ähnliches Interesse an der Wiederverwendung von Texten durch die überliefernden Autoren findet sich auch beim ursprünglich aus dem Gebiet der Digital Humanities stammenden Terminus ‚text re-use'. Mit dem Begriff werden die Ergebnisse einer Wiederverwendung von Texten erfasst, wie es etwa bei einem Plagiat der Fall ist, welche mit Hilfe eines computergestützten Verfahrens aufspürbar ist. Dabei kann ‚text re-use' ein breiteres Spektrum an Texten, von wörtlichen Zitaten bis zu bloßen Andeutungen, in die Analyse miteinbeziehen. Gelegentlich wird der Begriff und die digitale Methode des ‚text re-use' von der altertumswissenschaftlichen Forschung aufgegriffen.[18]

Neben den geschilderten theoretischen Annäherungen an die überliefernden Autoren, die offensichtlich stark von den einzelnen Fachrichtungen abhängig sind, lässt sich die zentrale Rolle der überliefernden Autoren an einem weiteren, praktischen Aspekt festmachen, der in der Forschung eine noch prominentere Stellung innehat: die Analyse ihrer Arbeitsmethode. Liefern die überliefernden Autoren ‚Bruchstücke' in Gestalt von wörtlichen Zitaten, Paraphrasen oder bloßen Andeutungen? In welchem Maß ändern sie den Kontext und folglich die Bedeutung der herangezogenen Texte? Das treibende Motiv hinter den Versuchen, auf diese Fragen eine stichhaltige Antwort zu erhalten, ist offenbar die Rekonstruktion des Verlorenen, die nur dann tragfähige Ergebnisse liefern kann, wenn man die Qualität bzw. Originalität des Überlieferten annähernd bestimmen kann.

Es besteht nur ein methodischer Ansatz, sich der Frage der Arbeitsmethode der überliefernden Autoren zuverlässig zu nähern. Man vergleicht analytisch die bei den sekundären Autoren tradierten Bruchstücke eines erhaltenen Autors wie etwa Herodot, Platon und Xenophon mit den in der Manuskripttradition überlieferten Parallelstellen, natürlich immer mit einem kritischen Blick auf potentielle Textveränderungen und Korruptelen, die im Laufe der Überlieferung der entsprechenden Texte entstanden sein könnten. Lassen sich aufgrund dieser Vergleiche feste Schlussfolgerungen bezüglich der Methode eines Autors ziehen, kann man diese mit Vorsicht auf die Fragmente projizieren, für welche keine Parallelstellen in direkter Überlieferung vorliegen. Mit Hilfe dieser Vergleichsmethode ließen sich wertvolle Erkenntnisse bezüglich der Arbeitsmethode einiger wichtiger sekundärer Autoren bzw. Verfasser von Exzerptsammlungen gewinnen, die als wesentliche Fragmentquellen für die Fragmentforscher:innen gelten. So weiß man heute im Hinblick auf die Methode relativ genau, wie die *Excerpta Constantiniana*, eine unschätzbare Quelle historischer Fragmente, fertig gestellt wurden, welche Art von Exzerpten der belesene Patriarch von Konstantinopel Photios aus seiner Lektüre verfasste oder schließlich, auf welche verschiedenen Arten der symposiumfreudige Athenaios von Naukratis, die wichtigste Fundgrube antiker Fragmente, seine

18 Berti (2012) 444–446; (2013) 270 Fn. 4: "(...) given that 'fragment' recalls something material and implies the preservation of an original text that is in fact lost, I prefer to use the expression 'text re-use"; (2016) insb. 121–122; (2021) insb. 7–12.

Vorlagen wiedergab.[19] Es ist daher ein Postulat für jede zukünftige Edition oder für jeden zukünftigen Kommentar, deren Zielsetzung die Rekonstruktion des Verlorenen ist, zur Arbeitsmethode des jeweiligen sekundären Autors, aus dem ‚Fragmente' exzerpiert werden, Stellung zu nehmen – bei einigen Editionen gewiss eine Aufgabe für ganze Gruppen von Forscher:innen.[20]

Abgesehen von den beiden ineinander greifenden Problemfeldern der gegenwärtigen Fragmentforschung, nämlich der Funktion der überliefernden Autoren und dem Begriff ‚Fragment' selbst, lassen sich weitere komplexe Fragestellungen benennen, die eng mit der ‚Königsdisziplin' der gegenwärtigen Fragmentforschung, dem Edieren der ‚Fragmente', verknüpft sind. Es gilt, was Felix Jacoby in Bezug auf die von ihm vorbereitete neue Sammlung von Fragmenten griechischer Historiker bereits vor einem Jahrhundert feststellte: „[...] diese Sammlung ist doch kein Ziel an sich, sondern nur Mittel zum Zweck".[21] Eine Fragmentsammlung soll idealerweise alle relevanten ‚Fragmente' des Verlorenen sammeln und im Nachhinein eine solide Basis für weitere Untersuchungen bieten. Sie soll dementsprechend nach Möglichkeit dazu beitragen, dass man sich einerseits ein repräsentatives Bild über Inhalt, Form und Struktur der verlorenen Texte verschaffen kann und andererseits das fragmentarisch Überlieferte vor dem Hintergrund der Entwicklung der jeweiligen literarischen Gattungen einzuordnen vermag. Tatsächlich müssen aber die Editor:innen bereits bei der Erstellung von Fragmenteditionen zahlreiche Entscheidungen treffen, die auf ihren Vorstellungen und Deutungen des Verlorenen beruhend das Endergebnis ihrer Arbeit weitgehend prägen.

Zunächst muss eine Auswahl der ‚Fragmente' getroffen werden, die in eine Fragmentsammlung aufgenommen werden. Steht nur eine kleine Anzahl an ‚Fragmenten' eines Autors oder Werkes zur Verfügung, wird man gewiss dazu tendieren, alle relevanten Texte in der Edition zu publizieren. Wenn aber ‚Fragmente' im Überfluss vorhanden sind, steht man vor dem gleichen Dilemma wie Hermann Diels in seiner Ausgabe der Vorsokratiker, nämlich welche ‚Fragmente' die Edition überhaupt beinhalten soll. Diels unterschied hauptsächlich zwischen den doxographischen Berichten über die Lehren einzelner Vorsokratiker (A) und den „eigentlichen Fragmenten" (B), versuchte aber dabei das ursprüngliches Denken der Vorsokratiker von zahlreichen späteren Deutungen ihrer Lehre zu trennen, weshalb er aber zahlreiche spätere Varianten eines bereits früher überlieferten Lehrsatzes oder einer Aussage nicht in seiner

19 Zur Arbeitsweise der konstantinischen Exzerptoren s. Brunt (1980) 483–485; Roberto (2009) 78–79, 84; Németh (2013) 239–240, 258; Rafiyenko (2017) insb. 299–303 und Manafis (2020) 31–32, 39–41. Zur photianischen Methode des Exzerpierens s. Palm (1955) 16–26; Hägg (1975) insb. 195–204 und Treadgold (1980) 37–66. Zur Arbeitsweise des Athenaios s. etwa Zepernick (1921); Brunt (1980) 480–482; Pelling (2000); Lenfant (2007) und Olson (2018). S. auch Lisa Irene Hau in diesem Band.

20 Zur Bedeutung des Kommentars als eine notwendige Ergänzung jeder Fragmentsammlung s. bereits Jacoby (1923 *FGrHist* I A) vii. Vgl. dazu auch Schepens (1997b) 168 und (2000) 16–17. Zu den Herausforderungen des Kommentierens von Fragmenten s. Stephens (2002) insb. 83–84.

21 Jacoby (1909) 81.

Edition (erste Auflage 1903) abdruckte.[22] Dies thematisiert Diels in der Einleitung zur zweiten Edition (1906): „Die getroffene Auswahl hat mich mehr Zeit und Mühe gekostet, als wenn ich mein gesammeltes Material vollständig in die Druckerei gesandt hätte".[23] Die Fragmentsammlung von Diels/Kranz ist also offensichtlich das Resultat einer intensiven Vorselektion der ‚Fragmente' und ‚Testimonien', die mit einer klaren Zielsetzung, das wahrlich Ursprüngliche zu rekonstruieren, verknüpft ist.[24]

Ein weiterer Aspekt der Auswahlproblematik betrifft die Frage, ob man nur die ‚Fragmente' einschließt, deren Zugehörigkeit zu einem Autor/Werk direkt, d. h. durch namentliche Bezugnahme auf den sekundären Autor, bezeugt ist, oder auch die ‚Fragmente' miteinbezieht, welche sich indirekt aufgrund von Paralleltexten oder gelehrten Mutmaßungen der Quellenforschung einem Autor/Werk zuordnen lassen.[25] Die Entscheidung für das Eine oder Andere kann weitreichende Folgen haben, die sich gut am Beispiel der Editionen des Poseidonios von Apamea illustrieren lassen. Während Ludwig Edelstein und Ian Kidd nur namentlich bezeugte ‚Fragmente' in ihrer Edition abdrucken,[26] greift Willy Theiler auf die Tradition der poseidonischen Quellenforschung zurück und schließt in seine Edition zahlreiche dem Poseidonios nicht direkt zugeschriebene Textstücke aus den Werken späterer Autoren ein.[27] Als Folge dieses Verfahrens besteht die Edition von Edelstein und Kidd aus 293 ‚Fragmenten', die Edition von Theiler hingegen enthält 471 ‚Fragmente'. Wenn sich aber die fragmentarischen Grundlagen für die Untersuchung des Poseidonios so fundamental voneinander unterscheiden, ist es grundsätzlich möglich, zu ganz verschiedenen Deutungen und Interpretationen zu kommen, je nachdem, welche Fragmentsammlung man bei der Deutung des Poseidonios heranzieht.[28]

---

22 Dazu s. Diels u. Kranz (1951^{6}) v. Vgl. auch Mansfeld u. Runia (1997) 69 Fn. 21; Burkert (1969) x, (1999) 169–182; Wöhrle (2009) 2. Zu einer kritischen Beurteilung der Dielsschen Rekonstruktionsmethode s. Mansfeld u. Runia (1997) 74–106.

23 Diels u. Kranz (1951^{6}) v.

24 Zu den wissenschaftlichen Implikationen einer solchen Vorauswahl der Zeugnisse s. Wöhrle (2009) 2.

25 Es ist kein Zufall, dass die Akme der Quellenforschungen in die Zeit der Entstehung großer Fragmentsammlungen fällt. Die Quellenstudien lieferten nämlich als Ergebnis ihrer Analysen zahlreiche namentlich (nicht) bezeugte ‚Fragmente' verlorener Autoren, die man in der sekundären Überlieferung wie bei Livius, Diodor oder Plutarch zu identifizieren pflegte. Als Beispiel für die Quellenforschungen s. für Livius Nissen (1863), für Diodor Volquardsen (1868) und zusammenfassend Schwartz (1903), für Plutarch etwa Haug (1854), Peter (1865), Uxkull-Gyllenband (1923) und (1927) und zusammenfassend Ziegler (1951) 911–914.

26 Zu dieser methodologischen Entscheidung s. Edelstein u. Kidd (1972) xv–xix. Zum poseidonischen ‚Fragment' s. auch den wichtigen Beitrag von Kidd (1997).

27 Theiler (1982) I xi.

28 Interessanterweise war selbst Jacoby (1923 *FGrHist* I A) vi der Meinung, dass eine Fragmentsammlung zuerst nur auf die gesicherte Tradition zurückgreifen muss: „Für den nachlaß der einzelnen autoren war die selbstverständliche erwägung maßgebend, daß eine fragmentsammlung nicht rekonstruieren kann und soll, sondern daß sie unter möglichster ausschaltung aller subjektiven ansichten die überlieferung vorzulegen hat. damit ergab sich 1. die trennung der mit buchtitel oder buchzahl

Gelangt man zu einer methodisch und inhaltlich zufriedenstellenden Auswahl der ‚Fragmente', wird man mit einem noch gravierenderen Problem konfrontiert, nämlich der Anordnung des gesammelten Materials. Abgesehen von der Frage der verwendeten Terminologie, die auch für die Struktur einer Fragmentedition z. B. in Form der Zweiteilung aller Texte in ‚Testimonia' und ‚Fragmente' nicht ohne Bedeutung ist, stehen den Editor:innen verschiedene Anordnungsprinzipien zur Auswahl, die teilweise sogar in ein und derselben Sammlung auf den verschiedenen Organisationsebenen Verwendung finden können: Das autor- bzw. werkbezogene, chronologische oder sachliche Prinzip. Auf welche Vorgehensweise bei der Gliederung der Editionen tatsächlich zurückgegriffen wird, hängt in erster Linie vom Umfang der geplanten Fragmentsammlung, vom zur Verfügung stehenden Stoff und nicht zuletzt vom Anliegen bzw. der Zielsetzung der Edition ab. So weisen zum Beispiel Jacobys *FGrHist* eine relativ komplexe Struktur auf, weil er sich unter den möglichen Ordnungsprinzipien der von ihm geplanten Sammlung für das „entwicklungsgeschichtliche" entschied. Sein Anliegen war es nämlich, mit seiner Sammlung die Entwicklung der antiken Historiographie samt allen ihren wesentlichen Subgattungen, so wie diese offensichtlich von ihm verstanden wurden, nachzuzeichnen. Somit werden einzelne Historiker nicht alphabetisch oder chronologisch angeordnet, sondern einem der Hauptstränge der griechischen Historiographie zugewiesen, wie etwa der Genealogie und Mythographie (Teil 1), der Zeitgeschichte (Teil 2), der Horographie und Ethnographie (Teil 3) oder der Biographie und antiquarischen Literatur (Teil 4).[29]

Abschließend lassen sich noch zwei mikroperspektivische Probleme anführen, die bei der Aufnahme von ‚Fragmenten' in eine Edition immer fallweise von den Editor:innen gelöst werden müssen. Zuerst stellt sich die Frage nach dem Umfang des ‚Fragments', also an welchem Punkt innerhalb eines ‚cover-text' bzw. ‚Zeugnistextes' die editorische Schere ansetzen und enden soll. Die Antwort auf diese durchaus kniffige Frage ist nicht selbstverständlich und die getroffenen Entscheidungen erweisen sich – wie die Praxis zeigt –nicht immer als unumstritten.[30] Dieses Problem betrifft selbstverständlich eher Prosatexte als ‚Fragmente' aus der Dichtung, da hier das Versmaß es deutlich erleichtert, den herangezogenen Text innerhalb seines neuen Kontextes zu erkennen.

überlieferten von den nur mit autorennamen versehenen bruchstücken, 2. die Beschränkung auf die namentlich überlieferten fragmente". Vgl. dazu Schepens (2010) 449–450. Für Poseidonios (*FGrHist* 87) bedeutet es, dass die nicht direkt bezeugten ‚Fragmente' von ihm im ‚Anhang' abgedruckt werden. Zum Problem der Aufnahme der namentlich nicht gesicherten Zeugnisse s. auch Wöhrle (2009) 4–5.

29 Zur ursprünglichen Planung des ganzen Corpus mit 10 Teilen s. Jacoby (1909), zum endgültigen Entwurf mit 6 Teilen s. Jacoby (1923 *FGrHist* I) v. Zur Anordnung der Sammlung, die in der Zeit 1909–1923 kontrovers diskutiert und entscheidend von Eduard Meyer beeinflusst wurde, s. eingehend Schepens (2010) 434–450. Zum Thema s. insbesondere mit Blick auf die Fortsetzung der *FGrHist* (4. Teil) Schepens (1997b) und Schorn (2021).

30 Zur Problematik des Umfangs der Fragmente s. Schepens (2000) 6–13 und Baron (2011).

Ein weiterer problematischer Aspekt betrifft sowohl die prosaischen als auch die poetischen Texte. Lassen sich textuelle Veränderungen aufgrund der Überlieferung des Textes durch die sekundären Autoren feststellen, seien sie unbewusste Fehler oder intendierte Abwandlungen, stellt sich unweigerlich die Frage, ob diese Änderungen in die Edition zu übernehmen sind oder – falls es überhaupt möglich ist – der vorherigen Zustand des Textes wiederherzustellen ist.[31] Wie auch immer die Entscheidung im Einzelnen ausfällt: Sie sollte in einem beigefügten kritischen Apparat berücksichtigt werden. Ein wesentliches Problem digitaler Textkorpora wie z. B. des TLG ist, dass sie den kritischen Kommentar dem digital erfassten Text eben nicht beifügen und damit keine Möglichkeit einer abweichenden Interpretation des Textes bieten.

Aus dem Gesagten ergibt sich zwingend die Frage, inwieweit beim Vorbereiten der Fragmenteditionen das Verlorene in der Tat *rekonstruiert* oder inwieweit es aufgrund des zur Verfügung stehenden spärlichen und nicht selten zufälligen Materials eher *konstruiert* werden muss bzw. wird. Zudem muss immer kritisch hinterfragt werden, ob das Ergebnis dieser Arbeit aufgrund der genannten Faktoren tatsächlich für das Verlorene repräsentativ ist.[32] Trotz der zahlreichen methodologischen Tücken, die sich beim Umgang mit ‚Fragmenten' notwendigerweise ergeben, ist der Mehrwert der Fragmenteditionen, welche ‚Zeugnisse' zu den verlorenen Werken oder Autoren geschlossen und meist kommentiert zur Verfügung stellen, nicht zu unterschätzen. Sie unterstützen uns in unserem andauernden Streben, das Wissen über die fragmentierte Welt der Antike zu vertiefen und ermöglichen es sogar erheblich, neue Forschungswege zum Verlorenen zu gehen.[33] Welche Bedeutung diesem Forschungsgebiet zugesprochen wird, unterstreichen mehrere Editionsprojekte, die derzeit weltweit durchgeführt werden.[34]

*

Angesichts der in der Einleitung lediglich kurz angerissenen Forschungsproblematik beim Umgang mit antiken ‚Fragmenten' und deren Editionen haben die Herausge-

31 Zu diesem Thema s. im Band Mathilde Brémond.

32 Dazu s. Most (1997) vi: „It would be useful to compare texts which we have as wholes in direct transmission with that we would think of such texts if they were transmitted only indirectly as fragments, to see to what extent the image provided by fragments is different from that which the whole work should suggest". Die Studien, die dieses Postulat praxisorientiert umsetzen, geben keinen Anlass zum Optimismus. Am Beispiel Herodots s. Lenfant (1999) und der hellenistischen Geschichtsschreibung Hau (2021).

33 Dazu am Beispiel der griechischen Historiographie Schepens (1997b) 144 Fn. 2: „Many fundamental and thought-provoking studies of Greek historiography could not have been conceived, let alone written, without the *irreplaceable* and *constitutive* contribution of the fragmentary evidence".

34 *BNJ*^{2} (https://scholarlyeditions.brill.com/bnjo/), FRRAnt (https://www.ucl.ac.uk/history/frrant/); FHS&G (https://brill.com/display/serial/PHAT), KFHist (http://kfhist.awk.nrw.de/), KomFrag (https://www.komfrag.uni-freiburg.de/baende_liste), Traditio Praesocratica (https://www.degruyter.com/serial/tp-b/html), Tragicorum Romanorum Fragmenta (https://www.vandenhoeck-ruprecht-verlage.com/reihe-tragicorum-romanorum-fragmenta). Zuletzt abgerufen am 15.05.2024.

ber:innen des vorliegenden Bandes die Tagung „Fragmente einer fragmentierten Welt: Gespräche zur Problematisierung eines traditionellen Begriffes in der gegenwärtigen klassisch-philologischen Forschung" (27.–28.11.2020) an der Universität Trier organisiert, um auf die besprochenen Fragestellungen kritisch und umfassend einzugehen. Zur Tagung wurden ausgewiesene Forscher:innen aus dem In- und Ausland und zugleich Vertreter:innen verschiedener Forschungsrichtungen eingeladen, um so ein möglichst breites Diskussionsspektrum zur Erfassung der Brandbreite der Problematik zu schaffen. Der vorliegende Band stellt das Ergebnis der Beschäftigung mit den genannten Fragestellungen vor, während und nach der Tagung dar.

Das besondere Interesse an zentralen Fragestellungen beim Umgang mit ‚Fragmenten' spiegelt sich in der Disposition des Bandes wider. Die hier versammelten dreizehn Beiträge sind fünf Sektionen zugeordnet, die jeweils ein wesentliches Problem bzw. Thema in den Blick nehmen, vom definitorischen Status der ‚Fragmente' über ihre Editionen bis hin zu der inhaltlichen Auslegung der edierten ‚Fragmente'. Viele der Artikel weisen dabei unverkennbar Verknüpfungspunkte zu anderen Sektionen des Bandes auf, worin die methodologische Verflechtung der untersuchten Fragestellungen deutlich wird. Die Fokussierung auf die Gesamtheit der Fragmentproblematik, die darauf verzichtet, einzelne Gattungen oder Probleme in den Mittelpunkt zu rücken, unterscheidet den vorliegenden Band von früheren Sammelbänden zur Problematik der Fragmentforschung.[35]

Die **erste Sektion** („Das Bedürfnis nach begrifflicher bzw. methodischer Verfeinerung") gruppiert die Beiträge, welche die Grenzen der traditionellen Vorstellung des Fragments als eines physischen Bruchstückes eines verlorenen Ganzen, das wiederum üblicherweise entweder mit einem verlorenen Text oder mit einem verlorenen Autor gleichgesetzt wird, deutlich aufzeigen und ihn sogar an einigen Stellen erweitern. Alle drei Beiträge dieser Sektion kommen dieser Aufforderung aus verschiedenen Perspektiven nach, immer mit einem achtsamen Blick auf methodische bzw. begriffliche Schärfe. Sei es im Bereich der antiken Grammatiklehre, sei es am Beispiel der gnomischen Literatur, sei es auf dem Gebiet der Papyruskunde: Alle Beiträge zeigen, wie notwendig eine Verfeinerung der vorhandenen Begrifflichkeit ist.

Im Mittelpunkt des ersten Beitrages von **Stephanos Matthaios** steht eine Stelle aus dem Corpus der Iliasscholien (*Schol. Hom. Il.* (A) K 364b), die sich auf eine Deutung des alexandrinischen Philologen Aristarch von Samothrake zum homerischen Dualgebrauch bezieht. Das Anliegen des Beitrages ist allerdings nicht, die Meinung Aristarchs

35 Vgl. vor allem den wichtigen Sammelband von Most (1997), der die Beiträge hauptsächlich nach literarischen Gattungen gliedert; Burkert et al. (1998), deren Anordnung sich größtenteils an philosophischen Traditionen bzw. Schulen orientiert; Derda, Hilder u. Kwapisz (2017), welche ihren Band nach diversen analytischen Annäherungsweisen an das ‚Fragment' anordnen; Lamari, Montanari u. Novokhatko (2020), welche unter verschiedenen theoretischen und inhaltlichen Gesichtspunkten das griechische Drama in den Blick nehmen und schließlich Mastellari (2021), die den Kontext der ‚Fragmente' als wichtige analytische Kategorie der Fragmentforschung in den Fokus des Bandes stellt.

selbst zu erschließen, sondern die von ihm widerlegte Äußerung des Eratosthenes von Kyrene zu rekonstruieren. Dies lasse sich auf dem Gebiet der philologisch-grammatischen Literatur allerdings nicht mit Hilfe des traditionellen Fragment-Begriffs erreichen. Der Autor plädiert daher für eine Erweiterung des Begriffes um zwei Aspekte, die mit den diversen Phasen der methodischen Erschließung des Fragments eng zusammenhängen: das ‚Kern-Fragment' und das ‚Rahmen-Fragment'. Beim ersten handelt es sich um den in seinem Wortlaut erhaltenen Text (Fragment) eines verlorenen Werkes, wie man ihn in der sekundären Überlieferung vorfindet: der Ausgangspunkt der Analyse. Mit dem zweiten ist der gleiche Text nach Möglichkeit in seiner rekonstruierten Form und in seinem ursprünglichen Kontext nach einer tiefgreifenden philologischen Analyse gemeint: das Ziel der Analyse. Am ausgewählten Beispiel geht der Autor in seinem Beitrag schrittweise den paradigmatischen Weg vom Kern- bis zum Rahmen-Fragment, das stets von methodischen und theoretischen Überlegungen begleitet ist und dessen einzelne Etappen in der Struktur des Beitrages widergespiegelt werden. Dabei wird deutlich, dass die vielgescholtene Quellenforschung weiterhin für die Interpretation von Fragmenten in manchen Fällen alternativlos ist.

Im zweiten Beitrag der Sektion analysiert **Katarzyna Prochenko** aus einer historisch-literarischen Perspektive die Überlieferungsgeschichte der pythagoreischen ‚Sentenzen'. Diese ist insofern bemerkenswert, als die ‚Sentenzen' nicht als einzelne Äußerungen des Pythagoras in indirekter Überlieferung, sondern vielmehr direkt und immer als ein Fragment-Korpus in späteren gnomischen Sammlungen überliefert wurden. Dennoch ist, wie Prochenko zeigt, die Überlieferungsgeschichte dieser Sprüche höchst komplex und zugleich kontrovers. Zunächst stammen diese Sprüche ursprünglich aus den nicht erhaltenen Kompilationen der früheren Pythagoreer, die Äußerungen (ἀκούσματα, σύμβολα, ἀποφάσεις) des Pythagoras gesammelt haben sollen. Zudem wurden die einzelnen und durchaus voneinander divergierenden Sammlungen über Jahrhunderte einem ständigen Prozess der Zuweisung, Selektierung und Adaptierung unterzogen. Vor diesem Hintergrund ergibt sich aber das Problem ihres Status als ‚Fragmente', da aufgrund des fehlenden Archetyps ihre Authentizität nicht nur im Hinblick auf ihren Wortlaut und Stil, sondern auch auf ihre Provenienz und Autorschaft umstritten ist. Mit Blick auf die Besonderheit dieser Überlieferungslage argumentiert somit die Autorin, die pythagoreischen Sentenzen in erster Linie nicht als ‚Fragmente' eines bestimmten verlorenen Textes bzw. Autors, sondern vielmehr als Teile einer lebendigen und sich stets ändernden antiken Tradition zu betrachten. Das Ziel der editorischen Arbeit mit diesen Texten dürfe daher nicht die Rekonstruktion eines einzelnen ursprünglichen Textes sein, sondern vielmehr die Identifizierung der verschiedenen Redaktionsstufen.

Mit einer sorgfältigen „definitorisch-semantischen Annäherung" an das Fragment in der literaturwissenschaftlichen und philologisch-historischen Forschung beginnt der Beitrag von **Patrick Reinard**. Das Anliegen des Beitrages ist es, vor dem Hintergrund der vom Autor skizzierten Begrifflichkeit die papyrologische Überlieferung zu kategorisieren und ihre wichtigsten Merkmale herauszuarbeiten. Dabei wird stets zwischen den literarischen und dokumentarischen Papyri sowie zwischen den überlieferten Texten und ihrer jeweiligen ‚Materialität' bzw. ihrer ‚Objektbiographie' differenziert. Als wichtige Merkmale bei der Analyse der papyrologischen Überlieferung identifiziert Reinard die ‚(Un)mittelbarkeit' und ‚(Un)bewusstheit' ihrer Überlieferung, ihre ‚Funktionalität' und die ‚Materialität der Schriftträger', sowie schließlich das ‚Vorwissen' der Rezipienten dieser Texte, die je nach der Art der papyrologischen Überlieferung in unterschiedlichen Konstellationen zutreffen. Des Weiteren finden im Laufe der Analyse zahlreiche auf Papyri überlieferte Textsorten wie Exzerpte, Epitomen und Zitate ebenso wie Duplikate und Abschriften samt ihrer Besonderheiten in Hinblick auf ihren Fragment-Status und immer mit Gespür für begriffliche Schärfe Beachtung.

Die **zweite Sektion** („Fragmente und überliefernde (Kon-)Texte?") befasst sich mit einem zentralen Aspekt des literarischen ‚Fragments', nämlich dessen liminaler Stellung zwischen dem herangezogenen und dem heranziehenden Text. Diese besondere Stellung verdankt das ‚Fragment' den überliefernden Texten, die es je nach der jeweiligen Arbeitsmethode des überliefernden Autors in Inhalt und Sprache zu einem gewissen Grad verändern und in der Regel rekontextualiseren. Die beiden Beiträge dieser Sektion thematisieren die Rolle der überliefernden Autoren bei der Tradierung der jeweiligen ‚Fragmente' und verdeutlichen, dass weder die Schriftsteller der breiteren doxographischen Tradition noch die arabischen Verfasser, die sich auf Lehrmeinungen frühgriechischer Denker bezogen haben, als bloße Kopisten anzusehen sind. Vielmehr handelt es sich hier um Autoren, die ihre Quellen stets dem Anliegen ihrer eigenen Texte anzupassen versuchten.

Im ersten Beitrag der Sektion bezieht sich **Mathilde Brémond** auf Zitate aus dem verlorenen Werk des Empedokles, die in der Hippolyt von Rom zugeschriebenen Schrift *Refutatio omnium haeresium* zu finden sind. Bei der genannten Schrift handelt es sich um ein Werk christlicher Polemik, das sich auf eine breite Quellengrundlage gnostischer und philosophischer Literatur stützt, darunter auch auf doxographische Literatur. Der Beitrag zeigt auf, wie erkenntnisreich die Analyse des unmittelbaren Umfeldes eines Fragments ist und wie stark das Überlieferte und das Überliefernde voneinander abhängen. Zitate aus verlorenen Werken antiker Autoren seien oft mit Fehlern überliefert, die nicht nur als Versehen oder Missverständnisse seitens der Schreiber, sondern manchmal auch als bewusste Änderungen des vorhandenen Textzeugen durch die überliefernden Autoren erklärt werden können. Die Herausgeber:innen von Fragmenten versuchten oft, so Brémond, dieses indirekt überlieferte Material ohne Betrachtung der Intention des überliefernden Autors zu emendieren und begrenzten somit ihre Rekonstruktionsversuche ausschließlich auf sprachwissenschaftliche, textkritische und metrische Grundlagen. Bei einer solchen Vorgehensweise bestehe die Gefahr, dass Veränderungen, die eventuell bewusste Manipulationen des Textes sein könnten, ‚emendiert' würden. Brémond plädiert somit für eine sorgfältige Prüfung und Berücksichtigung des überliefernden Kontextes durch die Editor:innen.

Im zweiten Beitrag der Sektion bringt **Elvira Wakelnig** den Fokus auf Fragmente griechischer Werke, die in Texten späterer arabischer Autoren zu finden sind. Bei diesen griechischen Werken handelt es sich zumeist um Texte antiker Philosophen bzw. philosophischer Kommentatoren, die im Rahmen der sogenannten griechisch-arabischen Übersetzungsbewegung vom 8. bis zum 11. Jh. n. Chr. ins Arabische übertragen wurden. Diese heute in der Regel verlorenen arabischen Übersetzungen von griechischen Autoren, wurden als Vorlage von späteren arabischen Autoren herangezogen. Wie die Autorin darlegt, ist die Identifizierung eines in einem späteren arabischen Text belegten Zitats mit dem griechischen Originaltext daher unmöglich, es sei denn, einer der drei folgenden Umstände ist erfüllt: 1. Der griechische Originaltext ist erhalten und kann mit der arabischen Variante verglichen werden, 2. Im arabischen Text wird ausdrücklich auf das griechische Original verwiesen, 3. Es findet sich in einem weiteren arabischen Text eine Parallelstelle, welche die ursprüngliche griechische Quelle nennt. Um die Besonderheiten des jeweiligen methodischen Umgangs mit Fragmenten dieser Art zu zeigen, setzt sich die Autorin exemplarisch mit drei Zitaten aus der Schrift *De aeternitate mundi* (Über die Ewigkeit der Welt) von Johannes Philoponos auseinander, die im *Kitāb Bahǧat al-mu'min* (Erheiterung des Gläubigen) des melkitischen Diakons Ibn al-Faḍl al-Anṭākīs (11. Jh. n. Chr.) zu finden sind. Jedes dieser Beispiele demonstriert einen der zuvor genannten Wege der Identifizierung. Der Beitrag macht dabei deutlich, dass die arabischen Autoren den Wortlaut der zitierten Texte nicht treu überliefern, sondern diese entsprechend ihren eigenen Interessen und Argumentationsbedürfnissen gestalten.

Im Zentrum der **dritten Sektion** („Das Ganze und seine Teile im Vergleich") steht konzeptuell die in der Forschung bereits bewährte Methode der Qualitätsüberprüfung der ‚Fragmente' aus der indirekten Überlieferung. Man vergleicht dabei die tradierten Teile (‚Fragmente') eines Ganzen mit dem erhaltenen Ganzen selbst, dem diese ‚Fragmente' ursprünglich entstammen sollen. Beide Beiträge verwenden diese Methode, um je eine andere Fragestellung zu verfolgen. Das Anliegen des ersten Beitrags ist es, mit Hilfe dieser Methode die Arbeitsweise des Autors eines überliefernden Textes zu untersuchen, um so die Verlässlichkeit des ‚cover-text' für eine potentielle Rekonstruktion des Verlorenen zu prüfen. Der zweite Beitrag analysiert auf Grundlage dieser Methode die modernen Forschungshypothesen, die auf der Basis des fragmentarischen Kenntnisstandes vor der Entdeckung des Ganzen gestellt wurden, um so die Zuverlässigkeit dieser Thesen auf den Prüfstand zu stellen und daraus eine Lehre für zukünftige Analysen zu ziehen.

Lisa Hau schließt sich im ersten Beitrag dieser Sektion der lebhaften Forschungsdiskussion über die Arbeitsmethode des Athenaios von Naukratis in seinen *Deipnosophisten* an, tut dies aber anhand eines neuen Beispiels der Polybios-Zitate. In zehn Fallanalysen untersucht Hau, inwieweit Athenaios bei der Wiedergabe seiner Vorlage den ursprünglichen Text des Polybios und seinen Kontext änderte. Haus Analyse bestätigt zu einem gewissen Grad die Schlussfolgerungen der bisherigen Forschung im Blick auf das Verhältnis zwischen der Zitierweise des Athenaios und der sprachlich-inhaltlichen Qualität des von ihm überlieferten Textes, teils modifiziert sie diese jedoch oder erweitert sie. Zudem verdeutlicht Hau, dass die Polybianischen ‚Fragmente' bei Athenaios ihres ursprünglichen politisch-militärischen Kontextes weitgehend beraubt sowie dem symposialen Charakter von Athenaios' Werk angepasst wurden. Dies sei allerdings – wie Hau zeigt – ein verhängnisvoller Eingriff seitens des Athenaios, denn er könnte durchaus zu falschen Annahmen über den Inhalt des Polybianischen Werkes verleiten, stünde uns nicht genügend Vergleichsmaterial zur Verfügung. Diese Erkenntnis sei gerade nicht nur für das Studium der ‚Fragmente' des Polybios bei Athenaios von größerer Bedeutung, sondern müsse bei der Analyse anderer hellenistischen Historiker wie des Duris von Samos und des Phylarchos von Athen in Betracht gezogen werden, wenn wir Rückschlüsse auf den Inhalt ihrer Werke anhand der Fragmente bei Athenaios ziehen wollen.

Im zweiten Beitrag beleuchtet **Christian Orth** die wechselhafte Geschichte der Rekonstruktionsversuche von Menanders Dyskolos vor der Entdeckung und Publikation des Bodmer-Papyrus mit der fast vollständig erhaltenen Komödie. An zwanzig bekannten Dyskolos-‚Fragmenten' aus sekundärer Überlieferung, die man bis dato in der Forschung – allerdings aufgrund falscher Zuweisungen nicht in ihrer Gesamtheit – im Zusammenhang mit dem Stück diskutiert hat, untersucht Orth akribisch auf der sprachlichen und inhaltlichen Ebene die oft voneinander divergierenden Forschungsmeinungen bezüglich der einzelnen Dyskolos-Fragmente. Dabei kommt der Autor zu einem durchaus zwiespältigen Ergebnis, das einerseits das enorme Potential der wissenschaftlichen Analysen der ‚Fragmente', andererseits aber auch deutlich ihre Grenzen aufzeigt. Letztere betreffen weniger die sprachliche Ebene des Textes, die aufgrund der metrischen Form im Gegensatz zu Prosatexten seltener durch die sekundäre Überlieferung ‚verdorben' und meistens wörtlich überliefert ist. Als viel problematischer ergab sich die Deutung des Inhalts der überlieferten Verse und ihres Kontextes, die gelegentlich gelang, häufig aber misslang. Orth nennt dabei einige wichtige Gründe für die inhaltliche Missdeutung der Komödienfragmente. Als besonders irreführend beim Interpretieren der Fragmente zeigt sich der neue, oft verallgemeinernde Kontext der überlieferten Verse in der sekundären Überlieferung. Auch wurde häufig eine korrekte Deutungsrichtung aus dem eigentlichen Wortlaut durch die interpretative Hinzuziehung anderer bekannten Fragmente des Werkes irregeleitet. Ausgehend von seinen Erkenntnissen stellt Orth am Ende seines Beitrages programmatisch eine von ihm erarbeitete und gattungsimmanente Methode der Fragmentanalyse vor, derer Ziel es ist, eine methodisch fundierte Hilfestellung zur inhaltlichen Erschließung anderer fragmentarischer Komödien zu geben.

Die **vierte Sektion** („Von der Theorie zur Praxis: Fragmente sammeln und edieren") widmet sich der Hauptbeschäftigung der Fragmentforschung: dem Edieren von Fragmenten. Die Beiträge dieser Sektion gehen auf verschiedene methodologische Probleme ein, die sich beim Sammeln und Edieren von ‚Fragmenten' zwangsläufig ergeben: die Auswahlkriterien der Fragmente und ihre Anordnung innerhalb der Sammlungen, die verwendete Terminologie, die Textgrundlage für die selektierten Texte oder die Rolle des beigefügten Kommentars. Besondere Beachtung erhält dabei in einigen Beiträgen die Digitalisierung der Editionen. Sie trägt wesentlich dazu bei, einige methodische Probleme, die sich bei den gedruckten Editionen ergeben, zu lösen und erleichtert zugleich durch die digitalen Werkzeuge die Verwendung der Editionen zur Beantwortung von Fragestellungen verschiedener Art.

So präsentiert **Monica Berti** im ersten Beitrag ein Projekt aus dem Schnittpunkt der digitalen Philologie und der Computerlinguistik, das an einem punktuellen Beispiel technische Modalitäten der digitalen Texterfassung sowie das daraus resultierende Potenzial für die Deutung und Evaluierung digital erfasster Texte deutlich macht. Das von ihr geschilderte Projekt *Digital Athenaeus* wird nicht nur eine vollständige digitale Edition der *Deipnosphisten* des Athenaios von Naukratis, sondern auch wichtige digitale Tools für die Erforschung dieses für die Fragmentforschung enorm wichtigen Werkes zur Verfügung stellen. Dabei handelt es sich vor allem um einen im Beitrag angesprochenen digitalen Katalog der von Athenaios zitierten Autoren und deren Werke, der auf der Basis der Athenaios-Verweise erstellt wird. Zudem erfasst und visualisiert die Edition einzelne Verweise des Athenaios samt ihrer digital annotierten Zitationskategorien und ermöglicht somit, die Zitate einzelner Autoren bei Athenaios, also die von ihm wiederverwendeten Texte (text re-use), in ihrem jeweiligen Kontext zu analysieren. Damit verhilft das Projekt unter anderem dazu, die Zitierweise des Athenaios mit ihrer besonderen Begrifflichkeit in einer vorher nicht dagewesenen Vollständigkeit zu untersuchen.

Auch **Victor Gysembergh** zeigt in seinem Beitrag, inwiefern eine digitale Version einer möglichst vollständigen Edition der Fragmente der vorptolemäischen Astronomen bei der Lösung einer Vielzahl von methodischen Fragen von Vorteil wäre, und veranschaulicht dies konsequent am Beispiel des Eudoxos von Knidos. Als besonders problematisch stellt der Autor die Auswahl der im Fall der Eudoxos sehr zahlreichen ‚Fragmente' dar, unter welchen er jede Textstelle versteht, welche „glaubwürdige Informationen über Leben und Werk eines anderen Schriftstellers, inklusive seine Rezeptionsgeschichte" beinhaltet. Neben Fragmenten gesicherter Provenienz finden sich hier zahlreiche Textzeugnisse, die man den Kategorien ‚Spuria' und ‚Dubia' zuordnen muss und solche, die auf eine lebendige Rezeptionsgeschichte hinweisen und daher ebenfalls als beachtungswürdig erscheinen. Des Weiteren schlägt Gysembergh in Bezug auf die Frage der Anordnung der ‚Fragmente' vor, auf die Zweiteilung Testimonia/Fragmente zu verzichten und eine Typologie von ‚Fragmenten' zu erarbeiten, die eher den ‚Quellenwert' einzelner ‚Fragmente' in den Fokus nimmt. Dabei müsse aber stets auch die Rolle des Überliefernden beachtet werden. Schließlich können dank einer digitalen Edition weitere Fragen wie z. B. die Verwendung der Zeugnisse aus verschiedenen Sprachen gelöst und weiteres Material wie z. B. archäologische Quellen problemlos in Betracht gezogen werden. Anschließend an seine theoretischen Überlegungen bietet Gysembergh eine neue Interpretation von zwei bisher kaum in der Forschung analysierten Eudoxos-Fragmenten, die die inhaltliche Reichhaltigkeit der vorptolämeischen Astronomie und damit den Mehrwert einer neuen Edition illustrieren.

Eine ebenfalls neu konzipierte Fragmentedition stellt in ihrem Beitrag **Anastasia Pavlova** vor. Die von ihr vorbereitete Edition zielt auf eine vollständige Sammlung und

Kommentierung der Fragmente zur Poesie- und Literaturkritik des vierten vorchristlichen Jahrhunderts ab und bietet somit eine wichtige Forschungsgrundlage zur Entwicklung der Literaturwissenschaft vor der Gründung der alexandrinischen Philologie. Die Edition wird über dreihundertfünfzig thematisch relevante Fragmente in all ihrer Breite von Vertretern unterschiedlicher philosophischer Strömungen und Schulen bis hin zu antiken Historikern umfassen. Bei der Schilderung der entstehenden Fragmentedition berührt Pavlova systematisch eine Anzahl von relevanten Fragestellungen: den chronologischen Rahmen der Edition, die Auswahlkriterien für die aufgenommenen Autoren und Fragmente sowie die inhaltliche Struktur der Edition, die hier nach den thematischen Schwerpunkten der Fragmente geordnet wird. Abschließend problematisiert die Autorin die Frage der im neuen Vorhaben verwendeten Texteditionen und erläutert die Ziele des beigefügten Kommentars. Bei all diesen Fragen werden interessante Grenzfälle aufgezeigt, die einer editorischen Entscheidung unterzogen werden müssen.

Die **fünfte und letzte Sektion** des Bandes („Von der Praxis zur Deutung: Fragmente kontextualisieren und interpretieren") umfasst drei Beiträge, die als Fallstudien in hervorragender Weise demonstrieren, dass die Untersuchung antiker Fragmente, für welche Fragmenteditionen eine notwendige Grundlage schaffen, stets ein enormes Entwicklungspotenzial und Forschungsdesiderate aufweist. Denn die Beschäftigung mit Fragmenten eröffnet erst vielfältige Wege zu neuen Erkenntnissen und Deutungen in unterschiedlichen Forschungsgebieten, sei es wie hier in Bezug auf antike Philologie, sei es im Bereich der Philosophie oder Komödie.

Anna Novokhatko widmet sich im ersten Beitrag dieser Sektion zunächst der Entstehung einer spezifischen ‚Fachsprache' in den voralexandrinischen (proto-)philologischen Texten. Anhand einiger Belege aus klassischer Zeit, insbesondere von Gorgias und Demokrit, weist sie die Relevanz und den Einfluss dieser Texte für die spätere Entwicklung der Rhetorik- und Literaturtheorie nach. Sie plädiert dafür, die in diesem Bereich in der Regel nur fragmentarisch überlieferten Belege (die „Mosaiksteinchen") zu frühen rhetorischen und literaturkritischen Studien einer umsichtigen Rekonstruktion und einer genauen Kontextualisierung zu unterziehen. Dies sei die Voraussetzung für den Gewinn weiterer Erkenntnisse zum sozialen und kulturellen Umfeld, welchem diese frühen Fragmente voralexandrinischer Gelehrsamkeit entstammten, und zu den Bedingungen, die langfristig die Entwicklung und Konstitution dieser Gelehrsamkeit ermöglichten.

Im zweiten Beitrag untersucht **Christian Vassallo** in einem Fallbeispiel die Inschrift des Diogenes von Oinoanda und widmet sich in besonderer Weise der darin enthaltenen epikureischen Polemik gegen vorsokratische Philosophen. Wie Vassallo aufzeigt, gibt es drei Interpretationswege, dieses Thema anzugehen: Die Fokussierung auf einzelne Vorsokratiker; eine Analyse entsprechend der Position einzelner Themen innerhalb der Inschrift und schließlich die Untersuchung der Fragmente aus der polemischen Perspektive des Diogenes. In seinem Beitrag verfolgt der Autor den dritten Ansatz und veranschaulicht, dass diese Polemik niemals Selbstzweck sei, sondern stets der Verbreitung des von Diogenes vertretenen Epikureismus diene. Vassallo bietet in seiner ausführlichen Studie einen Katalog und eine Kategorisierung der in der Inschrift überlieferten vorsokratischen Zeugnisse. Dabei beleuchtet er in seiner Analyse verschiedene Aspekte wie die komplexe Beziehung der Epikureer zu den Atomisten, wobei unterschiedliche Testimonien die Kontextualisierung der Fragmente stützen.

Im abschließenden Beitrag des Bandes schildert **Bernhard Zimmermann** ein in seiner Gesamtheit neues und reizvolles Forschungsthema, das vor dem Hintergrund der Erforschung antiker Komödien im Rahmen des Freiburger Projektes *Kommentierung der Fragmente der griechischen Komödie* (KomFrag) konzipiert wurde. Der Beitrag untersucht exemplarisch die Komödientitel der verlorenen Stücke, welche bei einer genauen Betrachtung Rückschlüsse auf das Ganze zulassen. Ausgehend von der Prämisse, dass die Komödientitel im Gegenteil zu Tragödientiteln stärker auf den Erwartungshorizont des Publikums ausgerichtet waren und sich zum Teil gut kategorisieren lassen, trifft der Autor an einigen prägnanten Beispielen Aussagen über den möglichen Inhalt und die Handlung der verlorenen Stücke. Der Beitrag lädt gerade bei der Beschäftigung mit ‚Fragmenten' zum Hypothetisieren ein, auch wenn man gelegentlich dabei die Gefahr laufe, mit Zirkelschlüssen arbeiten zu müssen. Denn angesichts der spärlichen Überreste führe kein Weg am Stellen und kritischen Hinterfragen von Hypothesen vorbei, um neue Erkenntnisse zu gewinnen.

Die in diesem Band gesammelten Beiträge illustrieren deutlich, wie unabdingbar die Beschäftigung mit den ‚Fragmenten' ist, um unsere Wissenslücken über verlorene Autoren und Werke zumindest teilweise zu schließen. Sie zeigen ebenfalls eindrücklich, wie komplex die methodischen Probleme auf jeder Etappe dieser Tätigkeit sind, angefangen beim Begriff des ‚Fragments', über seine methodische Erschließung aus der sekundären Überlieferung bis hin zur Frage seiner Stellung innerhalb der modernen Fragmenteditionen. Methodische Fragen tauchen je nach Gattung, Epoche oder sogar der Art der Schriftträger in verschiedenen Konstellationen auf und werden häufig unterschiedlich gelöst, da einzelne Fachrichtungen der Altertumswissenschaften auf bereits etablierte Begrifflichkeiten oder Methoden zurückgreifen. Trotz dieser methodischen und terminologischen Vielfalt offenbart jedoch die in diesem Band behandelte Problematik mehr Gemeinsamkeiten als Unterschiede in den unterschiedlichen Disziplinen. Wir sind deswegen überzeugt, dass es sich lohnt, weiterhin nach einem gemeinsamen, begrifflichen und methodischen Weg zu suchen, und hoffen, mit diesem Band dazu beizutragen.

Bibliographie

Aczel (2013⁵): Richard Aczel, „Intertextualität und Intertextualitätstheorien", in: Ansgar Nünning (Hg.), *Metzler Lexikon. Literatur- und Kulturtheorie. Ansätze – Personen – Grundbegriffe*, Stuttgart, 349–351.

von Arnim (1903–1905): Hans von Arnim (Hg.), *Stoicorum Veterum Fragmenta* I–III, Stuttgart [= SVF; Register ergänzt von M. Adler, Stuttgart 1924].

Bachtin (1986): Michail Bachtin, *Speech Genres and Other Late Essays*, übersetzt von Vern W. McGee, Austin.

Baron (2011): Christoper A. Baron, „The Delimitation of Fragments in Jacoby's FGrHist: Some Examples from Duris of Samos", *GRBS* 51, 86–110.

Baron (2013): Christoper A. Baron, *Timaeus of Tauromenium and Hellenistic Historiography*, Cambridge.

Berti (2012): Monica Berti, „Citazioni e dinamiche testuali. L'intertestualità e la storiografia greca frammentaria", in: Virgilio Costa (Hg.), *Tradizione e Trasmissione degli Storici Greci Frammentari II. Atti del Terzo Workshop Internazionale, Roma, 24–26 Febbraio 2011*, Tivoli (Roma), 439–458.

Berti (2013): Monica Berti, „Collecting Quotations by Topic", *AncSoc* 43, 269–288.

Berti (2021): Monica Berti, *Digital Editions of Historical Fragmentary Texts*, Heidelberg.

Berti et al. (2016): Monica Berti, Christopher Blackwell, Mary Daniels, Samantha Strickland und Kimbell Vinvent-Dobbins (Hgg.), „Documenting Homeric Text-Reuse in the *Deipnosophistae* of Athenaeus of Naucratis", *BICS* 59, 121–139.

Bierl (2009): Anton Bierl, „Überlegungen zum Fragment und zu einer fragmentierenden Poetik aus gräzistischer Sicht", in: Anton Bierl, Gerald Siegmund, Christoph Meneghetti und Clemens Schuster (Hgg.), *Theater des Fragments. Performative Strategien im Theater zwischen Antike und Postmoderne* (Medien-Analysen 3), Bielefeld, 19–28.

Brunt (1980): Peter Astbury Brunt, „On Historical Fragments and Epitomes", *CQ* 30, 477–494.

Burkert (1969): Walter Burkert, „Einleitung", in: ders. (Hg.), *Hermann Diels. Kleine Schriften zur Geschichte der antiken Philosophie*, Hildesheim, vii–xiii.

Burkert et. al. (1998): Walter Burkert, Laura Gemelli Marciano, Elisabetta Matelli und Lucia Orelli (Hgg.), *Fragmentsammlungen Philosophischer Texte der Antike – Le raccolte dei frammenti di filosofi antichi. Atti del seminario internazionale Ascona, Centro Stefano Franscini 22–27 Settembre 1996* (Aporemata 3), Göttingen.

Derda, Hilder u. Kwapisz (2017): Tomasz Derda, Jennifer Hilder und Jan Kwapisz (Hgg.), *Fragments, Holes, and Wholes: Reconstructing the Ancient World in Theory and Practice* (*JJP* Suppl. 30), Warschau.

Diels u. Kranz (^{6}1951–1952): Hermann Diels und Walther Kranz (Hgg.), *Die Fragmente der Vorsokratiker* I, Wiesbaden ^{6}1951; II u. III, Wiesbaden ^{6}1952 [= DK bzw. *VS*; Erstausgabe von H. Diels 1903; ND Hildesheim I 2004; II u. III 2005).

Dionisotti (1997): Carlotta A. Dionisotti, „On Fragments in Classical Scholarship", in: Most (1997) 1–33.

Döring (1972): Klaus Döring, *Die Megariker. Kommentierte Sammlung der Testimonien*, Amsterdam.

Edelstein und Kidd (1972): Ludwig Edelstein und Ian Kidd (Hgg.), *Posidonius. The Fragments*, Cambridge.

Fowler (1997): Don Paul Fowler, „On the Shoulders of Giants: Intertextuality and Classical Studies", *MD* 39, 13–34.

Genette (2015^{7}): Gérard Genette, *Palimpseste. Die Literatur auf zweiter Stufe*, übersetzt von Wolfram Bayer u. Dieter Hornig, Frankfurt am Main.

Graham (2010): Daniel W. Graham, *The Texts of Early Greek Philosophy. The Complete Fragments and Selected Testimonies of the Major Presocratics* I, Cambridge.

Hau (2021): Lisa Irene Hau, „The fragments of Polybius compared with those of the 'Tragic' historians Duris and Phylarchus", *Histos* 15, 238–282.

Haug (1854): Martin Haug, *Die Quellen Plutarchs in den Lebensbeschreibungen der Griechen*, Tübingen.

Hägg (1975): Tomas Hägg, *Photios als Vermittler antiker Literatur. Untersuchungen zur Technik des Referierens und Exzerpierens in der Bibliotheke*, Uppsala.

Jacoby (1923–1959): Felix Jacoby (Hg.), *Die Fragmente der griechischen Historiker* I.A–III.C.2, Leiden/Berlin [= *FGrHist*].

Kidd (1997): Ian G. Kidd, „What is a Posidonian Fragment?", in: Most (1997) 225–236.

Kristeva (1971): Julia Kristeva, „Bachtin, das Wort, der Dialog und der Roman", in: Jen Ihwe (Hg.), *Literaturwissenschaft und Linguistik. Ergebnisse und Perspektiven* III: *Zur linguistischen Basis der Literaturwissenschaft*, II, übersetzt von Michel Korinman u. Heiner Stück, Frankfurt am Main, 345–375 [ursprünglich: „Bakhtine.

Le mot, le dialogue et le roman“, *Critique* 239, 1967, 438–465; ND Σημειωτική. Recherches pour une sémanalyse, Paris 1969, 143–173].
Kristeva (1974): Julia Kristeva, *La révolution du langage poétique. L'avant-garde à la fin du XIXe siècle: Lautréamont et Mallarmé*, Paris.
Laks (1997): André Laks, „Du témoignage comme fragment“, in: Most (1997), 237–272.
Lamari, Montanari u. Novokhatko (2020): Anna A. Lamari, Franco Montanari und Anna Novokhatko (Hgg.), *Fragmentation in Ancient Greek Drama* (TiC Suppl. 84), Berlin/Boston.
Lenfant (1999): Dominique Lenfant, „Peut-on se fier aux «fragments» d'historiens? L'exemple des citations d'Hérodote“, *Ktèma* 24, 103–121.
Lenfant (2007): Dominique Lenfant, „Les «fragments» d'Hérodote dans les *Deipnosophistes*“, in: Dies. (Hg.), *Athénée et les fragments d'historiens. Actes du colloque de Strasbourg 16–18 juin 2005*, Paris, 43–72.
Malcovati ([2]1955): Henrica Malcovati (Hg.), *Oratorum Romanorum Fragmenta*, Mailand [= *ORF*; Erstausgabe 1930].
Manafis (2020): Panagiotis Manafis, *(Re)writing History in Byzantium. A critical study of collections of Historical Excerpts*, Abingdon/New York.
Mansfeld u. Runia (1997): Jaap Mansfeld und David Runia, *Aëtiana: The Method and Intellectual Context of a Doxographer* I: *The Sources* (Philosophia Antiqua 73), Leiden/New York/Köln.
Mastellari (2021): Virginia Mastellari (Hg.), *Fragments in Context – Frammenti e dintorni*, Göttingen.
Maurenbrecher (1891): Bertold Maurenbrecher (Hg.), *C. Sallusti Crispi Historiarum Reliquiae*, Stuttgart.
Most (1997): Glenn W. Most (Hg.), *Collecting Fragments = Fragmente sammeln* (= Aporemata 1). Göttingen.
Müller u. Langlois (1841–1884): Karl Müller und Victor Langlois (Hgg.), *Fragmenta Historicorum Graecorum* I–V.2, Paris (= *FHG*).
Müller (1855–1861): Karl Müller (Hg.), *Geographi Graeci Minores* I–II, Paris [= *GGM*].
Németh (2013): András Németh, „The imperial systematisation of the past in Constantinople: Constantine VII and his *Historical excerpts*“, in: Jason König und Greg Woolf (Hgg.), *Encyclopaedism from Antiquity to the Renaissance*, Cambridge, 232–258.
Nissen (1863): Heinrich Nissen, *Kritische Untersuchungen über die Quellen der vierten und fünften Dekade des Livius*, Berlin.
Olson (2018): Douglas Olson, „Athenaeus' "fragments" of non-fragmentary prose authors and their implications“, *AJPh* 139, 423–450.
Ostermann (1991): Eberhard Ostermann, *Das Fragment. Geschichte einer ästhetischen Idee*, München.
Ostermann (1996): Eberhard Ostermann, „Fragment“, in: Gert Ueding (Hg.), *Historisches Wörterbuch der Rhetorik* III, Tübingen, 454–464.
Palm (1955): Jonas Palm, *Über Sprache und Stil des Diodoros von Sizilien*, Lund.
Papathomas (2016[3]): Amphilochios Papathomas, *Εισαγωγή στην παπυρολογία*, Athen.
Pelling (2000): Christopher B. R. Pelling, „Fun with fragments: Athenaeus and the historians“, in: David Braund, John Wilkins (Hgg.), *Athenaeus and his world. Reading Greek culture in the Roman empire*, Exeter, 171–190.
Peter (1865): Hermann Peter, *Die Quellen Plutarchs in den Biographien der Römer*, Halle.
Peter (1870 [[2]1914]–1906): Hermann Peter (Hg.), *Historicorum Romanorum Reliquiae* I–II, Stuttgart [= *HRR*].
Plett (1999): Heinrich F. Plett, „Rhetoric and Intertextuality“, in: *Rhetorica* 17, 313–329.
Powell (1925): John Undershell Powell (Hg.), *Collectanea Alexandrina. Reliquiae Minores Poetarum Graecorum Aetatis Ptolemaicae 323–146 A.C. Epicorum, Elegiacorum, Lyricorum, Ethicorum*, Oxford [= *CA*].
Rafiyenko (2019): Daryia Rafiyenko, „Towards the compilation principles of Excerpta historica Constantiniana“, *ByzSlav* 1–2, 291–324.
Ribbeck (1897–1898[3]): Otto Ribbeck (Hg.), *Scaenicae Romanorum Poesis Fragmenta* I–II, Leipzig [= Ribbeck].
Riedweg (1997): Christoph Riedweg, „«Pythagoras hinterliess keine einzige Schrift» – ein Irrtum? Anmerkungen zu einer alten Streitfrage“, *MH* 54, 65–92.
Roberto (2009): Umberto Roberto, „Byzantine Collections of Late Antique Authors: Some Remarks on the Excerpta historica Constantiniana“, in: Martin Wallraff und Laura Mecella (Hgg.), *Die Kestoi des Julius Africanus und ihre Überlieferung* ,Berlin/New York, 71–84.

Rose (^{3}1886): Valentin Rose (Hg.), *Aristotelis qui ferebantur Librorum Fragmenta*, Leipzig [= Rose^{3}].

Schepens (1997a): Guido Schepens, Timaeus *FGrHist* 566 F 28 revisited: Fragmenta or Testimonia? *Simblos* 2, 71–83.

Schepens (1997b): Guido Schepens, „Jacoby's *FGrHist*: Problems, Methods, Prospects", in: Most (1997) 144–172.

Schepens (2000): Guido Schepens, „Probleme der Fragmentedition", in: Christiane Reitz (Hg.), *Vom Text zum Buch*, St. Katharinen, 1–29.

Schepens (2010): Guido Schepens, „Die Debatte über die Struktur der „Fragmente der griechischen Historiker"", *Klio* 92, 427–461.

Schorn (2021): Stefan Schorn, „Historians, Antiquarians, Grammarians: Methodological Problems in the Classification and Structuring of FGrHist IV", in: *Annali della Scuola Normale Superiore di Pisa* ser. V 13, 11–62.

Schwartz (1903): Eduard Schwartz, „Diodoros", *RE* 5, Sp. 663–704.

Stephens (2002): Susan Stephens, „Commenting on Fragments", in: Roy K. Gibson und Christina Shuttleworth Kraus (Hgg.), *The Classical Commentary. Histories, Practices, Theory* (*Mnemosyne* Suppl. 232), Leiden/Boston/Köln, 67–88.

Strasburger (1977): Hermann Strasburger, „Umblick im Trümmerfeld der griechischen Geschichtsschreibung", in: *Historiographia Antiqua. Commentationes Lovanienses in honorem W. Peremans septuagenarii editae*, Löwen, 3–52.

Theiler (1982): Willy Theiler, *Poseidonios, Die Fragmente* I: *Texte*; II: *Erläuterungen*, Berlin/New York.

Thomas (1986): Richard F. Thomas, „Virgil's *Georgics* and the Art of Reference", *HSCP* 90, 171–198.

Treadgold (1980): Warren T. Treadgold, The *Nature of the Bibliotheca of Photius* (Dumbarton Oaks Studies 18), Washington, D.C.

Turner (1968): Eric Gardner Turner, *Greek Papyri. An Introduction*, Oxford.

Usener (1887): Hermann Usener (Hg.), *Epicurea*, Leipzig (= *Epicurea*).

Uxkull-Gyllenband (1923): Woldemar Graf von Uxkull-Gyllenband, *Die Quellen in Plutarchs Kimon*. Heidelberg.

Uxkull-Gyllenband (1927): Woldemar Graf von Uxkull-Gyllenband, *Plutarch und die griechische Biographie. Studien zu plutarchischen Lebensbeschreibungen des V. Jahrhunderts*, Stuttgart.

Vamvouri (2020): Maria Vamvouri, „Plutarch and the Academic Reader", in: Thomas S. Schmidt, Maria Vamvouri und Rainer Hirsch-Luipold (Hgg.), T*he Dynamics of Intertextuality in Plutarch*, in Zusammenarbeit mit Didier Clerc (Brill's Plutarch Studies 5), Leiden/Boston, 1–8.

Vattuone (1991): Riccardo Vattuone, *Sapienza d'Occidente: il pensiero storico di Timeo di Tauromenio*, Bologna.

Volquardsen (1868): Christian A. Volquardsen, *Untersuchungen über die Quellen der griechischen und sicilischen Geschichten bei Diodor, Buch XI bis XVI*, Kiel.

Winiarczyk (1991): Marek Winiarczyk (Hg.), *Euhemeri Messenii Reliquiae*, Stuttgart/Leipzig.

Wöhrle (2009): Georg Wöhrle (Hg.), *Die Milesier: Thales*, mit Beiträgen von Gotthard Strohmaier (Traditio Praesocratica 1), Berlin/Boston [englische Edition (2014): Georg Wöhrle, *The Milesians: Thales*, übersetzt und ergänzt mit zusätzlichem Material von Richard McKirahan, Berlin/Boston].

Wöhrle (2022): Georg Wöhrle, „Fragmente im Überfluss: Zur Problematik eines philologischen Begriffs", *Hermes* 150, 384–404.

Wyttenbach (1800): Daniel Wyttenbach, *Plutarchi Chaeronensis* Moralia V, Oxford.

Zepernick (1921): Kurt Zepernick, „Die Exzerpte des Athenaeus in den *Deipnosophisten* und ihre Glaubwürdigkeit", *Philologus* 77, 311–363.

Zinn (1959): Ernst Zinn, „Fragment über das Fragment", in: Josef A. Schmoll gen. Eisenwerth (Hg.), *Das Unvollendete als Künstlerische Form. Ein Symposion*, Bern/München, 161–171.

I Das Bedürfnis nach begrifflicher bzw. methodischer Verfeinerung

Stephanos Matthaios

Von Fragmenten und Testimonien philologisch-grammatischer Literatur der Antike. Das Beispiel von Eratosthenes' Äußerungen zum homerischen Dualgebrauch

1 Zur Einleitung: Problemlage und Begriffsbestimmungen

Fragmente philologisch-grammatischen Inhalts stellen aus vielerlei Gründen einen besonderen Fall fragmentarisch überlieferter Texte der klassischen Literatur dar. Originalschriften aus der gesamten philologisch-grammatischen Produktion der hellenistischen Zeit und der Spätantike existieren bekanntlich nur in geringem Umfang. Wir müssen uns an ihrer Stelle mit einer bisweilen geringen Anzahl an Zeugnissen aus viel späteren Quellen zufriedengeben, die ein lückenhaftes, oft auf Überlieferungszufall beruhendes Bild ergeben. Zudem sind die verfügbaren Zeugnisse nur im Ausnahmefall echte Fragmente. Das Attribut ‚echt' bezieht sich weder auf die Autorschaft der betreffenden Zeugnisse noch auf die Urheberschaft der darin dokumentierten Äußerung, sondern auf den Fragment-Begriff selbst. Mit ‚echten Fragmenten' sind wörtlich zitierte Textstellen bzw. Auszüge gemeint, die den Originalwerken, in ihrer Gesamtheit inzwischen verloren gegangen, entstammen. Diese Fragmente können in verschiedener Weise überliefert worden sein. Sie stellen entweder Bruchstücke der handschriftlichen Überlieferung, etwa auf Papyri und auch in mittelalterlichen Codices, dar oder sind Auszüge, die in Werken anderer Autoren tradiert wurden; auch im letztgenannten Fall muss der ursprüngliche Wortlaut bewahrt worden sein und durch wörtliche Wiedergabe als solcher erkennbar sein. Fragmente dieser Art sind in der philologisch-grammatischen Literatur aber in der Minderzahl. Bei der gegenwärtigen Überlieferungslage handelt es sich in der Regel um Referate einer Ansicht oder Erklärung, welche in die Werke von Bearbeitern und Kompilatoren byzantinischer Zeit eingegliedert und durch diese tradiert wurden. Der Originalwortlaut einer so überlieferten Äußerung ist deswegen schwer zu ermitteln. Aufgrund der sekundären bzw. indirekten Vermittlung ist ebenfalls schwer zu erkennen, ob und inwieweit ein Kommentar dem Originalautor oder dem späteren Referenten angehört. Auch der ursprüngliche Umfang einer Äußerung, die von einem späteren Bearbeiter und Kompilator referiert wird, ist aus demsel-

Anmerkung: Mein besonderer Dank gilt den Herausgebern des Bandes, Fabia Neuerburg, Theofanis Tsiampokalos und Piotr Wozniczka, für die sorgfältige Lektüre meines Beitrags und die zahlreichen Bemerkungen und Anregungen, die sie beisteuerten und zur Verdeutlichung meiner Argumentation dienten. Fabia Neuerburg danke ich auch dafür, dass sie meinen Text Korrektur las und ihn sprachlich und stilistisch verbesserte.

https://doi.org/10.1515/9783111508788-002

ben Grund nicht einfach zu ermitteln. Oft ist man aber mit einer weiteren Schwierigkeit konfrontiert, und zwar mit dem Fall, dass der Name des Autors und Urhebers der jeweils dokumentierten Ansicht – mit oder auch ohne besondere Absicht – weggelassen wurde. Somit sind die ‚Urheberrechte' einer Ansicht, welche wegen der besonderen Überlieferungssituation anonym auf uns gekommen ist, schwer zu bestimmen. Dies stellt uns vor die Herausforderung, die Identität des jeweiligen Autors zu ermitteln und die anonym tradierte Ansicht in den Zusammenhang von dessen Gesamtüberlieferung einzuordnen. Dieses Problem betrifft oft den Wechsel vom Fragment zum Testimonium und macht die Grenzen zwischen beiden Zeugnisgruppen besonders fließend. Unter dem Begriff ‚Testimonium' sind hier in erster Linie Imitationen im Sinne von ähnlich lautenden Erklärungen zu verstehen, die in Werken anderer bzw. späterer Autoren vorkommen, ihren Anlass aber in der fragmentarisch überlieferten Äußerung haben.[1] Wenn solche Testimonien keinen Autorennamen beinhalten, dann ist die Identifizierung ihrer Urheberschaft äußerst schwierig; vielmehr läuft man Gefahr, Testimonium und Fragment miteinander zu verwechseln.

Angesichts dieser Problemlage erweist sich der Fragment-Begriff in seinem traditionellen und technischen Sinn bei der Rekonstruktion der philologisch-grammatischen Literatur als unzureichend. Denn er betrifft, wie die geschilderte Situation ersehen lässt, einen ganz geringen Teil des erhaltenen Textbestands.[2] Selbst wenn man imstande ist, ein Fragment auszusondern und dessen ursprünglichen Wortlaut zu ermitteln und wiederherzustellen, bleibt seine Aussagekraft aufgrund der Überlieferungslücken oft gering. Dies gilt beispielsweise für Fragmente, die lediglich Lesarten, Varianten und Konjekturen enthalten, welche von den antiken Philologen vorgeschlagen und von späteren Bearbeitern sowie in den Scholiencorpora meist ohne Begründung für den betreffenden textkritischen Eingriff tradiert wurden. Einen charakteristischen Fall stellen die Fragmente dar, die die textkritischen Entscheidungen Aristarchs in Bezug auf den homerischen Text betreffen. Diese Fragmente stammen größtenteils aus dem Werk des Didymos, eines Philologen des 1. Jh. v. Chr., mit dem Titel Περὶ τῆς Ἀρισταρχείου διορθώσεως („Über Aristarchs Homer-Rezension"), welches seinerseits einen wesentlichen Bestandteil der Homerscholiensammlungen bildete.[3] Die Fragmente beinhalten fast ausschließlich die Lesart, die Aristarch an der jeweiligen Homerstelle gebilligt oder abgelehnt hat; die Begründung für die betreffende textkritische Entscheidung

1 Über den Begriff ‚Testimonium' und die möglichen Textsorten, die in seinen Umfang fallen, siehe West (1973) 84.

2 Die besonderen Überlieferungsprobleme werden am Beispiel der Fragmente des alexandrinischen Philologen Aristarch von Samothrake von Matthaios (1999) 36–38 umrissen. Ausführlicher berichtet über die Fragmente Aristarchs und deren Quellen Schironi (2018) 3–29; siehe besonders Schironi (2018) 27–29.

3 Die Fragmente von Aristarchs homerischer Textkritik, die Didymos im genannten Werk zusammenstellte, sind von Ludwich (1884–1885) ediert und interpretiert. Über Didymos und sein philologisches Oeuvre siehe Matthaios (2014) 547–549 und Montana (2020) 246–253; zu Aristarchs Homerausgaben und -kommentare siehe Matthaios (2014) 532–533 und Montana (2020) 204–211.

des alexandrinischen Philologen aber ist in der Regel nicht mitüberliefert. Fragmente solcher Art haben für den primären, d. h. den von einem antiken Philologen oder Grammatiker jeweils interpretierten Text – im genannten Beispiel für den Homertext, dem die betreffende Lesung oder Variante zuzuweisen ist –, einen ganz anderen Wert; sie behalten auch in ihrer Knappheit ihre Aussagekraft und sind für die Rekonstruktion der Überlieferungsgeschichte und Diktion des kommentierten Textes von besonderer Bedeutung. Das gilt für das philologisch-grammatische Werk, in dem die Fragmente ursprünglich standen, aber nicht; denn für dieses stellen die erhaltenen Fragmente einen geringen Teil eines sonst schwer zu identifizierenden und wiederherzustellenden Ganzen dar. Grund dafür ist, dass im Verlauf der Überlieferung die Argumentation, die die Aussage und den philologischen Eingriff veranlasste, weggelassen bzw. ausgeblendet wurde.

Um den Sinn von Fragmenten dieser und ähnlicher Art zu ermitteln, ist man auf mühsame Rekonstruktionsarbeit angewiesen. Philologisch-grammatische Fragmente lassen sich nur dann sinnvoll und angemessen deuten, wenn man auch den theoretischen Hintergrund der jeweils überlieferten Erklärung ermittelt, diese wiederum in deren historischen und ideologischen Kontext einordnet. Dies führt zu einer substantiellen Erweiterung des Fragment-Begriffs, die sich für die Interpretation des erhaltenen Materials als notwendig erweist: Die bruchstückhaft überlieferten Zeugnisse sollte man kontextualisieren, und zwecks Differenzierung von den wörtlich überlieferten Fragmenten könnte man bei den aus solcher Rekonstruktionsarbeit resultierenden Meta-Texten von Fragmenten im Kontext, von ‚kontextualisierten Fragmenten' sprechen. Hiernach könnte man das in seinem Wortlaut erhaltene Zeugnis als Kern-Fragment betrachten; demgegenüber stellt die kontextualisierte Äußerung das Rahmen-Fragment dar.[4]

Angesichts der besonderen Überlieferungsbedingungen der philologisch-grammatischen Literatur der Antike können wir also insgesamt von Zeugnissen philologisch-grammatischen Inhalts sprechen; dieser Begriff erweist sich als in jeder Hinsicht neutral. Vom technischen Aspekt her kann der Zeugnis-Begriff mit dem des Fragments gleichgesetzt werden, selbst wenn dies zum Teil auf Kosten des traditionellen Testimonium-Begriffs – im Sinne von ‚testes', d. h. von Zitationen und Referaten bei späteren Autoren – geschieht.[5] Man kann demnach ein Zeugnis als Fragment spezifizieren insofern, als dabei ein Bruchstück aus einem inzwischen verloren gegangenen Werk

4 Die Notwendigkeit der Kontextualisierung von Fragmenten hob Schepens (1997) 168 als methodische Voraussetzung für die angemessene Interpretation historischer Fragmente am Beispiel der Fortsetzung der Edition von Jacobys *Fragmente der griechischen Historiker* (*FGrHist*) hervor. Die Kontextualisierung soll nach Schepens der Kommentar leisten; er dient dazu: „to reconstruct the lost context of the original work and [...] to re-insert the fragment in it". Zur Bezeichnung dessen, was wir hier ‚Rahmen-Fragment' nennen, benutzt Schepens (ebd.) den Ausdruck ‚cover-text'.

5 In Bezug auf die begriffliche Differenzierung zwischen Zeugnis, Fragment und Testimonium, die hier vorgenommen wird, sind die Erläuterungen von Wöhrle (2009) 1–7 von besonderer Bedeutung und Relevanz.

vorliegt, welches in direkter oder auch indirekter Überlieferung den Originalwortlaut einer philologisch-grammatischen Äußerung enthält oder ihn fassbar werden bzw. rekonstruieren lässt. Aus inhaltlicher Perspektive sind die überlieferten Zeugnisse bzw. die Fragmente nach unserem Vorschlag weiterhin in Kern- und Rahmen-Fragmente zu differenzieren. Der Rekonstruktion des Rahmen-Fragments ist besondere Bedeutung beizumessen, da auf ihrer Basis die Überlieferungslücken zu decken sind. Denn bei Fragmenten der Fach- und in diesem Zusammenhang auch der philologisch-grammatischen Literatur sind Idee und Argument oft gewichtiger als ihre Ausdrucksform. Bei einer fragmentarisch bzw. lückenhaft überlieferten Äußerung lassen sich der theoretische Gehalt und Hintergrund durch deren Kontextualisierung erreichen und wiederherstellen.

Die hier angesprochenen Probleme im Umgang mit philologisch-grammatischen Fragmenten werden wir am Beispiel von Zeugnissen aus dem Werk eines Gelehrten verfolgen, der sich durch sein Universalwissen auszeichnete, und aus dessen zahlreichen Schriften die nachkommenden Autoren ausgiebig schöpften: Eratosthenes von Kyrene ist gegen Mitte des 3. Jh. v. Chr. nach Alexandria übergesiedelt und hat, Apollonios Rhodios folgend, das Amt des Vorstehers der dort beheimateten Bibliothek übernommen.[6] Aus seiner Amtszeit als Bibliothekar stammt eine Reihe philologischer Werke und Lexika – darunter eine aus zwei Büchern bestehende Schrift mit dem Titel Γραμματικά („Grammatische Probleme").[7] Von Eratosthenes' philologischem Oeuvre besitzen wir heute nur eine spärliche Anzahl von Fragmenten. Denn wie auch bei den restlichen Werken des Kyrenäers ist die Überlieferung der Originalwerke philologischen Inhalts zu einem frühen Ende gekommen.

Mein Beitrag bezieht sich auf Eratosthenes' Ansichten zum homerischen Dualgebrauch, der den antiken Homerphilologen besondere Schwierigkeiten bereitete. Im Corpus der Iliasscholien sind zwei Stellen erhalten, welche Eratosthenes' Position zu dieser Frage dokumentieren. Das erste Zeugnis – das *Schol. Hom. Il.* (A) K 364*b* – bezieht sich auf die Morphologie des verbalen Duals, und zwar auf die morphologischen Besonderheiten, die der homerische Gebrauch in der dritten Person Dual im Indikativ von Nebentempora aufweist. In diesem Zeugnis setzt sich Aristarch mit Eratosthenes' Deutung der Form διώκετον in *Il.* K 364 kritisch auseinander.[8] Das zweite Zeugnis – das *Schol. Hom. Il.* (A) Ω 282 – nimmt auf die Semantik des Duals Bezug, speziell auf das Quantitätsverhältnis, das der Dual bei Homer kennzeichnet bzw. kennzeichnen kann. Auch hier wird Eratosthenes von Aristarch attackiert, weil er – diesmal in Überein-

6 Über Eratosthenes' Leben und Werk siehe Geus (2002) 7–58.

7 Zu Eratosthenes' Schriften philologisch-grammatischen Inhalts siehe Geus (2002) 289–308. Speziell zu der Schrift *Grammatika* siehe Geus (2002) 304–306 und Matthaios (2011) 57–67.

8 Das betreffende Scholion wird unten, S. 30, angeführt. Siehe auch die Erläuterungen zu diesem Scholion auf den folgenden Seiten.

stimmung mit dem Pergamener Krates von Mallos – den Dual fälschlich in pluralischer Bedeutung gelten ließ.[9]

Die Analyse fokussiert auf Eratosthenes' Erklärung zu der Dualform διώκετον und zielt darauf ab, das betreffende Fragment des Kyrenäers in Wortlaut, Sinn und Kontext zu rekonstruieren. In einem ersten Schritt (Abschnitt 2) konzentriere ich mich auf das Kern-Fragment und beabsichtige, die Erklärung des Kyrenäers wort- und sinngemäß zu ermitteln und zu deuten. In einem zweiten Schritt (Abschnitt 3) gehe ich auf das Rahmen-Fragment ein: Es stellt sich zunächst die Frage, ob die im betreffenden Zeugnis überlieferte Ansicht des Kyrenäers im restlichen Material, vorwiegend im Corpus der Iliasscholien, Nachhall und eventuell Befürworter gefunden hat. Dies führt uns auf die traditionelle Suche nach Testimonien zum überlieferten Fragment. Hierauf aufbauend soll die Kontextualisierung des Eratosthenes-Fragments vorgenommen werden. Dabei stellt sich die Frage nach dem historischen und theoretischen Hintergrund des Fragments, ferner auch nach dem Zusammenhang, der beide den Dual betreffenden Äußerungen des Kyrenäers zu einem Ganzen verbindet. Die Überschriften, die für die einzelnen Sektionen meines Beitrags verwendet werden, sollen die methodologischen und theoretischen Überlegungen, die sich aus dem Umgang mit Fragmenten philologisch-grammatischen Inhalts ergeben, veranschaulichen. Aus der Analyse dieses speziellen Falles aus der philologisch-grammatischen Literatur der Antike sind zum Schluss einige allgemeine Konsequenzen über die Fragment-Problematik zu ziehen.

2 Ein Fragment ermitteln und wiederherstellen

Eratosthenes' Ansicht über die morphologischen Besonderheiten des homerischen Duals lässt sich, wie bereits erwähnt, aus seiner Erklärung zu der Form διώκετον in *Il.* K 364 und aus den Einwänden, die Aristarch gegen sie vorbrachte, rekonstruieren. An dieser Iliasstelle ist von Diomedes und Odysseus die Rede: Nachdem sie Dolon von den Troern isoliert hatten, haben sie beide ihn stets unablässig verfolgt: ὡς τὸν Τυδείδης ἠδ' ὁ πτολίπορθος Ὀδυσσεὺς / λαοῦ ἀποτμήξαντε διώκετον ἐμμενὲς αἰεί (*Il.* K 363–364). Nicht nur die sonderbare Dualform διώκετον, sondern auch Eratosthenes' Erklärung veranlassten Aristarch dazu, den Vers K 364 in seiner Iliasausgabe mit der Diple, einem seiner kritischen Zeichen, zu vermerken.[10] Sein Zeichen begründete Aristarch in seinem Iliaskommentar, und diese Begründung referierte alsbald Aristonikos, ein Grammatiker augusteischer Zeit und der Hauptberichterstatter der aristarchischen Homerinterpretation, in seiner Schrift *Über die Zeichen Aristarchs in der Ilias und Odyssee* (Περὶ τῶν

9 Das Scholion wird in seinem Wortlaut unten, S. 41 zitiert; siehe auch den an das Zeugnis anschließende Kommentar zu diesem Zeugnis.

10 Zu den kritischen Zeichen Aristarchs und speziell zur Funktion der Diple siehe Matthaios (1999) 40, Matthaios (2014) 531–532, Schironi (2018) 49–52 und Montana (2020) 208.

τοῦ Ἀριστάρχου σημείων τῶν τῆς Ἰλιάδος καὶ τῆς Ὀδυσσείας).[11] Hieraus schöpfte der Kompilator des sogenannten ‚Viermännerkommentars', der neben Aristonikos' Schrift die Werke des Didymos zu Aristarchs homerischer Textkritik, des Herodian zu prosodischen Fragen bei Homer und des Nikanor zur homerischen Interpunktion miteinander vereinte,[12] die von Aristonikos referierte Erklärung Aristarchs zur homerischen Verbform διώκετον.[13] Auf den ‚Viermännerkommentar' wiederum geht das im Cod. Venetus A überlieferte Scholion zu *Il.* K 364*b* zurück:[14]

> *Schol. Hom. Il.* (A) K 364*b* (Ariston.). {λαοῦ ἀποτμήξατε} (del. Erbse) διώκετον: ὅτι τὸ διώκετον σημαίνει διώκουσιν {ἢ διώκετε} (del. Friedlaender, cuius deletioni Erbse non consentit), οὐ τὸ διωκέτην (A : <ἐ>διωκέτην suppl. Erbse praeeunte Friedlaender), ὡς Ἐρατοσθένης (fr. 35 Strecker). ἔστιν οὖν τὸν Δόλωνα διώκουσιν ἀντί τοῦ ἐδίωκον, ὃν τρόπον "αἱ μὲν ἀλετρεύουσι μύλησ' ἔπι" (Hom. *Od.* η 104) ἀντὶ τοῦ ἠλέτρευον.

Am ausführlichsten wird in diesem Scholion, wie auch zu erwarten ist, Aristarchs Erklärung referiert. Aristarch meint, dass διώκετον, morphologisch gesehen, der dritten oder auch der zweiten[15] Person Dual eines Haupttempus zuzuweisen ist, deswegen auch die Wiedergabe dieser Form mit den entsprechenden Präsentia διώκουσιν und διώκετε: τὸ διώκετον σημαίνει διώκουσιν ἢ διώκετε. Das Problem der homerischen Verwendung liegt nach Aristarchs Ansicht eigentlich nicht in der Morphologie, sondern in den Schwierigkeiten, die das Präsens mitten in der Erzählung bereitet. Um dieses Problem zu beheben, deutet Aristarch den Gebrauch der Präsensform διώκετον unter Annahme einer Tempusvertauschung und setzt diese mit der Imperfektform gleich: διώκετον entspreche – im Plural übertragen – dem Präsens διώκουσιν, welches wiederum im Sinne des Präteritums ἐδίωκον zu verstehen sei: ἔστιν οὖν τὸν Δόλωνα διώκουσιν ἀντί τοῦ ἐδίωκον. Der besondere Tempusgebrauch in *Il.* K 364 sei bei Homer nicht singulär; auch

---

11 Über Aristonikos und sein Werk siehe Matthaios (1999) 39–40, Matthaios (2014) 549, Schironi (2018) 15–18 und Montana (2020) 245–246.

12 Zum sogenannten ‚Viermännerkommentar' siehe Erbse (1969–1988) I XI–XII und Schmidt (1976) 3–4; vgl. Matthaios (1999) 40, Matthaios (2002), Schironi (2018) 7–9 und Dickey (2007) 18–19.

13 Über die Wege der Vermittlung von Aristarchs Erklärungen siehe Nickau (1977) 1–2, Matthaios (1999) 38–40, Schironi (2018) 6–27 und Montana (2020) 204–208.

14 Selbst wenn die Diple Aristarchs am Ilias-Vers K 364 im Cod. Venetus A nicht mehr mit überliefert ist (vgl. Erbse [1969–1988] III 78, test ad K 364: "deest diple ante versum in A, fort. neglegentia scribae"), ist die aristonikeische Herkunft des Scholions unverkennbar; dafür sprechen seine Anlage und Charakter, vor allem das kausale ὅτι, welches das Scholion einleitet und der Erklärung des kritischen Zeichens Aristarchs dient. Das Werk des Aristonikos wiederum ist eine der vier Quellen, die den ‚Viermännerkommentar' konstituieren; vgl. die in Anm. 12 zitierte Literatur. Das Aristonikos-Adnotat und somit die Ansicht Aristarchs sind auf dem oben beschriebenen Weg dem ‚Viermännerkommentar' bzw. dem Cod. Venetus A vermittelt.

15 Dies gilt unter der Voraussetzung, dass man die im Cod. Venetus A überlieferte Wendung ἢ διώκετε beibehält. Zu Friedländers Tilgung und deren Berechtigung siehe aber unten, S. 33.

in *Od.* η 104 fungiert das Präsens ἀλετρεύουσι laut Aristarch als ein Präteritum und ist sinngemäß mit ἠλέτρευον gleichzusetzen.[16]

Aristarch bringt die Verwendung der problematischen Dualform διώκετον in Verbindung mit den sogenannten 'présents descriptifs' bei Homer, die bei der Beschreibung unvergänglicher oder noch dauernder Zusammenhänge vorkommen, und betrachtet sie eigentlich als historische Präsentia. Er nimmt also an, das Präsens διώκετον stünde in *Il.* K 364, genau wie das ἀλετρεύουσι in *Od.* η 104, anstelle des Imperfekts.[17] Dasselbe gilt auch für die zwei weiteren homerischen Dualformen auf -τον, und zwar τετεύχατον in *Il.* N 346 und λαφύσσετον in *Il.* Σ 583. Wie die betreffenden Aristonikosadnotate zu diesen Iliasstellen zeigen, hält Aristarch auch beide Verbformen für Präsentia, die an die Stelle von Präterita treten.[18] In beiden Aristonikos-Scholien wird das aristarchische Erklärungsprinzip ausdrücklich genannt: χρόνος δὲ ἤλλακται. Dass Aristarchs Erklärungen zu den drei homerischen Dualformen in -τον eine Gruppe bilden, ergibt sich aus den Verweisen, die bei Aristonikos auf die drei Homerstellen aufeinander gemacht werden.[19]

---

16 Vgl. Aristonikos im *Schol. Hom. Od.* (HP) η 104 (Ar. fr. 63 test. Matthaios): ἀντὶ τοῦ ἠλέτρευον. Zu diesem Odysseescholion siehe Matthaios (1999) 333. Über Aristarchs Erklärung zu der Dualform διώκετον vgl. Matthaios (1999) 334 und Matthaios (2018) 28–31.

17 Siehe Ar. fr. 63 Matthaios und die dort im Testimonienapparat angeführten Parallelstellen; zu den Erklärungen Aristarchs mittels der Annahme einer Tempusvertauschung – in diesem Fall des Imperfekts mit dem Präsens – siehe Friedlaender (1853) 3–4, Matthaios (1999) 333–335 und Schironi (2018) 195–196. Über den homerischen Präsensgebrauch und Aristarchs Erklärungen dazu berichtet Friedländer (1851) 671–672. Über das homerische 'présent descriptif' und das von der Forschung angenommene Fehlen des historischen Präsens bei Homer siehe Chantraine (1986–1988) II 191 und Monro (1891) 64–65; vgl. Matthaios (1999) 333 Anm. 173.

18 Siehe Aristonikos im *Schol. Hom. Il.* (A) N 346*b* und im *Schol. Hom. Il.* (A) Σ 583*a*. Beide Scholien werden unten, S. 35–39, zitiert und besprochen. Zu Aristarchs Erklärungen zu diesen Verbformen siehe Friedländer (1851) 670–671.

19 Im *Schol. Hom. Il.* (A) Σ 583*a* wird als Parallele zu λαφύσσετον die Form διώκετον in *Il.* K 364 angegeben. Im *Schol. Hom. Il.* (A) N 346*b* dagegen wird die Form ἐπείγετον in *Il.* K 361 als Parallele zum Gebrauch von τετεύχετον anstelle von ἔτευχον angeführt; demnach wäre ἐπείγετον als ein Präsens aufzufassen, das mit dem Imperfekt ἤπειγον vertauscht worden sei. Diese Parallele scheint jedoch verfehlt, zumal ἐπείγετον nach Aristarchs Ansicht im *Schol. Hom. Il.* (A) K 361*b* als ein Indikativ erklärt wurde, der anstelle des Konjunktivs ἐπείγητον erscheint. Zum aristarchischen Erklärungsprinzip durch Annahme einer Vertauschung des Konjunktivs mit dem Indikativ siehe Friedlaender (1853) 13–14, Matthaios (1999) 373 und Schironi (2018) 197–200. Außerdem ist bei ἐπείγετον eine Tempusvertauschung und folglich seine Verwendung anstelle des Imperfekts schwer annehmbar. Denn das im Gleichnis vorkommende ἐπείγετον ist ein eindeutiges Präsens; siehe Hainsworth (1993) 191 (Komm. zu K 361–362). Bereits Lehrs (1848) 457–458 nahm an, dass das Aristonikosadnotat an dieser Stelle korrupt ist, ferner, dass Aristonikos ursprünglich, genau wie im *Schol. Hom. Il.* (A) Σ 583*a*, auf *Il.* K 364 und die darin vorkommende Form διώκετον verwiesen hat. Friedlaender (1853) 219–220 schloss sich Lehrs' Ansichten an und tilgte den Verweis auf *Il.* K 361 aus dem Scholientext; vgl. dazu auch Friedländer (1851) 670–671. Erbse (1969–1988) III 465 (im textkritischen Apparat zu Z. 17–18) geht von der Richtigkeit des Verweises auf die Form ἐπείγετον aus *Il.* K 361 aus. Dennoch nimmt seine Erklärung (ebd.): "at Ariston. dicit dualem perf. τετεύχετον idem significare ac praes. τεύχουσι; hoc autem duci posse pro imperfecto ἔτευχον velut

Eratosthenes' Erklärung ist im *Schol. Hom. Il.* (A) K 364*b* direkt an das morphologische Argument Aristarchs angeschlossen und wird auf dessen Basis gleich zurückgewiesen. Der Gedankengang lässt die Annahme plausibel erscheinen, dass Eratosthenes hauptsächlich zu der Einordnung von διώκετον in das Konjugationsparadigma des Duals Stellung bezog und, darauf rekurrierend, eventuell auch auf die Probleme der homerischen Dualverwendung aufmerksam machte. Aristarch wiederum nahm hier, anders als in seinen Erklärungen zu τετεύχατον (N 346) und λαφύσσετον (Σ 583), explizit deswegen auf die Morphologie des Duals Bezug, weil er Eratosthenes' Ansichten zu widerlegen beabsichtigte.

Im Referat des Aristonikos wird in der Wendung οὐ τὸ διωκέτην, ὡς Ἐρατοσθένης mit dem Ausdruck ὡς Ἐρατοσθένης die Erklärung des Kyrenäers eingeleitet. Die Negationspartikel οὐ gehört zur Erwiderung Aristarchs und wird aus dessen Widerlegung der eratosthenischen Ansicht motiviert. Eratosthenes' Erklärung wiederum besteht lediglich aus dem Ausdruck τὸ διωκέτην; dies ist offenbar auch das einzig wörtliche Bruchstück, welches nunmehr aus der ursprünglichen Erläuterung des Kyrenäers erhalten ist. Der Ausdruck τὸ διωκέτην – das Verb ist im Cod. Venetus A in dieser Form überliefert[20] – bezieht sich syntaktisch auf das davorstehende Verb σημαίνει und könnte – wie es beim Ausdruck τὸ διώκετον der Fall ist – als Subjekt oder aber auch als Objekt des Satzverbs aufgefasst werden. Von seiner syntaktischen Funktion hängt wesentlich ab, wie der elliptische Satz ὡς Ἐρατοσθένης zu verstehen ist. Von der Ergänzung des Verbs γράφει im letztgenannten Satz sollte man absehen. Selbst wenn Eratosthenes eine eigene Homerrezension angefertigt hätte, ist nicht einzusehen, warum er an dieser Homerstelle eine metrisch unpassende Lesart hätte befürworten können. Sinnvoll erscheint dagegen die Ergänzung eines schlichten φησίν (*scil.* σημαίνειν). Der Ausdruck τὸ διωκέτην fungiert dann als Objekt des von diesem φησίν abhängenden Infinitivs σημαίνειν und zugleich als Objekt des σημαίνει im davorstehenden Hauptsatz. Somit fungiert τὸ διωκέτην als Interpretament der homerischen Lesart διώκετον. Nimmt man an, dass das Verb σημαίνει Eratosthenes' Erläuterung der homerischen Dualform διώκετον einleitet, dann kann man auf dessen Basis den ursprünglichen Wortlaut des Fragments ergänzend erweitern: (τὸ) διώκετον σημαίνει τὸ διωκέτην.[21]

Einige Erläuterungen zu den textkritischen Problemen, die das *Schol. Hom. Il.* (A) K 364*b* enthält, sind noch notwendig: Friedländer hat – gefolgt von Erbse[22] – das im

dual. praes. ἐπείγετον pro imperf. ἤπειγον" auf die grundsätzliche Frage, warum ausgerechnet die Form ἐπείγετον hier von Aristarch mit einem Präteritum gleichgesetzt wird, keine explizite Stellung.

20 Zu der Frage, ob man die augmentlose Form, die im Cod. Venetus A überliefert wurde, im Text auch beibehalten oder sie mit Friedländer in die augmentierte Form ἐδιωκέτην ändern soll, siehe gleich unten, S. 32–33.

21 Der die homerische Form διώκετον begleitende Artikel τό könnte fehlen. Zum Wortlaut der eratosthenischen Erklärung siehe auch unten, S. 34.

22 Siehe den Text, den Friedlaender (1853) 179 ad loc. in seiner Sammlung der Aristonikos-Scholien zur Ilias bietet; vgl. dazu Erbse (1969–1988) III 79 ad loc. und im textkritischen Apparat zu Z. 45.

Cod. Venetus A überlieferte διωκέτην in das augmentierte ἐδιωκέτην geändert, vermutlich in der Absicht, den Charakter des Interpretaments zu unterstreichen und auf diese Weise die Verwechslung des Ausdrucks διωκέτην mit einer vermeintlichen Konjektur bzw. Lesart des Eratosthenes zu verhindern. Friedländers Ergänzung ist jedoch nicht notwendig. Die Paralleltestimonien zu diesem Scholion führen in Übereinstimmung mit dem Cod. Venetus A einheitlich die augmentlose Form διωκέτην als Äquivalent zum homerischen διώκετον an – so Apollonios Dyskolos, der *Ep. Hom.* τ 55 und das *Etymologicum Magnum* zu diesem Wort.[23]

Aristarch setzte die Form διώκετον mit διώκουσιν und – nach dem Zeugnis des Cod. Venetus A – auch mit διώκετε gleich. Aus grammatischer Sicht ist Aristarchs Wiedergabe im Hinblick auf die Personenzuweisung einer Dualform im Haupttempus stimmig. Friedländer aber tilgte zu Recht, wie es zu zeigen sein wird, die Wendung ἢ διώκετε.[24] Allem Anschein nach liegt dabei eine in späterer Zeit interpolierte Zusatzerläuterung der Form διώκετον vor, die aus grammatischer Sicht zwar plausibel erscheint, das aristarchische Argument jedoch entstellt. Denn der Einwand und zugleich der Schwerpunkt von Aristarchs Erklärung liegen nicht in der Personen-, sondern in der Tempusbedeutung der Form διώκετον. So tritt in Aristarchs Wiedergabe des homerischen Textes durch die Wendung "ἔστιν οὖν τὸν Δόλωνα διώκουσιν" die Präsensbedeutung der Verbform διώκετον deutlich in den Vordergrund. Auf der anderen Seite kommt die Form διώκετον bzw. die Endung -τον nicht nur der zweiten und dritten Person Dual von Haupt-, sondern auch der zweiten Person von Nebentempora zu. Falls Aristarch daran interessiert wäre, das morphologische Problem, das die Form διώκετον bereitet, in seiner Vollständigkeit zu erfassen, würde man in seiner Erklärung, neben den Äquivalentformen διώκουσιν und διώκετε, auch die Form ἐδιώκετε erwarten. Aristarch beabsichtigte aber nicht, das komplette Flexionsparadigma des verbalen Duals zu präsentieren, sondern primär auf das Tempusproblem hinzuweisen, das der Gebrauch des Präsens διώκετον an dieser Homerstelle verursacht. Auch in den Aristonikosadnotaten zu den zwei weiteren homerischen Dualformen auf -τον, ἐτεύχετον in *Il.* N 346 und λαφύσσετον in *Il.* Σ 583, wird der ihnen semantisch äquivalente Verbalausdruck nur in derjenigen Person angeführt, die der jeweilige Textzusammenhang auch verlangt, also nur in der dritten Person Plural: So wird im *Schol. Hom. Il.* (A) Σ 583*a* das homerische λαφύσσετον mit λαφύσσουσιν, im *Schol. Hom. Il.* (A) N 346*b* wiederum die Form τετεύχετον mit τεύχουσιν wiedergegeben.[25]

---

23 Siehe Ap. Dysc. *Pron.* 110, 4: διώκετον (Hom. *Il.* K 364) γὰρ ἀντὶ τοῦ διωκέτην; *Ep. Hom.* τ 55 (694, 62 Dyck): ἔδει διὰ τοῦ η διωκέτην; *EM.* 280, 35: οὐκ ἠδύνατο γὰρ εἶναι διωκέτην. Vgl. dazu Callanan (1987) 53 Anm. 9. Friedländers Ergänzung des Augments wird von van Thiel (2014) II 191 ad loc. ebenfalls nicht gebilligt.

24 Siehe Friedlaender (1853) 179 ad loc.: "*Verba inclusa aliena esse videntur*". Erbse (1969–1988) III 79 ad loc. und im textkritischen Apparat zu Z. 45, und van Thiel (2014) II 191 ad loc. folgen Friedländers Tilgung nicht.

25 Beide Scholien werden unten, S. 35–39, zitiert und diskutiert.

Nach diesen Erläuterungen lässt sich das Aristonikosadnotat im *Schol. Hom. Il.* (A) K 364*b* wie folgt wiedergeben:

> Aristarch hat diesen Vers mit der Diple notiert, weil das darin stehende διώκετον die Bedeutung ‚διώκουσιν' (‚sie verjagen') hat, nicht aber die Bedeutung der Form διωκέτην (‚beide verjagten'), wie Eratosthenes <meint>. Der Sinn dieser Stelle ist also ‚τὸν Δόλωνα διώκουσιν' (‚sie verjagen Dolon'), es wird aber damit das Imperfekt ‚ἐδίωκον' (‚sie verjagten') impliziert, genau wie in der Wendung ‚αἱ μὲν ἀλετρεύουσι μύλησ' ἔπι' (Hom. *Od.* η 104: ‚die einen mahlen auf der Mühle') das Präsens ‚ἀλετρεύουσι' (‚sie mahlen') anstelle des Imperfekts ‚ἠλέτρευον' (‚sie mahlten') verwendet wird.

Auf der Basis unserer Erläuterungen können wir den Wortlaut des Eratosthenes-Fragments, welches in diesem Scholion erhalten ist, wie folgt rekonstruieren: (τὸ) διώκετον σημαίνει τὸ διωκέτην. Alternativ dazu wäre aber auch die Ergänzung des Verbs λέγει denkbar, wobei in diesem Fall das Satzsubjekt Ὅμηρος wäre. Demnach würde das Eratosthenes-Fragment lauten: διώκετον τὸ διωκέτην λέγει (*scil.* Ὅμηρος). Eratosthenes postulierte, das homerische διώκετον sei mit der Form διωκέτην gleichwertig. Aristarch hat sich deswegen gegen Eratosthenes' Erklärung gewandt, weil διώκετον seiner Ansicht nach eigentlich korrekt verwendet wurde, da es einem Präsens entspricht. Unser Scholion besagt, dass Eratosthenes die homerische Form διώκετον in K 364 als zu διωκέτην äquivalent betrachtete und als solches an dieser Homerstelle gelten ließ.[26] Der Kyrenäer hat διώκετον morphologisch und semantisch direkt als Vergangenheitstempus aufgefasst, Aristarch dagegen als Präsens, welches er erst mittels der Annahme einer Tempusvertauschung mit dem erwarteten Imperfekt semantisch gleichsetzte. Über die Besonderheit der homerischen Sprache, Vergangenheitstempora mit Präsentia zu vertauschen, hinaus steht für Aristarch fest, die Endung -τον gelte in der dritten Person Dual nur Haupt-, nicht aber Nebentempora; ihnen kommt in dieser Person nach Aristarchs Ansicht die Endung -την zu.[27]

3 Vom Kern- zum Rahmen-Fragment

Bis hierhin haben wir das Fragment des Eratosthenes in seinem Wortlaut und Sinn rekonstruieren können. Von der konkreten Veranlassung des Kyrenäers aber und auch vom potentiellen Kontext der überlieferten Erklärung haben wir auf der Basis des vorliegenden Zeugnisses im Prinzip nichts ermitteln können. Handelt es sich dabei um einen singulären Fall, um eine punktuelle Auseinandersetzung zwischen zwei Gelehrten, die mit der Widerlegung Aristarchs beiseitegelegt wurde? Welcher theoretische Hintergrund liegt hinter Eratosthenes' Äußerung? Was beabsichtigt der Kyrenäer

---

26 Vgl. Friedländer 1851, 671: "διώκετον [sei] statt διωκέτην gesetzt".

27 Dies ergibt sich aus Aristarchs Erwiderung von Zenodots Lesungen καμέτην (*Il.* Θ 448), λαβέτην (*Il.* K 545), ἠθελέτην (*Il.* Λ 782) und eventuell auch ἐπέτην (*Il.* Λ 776); siehe Matthaios (1999) 389 mit Verweis auf weitere Literatur zu dieser Frage.

mit seiner Bemerkung? Wie verhält sich Eratosthenes' Erklärung zu dem Inhalt der Schrift, aus der das Fragment stammt? Um diese Fragen zu beantworten, sollten wir das Eratosthenes-Fragment in den Zusammenhang seiner historischen und theoretischen Motivation stellen. Um sie zu bestimmen, wenden wir uns zunächst der Frage zu, ob Eratosthenes' Erklärung zu der Form διώκετον, die ihm im *Schol. Hom. Il.* (A) K 364*b* namentlich zugewiesen wird, im Corpus der Iliasscholien zu den zwei weiteren auf -τον auslautenden Dualformen der dritten Person von Nebentempora Nachhall und eventuell sogar Befürworter gefunden hat. Traditionsgemäß führt uns diese Frage auf die Suche nach Testimonien, die auf den Nachhall des vorliegenden Fragments des Eratosthenes bei nachfolgenden Grammatikern hinweisen könnten. Dabei verlassen wir den Bereich der namentlich greifbaren Autoren. Denn, wie wir sehen werden, sind die in den betreffenden Testimonien dokumentierten Ansichten, was ihren Urheber angeht, anonym überliefert.

3.1 Ein Fragment und seine Testimonien: Identitäten und ‚Urheber' ermitteln

Die mit Eratosthenes' Erklärung übereinstimmende Ansicht, Homer gebrauche die Endung -τον auch für die dritte Person Dual von Nebentempora, kehrt im Corpus der bT-, genauer gesagt in den Scholien exegetischer Provenienz[28] zur Erläuterung der zwei weiteren problematischen Formen, nämlich τετεύχατον (*Il.* N 346) und λαφύσσετον (*Il.* Σ 583), wieder – hier jedoch, wie schon gesagt, ohne namentliche Zuweisung der dokumentierten Erklärungen zu einer bestimmten Autorität.

Zunächst zu der in N 346 vorkommenden Form τετεύχατον. Folgende Scholien informieren über die verschiedenen Deutungen der antiken Homerphilologen, a) das *Schol. Hom. Il.* (A) N 346*b* und b) das *Schol. Hom. Il.* (T^{il}) N 346*c*. Sie werden im Folgenden nach der Rekonstruktion von Erbse in seiner Ausgabe der Iliasscholien angeführt:

a) *Schol. Hom. Il.* (A) N 346*b* (Ariston.). {ἀνδράσιν ἡρώεσσι} τετεύχετον: ὅτι ἀντὶ τοῦ †τετευχέτην ἢ (ἀντὶ τοῦ τετευχέτην ἢ del. Friedlaender praeeunte Lehrs, ἀντὶ τοῦ ἐτετευχέτην ἢ ἀντὶ τοῦ coni.

28 Es empfiehlt sich mit Schmidt (1976) 2 mit Anm. 8, die Begriffe 'bT-' und 'exegetische Scholien' deutlich auseinanderzuhalten. Denn es sind nicht alle bT-Scholien exegetischer Herkunft, sondern es sind über die Vorstufe der von Eustathios zitierten Quelle 'Apion und Herodor' (ApH) auch Scholien aus dem 'Viermännerkommentar' in das Corpus der bT-Scholien gelangt. In ähnlicher Weise sind zu ApH, nämlich zu der Vorstufe der A-Scholien exegetisches Material über **c**, also den Archetypus der bT-Scholien, gekommen. Exegetische Scholien, die in den bT-Scholien nicht nachweisbar sind, sind über einen von **c** und somit von den bT-Scholien unabhängigen exegetischen Kommentar in ApH herübergekommen. Über die Beziehungen der einzelnen Scholiencorpora bzw. deren Bestandteile zueinander siehe Erbse (1969–1988) I XLV–LVIII. Besonders übersichtlich wird die Frage der besonderen Verflechtungen der Quellenbereiche der antiken Erklärung zur Ilias von Schmidt (1976) 1–39 und Schmidt (2002) 165–176 dargestellt. Siehe auch Lührs (1992) 4–6 und Dickey (2007) 18–23.

Erbse) τεύχουσι. χρόνος δὲ ἤλλακται· ἔστιν γὰρ ἀντὶ τοῦ ἔτευχον, ὡς ἐπὶ τοῦ "ἢ κεμάδ' ἠὲ λαγῳὸν ἐπείγετον" (Hom. *Il.* K 361) ἀντὶ τοῦ ἤπειγον.

b) *Schol. Hom. Il.* (T^{il}) N 346*c* (ex. [Ariston.?]): ⟨τετεύχατον:⟩ διὰ ⟨τὸ⟩ μέτρον ἀντὶ τοῦ ἐτετευχάτην.

Wie das *Schol. Hom. Il.* (T^{il}) N 346*c* informiert, ist der Gebrauch von τετεύχατον[29] – die Form ist als dritte Person Dual Perfekt aufzufassen – metrisch bedingt und wird in signifikanter Übereinstimmung mit Eratosthenes' Erklärung zum διώκετον mit der Form ἐτετευχάτην gleichgesetzt: διὰ <τὸ> (add. Wilamowitz) μέτρον ἀντὶ τοῦ ἐτετευχάτην. Erbse schreibt zwar diese Notiz den exegetischen Scholien zu, stellt jedoch die Vermutung auf, dass es ursprünglich zum Bestand des 'Viermännerkommentars' gehörte, der in das Corpus der bT-Scholien hinübergegangen ist. Von seiner Textrekonstruktion des Beginns des *Schol. Hom. Il.* (A) N 346*b* veranlasst, betrachtet Erbse die im T-Scholion überlieferte Erklärung als mit der des Aristonikos äquivalent und führt deswegen als dessen Quelle außer dem Kürzel *ex.*, das auf exegetische Provenienz hinweist, zusätzlich den Namen des Aristonikos – wenn auch mit Fragezeichen – an, als läge hier im Grunde eine aristonikeische bzw. eine aristarchische Erklärung vor.[30] Dass das T-Scholion jedoch rein exegetisches Gedankengut überliefert, wird aus der Tatsache ersichtlich, dass Aristarch, wie das *Schol. Hom. Il.* (A) K 364*b* zu διώκετον und auch das *Schol. Hom. Il.* (A) Σ 583*a* zu λαφύσσετον zeigen, diese Dualformen niemals als Präterita bzw. als historische Tempora betrachtete. Sie gelten für ihn als Präsentia, die erst mittels der Annahme einer Tempusvertauschung mit den entsprechenden Nebentempora gleichzusetzen sind. Ferner hat Aristarch nicht angenommen, dass diese besondere homerische Verwendung metrisch bedingt ist. Aristarchs eigene Erklärung ist grundsätzlich im *Schol. Hom. Il.* (A) N 346*b* enthalten. Zur Begründung von Aristarchs Diple am Vers N 346 der *Ilias* gibt Aristonikos dort Folgendes an: τετεύχετον[31] – die Form ist als redupliziertes Präsens zu verstehen – sei äquivalent zu τεύχουσι: ὅτι ἀντὶ τοῦ ... τεύχουσι. Es liege hier – wie eigentlich auch in *Il.* K 364 und *Il.* Σ 583 – eine Tempusvertauschung vor: χρόνος δὲ ἤλλακται. Die Form τετεύχετον bzw. das mit ihr im Plural semantisch äquivalente τεύχουσι sei folglich, was die Tempusbedeutung betrifft, mit dem Präteritum ἔτευχον gleichzusetzen: ἔστιν γὰρ ἀντὶ τοῦ ἔτευχον.

Das *Schol. Hom. Il.* (A) N 346*b* schlägt aber zu Beginn als Alternativerklärung die Gleichsetzung der Form τετεύχετον mit τετευχέτην vor: ἀντὶ τοῦ τετευχέτην. Diesen

29 Das Lemma des Scholions ist, wie Erbse (1969–1988) III 465, App. zu Z. 19 mitteilt, aus der Angabe in V^c ergänzt. Dabei handelt es sich um Zusätze, meist aus T^{il} übernommene Scholia, die am Rande des Codex V mit Lemmata nachträglich notiert sind; siehe dazu Erbse (1969–1988) I XXIX. Das Lemma wird von V^c in der Form τετεύχατον aus dem Iliastext in T, aus dessen interlinearen Notiz z. St. das Scholion stammt, übernommen.

30 Dies bedeutet die Quellenangabe *ex. (Ariston.?)* am Rande des Scholions bei Erbse (1969–1988) III 465 ad loc. Nach Erbses Quellenrekonstruktion schöpfte der Homerexeget seine Informationen vermutlich aus dem Bericht des Aristonikos im *Schol. Hom. Il.* (A) N 346*b*.

31 Diese Form stellt, soweit man dies aus dem Aristonikosadnotat schließen kann, die von Aristarch gebilligte Lesart dar; siehe dazu van der Valk (1963–1964) II 207 mit Anm. 555.

Teil des Scholions haben Lehrs und, in Anschluss an ihn, auch Friedländer getilgt.[32] Zu ihrer Entscheidung sind beide Gelehrten offenbar deswegen gelangt, weil sie in dieser Wendung zu Recht eine von Aristarch abweichende Erklärung erkannt haben. Aristarch hat nämlich keine direkte Gleichsetzung von τετεύχετον mit τετευχέτην postulieren können; τετεύχετον ist nach seiner Ansicht ein Präsens und demnach nur mit der Form τεύχουσιν gleichwertig. Das ist auch der Grund, warum die im exegetischen *Schol. Hom. Il.* (T^{il}) N 346*c* überlieferte Erklärung nicht von Aristarch stammen kann. Lässt aber der Scholiast zu Beginn des A-Scholions *nur* Aristonikos bzw. *nur* Aristarch zu Wort kommen? Erbse hat diese Frage offenbar bejaht, weswegen er auch mit der aristonikeischen Provenienz der im exegetischen *Schol. Hom. Il.* (T^{il}) N 346*c* überlieferten Erklärung rechnete. So folgte er der Tilgung von Lehrs und Friedländer nicht, postulierte dagegen eine Textherstellung und Interpretation, die einheitlich durch die Quellen der Scholien verlief und eindeutig zugunsten Aristarchs war, der sich gegenüber seinen Kollegen als allwissend erweist. So hielt Erbse nur die Form τετευχέτην für korrupt und emendierte den Anfangsteil des Scholions wie folgt: ἀντὶ τοῦ ⟨ἐ⟩τετευχέτην ἢ ⟨ἀντὶ τοῦ⟩ τεύχουσι.[33] Die Änderung des überlieferten τετευχέτην in das augmentierte ἐτετευχέτην ist zwar wegen der Form ἐτετευχάτην im *Schol. Hom. Il.* (T^{il}) N 346*c* plausibel, jedoch angesichts der in augmentloser Form bezeugten διωκέτην im *Schol. Hom. Il.* (A) K 364*b* nicht notwendig.[34] Das, was Erbse jedoch dabei nicht beachtete, ist, dass mit dem disjunktiven ἢ oder auch mit der von ihm angenommenen Doppelung des Ausdrucks ἀντὶ τοῦ *zwei* Erklärungen eingeführt werden, die nicht beide aristarchisch, sondern sehr wahrscheinlich unterschiedlicher Provenienz sind. Aristarch kann nur die Gleichsetzung der homerischen Form τετεύχετον mit τεύχουσι postuliert haben. Die Annahme, der Ausdruck τετεύχετον sei mit τετευχέτην äquivalent, stellt – analog zu Eratosthenes' Gleichsetzung von διώκετον mit διωκέτην in K 364 – diejenige Deutung dar, die Aristarch gerade bekämpfte.

Zweierlei ist hier denkbar: Entweder liegen im ersten Teil des A-Scholions Spuren einer auf Eratosthenes zurückgehenden Erklärung der Form τετεύχετον vor, die Aristarch, wie auch beim διώκετον, zurückzuweisen versuchte, Aristonikos aber missverstand bzw. in komprimierter Form wiedergab und die nunmehr entstellt erscheint. Oder, falls Aristonikos sich ursprünglich nur auf Aristarchs Erklärung bezog, liegt beim τετευχέτην eine Erklärung vor, die nach dem Zeugnis des T-Scholions (T^{il}) N 346*c* auf exegetische Quellen zurückzuführen ist. Diese Erklärung ist dann von späteren Kompi-

32 Siehe Lehrs (1848) 457–458 und Friedlaender (1853) 219–220 ad loc.: "Inclusa aliena sunt"; vgl. Erbse (1969–1988) III 465 (App. zu Z. 15–16).

33 Siehe Erbse (1969–1988) III 465, App. zu Z. 15 f. Unverständlich ist meiner Ansicht nach der Vorschlag von van Thiel (2014) II 398 (im Apparat zu N 346d) zu Behebung der Textverderbnis an dieser Stelle: "malim ἐτεύχετον ἀντὶ τοῦ τεύχουσι propter l.3 ἐπείγετον ἀντὶ τοῦ ἔπειγον". Bei den Formen ἐτεύχετον und τεύχουσι (Imperfekt statt Präsens) liegt nicht dasselbe grammatische Phänomen wie bei ἐπείγετον und ἔπειγον (Präsens statt Imperfekt) vor.

34 Siehe dazu oben, S. 32–33; vgl. van Thiel (2014) II 398 (Komm. zu N 346c).

latoren ohne Rücksicht auf ihre Provenienz mit Aristarchs Deutung im Aristonikosadnotat vermengt worden.[35] Gerade diese Erklärung spiegelt aber Eratosthenes' Erklärungsprinzip wider. Nach unserer Quellenrekonstruktion ist im A-Scholion N 346*b* nach dem kausalen ὅτι, welches Aristonikos' Referat über die Diple Aristarchs einleitet, ein Quellenwechsel in der Berichterstattung anzunehmen. Hiernach ist die Erklärung ἀντὶ τοῦ τετευχέτην exegetischen Ursprungs; Aristarchs Erklärung geht dann mit τεύχουσι weiter. Der Scholientext und dessen Quellen sind dann wie folgt zu wiederzugeben:

> *Schol. Hom. Il.* (A) N 346*b* (Ariston. | ex. | Ariston.). {ἀνδράσιν ἡρώεσσι} τετεύχετον: ὅτι | ἀντὶ τοῦ τετευχέτην | ἢ τεύχουσι. χρόνος δὲ ἤλλακται· ἔστιν γὰρ ἀντὶ τοῦ ἔτευχον, ὡς ἐπὶ τοῦ "ἢ κεμάδ' ἠὲ λαγῳὸν ἐπείγετον" (K 361) ἀντὶ τοῦ ἤπειγον.

An der Überlieferung des Textes im Cod. Venetus A braucht man nach unseren Erläuterungen nichts zu ändern. Die Doppelung des Ausdrucks ἀντὶ τοῦ, die von Erbse angenommen wurde, ist in der erhaltenen Form des Scholions nicht notwendig. Man kann jedoch annehmen, dass jede einzelne von den beiden überlieferten Erklärungen einst mit einem eigenem ἀντὶ τοῦ eingeleitet wurde.

In zwei Stränge gespalten ist die Überlieferung der antiken Erklärungen auch zu der dritten Dualform λαφύσσετον (Σ 583). Dazu sind folgende Scholien erhalten; sie werden vorerst nach Erbses Ausgabe zitiert:

> a) *Schol. Hom. Il.* (A) Σ 583*a* (Ariston.). λαφύσσετον: ὅτι χρόνος ἤλλακται· τὸ γὰρ λαφύσσετον λαφύσσουσιν, παρείληπται ὅμοιον τῷ "λαοῦ ἀποτμήξαντε διώκετον" (Hom. *Il.* K 364).
>
> b) *Schol. Hom. Il.* (bT) Σ 583*b* (ex.). λαφύσσετον: ἔδει διὰ τοῦ η. ἢ ἐνεστὼς ἐστιν ἀντὶ παρῳχηκότος. δηλοῖ δὲ τὸ ἐπὶ πολὺ κενοῦν.

Das A-Scholion Σ 583*a* aristonikeischer Herkunft referiert ausschließlich Aristarchs Deutung: λαφύσσετον sei, wie auch διώκετον in *Il.* K 364, ein Präsens – dies ergibt sich aus der Wiedergabe der Dualform mit λαφύσσουσιν –, welches aufgrund einer Tempusvertauschung (χρόνος ἤλλακται) anstelle des Imperfekts verwendet worden sei. Im bT-Scholion Σ 583*b* dagegen sind zwei Erklärungen zu der Form λαφύσσετον enthalten. Die zweite, mit dem disjunktiven ἢ eingeführte Erläuterung gibt Aristarchs Deutung wieder: ἢ ἐνεστὼς ἐστιν ἀντὶ παρῳχηκότος. Die an erster Stelle überlieferte Erklärung besagt, dass λαφύσσετον auf -η- auslauten müsste; mit anderen Worten, hier sei die Form λαφυσσέτην erforderlich.[36] Diese Deutung aber spiegelt Eratosthenes' Erklärungsprinzip wider; denn wie wir gesehen haben, setzte Eratosthenes die Form διώκετον in

35 Zu den Wegen, auf denen exegetisches Material zu ApH bzw. zu den A-Scholien gelangte und mit den VMK-Erklärungen vermengt wurde, siehe oben, Anm. 28. Zu den Kürzeln ApH und VMK siehe ebenfalls die vorstehende Anm. 28.

36 Vgl. dazu Erbse (1969–1988) IV 562, App. zu Z. 30: διὰ τοῦ η sc. (ἐ)λαφυσσέτην. Das Augment hat Erbse auch beim διωκέτην im *Schol. Hom. Il.* K 364*b* (vgl. dazu oben, S. 32–33) und beim τετευχέτην im *Schol. Hom. Il.* N 346*b* (siehe oben, S. 37) verlangt.

Il. K 364 semantisch *direkt* – und nicht, wie Aristarch, mittels der Annahme einer Tempusvertauschung – mit der Imperfektform διωκέτην gleich. Diese Erklärung ist genau wie diejenige, die im *Schol. Hom. Il.* (T^{il}) N 346*c* zu der Form τετεύχατον überliefert ist, exegetischer Provenienz und müsste von der an zweiter Stelle zitierten, welche mit der im A-Scholion überlieferten Deutung des Aristonikos bzw. Aristarchs korrespondiert, eigentlich abgesetzt werden.[37] Hiernach sind die Quellenangaben des bT-Scholions wie folgt zu rekonstruieren:

> *Schol. Hom. Il.* (bT) Σ 583*b* (Ariston. | ex.). λαφύσσετον: ἔδει διὰ τοῦ η. | ἢ ἐνεστὼς ἐστιν ἀντὶ παρῳχηκότος. δηλοῖ δὲ τὸ ἐπὶ πολὺ κενοῦν.

Die Suche nach den Spuren, die Eratosthenes' Erklärung von διώκετον in den vorliegenden Testimonien zu der bestimmten homerischen Dualverwendung womöglich hinterlassen hat, zeigt, dass diese größere Dimensionen in der antiken Homerexegese annahm, als es allein aus dem *Schol. Hom. Il.* (A) K 364*b* zu erkennen ist. Wie wir feststellen können, kehren auch in Bezug auf τετεύχατον in *Il.* N 346 und λαφύσσετον in *Il.* Σ 583 Deutungen wieder, die von Eratosthenes' Erklärung zum διώκετον in *Il.* K 364 motiviert wurden und das ihr zugrundeliegende Erklärungsprinzip auch auf die zwei weiteren homerischen Dualformen auf -τον übertrugen. Je nach der befolgten Erklärung ist es sogar zu einer Spaltung der Überlieferung gekommen. Gegenüber den A- bzw. den Aristonikos-Scholien nämlich, in denen, wie auch erwartet, die aristarchische Ansicht vordergründig dokumentiert wird, treten in Bezug auf τετεύχατον und λαφύσσετον bT- bzw. exegetische Scholien, die zur Erläuterung dieser Verbformen auf Eratosthenes' Deutung zurückgreifen. Die zwei exegetischen Scholien (T^{il}) N 346*c* und (bT) Σ 583*b* weisen im Blick auf ihr Verhältnis zu den entsprechenden Aristonikosscholien folgendes Bild auf: Die auf Eratosthenes' Deutung beruhende Erklärung von τετεύχατον und λαφύσσετον, die in den exegetischen Scholien enthalten ist, versteht sich als Reaktion auf Aristarchs Interpretation, welche im Grunde in den betreffenden Aristonikosadnotaten referiert wurde. Es scheint, als wäre Eratosthenes' Erklärung, die im Aristonikosscholion K 364*b* von Aristarch bekämpft wurde, in den exegetischen Scholien zu den zwei weiteren problematischen Dualformen τετεύχατον und λαφύσσετον in ihrem Richtigkeitsanspruch verteidigt worden.[38]

---

37 Wenn unsere Deutung zutrifft, dann liegt im *Schol. Hom. Il.* Σ 583*b* der Fall vor, dass im bT-Scholion zwei Erklärungen unterschiedlichen Ursprungs miteinander vermengt wurden. Bei der Erklärung von τετεύχετον fand die Vermengung im A-Scholion N 346*b* statt.

38 Die Verteilung von Aristarchs und Eratosthenes' Erklärung in den A- und den bT-Scholien zu jeder einzelnen Homerstelle weist ein einigermaßen gleichmäßiges Bild auf. So wird im A-Scholion N 346*b* die eratosthenische Erklärung, die als einzige im T-Scholion N 346*c* vorgeführt wird, mitberücksichtigt, wie auch im bT-Scholion Σ 583b die aristarchische Erklärung, die wiederum im A-Scholion Σ 583*a* als alleinige Deutung präsentiert wird, als Alternative zum eratosthenischen Grundsatz erscheint. Dabei verfolgt der Redaktor jeder Scholiensammlung offenbar einen Vollständigkeitsanspruch bei der Erläuterung der homerischen Verwendung.

3.2 Zur theoretischen Erschließung und Kontextualisierung des Fragments

Es stellt sich nun die Frage nach der theoretischen Grundlage, auf der Eratosthenes' Erklärung zur homerischen Verwendung von διώκετον in *Il.* K 364 beruht, die letztendlich auch die Streitigkeit zwischen Eratosthenes und Aristarch veranlasste. Um sie zu ermitteln, sollte man die Überlieferung auf die Identität von Eratosthenes' Verteidigern hin untersuchen. Zu diesem Zweck ist man auf die Suche nach möglichen Parallelfällen angewiesen, die auf divergierende Ansichten Aristarchs zu denen des Eratosthenes und dessen Anhängern hindeuten. Überraschenderweise kommt eine ähnliche Spaltung von exegetischen und Aristonikos-Scholien in zwei Stränge je nach dem befolgten Erklärungsansatz auch bei der Erläuterung des homerischen Gebrauchs von ἔπειτα vor. Ausgelöst wurde diese Teilung durch die Meinungsdivergenz zwischen Aristarch und Krates hinsichtlich der Bedeutung von ἔπειτα in der *Presbeia* in *Il.* I 168–169: Φοῖνιξ μὲν πρώτιστα διίφιλος ἡγησάσθω, / αὐτὰρ ἔπειτ' Αἴας τε μέγας καὶ δῖος Ὀδυσσεύς. Am ausführlichsten nimmt Aristonikos im *Schol. Hom. Il.* (A) I 169*a* dazu Stellung:

> *Schol. Hom. Il.* (A) I 169*a* (Ariston.). αὐτὰρ ἔπειτ' Αἴας τε μέγας ⟨καὶ δῖος Ὀδυσσεύς⟩: ἡ διπλῆ, ὅτι τὸ ἔπειτα Ἀρίσταρχος (fr. 155 Matthaios) ἀντὶ χρονικοῦ παραλαμβάνει, ἀντὶ τοῦ μετὰ ταῦτα, ὡς καὶ "Ἑρμείας μὲν ἔπειτα" (Hom. *Od.* κ 307)· βούλεται γὰρ πρῶτον τὸν Φοίνικα ἀπεληλυθότα εἰς τὸ σκήνωμα, εἶτα τὸν Ὀδυσσέα καὶ τὸν Αἴαντα ὡς πρεσβεύοντας. ὁ δὲ Κράτης (fr. 9 Broggiato) τὸ ἔπειτα ἀντὶ τοῦ δή συνδέσμου λαμβάνει.

Wie Aristonikos mitteilt, fasst Aristarch das Wort ἔπειτα in temporaler Bedeutung (ἀντὶ χρονικοῦ) auf und setzte es mit dem Ausdruck μετὰ ταῦτα gleich. Krates dagegen verstand ἔπειτα als Konjunktion in der Bedeutung δή (ἀντὶ τοῦ δή συνδέσμου). Zur Stützung seiner Ansicht machte Aristarch auf weitere Homerstellen aufmerksam, an denen ἔπειτα in temporaler Bedeutung verwendet wurde; die betreffenden A- bzw. Aristonikosscholien überliefern die aristarchische Erklärung.[39] Krates' Deutung wiederum wird durch eine Reihe von bT- bzw. exegetischen Scholien zu denjenigen Homerstellen festgehalten, an denen ἔπειτα in der Bedeutung δή erscheint.[40] Im *Schol. Hom. Il.* (A) N 586*a* (Ar. fr. 155 test. Matthaios) sind sogar beide Deutungsmöglichkeiten bezeugt: Der erste Teil des Scholions plädiert für Aristarchs Erklärung und ist Aristonikos zuzuweisen, während der zweite die Erklärung des Krates postuliert, was für seine exegetische Provenienz spricht.[41]

Zu den entgegengesetzten Positionen über die Bedeutung von ἔπειτα in *Il.* I 169 sind Aristarch und Krates aus divergenten Ansichten gekommen, die sie in der Frage nach

39 Siehe die im Testimonienapparat des Ar. fr. 155 Matthaios (zu Z. 3) angegebenen Scholien.

40 Vgl. dazu die im Testimonienapparat des Ar. fr. 155 Matthaios (zu Z. 6) angeführten Scholien; siehe auch die im Apparat des Crat. fr. 9 Broggiato (zu Z. 12) genannten Parallelzeugnisse zu Krates' Deutung.

41 Zu den Quellen des Scholions siehe Erbse (1969–1988) III 512 ad loc.; vgl. Matthaios (1999) 540.

der Anzahl der Mitglieder einer homerischen Gesandtschaft vertraten.[42] Von der jeweils vertretenen Position hing im Wesentlichen die Frage ab, ob die Bittgesandtschaft, die die Griechen im Buch I der *Ilias* zu Achill schickten, nur aus Odysseus und Aias bestand – so die Ansicht Aristarchs –, oder ob dazu auch Phoinix gehörte; dies resultierte aus Krates' Deutung von ἔπειτα. Darin versuchten Aristarch und Krates eine Antwort auf ein weiteres Problem des homerischen Dualgebrauchs zu geben, welches die Archegeten der alexandrinischen und der pergamenischen Schule in zwei Lager spaltete: Sollte die Bittgesandtschaft an Achill nach Aristarchs Ansicht aus zwei Mitgliedern bestehen, dann sind die Dualformen, die in der *Presbeia* (*Il.* I 182–198) vorkommen, korrekt verwendet. Die aristarchische Position dazu gibt Aristonikos im *Schol. Hom. Il.* (A) I 168*a* wieder:

> *Schol. Hom. Il.* (A) I 168*a* (Ariston.). Φοῖνιξ μὲν πρωτίστα ⟨Διὶ φίλος ἡγησάσθω⟩: ὅτι ὁ Φοῖνιξ προέρχεται καὶ οὐ συμπρεσβεύει τοῖς περὶ τὸν Ὀδυσσέα ὥστε μὴ συγχεῖσθαι διὰ τῶν ἑξῆς τὰ δυϊκά.

Im anderen Fall ist mit Krates davon auszugehen, dass der Dual bei Homer im pluralischen Sinne gebraucht wurde. Allem Anschein nach haben die exegetischen Scholien, die Krates' Position über die Bedeutung von ἔπειτα dokumentieren, ihren Ursprung in der pergamenischen Homerinterpretation und finden ihre theoretische Begründung in den krateteischen Ansichten.[43]

Diese Feststellung liefert ein Indiz für die krateteisch-pergamenische Provenienz auch der exegetischen Scholien zu den auf -τον auslautenden Dualformen. Unsere Annahme wird dadurch gestärkt, dass im Streit zwischen Aristarch und Krates über den semantisch-pragmatischen Wert des Duals auch Eratosthenes involviert war. Davon zeugt das zweite Zeugnis, welches Eratosthenes' Ansichten über den homerischen Dualgebrauch betrifft. Das ist das *Schol. Hom. Il.* (A) Ω 282:

> *Schol. Hom. Il.* (A) Ω 282 (Ariston.). κῆρυξ καὶ Πρίαμος ⟨πυκινὰ φρεσὶ μήδε' ἔχοντες⟩: ὅτι εἰ μὴ προσέθηκε τὸν στίχον, οἱ θέλοντες συγχεῖσθαι τὰ δυϊκὰ παρ' Ὁμήρῳ, Ἐρατοσθένης (test. ad fr. 35 Strecker) καὶ Κράτης (fr. 36 Broggiato), ἔλεγον ἂν ἐπὶ τῶν ἐννέα Πριαμιδῶν τετάχθαι "τὼ μὲν ζευγνύσθην" (Ω 281).

Bezeichnenderweise wird darin nicht nur Krates, sondern zusammen mit ihm auch Eratosthenes von Aristarch attackiert. Hiernach soll Eratosthenes, wie auch Krates, den Dual bei Homer in pluralischem Sinne habe gelten lassen.[44] Man könnte anneh-

42 Siehe Matthaios (1999) 539–540 und (2018) 31–33; vgl. Schmidt (1976) 249–250, Broggiato (2001 [2006]) 151–153 und Schironi (2018) 587–589.

43 Über exegetische Kommentare pergamenischer Provenienz bzw. stoisch-pergamenischer Färbung siehe Schmidt (1976) 154–158. Über die Spuren krateteischen Gedankenguts in den exegetischen Scholien siehe Erbse (1960) 169–173. Erbse (1969–1988) I XII–XIII betont zu Recht, dass die bT- bzw. die exegetischen Scholien in ihrer Gesamtheit nicht ohne weiteres mit Krates bzw. der pergamenischen Schule zu verbinden sind.

44 Zu Krates' Ansicht vom Gebrauch des Duals bei Homer im pluralischen Sinne siehe Broggiato (2001 [2006]) 151–153 und 199–200. Über Aristarchs Position siehe Matthaios (1999) 378–382.

men, dass Eratosthenes' Auffassung von den morphologischen Eigentümlichkeiten des homerischen Dualgebrauchs Eingang in die pergamenische Philologenschule fand und zusammen mit der Position des Kyrenäers über die Semantik des homerischen Duals den Gegenpol zu Aristarchs grundsätzlicher Befürwortung eines regelkonformen Dualgebrauchs bei Homer bildeten. Dieser Aspekt führt uns zu einer weiteren Frage, und zwar ob Eratosthenes als Befürworter des anomalistischen Prinzips angesehen werden kann. Bei der sprachlichen Anomalie handelt es sich um Diskrepanzen zwischen einer Wortform und der damit bezeichneten Sache; aus ihnen entstehen zwar regelwidrige Verwendungen, diese sind aber im allgemeinen Sprachgebrauch durchaus akzeptabel.[45] Wenn also Eratosthenes sprachliche Anomalien in der Tat zuließ, dann hätte Krates einen Vorläufer für seine anomalistische Theorie, und dies wäre auch der Grund, warum Aristarch im *Schol. Hom. Il.* (A) Ω 282 nicht nur seinen pergamenischen Rivalen, sondern auch seinen eigenen Vorgänger im alexandrinischen Museum attackierte. Ich habe an anderer Stelle dafür plädiert,[46] dass Eratosthenes am Beispiel des homerischen Dualgebrauchs, von den stoischen Philosophen, allen voran von Chrysipp beeinflusst, als erster innerhalb der philologischen Tradition eine anomalistische Position in sprachlichen Fragen vertrat. Dieses Problem dürfte Eratosthenes wohl in seiner Schrift Γραμματικά geschildert haben.

Offen bleibt die Frage, ob Aristarch Eratosthenes' Erklärung zu der Form διώκετον in K 364 direkt aus dem Werk des Kyrenäers schöpfte, oder ob er sie durch Krates' Vermittlung in Erfahrung brachte. Im Prinzip ist beides möglich, und die eine Möglichkeit schließt die andere nicht aus. Dagegen kann man nicht mehr ermitteln, ob die in den exegetischen Scholien (T^{il}) N 346*c* und (bT) Σ 583*b* dokumentierten Erklärungen zu τετεύχατον und λαφύσσετον auf nunmehr verlorenen Bemerkungen des Eratosthenes zu diesen beiden Verben beruhten oder sekundär aus dessen Erläuterung der Form διώκετον in *Il.* K 364 erschlossen wurden. Wie auch immer es sei – Eratosthenes' Erklärung scheint die Zustimmung von Krates gefunden zu haben und in dessen anomalistische Theorie eingegliedert worden zu sein. Mit Rekurs auf Eratosthenes' Deutung ist eine Tradition in der antiken Homerexegese pergamenischer Provenienz initiiert worden, die in den exegetischen Scholien ihren Niederschlag findet. Die Sonderregel, die man aus den drei auf -τον auslautenden homerischen Dualia in der dritten Person von Nebentempora ableiten kann, lautet wie folgt: Eine in -τον endende Form kann bei Homer in der dritten Person Dual von Nebentempora die im Normalfall zu erwartende Form, welche auf -την auslautet, ersetzen. Als Urheber dieser Regel kann man, wie das Eratosthenes-Fragment und dessen Kontexte zeigen, den Kyrenäer ansehen.

---

45 Über die sprachliche Anomalie und den sogenannten ‚Analogie-Anomalie-Streit' siehe Matthaios (2020) 96–107; vgl. Matthaios (2018) 33–42.

46 Siehe Matthaios (2018); vgl. Matthaios (2020) 107–112.

Schlussbetrachtung

Mein Beitrag ging von einer der vielen Problemstellen aus der Scholienliteratur aus und versuchte, eine alle Aspekte fassende Rekonstruktion und Interpretation eines philologisch-grammatischen Fragments zu geben, die vor allem die Diskussion über den Begriff ‚Fragment' miteinbezieht. Angesichts der verschiedenen Probleme, die mit der Überlieferung der philologisch-grammatischen Literatur zusammenhängen, empfiehlt es sich, den Fragment-Begriff zu differenzieren und, der jeweiligen Überlieferungssituation Rechnung tragend, in Kern- und Rahmen-Fragment zu spezifizieren. Unter Kern-Fragment ist ein meist wörtlich überliefertes bzw. in seinem Wortlaut rekonstruierbares Zeugnis zu verstehen; mit Rahmen-Fragment wiederum ist die Kontextualisierung des betreffenden Zeugnisses, die sich für dessen Deutung als unabdingbar erweist, gemeint. Je geringer das Kern-Fragment aufgrund der Überlieferungslücken geraten ist, desto breiter muss die Erschließung des Rahmen-Fragments angelegt sein. Sie soll den Sinn des Erhaltenen vervollständigen, das philologisch-grammatische Argument, auf der die überlieferte Äußerung beruht, ergänzen, und dieses samt der Kernaussage in seinen historischen, theoretischen und ideologischen Zusammenhang stellen. Die am Beispiel der Rekonstruktion des eratosthenischen Fragments illustrierte und hier in ihren Grundzügen zusammengefasste Vorgehensweise gewährt eine möglichst vollständige Wiederherstellung und Interpretation einer fragmentarisch überlieferten Textstelle.

Was das methodische Verfahren betrifft, erweisen sich die altbewährte Quellenforschung sowie die gründliche Sichtung und Analyse des einschlägigen Quellenmaterials auch im Bereich der philologisch-grammatischen Literatur in jedem einzelnen Interpretationsschritt als unabdingbar. Sie geben Aufschluss über Überlieferungs- und textkritische Probleme und liefern auch Parallelzeugnisse für die Wiederherstellung des originalen Wortlauts eines Fragments. Die Quellenforschung ist aber auch für die Ermittlung von Testimonien zu der im jeweiligen Fragment dokumentierten Ansicht von besonderer Wichtigkeit. Durch die genaue Prüfung und Analyse verwandter Zeugnisse werden ‚Urheber' identifiziert, zugleich die inhaltlichen bzw. theoretischen Verflechtungen zum Autor des Fragments und dessen Erklärung kenntlich. Dabei muss man zur Kenntnis nehmen, dass die Überlieferung und Weitertradierung einer Ansicht nicht immer einheitlich bzw. eindimensional verlief, sondern mehrere bzw. verschiedenartige Lehrtraditionen miteinbezog. Um den Text und Sinn eines Fragments zu ermitteln, muss man stets den breiten Kontext ins Auge fassen. Auf diese Weise gelingt es, vom Kleinen ausgehend, das Ganze wiederherzustellen – selbst wenn das Ganze auch aus Fragmenten besteht.

Literaturverzeichnis

Broggiato (2001 [2006]): Maria Broggiato, *Cratete di Mallo. I frammenti. Edizione, introduzione e note*, La Spezia (= Rom 2006).

Callanan (1987): Christopher K. Callanan, *Die Sprachbeschreibung bei Aristophanes von Byzanz*, Göttingen.

Chantraine (1986–1988): Pierre Chantraine, *Grammaire Homérique*, Bd. I: *Phonétique et morphologie*, Bd. II: *Syntaxe*, Paris (6. Auflage).

Dickey (2007): Eleanor Dickey, *Ancient Greek Scholarship. A Guide to Finding, Reading, and Understanding Scholia, Commentaries, Lexica, and Grammatical Treatises, from their Beginnings to the Byzantine Period*, Oxford.

Erbse (1960): Hartmut Erbse, *Beiträge zur Überlieferung der Iliasscholien*, München.

Erbse (1969–1988): Hartmut Erbse, *Scholia Graeca in Homeri Iliadem (Scholia vetera)*, Bd. I–VII, Berlin.

Friedländer (1851): Ludwig Friedländer, „Die gärten des Alkinoos und der gebrauch des praesens bei Homer", *Philologus* 6, 669–681.

Friedlaender (1853): *Aristonici Περὶ σημείων Ἰλιάδος reliquiae emendatiores*, ed. Ludovicus Friedlaender, Göttingen.

Geus (2002): Klaus Geus, *Eratosthenes von Kyrene. Studien zur hellenistischen Kultur- und Wissenschaftsgeschichte*, München.

Hainsworth (1993): Bryan Hainsworth, *The Iliad: a Commentary* (General Editor: G.S. Kirk), Bd. III: *Books 9–12*, Cambridge.

Lehrs (1848): Karl Lehrs, *Herodiani scripta tria emendatiora*, Königsberg.

Ludwich (1884–1885): Arthur Ludwich, *Aristarchs homerische Textkritik nach den Fragmenten des Didymos dargestellt und beurtheilt*, Teil I–II, Leipzig.

Lührs (1992): Dietrich Lührs, *Untersuchungen zu den Athetesen Aristarchs in der Ilias und zu ihrer Behandlung im Corpus der exegetischen Scholien*, Hildesheim/Zürich/New York.

Matthaios (1999): Stephanos Matthaios, *Untersuchungen zur Grammatik Aristarchs: Texte und Interpretation zur Wortartenlehre*, Göttingen.

Matthaios (2002): Stephanos Matthaios, „Viermännerkommentar", *DNP* 12.2, 206.

Matthaios (2011): Stephanos Matthaios, „Eratosthenes of Cyrene: Readings of his 'Grammar'-Definition", in: Stephanos Matthaios, Franco Montanari u. Antonios Rengakos (Hgg.), *Ancient Scholarship and Grammar. Archetypes, Concepts and Contexts*, Berlin/New York, 55–85.

Matthaios (2014): Stephanos Matthaios, „Philologie", in: Bernhard Zimmermann u. Antonios Rengakos (Hgg.), *Die Literatur der klassischen und hellenistischen Zeit*, München, 502–553.

Matthaios (2018): Stephanos Matthaios, „Eratosthenes, Crates and Aristarchus on the Homeric Dual. Rethinking the Origins of the 'Analogy vs. Anomaly Controversy'", in: Marco Ercoles, Lara Pagani, Filippomaria Pontani u. Giuseppe Ucciardello (Hgg.), *Approaches to Greek Pooetry. Homer, Hesiod, Pindar, and Aeschylus in Ancient Exegesis*, Berlin/New York, 23–47.

Matthaios (2020): Stephanos Matthaios, „ἐμπειρία, τέχνη, and beyond. Recent controversies on the 'analogy vs. anomaly quarrel' in historical and theoretical context", in: Paola Cotticelli Kurras (Hg.), *Word, Phrase and Sentence in Relation: Ancient Grammars and Contexts*, Berlin/New York, 95–115.

Monro (1891): David B. Monro, *A Grammar of the Homeric Dialect*, Oxford.

Montana (2020): Fausto Montana, „Hellenistic Scholarship", in: Franco Montanari (Hg.), *History of Ancient Greek Scholarship. From the Beginnings to the End of the Byzantine Age*, Leiden/Boston, 132–259.

Nickau (1977): Klaus Nickau, *Untersuchungen zur textkritischen Methode des Zenodotos von Ephesos*, Berlin/New York.

Schepens (1997): Guido Schepens, „Jacoby's FGrHist: Problems, Methods, Prospects", in: Glenn W. Most (Hg.), *Collecting Fragments / Fragmente sammeln*, Göttingen, 144–172.

Schironi (2018): Francesca Schironi, *The Best of the Grammarians. Aristarchus of Samothrace on the* Iliad, Ann Arbor.

Schmidt (1976): Martin Schmidt, *Die Erklärungen zum Weltbild Homers und zur Kultur der Heroenzeit in den bT-Scholien zur Ilias*, München.
Schmidt (2002): Martin Schmidt, „The Homer of the Scholia: what is explained to the Reader?", in: Franco Montanari u. Paola Ascheri (Hgg.), *Omero tremila anni dopo. Atti del Congresso* (Genova, 6–8 Luglio 2000), Rom, 159–183.
Strecker (1884): Carolus Strecker, *De Lycophrone Euphronio Eratosthene comicorum interpretibus*, Greifswald.
van Thiel (2014): Helmut van Thiel, *Aristarch, Aristophanes Byzantios, Demetrios Ixion, Zenodot. Fragmente zur Ilias gesammelt, neu herausgegeben und kommentiert*, Bd. 1–4, Berlin/Boston.
van der Valk (1963–1964): Marchinus van der Valk, *Researches on the Text and Scholia of the Iliad*, Teil I–II, Leiden.
West (1973): Martin L. West, *Textual Criticism and Editorial Technique applicable to Greek and Latin Texts*, Stuttgart.
Wöhrle (2009): Georg Wöhrle (Hg.), *Die Milesier: Thales*. Mit einem Beitrag von Gotthard Strohmaier, Berlin.

Katarzyna Prochenko

"Necklaces of words and wisdom". The *Pythagorean Sentences* as fragments from an ancient treasury

1 Introduction

When we look at the editions of the early Greek philosophical fragments, we notice that wise sayings and concise, self-standing statements constitute a significant part of their contents.[1] According to Synesius, already for Aristotle (*c*. 384–322 BCE) these brief and autonomous forms have been the primary transmitters of "the only remnants of the old philosophy that perished in the great human catastrophes".[2] In fact, authors from the Classical and especially Hellenistic period used to gather these ancient gems of wisdom and useful expressions in the form of collections. Hence, the late antique and medieval writers, to whom we owe the bulk of the earlier philosophical fragments, have extensively used these compilations as the most illustrative pieces of evidence for early ethical and theological tenets.[3]

In spite of their practicality, diffusion and their recognized moral value, the reliability of the gnomic sources as historical and textual witnesses is nonetheless questionable. As a matter of fact, both ancient and modern scholars have repeatedly expressed their doubts regarding the uncertain provenance of the philosophical sayings, the authenticity of the attributions, the inaccuracy of their formulations and the oversimplification of the original doctrines.

In this paper, I draw attention to the pivotal role of transmission and contextualization of the gnomic fragments for their critical assessment. To illustrate the importance of these aspects, I introduce the well-documented case of a reportedly archaic collection of Pythagorean sayings, which became very popular during the first centuries of the Common Era.

Significantly, in contrast to many maxims attributed to the early Greek philosophers known exclusively from later literary citations, the *Pythagorean Sentences* is extant as a whole, or, to be precise, as a structured and conceptually coherent series of excerpts from the original collection, which served as a source also for the authors

1 I would like to thank Professors Christoph Riedweg, Denis M. Searby and Constantinos Macris, and the editors of this volume for all their thoughtful comments on an early draft of this paper. The remaining errors are, of course, my own. Financial support for my research was provided by the Swiss National Science Foundation through the Marie Heim-Vögtlin Grant No. 171354.

2 Arist. *De philos*, fr. 8a Ross (= fr. 13 Rose = fr. 463 Gigon) *ap*. Synes. *Laus calvit.* 22.

3 Generally, on the importance of gnomic forms in transmission of the ancient philosophical doctrines see Hoffmann (2020), and, specifically for Pythagoreanism, *cf.* note 10 below.

https://doi.org/10.1515/9783111508788-003

who quoted its fragments.[4] Moreover, the reception of this collection has been so broad and successful that references to its various forms and adaptations survive, offering us unique insights into redactional techniques used by ancient authors.

The following case study opens with a reconstruction of the historical and literary background in which this gnomology reportedly originated. On the one hand, the *Pythagorean Sentences* is compared with the other writings attributed to the Pythagoreans, and on the other hand with further gnomic texts of various origins that share some features with our collection. Subsequently, I discuss the criteria of authenticity adopted by the modern editors of the early Greek philosophical texts. Given the fact that these criteria have led to the exclusion of the *Pythagorean Sentences* from the most authoritative editions of the Pythagorean fragments and testimonies, I proceed to the survey of the witnesses, covertexts, and historical and source-critical accounts regarding this collection of sayings, shedding light on its transmission and reworkings, in search of more satisfactory methodological alternatives.

2 Contextualization

Before passing to the case study of the *Pythagorean Sentences*, we need to dwell upon the genre to which this text belongs, namely gnomic literature. Thus, this term refers to various compositions which include prevalently short and memorable utterances about general facts or rules of life.[5] Cross-culturally, gnomic literary forms are among the first vehicles of wisdom statements and, in fact, we repeatedly identify them also among the extant fragments attributed to the earliest Greek sages and philosophers.

In particular, if we consider all the forms of expression attested during the archaic and early classical periods, proverbs (παροιμίαι) unquestionably stand out. They are concise, universal, often figurative and anonymous pronouncements. Aristotle consid-

4 In the following paragraphs I distinguish between the three types of the texts that derive from the collections of sayings, namely the *witnesses* or *recensions* of the same redaction (which preserve both the sayings and the overall structure of their presumed source), the *covertexts* (which rearrange or recontextualize the same sayings) and the *testimonies* (which selectively cite or paraphrase the sayings and/or mention their source).

5 The observations presented below are based primarily on the theoretical summaries included in the ancient manuals of rhetoric, but I need to acknowledge that, in practice, the ancient terminological distinctions between the various gnomic forms are extremely flexible. As a matter of fact, also in this paper I offer examples of the same type of saying, named differently, even within the same testimony. For more detailed, introductory studies dedicated to the ancient Greek gnomic literature and its forms, see Funghi (2003/2004), Tosi (2004 and 2017: I–XLII) and Searby (2015 and 2020), Wilson (2022) and Lelli (2021: XIII–CLXXVI and 2023). According to Arzhanov (2019) 174, in the nineth-century Syriac rhetorical exercises the *Pythagorean Sentences* (mentioned together with the sayings of Homer and Evagrius) appear in two distinct chapters dedicated to the elaborations of *chreiai*, namely as aphorisms and metaphors.

ered them to be the most reliable and incorruptible testimonies (μαρτύρια) of ancient wisdom that everybody knew by heart.[6]

Another popular and closely related early philosophical form, which plays a dominant role in this paper, is represented by sayings (Gr. γνῶμαι, ῥήματα, synonymous with maxims and sentences in English). Even though the two genres may occasionally overlap,[7] in the testimonies presented in this paper, *gnomai* tend to have more of an ethical and individual character. For this reason, the sayings, especially those functioning as precepts (ὑποθῆκαι, παραγγέλματα) and exhortations (παραινέσεις), were likely to include a brief reference to their alleged author or to a situation in which they have been pronounced, forming anecdotes (Gr. ἀποφθέγματα, ἀπομνημονεύματα) or the so-called *chreiai* (Gr. χρεῖαι).[8] In case of the ancient collections of sayings, also known as gnomologies, or larger compilations of literary pieces, such as anthologies or *florilegia*, this additional information was usually converted into structural elements, like *lemmata* or headings, noted often in an abbreviated form and placed at the beginning or at the end of each section, or on the margins besides the given portion of text. This kind of notation alone, corrupted in the course of transmission, could facilitate misattributions of the entire sequences of fragments, possibly also some of those discussed below.

Regarding the authorship of the gnomic material, the fundamental difficulty is, however, due to its conventional rather than factual nature. Given the fact that most of the early Greek proverbs and sayings (and, among them, reportedly, also the *Pythagorean Sentences*) derive from the oral tradition, their final and best-known formulation should be attributed not to the alleged authors but to the ancient compilers, who used to collect gnomic utterances for various purposes. For instance, one of the oldest known Greek collections of this kind, the *Maxims of the Seven Sages*, according to Plato (*c.* 427–*c.* 347 BCE), originated in traditional words of mouth and commonplaces. Only at a later stage, in the sixth century BCE, a group of highly esteemed figures carefully selected the most acknowledged expressions and inscribed them in the shrine of Apollo at Delphi as first-fruits of wisdom.[9]

This seems to be true also for the compilations of various oral utterances (hence the Greek term ἀκούσματα) created by the early Pythagoreans, who used to ascribe them to Pythagoras (*c.* 570–*c.* 490 BCE), claiming that he himself pronounced them[10] (Lat. *ipse*

---

6 Aristot. *Rhet.* 1376a2–4.

7 *Cf.* Aristot. *Rhet.* 1395a19. Aristotle himself defines γνώμη as a general statement that concerns human actions and, in particular, what should be chosen or avoided in acting (*ibidem*, 1394a22–26: ἔστι δὴ γνώμη ἀπόφανσις [. . .] καθόλου [. . .] περὶ ὅσων αἱ πράξεις εἰσί, καὶ <ἃ> αἱρετὰ ἢ φευκτά ἐστι πρὸς τὸ πράττειν). Other ancient definitions of this term are collected and discussed in Framm (1912).

8 *Cf.* Stenger (2006), Searby (2019 and 2020) and Lelli (2023).

9 Pl. *Prt.* 342e–343b. *Cf.* most recently Lelli (2021) 1394–1399, Wilson (2022) 225–232.

10 On the various collections of the early Pythagorean utterances see Burkert (1972) 166–192, Zhmud (2012a) 169–205, Gemelli Marciano (2014), Macris (2018) 821–824, Thom (2013, 2017 and 2020), and Riedweg (2021) 51–64. According to Thom (2020) 3, “a significant number of the sayings may indeed go

dixit[11]). As we shall see, later testimonies have indicated the source of the *Pythagorean Sentences* precisely in those unwritten precepts of the master made available to outsiders by some fifth-century Pythagoreans.

The followers of Pythagoras, however, are not the only figures from this period who might have gathered (and, crucially, also reformulated) Pythagorean sayings for educational and rhetorical purposes. According to Xenophon (*c.* 430–*c.* 354 BCE), Socrates (*c.* 470–399 BCE) urged his disciples to compile treasuries of memorable fragments of the old sages (οἱ θησαυροὶ τῶν πάλαι σοφῶν ἀνδρῶν).[12] Unfortunately, Xenophon does not specify which figures were supposed to be included in this anthology, but, given the high esteem of Socrates for Pythagorean education and morality, which is underlined by Plato,[13] we may safely assume that some sayings from this tradition could well have found their place there.[14]

The interest in the Pythagorean moral teachings was attributed also to Socrates' contemporary, Democritus of Abdera (*c.* 460–*c.* 370 BCE), whom a first-century CE grammarian Thrasyllus credits with the writings entitled *Pythagoras* and *On the Disposition of the Wise Person* in which the sage from Samos seems to have played a prominent role.[15] The same author, apparently, composed also his own collections of precepts (ὑποθῆκαι) and sayings (γνῶμαι).[16] Crucially, the latter gnomology, to which I return below, has been identified with a late antique compilation which circulated under the name of an otherwise unknown Democrates and which shares many features with the extant versions of the *Pythagorean Sentences*.[17]

---

back to Pythagoras himself, who in turn probably based his collection on material collected from even earlier sources".

11 The first testimony of this expression is Cicero, *De nat. deor*. 1.5.10, *cf.* Quintilan 11.1.27 and Diog. Laert. 8.46: τὸ Αὐτὸς ἔφα παροιμιακόν.

12 Xen. *Mem*. 1.6.14, *cf.* Plato's remarks on compiling treasuries of memorable phrases for education manuals in *Leg*. 811a–e.

13 *Cf.* Pl. *Resp*. 600a, recalling Pythagoras as founder of a highly reputable way of life. This actually happens to be the only explicit mention of Pythagoras in the Platonic literary corpus.

14 This may be inferred also from the anecdote recalled by Plutarch in *De curiositate* 516 C, according to which Socrates used to collect from various (apparently oral) sources all the arguments that Pythagoras used in order to improve people's moral conduct. We may add to this, without any claims on the attribution, that Xenophon in *Cyr*. 5.1.11 presents the same proverbial set of natural responses to the basic human needs that appears also in *Sent. Pyth*. 98 (ed. Chadwick [1959]) and in Stob. *Anth*. 4.37.13 (attributed to Pythagoras). The same saying occurs in the so-called *Gnomologium Vaticanum Epicureum* (*GVE* 33), hence Clement of Alexandria (*Strom*. 2.21.127) attributes it to Epicurus; *cf.* Prochenko (2024) note 92.

15 *Cf.* Johnson (2020) 216 with note 23.

16 *Cf.* Leszl (2007) 56–76, Gerlach (2008) 27–28 and 58–61, and Johnson (2020) notes 10 and 23, and Wilson (2022) 106–116. The reconstruction and the authenticity of both these texts, however, is very problematic.

17 For the collection of the *Golden Sentences of Democrates*, which, on an earlier redactional stage, was used by Stobaeus as a source for the fragments of Democritus in the *Anthology*, see Gerlach (2008), Ruiu (2011), Gemelli Marciano (2013) 537–542, Johnson (2020) and my observations below.

Another early testimony on the Pythagorean gnomic collections comes from a lost work of Aristotle, where – according to later authors – he included a series of oral and enigmatic utterances (ἀκούσματα, outside the Aristotelian tradition also known as σύμβολα), which he considered typical of the Pythagoreans.[18] From a passage cited by Iamblichus (*c.* 242–*c.* 325 CE), possibly of Aristotelian origin, we may further learn that there were three types of these concise Pythagorean pronouncements, corresponding respectively to the three questions they answered, namely the “what is?” (τί ἔστι;), the “what is the most?” (τί μάλιστα;), and the “what ought to be done?” (τί πρακτέον;).[19]

Besides the numerous examples offered by Iamblichus and identified as fragments of Aristotle’s lost writings,[20] the “what ought to be done” type of *acusmata*, that is a close relative of *gnomai*,[21] is attested already in the *Explanation of the Pythagorean Symbols*, composed around 400 BCE by Anaximander the Younger of Miletus, a rhapsode acquainted with the historic method (ἱστορικός).[22] On the basis of the fragments of this work, we may hypothesize that it provided the enigmatic, sometimes awkward expressions with pragmatic elucidations presented in the form of simple, ethical sayings.[23]

Shortly thereafter, during the fourth century BCE, further collections of precepts, reportedly originating directly in the Pythagorean circles, entered the public circulation. Thus, on the one hand, Diodorus of Aspendus, reputed to be a member of the school, was accused of having spread the “Pythagorean voices” (τὰς Πυθαγορείους φωνάς) in Greece. Even though nothing precise can be said about its contents, from the (notably very biased, yet strikingly similar to the traits of Socrates in Aristophanes’ *Clouds*) literary mentions of Diodorus’ eccentric way of life, one could expect it to reflect some of his moral, possibly ascetical principles.[24]

On the other hand, in the second half of the fourth century BCE a follower of Aristotle, Aristoxenus of Tarentum, composed, among other lost works on Pythagoreanism,

18 According to Burkert (1972) 166–192, the ritualistic and religious *acusmata* governed the way of life followed by the disciples of Pythagoras since the sixth century. *Cf.* Burkert (1998) 314–315, Gemelli Marciano (2014) 133 and note 10 above.

19 Iambl.*VP* 82–83.

20 Arist. frs 194–196 Rose.

21 *Cf.* note 7 above.

22 See Burkert (1972) 166 and Horky (2020) 170–176.

23 Horky (2020) has suggested that similar exegetic and rationalizing activity of the Pythagorean *acusmata* may be argued also for the Early Platonists. For the later commentaries on this type of sayings see also Thom (2021b). Regarding the reformulations of the Pythagorean *symbola*, it may be purposeful to recall here also the remarks of Iamblichus (*VP* 105 = *Protr.* 21), who postulated a careful selection (ἐκλέξας) and a serious exposition (ἀμώκῳ ἐξηγήσει) of these sayings, as they could otherwise seem “as absurd – old wives’ tales, full of nonsense and idle talk”; transl. Clark (1989) 46–47.

24 *Cf.* Thom (2021b) 323, who, following Burkert (1972) 203, sees Diodorus as a typical ‘acusmatic’, and, hence, he tends to identify the *Voices* with the *symbola*. See also Zhmud (2012a) 132–134 and 179–183, who argues that Diodorus “has nothing in common with the [early – KP] Pythagoreans”.

the *Pythagorean Precepts* (Πυθαγορικαὶ ἀποφάσεις).[25] This writing, extant in fragments only, probably reflected Aristoxenus' first-hand knowledge of the moral norms governing a Pythagorean community in Southern Italy of the late fifth and early fourth centuries,[26] describing them in a plain and rational manner that characterized also the work of Anaximander.

Furthermore, within the broadly conceived Pythagorean gnomological tradition, we may situate also the famous *Golden Verses* (Χρυσᾶ ἔπη), a poem ascribed sometimes to Pythagoras himself.[27] This short writing, mentioned for the first time by the Stoic Chrysippus (281/277–208/204 BCE),[28] consists in a series of sayings composed in dactylic hexameters. Similarly to the other gnomic compilations, this text is also easily fragmentable, and in the later testimonies the excerpts from the *Golden Verses* are presented next to the sayings from the *Pythagorean Sentences* as the early Pythagorean fragments.[29] The Neoplatonic commentaries on the *Golden Verses* indicate that this poem served as an introduction to the philosophical curriculum and that it was discussed before progressing to more demanding works.[30] Indeed, the *Golden Verses* itself refers to other texts, encouraging the reader to embark upon a more advanced spiritual development which ultimately shall lead to divinization.[31] Among these further readings two titles are explicitly mentioned: the *Purifications* (Καθαρμοί) and the *Liberation of the Soul* (Λῦσις ψυχῆς).[32]

Late antique writers mention also other titles of Pythagorean gnomologies. Galen (129–*c.* 200 CE), for instance, says that he read twice a day the text known as the *Counsels of Pythagoras* (Πυθαγόρου παραινέσεις) in order to free himself from his passions.[33] This collection, as I demonstrate elsewhere, might have contained excerpts from the *Golden Verses*, *Pythagorean Sentences* and other (not exclusively Pythagorean) gnomic texts, and it could have been redacted at some time around the birth of Christ, in the circle of the Roman Pythagorizing philosophers.[34] The founder of this vivid, albeit short-living movement, Quintus Sextius the Elder, according to Seneca (*c.* 4

25 For a reconstruction of this work with commentary see Huffman (2019).

26 So Huffman (2019) 112–147, but see also Brisson (2007) and Zhmud (2012b) 226–235.

27 In Iambl. *Protr.* summ. (*cf. ibid.* 3) the *Golden Verses* are classified as "the Pythagorean protreptic sayings in verse" (Πυθαγορικαὶ γνῶμαι προτρεπτικαὶ ἔμμετροι). For the edition of this poem with a discussion of its attestations, attributions and dating see Thom (1995); *cf.* Thom (2021a).

28 Chrysippus *ap.* Gellius 7.2.12 = *SVF* 2.1000, p. 294.25, *cf.* Thom (1995) 35–58.

29 For instance Stob. *Anth.* 3.3.21 (= *Carm. Aur.* vv. 21–26 and 39) that appears next to 3.3.24 and 3.3.49 (= *Sent. Pyth.* 46 and 107 respectively) are all attributed to Pythagoras himself. In the following paragraphs, I offer further examples from other authors.

30 *Cf.* Iambl. *Protr.* 3 and Hier. *In Carm. aur.* prooem, 4.

31 *Cf.* Izdebska (2016).

32 *Carm. Aur.* vv. 67–68. The various hypotheses regarding the identification of these writings are discussed in Thom (1995) 215–217. I owe these references to Constantinos Macris.

33 Gal. *De an. aff. dign. et cur.* 6.10 ed. de Boer.

34 *Cf.* Prochenko (2024).

BCE–65 CE) modelled his rigorous moral teachings on those of Pythagoras, but replaced their original, religious legitimation with a commonsense rationale.[35] Moreover, every evening Sextius practiced self-examination to master his soul's passions, precisely in a way suggested in the *Golden Verses*.[36] Later, the beneficial effects of the *Golden Verses* and of "some Pythagorean rules" (τινων Πυθαγορικῶν θεσμῶν) were praised by the fifth-century Neoplatonic thinker Hierocles of Alexandria, who also advised their habitual, daily employment.[37] While the identification of those rules remains uncertain, in the same *Commentary on the Golden Verses* Hierocles undeniably cites the sayings from the *Pythagorean Sentences* to support the doctrines expressed in the poem, assuring that they have been "pronounced by the Pythagoreans" (φασιν οἱ Πυθαγόρειοι).[38]

By and large, the most extensive ancient discussion of the Pythagorean gnomic literature, with numerous examples, can be found in Iamblichus' *Exhortation to Philosophy*, allegedly modelled on the analogous writings attributed to Archytas[39] and Aristotle,[40] with – as we shall see – a possible intermediation of later Pythagorizing or Platonizing authors. This work presents numerous types of Pythagorean sayings as the foundation (ἀρχή) of philosophical and especially moral education.[41] In a way that resembles the tripartition of the philosophical curriculum in the *Golden Verses*, Iamblichus also divides all of his gnomic sources (Pythagorean or not) into three progressive stages, starting from the literal and easily accessible expressions and finishing with the most advanced and esoteric sayings, often expressed in an enigmatic way.[42] Admittedly, in his entire multi-volume, alas to a great extent lost work *On Pythagoreanism*, of which the *Exhortation to Philosophy* was only the second book, gnomic sources play an essential role in his reconstruction of the Pythagorean doctrines. Thus, in the remarks opening the first book of this series, entitled *On the Pythagorean Life*, Iamblichus writes:

> The [Pythagorean – KP] school has long been neglected, hidden from view by unfamiliar doctrines and secret symbols, obscured by misleading forgeries (τὸ μαθήμασιν ἀπεξενωμένοις καί τισιν ἀπορρήτοις συμβόλοις ἐπικεκρύφθαι ψευδέσι τε καὶ νόθοις πολλοῖς συγγράμμασιν ἐπισκιάζεσθαι), impeded by many other such difficulties – let us disregard all that. Sufficient for us is the will of the gods, which makes it possible to tackle problems even more insoluble than these.[43]

---

35 *Cf.* Sen. *Ep.* 108.17–22. On Sextius' influence on Seneca see also *Ep.* 59.78, 64.2–5, 73.12–15, 98.13–14 and *Nat. Quaest.* 7.32.3.

36 Sen. *De ira* 3.36.1.

37 Hierocles *In Carm. aur.* 27.12.

38 Hierocles, *In Carm. aur.* 1.17–19.

39 See Horky (2015).

40 See Hutchinson/Johnson (2005).

41 Iambl. *Protr.* 1 and *VP* 247.

42 *Cf.* O'Meara (1989) 40–44 and Thom (2018) 72–75.

43 Iambl. *VP* 2, transl. Clark (1989) 1.

In this sincere confession, Iamblichus admits that he had to deal with the texts, which were either incomprehensible or falsely attributed to the Pythagoreans.[44] Under these circumstances, the gnomic material, indeed, appeared to him not only less controversial but even already 'authenticated' by the renowned authorities of its previous collectors. Yet, Iamblichus' method of presenting these sources is, from the modern point of view, absolutely unacceptable. In fact, he cherry-picked from these and other, often forged texts those that supported his own doctrines, and consequently he presented them as deriving directly from (his vision of) the ancient Pythagoreanism.[45] Even worse, regardless of all the underlying and clearly declared assumptions, his testimony, especially when there are no alternative versions to contradict it, provided a stable point of reference for the modern editors of the Pythagorean fragments.

3 Modern criteria of authenticity for the gnomic sources

Besides the difficulties typical for gnomic literature, which include shifting attributions and continuous reformulations of the sayings, the other serious issue with the Pythagorean fragments, expressed also by Iamblichus, lies in their alleged origin. Due to the scarcity of reliable historical sources and loads of late, spurious writings and tendentious doctrinal accounts, the sole attribution to Pythagoras or to the early Pythagoreans makes this material a part of the most controversial tradition in ancient Greek philosophy. As a consequence, Hermann Diels, in the Pythagorean section of the monumental *Fragmente der Vorsokratiker*, has abandoned his usual, threefold distinction into biographical and doxographical reports (corresponding to his section A), fragments (B) and imitations (C).[46] Accordingly, in the latest edition of the early Greek philosophical fragments, André Laks and Glenn Most have also followed this concept. This means that, while, in the other volumes, they have usually divided their source material into three categories, namely biographical reports (P), doctrine (D), and later reception (R),

44 For an overview of the texts attributed to Pythagoras and the Pythagoreans see Thesleff (1961), Centrone (2014 and 2021) and Macris' *Brief Introductory Guide* in Macris et at. (2021) 23–70.

45 *Cf.* Macris (2002), Zhmud (2012a) 72–77 and note 23 above. A similar proclivity, exposed in Macris (2014), is evident also in the doxographical part of Porphyry's *Life of Pythagoras* (*VP* 38–52), where various gnomic utterances are also attributed to Pythagoras himself.

46 Diels (1903: 26) has assumed that Pythagoras wrote nothing and that the Pythagorean doctrines until Philolaus circulated exclusively in oral form. However, in case of the followers of Pythagoras (excluding Philolaus and Archytas), and even more so for the anonymous Pythagorean fragments, Diels didn't classify the material within his usual categories (i. e. A, B and C). Instead, he introduced five subsections (A: Katalog des Iamblichos, B: Anonyme Pythagoreer, C: Ἀκούσματα, Σύμβολα, D: Ἀριστοξένου Πυθαγορικαὶ ἀποφάσεις, E: Pythagoristen der Komödie) to group the different types of the fragments, without judging their authenticity.

in the case of the Pythagorean fragments they have adopted additional categories in order to distinguish the ones that seem to them historically reliable from those that they consider legendary or fabricated.[47]

Differently from Diels (and Kranz), however, Laks and Most have included a tiny selection of the *Pythagorean Sentences* from Stobaeus (fr. R36), in the part regarding the reception of the Pythagorean doctrine.[48] They did so in spite of the fact that many of these sayings are actually better attested in the ancient literature than most of the gnomic fragments we attribute to the other early Greek thinkers, which usually find their place in the section dedicated to the genuine fragments and doctrinal accounts (i.e. their section D or Diels-Kranz's B).

One example of this is the analogous gnomology, transmitted in some Byzantine manuscripts under the title *The Golden Sentences* (γνῶμαι χρυσαῖ) of the otherwise unknown Democrates, but labelled by Diels, who followed the attribution of some parallel maxims in the *Anthology* of Stobaeus and the later gnomic corpora,[49] as "echte Fragmente" of Democritus of Abdera.[50] In reality, we may find numerous structural and content-related similarities between the sayings from this Democratean collection, the *Pythagorean Sentences*, and other texts with different attributions.[51]

Although Laks and Most doubt that these sayings are authentic, they still place them in section D because "it would be just as risky to attach them exclusively to this tradition (i.e. the original or pseudepigraphic reception of Democritus) as to attribute them in their entirety to Democritus himself". As matter of fact, they acknowledge that

---

47 Laks/Most (2016c) 3–6.

48 Laks/Most (2016c) 392–395 publish exclusively the alphabetically arranged selection of 15 sayings contained in Stob. *Anth.* 3.1.30–44. In the following sections of this paper, I present the further Pythagorean fragments (also those cited in the *Anthology*) of the same gnomology.

49 According to Gerlach (2008) 64–66, Stobaeus attributes 32 sayings (out of 86 transmitted within the Democratean collection, recognized and published by Diels as Democritean) to Democritus. By the same token, Stobaeus ascribes to Pythagoras 43 sayings, which can be found among the 130 (or 127, if we exclude the repetitions) maxims included by Chadwick (1959) 84–94 in the *Pythagorean Sentences*. Nonetheless, Diels, followed by many other editors of the Presocratic and Pythagorean fragments, ignores the latter gnomology.

50 See *FVS* 68 B 35–115 D.-K. and the discussion on pp. 153–154, where Diels considers the name Democrates as "sicher unechte Einschiebsel". The title "echte Fragmente", however, can be found only in the earlier editions of the *FVS*. The later editors of the Democritean fragments, such as Luria (1970), Gerlach (2008), and Ruiu (2011), point to the presence of the Ionic dialectical forms and the terms traditionally associated with Democritus in some sayings, and generally believe that the *Golden Sentences* of Democrates is actually a collection of excerpts from the original works of Democritus; *cf.* Johnson (2020) 278 note 32. Nevertheless, Gerlach (2008) 57 allows for "die Möglichkeit einer pythagoreischen Rezeption und gnomischen Überformung". Moreover, it may be worth noting that a certain Democrates of Ambrosia (crucially, distinct from Democritus of Abdera) appears next to Pythagoras in an inventory of the Greek sages, whose moral teachings were studied in the late antique monastic schools of Syria and Mesopotamia; *cf.* Arzhanov (2019) 132.

51 *Cf.* Gerlach (2008) 60–61 and Johnson (2020) 218 note 36.

there are no satisfactory criteria available to systematically verify the authenticity of the gnomic sources. Nonetheless, in the case of Democritus, they decide to print these maxims in section D, only using italics, when they want "to indicate their problematic character".[52]

Professedly, the focus of these editors lies on "the reconstruction, on the basis of fragments and testimonia, of the original doctrines of the earliest Greek philosophers".[53] In other words, they should have prioritized fragments and testimonies over the conclusions regarding the doctrines. Unfortunately, their treatment of the *Pythagorean Sentences* does not completely adhere to these premises.

It is beyond any doubt that moral sayings, as we find them in the late antique and Byzantine anthologies, in most cases are not the verbatim quotations of the early philosophers. Even when many writings of an author are extant, it may still be impossible to apply the criterion of shared contents or *usus scribendi* for authenticating the gnomic material accredited to him.[54] All the more, attributions are extremely prone to more or less intentional alterations and are the most unstable elements of the gnomological tradition.[55]

Nevertheless, gnomic sources may still contain some early and genuine contents. Oftentimes, when we confront them with the other testimonies, paraphrases and imitations, sayings and anecdotes reveal themselves as important pieces of doctrinal evidence. Like all the testimonies (rather than the fragments), however, sayings always require a contextualization in order to understand their place in the transmission of philosophical tenets and to verify their reliability.[56]

Despite the fact that the Pythagorean authorship is more contested and problematic than that of the other early Greek philosophers, the wide-ranging influence and the rich reception of the *Pythagorean Sentences* alone should have ensured them a place in the modern editions of ancient philosophical fragments and testimonies. Moreover, this text is transmitted by many alternative channels, to which some valuable, ancient, source-critical comments may be added. This variety of sources offers unique insights into dynamics of transmission and the ancient methods of authentication of similar texts.

---

52 Laks/Most (2016a) 4–5. Interestingly, in Laks/Most (2016d) 330 a group of Democratean sayings (frs. R 103–107) is recognized as variations of Heraclitus' *Aphorisms*.

53 Laks/Most (2016b) 10.

54 The case studies on the biographical anecdotes regarding Plato and the gnomic expressions attributed to Aristotle, conducted by Riginos (1976) and Searby (1998) respectively, conclude that there is practically no overlapping between the preserved literary corpora of these authors and the anecdotes or sayings linked to them.

55 Strohmaier (2003) 16.

56 This position (regretfully, not with regard to the Pythagorean thinkers) is reflected, for instance, in De Gruyter's new series *Traditio Praesocratica*, which conveys more importance to the transmission of the early philosophical texts. In the volume dedicated to Thales, Wöhrle (2009: 1–7) aptly observes that the assessment of the authenticity of the presocratic fragments is usually inseparable from their reception.

4 The witnesses: alphabetical redaction and its recensions

The *Pythagorean Sentences* is a compilation of alphabetically arranged ethical and theological sayings. It is preserved in at least four main Greek and three Syriac recensions (and their numerous handwritten and printed copies),[57] which differ by title, attribution, number of sayings, and even by the formulations, especially of the pagan expressions. However, all of the witnesses of this redaction transmit the contents in the same sequence. The sayings themselves are of different length and complexity, considering both their linguistic and their conceptual aspects. In the form reconstructed by Henry Chadwick (1959), the collection opens with the maxim "Let your daily renewal come more from reflecting on the good things than from the food that nourishes your body".[58] And it finishes with "Do not hesitate to die for the things for which you want to live".[59]

The entire text has a distinctive doctrinal message, maintained even in the Christian adaptations. Namely, it focuses on obtaining spiritual perfection by cultivating theoretical virtues. In comparison to the other ethical texts attributed to Pythagoras and his followers, which, in terms of passions of the soul, usually advocate for moderation and self-control (μετριοπάθεια),[60] the *Pythagorean Sentences* aims at the state of impassibility and complete eradication of all the physical affections (ἀπάθεια).[61] In addition to that, our gnomology does not mention any specific prescriptions and traditional Pythagorean subjects like vegetarianism, transmigration of the soul, the communitarian way of life, the theory of numbers or music. Instead, it shares many ethical and eschatological views with Plato's *Phaedo* and, particularly, with the later Pythagorizing and the so-called Middle Platonic doctrines from the Imperial Period.

The extant recensions of the alphabetical redaction contain from 15 up to 119 sayings and differ substantially between them. For instance, in the Greek *Anthology* of Stobaeus (fifth century CE?) we find a short alphabetical series of 15 sayings with the title *Sentences of Pythagoras* (Πυθαγόρου γνῶμαι), introduced by another precept of Pythagoras, which is attested independently also by Plutarch (who calls it παράγγελμα τῶν Πυθαγορείων) and Galen.[62] In other chapters of the *Anthology*, we may individuate at least 28 further sayings, recurring in the other recensions of the alphabetical redaction. When we compare these numbers with the total number of fragments attributed to Pythagoras by Stobaeus (taking into consideration also *chreiai*, *symbola*, and excerpts

57 For a comprehensive overview of the manuscripts and editions see Sodano (1991a) and Prochenko (2018a). In a recent oral communication, Yury Arzhanov has suggested that there were at least 10 Syriac manuscript witnesses (most of them unedited); *cf.* Arzhanov (2019) 84–90.

58 *Sent. Pyth.* 1 ed. Chadwick.

59 *Sent. Pyth.* 123 ed. Chadwick.

60 *Cf.* Becchi (1992), Dillon (1983) and Centrone (1990, 2014 and 2021).

61 See, for instance, *Sent. Pyth.* 2 and 116 ed. Chadwick.

62 Plut. *De exil.* 602 c; *cf. De tranquill.* 466 f; *Sanit. praec.* 123 c; Gal. *Affect. dignot.* 6.16 ed. de Boer.

from the *Golden Verses*), it results that our gnomology served as the primary source of Pythagoras' citations in the *Anthology*, constituting of about three-quarters of the total.[63]

A fuller version of the same Greek alphabetical redaction, counting at least 105 sayings, was available also to various Syriac translators. The earliest known Syriac recension (British Library, Additional 14658, dated to the seventh century), is entitled *The discourse of Pythagoras*.[64]

In comparison to the latter two, the recension of a hundred sayings, which are extant in the late nineth-century manuscript from Patmos (no. 263), omits all the distinctively pagan references and formulations.[65] This version is introduced with the title *The Sentences of Sextus in alphabetical order* (Σέξτου γνῶμαι κατὰ στοιχεῖον) and it follows another, longer gnomology which is also attributed to Sextus,[66] but arranged rather roughly (not alphabetically) as a series of thematic clusters.[67]

Further, there is an anonymous, alphabetically arranged compilation of 45 sayings, which follows a collection of parallels,[68] both introduced by the title *Demophilus' Excerpts from the Pythagorean [sayings?]: Similitudes or the Remedy of Life* (Δημοφίλου ἐκ τῶν Πυθαγορείων· ὅμοια ἢ βίου θεραπεία). These two texts, which open the fourteenth-century manuscript *Vaticanus gr.* 743,[69] precede, without any distinction, an important ancient collection of apophthegms (also arranged alphabetically, but according to the names of philosophers to whom they were ascribed), the so-called *Gnomologium Vaticanum*.

Another witness to the same redactional stage can be found in the eighteenth-century codex no. 91 from the Historical Library of Dimitsana, located in the Greek region of Arcadia.[70] There too, both Pythagorean collections are attributed to Demophilus, but they are called *Sayings from the Pythagorean Verses* (Δημοφίλου γνῶμαι ἐκ τῶν

63 On the Pythagorean fragments preserved by Stobaeus see Piccione (2021). *Cf.* note 49 above.

64 For the titles and the contents of the Syriac collections see Arzhanov (2019) 84–90; *cf.* Sodano (1991a) 49–56. A comprehensive edition of all the extant Syriac versions is, unfortunately, a desideratum.

65 *Cf.* Sodano (1993).

66 Chadwick (1959) and Eisele et al. (2015), who edited both collections, attributed only the non-alphabetical one to Sextus, whereas the alphabetical one is a witness to the text of the *Sentences of the Pythagoreans*. Sodano (1993), who published exclusively the Patmiac alphabetical collection, also ignored its title (probably due to the poor quality of his photocopy).

67 *Cf.* Wilson (2012) 29–32. A similar kind of arrangement, called 'Stichwortverkettung', has been detected by Gerlach (2008) 39–46 also in the *Golden Sentences of Democrates*.

68 This term denotes short, metaphorical statements, which compare two analogous, yet distant concepts. *Cf.* Prochenko (2024) note 20.

69 For many centuries the Vatican recension was the only known version of the *Pythagorean Sentences* and it has numerous handwritten copies and printed editions. For the critical edition of pseudo-Demophilus' alphabetical gnomology with extensive commentary see Sodano (1991a).

70 This version, which shares some readings with the manuscript from Vienna mentioned below, remains unedited. I was able to access it through a microfilm kindly provided to me by the Historical and Palaeographical Archive (Ιστορικό και Παλαιογραφικό Αρχείο) in Athens.

πυθαγορείων ἐπῶν), whereas the title ὅμοια ἢ βίου θεραπεία seems to introduce only the first part of the text (that is, the parallels). In this version, however, the Demophilean gnomology precedes the *Golden Sentences of Democrates* (Δημοκράτους γνῶμαι χρυσαῖ), which I mentioned above.

Finally, there is the largest collection of 119 maxims, entitled the *Sentences of the Pythagoreans* (Αἱ γνῶμαι τῶν Πυθαγορείων) in the fifteenth-century ms. *Vindobonensis phil. gr.* 225.[71] Besides that, the same codex preserves many other Pythagorean sayings, included in the *Commentary on the Golden Verses* of Hierocles, in the extracts from *The lives, opinions, and remarkable sayings of the most famous ancient philosophers* of Diogenes Laertius (especially the gnomic sections from the eighth book, dedicated to the Pythagorean school), and from the *Life of Pythagoras* written by Porphyry.

5 Covertexts

In a way that is quite typical for this kind of literature, the sayings from the *Pythagorean Sentences* flowed into new texts (covertexts) arranged for different purposes and using different redactional principles. Surprisingly, I detected re-use of the same sayings in the neighboring, usually anonymous gnomic collections or literary texts in all of the manuscripts listed above. In some cases, the wording of one saying changed within the same handwritten witness. For the purpose of this paper, however, I will discuss here only the covertexts that can be (at least approximately) dated and contextualized.

In chronological order, the first text that draws a substantial number of sayings from the *Pythagorean Sentences* is the *Sentences of Sextus*. This gnomology was mentioned for the first time by Origen (*c.* 185–253 CE) and it is generally considered to be a Christian, non-alphabetical adaptation of the Pythagorean gnomology.[72] The Greek text

71 This manuscript has been edited separately by Schenkl (1886).

72 Doubtlessly, both extant Greek witnesses of the *Sentences of Sextus* are lightly Christianized. Consequently, all of the twentieth-century editors of this text agree on the Christian identity of Sextus. The main arguments supporting the Christian background of the compiler, besides the tentative identification offered later by Rufinus, is the attribution of a Sextian saying to "a wise and believing man" (*a sapiente et fideli viro dictam sententiam*) in Orig. *Hom. in Ezech* 1.11.3. However, the adduced passages of Origen are extant only in the Latin translation of Jerome (who in his later works explicitly called Sextus a Pythagorean), and they do not refer to the *Sent. Sext.* 352, as Chadwick (1959) 114 and Eisele et al. (2015) 23–37 have suggested, but rather to the *Sent. Pyth.* 55, cited also in Porph. *ad Marc.* 15. Likewise, the only extant Greek paragraphs where Origen refers to the *Sentences of Sextus*, namely *Contra Celsum* 8.30 and *Comm. in Matt.* 15.3, do not identify Sextus as a Christian, but only as an author whose maxims a multitude (οἱ πολλοί) of Christians knew. Additionally, all the sayings reported by Origen are echoed also in the pagan texts. Thus, the context of the Sextian citation in *Contra Celsum* (i.e. rational arguments for abstinence from eating meat in *Sent. Sext.* 109 confronted with the Pythagorean religious reasons) is analogous to the account of Quintus Sextius' polemics with Pythagoras in Sen. *Ep.* 108.17–19 (*cf.* above and – in more detail – in Prochenko [2023]). Also *Sent. Sext.* 13 and 273 on self-mutilation, quoted in

is extant only in two manuscripts,[73] one of which – as we have seen – contains also our alphabetical gnomology attributed to the same Sextus. The non-alphabetical redaction became particularly widespread due to its Latin translation made around 400 CE by Rufinus of Aquileia (*c.* 345–411), who tried to identify the author of its *Vorlage* with the Christian bishop and martyr Xystus.[74]

Other testimonies suggest, however, that sayings from both the alphabetical and non-alphabetical Sextine gnomologies circulated together also in anti-Christian settings. In fact, shortly after the year 300 CE, the Neoplatonic philosopher Porphyry wrote an exhortative letter to his wife Marcella, where he extensively used both collections, together with some other gnomologies.[75] In this epistle, he cited at least 100 sayings which Marcella (or Porphyry's students, if the text was meant for a larger circulation) probably had already known from his past lectures or writings. He converted these gnomic utterances into a coherent Neoplatonic (or Neopythagorean?) text, encouraging its readers to study the true Hellenic wisdom. Some scholars consider this letter to be a pagan response to the Christian appropriation of the Pythagorean source material,[76] but Porphyry never explicitly states that his sources derive from this particular philosophical tradition. On the contrary, he speaks of a common and truthful Greek sapiential heritage (ἡ ἀληθινὴ σοφία and φιλοσοφία ἡ ὀρθή). Therefore, he aimed rather at creating new, admirable and useful "necklaces of words and wisdom" (*verbi et sapientiae monilibus*), as Rufinus beautifully called them,[77] and not at rendering the *ipsissima verba* of any ancient sage. As a matter of fact, he carefully selected the fragments which fitted his own doctrinal message and presented them as a precious, traditional worldview without attributing them to the authoritative figures of the past.[78]

During the fourth and fifth centuries CE, the gnomic corpus used by Porphyry was disseminated in many Roman provinces.[79] On the one hand, other Christians besides Origen and Rufinus incorporated maxims from both the *Sentences of Sextus* and the *Pythagorean Sentences* in their own works. For instance, a derivative, christianized gnomic anthology attributed to Evagrius of Pontus (345–399 CE) became widespread in

Comm. in Matt. 15.3, do not seem to be distinctively Christian and, indeed, both sayings are approvingly cited also in Porph. *ad Marc.* 34.

73 Patmos no. 263 and *Vaticanus gr.* 742 (thirteenth century).

74 Chadwick (1959) 117–137, Wilson (2012) 9 and Eisele et al. (2015) 3–8 and 36–37 argue that Rufinus could have meant Pope Xystus II, who was killed in 258.

75 For Porphyry's text and its sources see Sodano (1991b) and Pradeau (2023).

76 See Viltanioti (2016).

77 In the *Preface* to the *Sentences of Sextus* ed. Chadwick (1959) 9.

78 This, however, must not exclude a possibility that Porphyry saw the origin of at least some of these sayings in ancient Pythagoreanism. In fact, below I adduce an example from his *Life of Pythagoras*, where Porphyry claims that Pythagoras himself continuously repeated a maxim which summed up his entire ethical and political wisdom and which corresponds precisely to a saying from the *Pythagorean Sentences*.

79 *Cf.* Hieron. *Comm. in Ierem.* 4.41.

the Eastern monasteries towards the end of the fourth century. In the later centuries, this text was transmitted also under the name of a certain Nilus.[80] Another Christian covertext is extant also in the early fifth-century papyrus P. Palau Rib. inv. 73v (*olim* 225v).[81] This short, anonymous and informal sacro-profane anthology mixes some Christianized sayings of Sextus with biblical passages. Even the most prominent ecclesiastical writers, like Augustine of Hippo (354–430) and Jerome of Stridon (c. 346–420), referred to the Sextine maxims (from the non-alphabetical collection) in their writings.[82]

On the other hand, after the fourth century the later pagan authors quoted exclusively the maxims that occur in the alphabetical gnomology. Interestingly, however, while Stobaeus used an alphabetically arranged redaction, which was attributed to Pythagoras, his rough contemporary Hierocles maintained the sequence of sayings that we find in Porphyry's *ad Marc.* 16–19, but – in contrast to Porphyry – he added an explicit reference to an oral, Pythagorean source.[83]

6 Testimonies

Although the Pythagorean gnomic fragments have been widely spread and commonly accepted as pearls from the traditional wisdom treasury, as this brief survey of the late antique testimonies demonstrates, all of a sudden their provenance and certain contents attracted some critical attention. The salient point of this controversy started in the late 390s, when Rufinus made a Latin translation of his own selection of the Sextine maxims. In the preface to this work, Rufinus dedicated it to a Roman aristocratic lady, Avita, for her moral edification, following the well-known Greek and Latin genre of *enchiridion* or *anulus*.[84] He declared that his translation had been made in a very open and plain style and that he had "added some further sayings composed by a religious father for his child" (*addidi praeterea et electa quaedam religiosi parentis ad filium*).

Regardless, when we compare the extant Greek and early Syriac versions with their Latin translation we cannot identify these additions. Factually, the opposite is true: the presumed originals contain nearly 160 sayings more than their Latin derivate, whereas

80 *Cf.* Eisele et al. (2015) 177–188 (for the edition) and 399–449 (for the study by Michael Durst). Notably, the first of the four derivative collections attributed to Evagrius, just like the *Pythagorean Sentences*, is also alphabetically arranged, but it contains only one saying for each letter of the Greek alphabet. Moreover, the Evagrian sayings, just like Porphyry's *Letter*, draw not only from the *Sentences* of the Pythagoreans but also from Sextus and Clitarchus.

81 Edited in Carlini (1985).

82 Aug. *Nat. grat.* 64.77, *cf. Retract.* 2.68 and Hieron. *Adv. Iov.* 1.49.

83 See above. *Cf.* Kobusch (1976) 163–170, who identifies a common source of Porphyry and Hierocles in the lost Περὶ θυσιῶν, written by a Neopythagorean philosopher Apollonius of Tyana (first century CE).

84 I refer here to the *Praefatio Rufini Praesbyteri*, edited in Chadwick (1959) 9–10.

for the remaining 451 sayings the translation is quite literal.[85] Moreover, according to Jerome, Rufinus divided his version into two parts (*unum librum interpretatus est in latinum divisitque eum in duo volumina*),[86] but also this aspect finds no correspondence in the Latin manuscripts.

To all appearances, there are serious discrepancies between the extant textual witnesses and their presumed models. The Greek tradition, with only two diverging manuscripts, is poorly represented, whereas the numerous Latin codices (which in turn, with the exception of the title, are quite homogeneous) tend to agree with the first Sextine collection from the manuscript of Patmos with regard to the readings, and with the recension of the *Vaticanus* 742 with regard to the order of sayings. When we consider this fact together with the testimony of Jerome and the immediate presence of the second (alphabetical) gnomology attributed to Sextus in the same Greek witness, the choice of the modern editors of the *Sentences of Sextus* to adopt Rufinus' professedly manipulated version as a point of reference for establishing the Greek text may unnecessarily obfuscate the already complicated textual history.

Unfortunately, a comparison of the Greek and Latin texts with the other, early translations of both Sextine collections leads to ambiguous conclusions. For instance, the extant Coptic version, apparently contemporary to Rufinus' translation, confirms the arrangement of the *Vaticanus gr.* 742, but since it is mutilated it says nothing about the original extent of this collection.[87] In Syriac, we find numerous and differing translations of both the alphabetical and non-alphabetical gnomologies but, significantly, the two are transmitted separately. Thus, the translations of the 'Pythagorean' collection generally follow the Greek alphabetical order of sayings (particularly that of the *Vindobonensis phil. gr.* 225) and are attributed to Pythagoras, whereas those of the other collection (though not all of them), resemble rather the version extant in the *Vaticanus gr.* 742 with some further additions and a reference to Saint Xystus bishop of Rome.[88] Conversely, but in a manner that recalls the juxtaposition found also in the manuscript of Patmos, one of the Armenian translations (possibly going back to the fifth century, but extant only in the manuscripts of a later date) includes excerpts from both the alphabetical and non-alphabetical collections under only one title: *Discourse of Xystus*.[89]

Whatever the original form of the *Sentences of Sextus* may be, the disparateness of the extant witnesses raises the possibility – sadly ignored by all of the editors – that the

85 Regardless of all these difficulties, Wilson (2012) considers genuine and edits only the 451 Sextine sayings which have been translated by Rufinus. Elter (1892), Chadwick (1959) and Eisele et al. (2015) group the additional Greek sayings into three appendices and date them to the early fifth century. A recent discussion of the extant witnesses of the Sextine gnomology can be found in Eisele et al. (2015) 285–299.

86 Hieron., *Comm. in Ierem.* 4.41, *cf. Comm. in Ezech.* 6.

87 The text is extant among the Nag Hammadi codices (NHC XII 1) and edited in Poirier (1983). It witnesses *Sent. Sext.* 158–180 and 307–397. For its critical analysis see Wisse (1990).

88 *Cf.* Arzhanov (2019) 90–93 and note 64 above.

89 So Hermann (1938). *Cf.* Wilson (2012) 5–7, Eisele et al. (2015) 285–292.

later collections, copied after Rufinus' translation, could have been compared to it and modified accordingly. As a matter of fact, adapting texts which – in parts – became controversial but – as a whole – remained in high esteem was actually a common practice of that period. For instance, in a contemporarily disputed case, Jerome accused Rufinus of correcting Origen's controversial writings. These charges are partially confirmed by Rufinus himself in his preface to the Latin translation of Origen's *On the Principles*, where he admits that he regularly eliminated heterodox contents, simplified unclear formulations, and interpolated the text with passages from Origen's less contentious works.[90] Fundamentally, all these procedures, unless employed openly and under one's own name, have been tolerated by all the late antique authors, not exclusively Christians.

At any rate, it was neither plagiarism nor doctrinal alterations that attracted Jerome's criticism but rather the creation of a Christian authority for the texts that originally contained dogmatic errors. Indeed, Rufinus recalled certain homonymity between the traditional author of the gnomology, namely Sextus, and the Roman bishop and martyr Xystus.[91] As a result of this, Jerome, who undoubtedly knew the Greek *Vorlage* of this text, perceived the misattribution of the Pythagorean gnomology as not only incorrect but even dangerous.

In his later works, wherever he mentioned the sayings of Sextus (or Xystus), Jerome always underlined the fact that the author was a Pythagorean philosopher who did not know Christ. Most probably, Jerome identified him with Sextus Pythagoricus, whom he listed in the Latin translation of the *Chronicle* of Eusebius, dating his *floruit* to around the time of Christ's birth.[92] It seems probable that the same work was also the source of Rufinus' erroneous identification. Thus, this writing mentions also the two Christian bishops named Xystus, dating their installment in Rome respectively to c. 117/119 and c. 256/257. The former Xystus is listed there next to another pagan philosopher Sextus, but only the latter bishop is recognized by an independent tradition as a martyr in 258.[93]

90 *Cf.* Rufinus, *Adult. libr. Orig.* 16; Hieron. *ep.* 124; Hieron. *Apol.* 2.18–19; Rufin. *Apol. c. Hier.* 2.45–46. Further texts modified by Rufinus are discussed in Chin (2010) and Ehrman (2013) *passim.*

91 *Cf.* Chadwick (1959) 9: *Sextum in Latinum verti, quem Sextum ipsum esse tradunt qui apud vos id est in urbe Roma Xystus vocatur, episcopi et martyris gloria decoratus.* In the Latin manuscripts we may find many variants of both names, including Sextus, Sixtus, Xystus, Syxtus and Sistus. Some of the attributions include also an information that he was a bishop, while the others, that he was a philosopher. A similar confusion is common also in the other translations of this work. See Prochenko (2018b).

92 It is quite controversial whether Sextus Pythagoricus can be identified with Quintus Sextius (or – more likely – with his homonymous son or disciple, Sextius Niger) whom I mentioned above. *Cf.* Prochenko (2024).

93 *Cf.* Prochenko (2024) note 74.

In consequence, scholars have tended to identify Rufinus' bishop and martyr with Pope Xystus II.[94]

Be that as it may, Jerome blamed Rufinus also because his version was not Christianized enough to be considered truly Christian.[95] In his opinion, Rufinus' redactional *modus operandi* included only a rough correction of the most contentious passages, an addition of some further spiritual (not specifically Christian) sayings, and the false authorial claims. Conversely, all the respected Christian writers (especially the pope!) would have always accompanied the excerpts from the pagan literature with professedly Christian contents deriving from biblical or patristic texts.[96]

Additionally, Jerome indicated also all of the problematic, distinctively Pythagorean (and – in his view – occurring also in Evagrius) themes included in the Sextine collection: "spiritual perfection" (*perfectio*), "impassibility and sinlessness" (ἀπάθεια *et impeccantia*) and "making man equal and of one substance with God" (*hominem exaequant deo et de eius dicunt esse substantia*).[97] It should be observed that Rufinus never contested any of these points, but instead attacked Jerome's excessive attention devoted to pagan, conspicuously anti-Christian literature (represented chiefly by Porphyry) and to the (presumably forged) writings of Pythagoras.[98]

Therefore, facing Rufinus's accusations, Jerome had to present the sources which lead him to those conclusions.[99] Undeniably, they both recognized the fact that there were no books written by Pythagoras and that most of the texts attributed to the ancient Pythagoreans were spurious.[100] Moreover, they both individuated in Porphyry a reliable, alas unmentionable (due to his hostility towards Christian religion) source of Pythagorean fragments, which apparently also included the *Sentences of Sextus*. In effect, we owe to Jerome, who reportedly had access to the best libraries of his times, a unique catalogue of the Pythagorean texts and testimonies that were available in the late fourth century.

94 *Cf.* Wilson (2012) 9, Eisele et al. (2015) 5–7. However, McCollum (2013) aptly points out – albeit without any conclusion – that the sequence *Sent. Sext.* 27–31 appears as the *ipsissima verba* of another Christian martyr, Babylas of Antioch, who was killed five years before Xystus II. Moreover, numerous citations from the *Sentences of Sextus* (exclusively from the non-alphabetical redaction) occur already in the writings of Theophilus of Antioch, who died before 190 CE.

95 This may explain the motivation of the Syriac translators, who Christianized the *Sentences of Sextus* even further; *cf.* Wilson (2012) 6.

96 This is, in fact, the case of the citations that occur in Theophilus' *Ad Autolycum*, in the *Passio* of St. Babylas, in the papyrus P Palau Rib. inv. 73, and other Christian texts mentioned above.

97 Hieron. *Ep.* 133.3 and *Comm. in Ierem.* 4.41.

98 *Cf.* Rufinus *Apol. c. Hier.* 2.7–16. Porphyry, as we have seen above, cited the *Sentences* of Sextus in his works. As a matter of fact, precisely in the context regarding the *Sentences* of Sextus, Rufinus accuses Jerome not only of including the passages from Porphyry in his own writings but also of introducing his texts to Christian women.

99 Rufinus *Apol. c. Hier.* 2.7.

100 *Ibidem.* For Jerome see below.

7 Authenticating a Pythagorean collection of sayings in antiquity

Refuting the allegations of having used either spurious sources or hostile testimonies in order to identify a Pythagorean *Vorlage* of the *Sentences* of Sextus, Jerome replied to Rufinus:

> You are asking me to produce the books of Pythagoras. But who said that his volumes were extant? Are these not the words that I used in my letter that you are condemning: ‘But granted that I made a mistake in my youth and, having been trained in the studies of the philosophers, that is to say, the pagan philosophers, I was ignorant of the Christian doctrines in the beginning of my faith, and I assumed that what I had read in Pythagoras and Plato and Empedocles was also contained in the Apostles’? I spoke not of their books, but of their doctrines, a knowledge of which I could derive from Cicero, Brutus, and Seneca.[101]

In other words, Jerome acknowledges that the texts attributed to Pythagoras, were, in fact, apocryphal, and that he used the phrase “I had read in Pythagoras” as a shorthand for “I had read testimonies on the Pythagorean doctrines”. Either way, he knew some important Latin testimonies, like Cicero’s *Pro Vatinio* and the works of Brutus, which are no longer available.

In addition to those texts, Jerome mentions also Virgil’s *Aeneid* and he even quotes a longer passage from it to illustrate the traditional Pythagorean concepts. Moreover, he follows his Latin predecessors in identifying Plato as the intellectual heir of Pythagoras, who had learnt the Pythagorean doctrines in Magna Graecia from Timaeus of Locris and Archytas of Tarentum. He also reports that the Pythagorean precepts were still displayed on the public monuments along the coasts of the Southern Italy.

Among the Greek sources, Jerome enumerates in the first place the *Golden Precepts* (χρυσᾶ παραγγέλματα), which circulated under the name of Pythagoras and “contained all of his teachings in concise form”.[102] In reference to them, Jerome recalls a now lost Greek commentary, attributed to Moderatus of Gades (first century CE), that – in Jerome’s opinion – had been partially retrieved (*ex parte imitatus*) by Iamblichus,[103]

101 Hieron. *Apol.* 3.39–40, transl. Hritzu (1965). With regard to the references given by Jerome, it may be noticed that the modern editors consider Seneca (in spite of the inaccuracy of his citations) a reliable testimony also for the works of Democritus. *Cf.* Leszl (2007) 73–76.

102 According to Thom (1995) 19–21, this title refers to the *Golden Verses* (χρυσᾶ ἔπη). *Cf.* Prochenko (2024) note 95 for further possibilities.

103 The formulation used by Jerome leaves it open, whether Moderatus and Iamblichus commented on the collection of *Golden Precepts* or on the teachings of Pythagoras. Regarding the commentary of Iamblichus on the *Golden Verses* (if we adopt the identification proposed by Thom), its Arabic version seems to be a fabrication composed already in this language (*cf.* Staab [2002] 203–206 and Izdebska [2018]), whereas in Greek there are extant exclusively some of his ad-hoc remarks, included in the third chapter of Iamblichus’ *Exhortation to Philosophy*. However, the extensive character of the commentaries (*latissimo opere*), underlined by Jerome, would suggest that *all* the volumes of Iamblichus’ *On Pythagoreanism*

who used also another source, allegedly the first widespread account of the Pythagorean doctrines, namely the *Precepts of the Master* (*Praecepta doctoris*), collected by Archippus and Lysis directly from the oral tradition going back to Pythagoras himself.

With regard to the presumed authors of the *Precepts of the Master*, Jerome reports that precisely those two men would have been the only ones to survive the persecutions in which other followers of Pythagoras had been killed. Subsequently, Archippus and Lysis would have fled together to Thebes in Boeotia, where they would have founded a new Pythagorean school. Interestingly, Jerome's anecdote differs from the other known versions of these events, including the one cited by Iamblichus. In particular, Iamblichus, who indicates that Aristoxenus is his source, claims that after those tragic events the two Pythagoreans would have separated themselves and that only Lysis would have taught in Thebes, while Archippus would have returned to Tarentum.[104] This rendering resembles essentially the one that we find earlier in Plutarch, even though the latter replaces Archippus with Philolaus.[105] The same anecdote is mentioned also by the scholiasts who commented on Plato's *Phaedo*.[106] In their version, however, of those two Pythagoreans (identified this time as Hipparchus and Philolaus), Philolaus would come to Thebes at a later time, when his teacher Lysis had already been dead. Crucially, none of these accounts mentions any Pythagorean writings in this context.

By way of contrast, the story narrated by Jerome echoes significantly the one that we find in Porphyry's *Life of Pythagoras*.[107] Even though Jerome did not mention Porphyry even once in his Pythagorean excursus, unequivocally, he included there numerous parallels to this famous sourcebook.[108] Yet, in this case, Porphyry wrote only that Lysis and Archippus, accompanied by some anonymous exiles (ὅσοι ἀποδημοῦντες ἐτύγχανον), preserved few obscure philosophical fragments which were difficult to understand (ὀλίγα διέσῳσαν ζώπυρα τῆς φιλοσοφίας ἀμυδρά τε καὶ δυσθήρατα)[109], but he did not speculate on their contents.[110]

(Συναγωγὴ τῶν Πυθαγορείων δογμάτων) were intended here, and, just like Moderatus in his own *opus magnum*, also Iamblichus would have commented rather on the Pythagorean doctrines (which were explicated *also* by the precepts).

104 See Iambl. *VP* 249–250. *Cf.* Diog. Laert. 8.7 and 8.39.

105 Plut. *De gen.* 13.583A

106 Schol. ad Plat. *Phaed.* 61d7 and Olymp. in *Phaed.* 1.13.

107 Porph. *VP* 55–59.

108 See Lardet (1993) 380–394. It cannot, however, be excluded that Jerome would have used Porphyry's source instead.

109 *Cf.* Iambl. *VP* 252: τινὲς ἐν ἀλλοδημίαις τότε τυχόντες διέσωσαν ζώπυρα ἄττα πάνυ ἀμυδρὰ καὶ δυσθήρατα. In this context, however, Iamblichus, explicitly following Nicomachus of Gerasa, does not offer any names.

110 *Cf.* Iambl. *VP* 104. See also Diog. Laert. 8.6–7 and 8.39, who briefly mentions a book, which circulated under the name of Pythagoras, but presumably was written by Lysis in Thebes. Besides that, Iambl. *VP* 75–78 cites a Doric letter attributed to Lysis, who criticized Hipparchus (Hippasus in Diog. Laert. 8.42) for having revealed the esoteric teaching of Pythagoras. Another pseudepigraphic work, also composed in Doric dialect and ascribed to the otherwise unknown Hipparchus, is extant in Stob. *Anth.* 4.44.81.

Therefore, it is surprising that Jerome identified these fragments, and, as an example of these most ancient Pythagorean precepts preserved in writing by Archippus and Lysis, he quoted in Greek:

> φυγαδευτέον πάσῃ μηχανῇ καὶ περικοπτέον πυρὶ καὶ σιδήρῳ καὶ μηχαναῖς παντοίαις ἀπὸ μὲν σώματος νόσον, ἀπὸ δὲ ψυχῆς ἀμαθίαν, κοιλίας δὲ πολυτέλειαν, πόλεως δὲ στάσιν, οἴκου δὲ διχοφροσύνην, ὁμοῦ δὲ πάντων ἀμετρίαν.
>
> These things are to be avoided by every means, eradicated by fire or iron or any other means: disease from the body, ignorance from the soul, luxury from the belly, fraction from the city, division from the household, excess from everything.[111]

This precept actually corresponds to a saying from the *Pythagorean Sentences* which is extant exclusively in the alphabetical collection attributed to Sextus in the manuscript of Patmos.[112] Indeed, it does not appear in any other recensions of the alphabetical redaction nor in the covertexts discussed above. Yet we find it in another paragraph of Porphyry's *Life of Pythagoras* and in Iamblichus' *On the Pythagorean life* and Jerome's Greek wording of this sentence is identical with the versions offered by both Neoplatonists.[113] For all of that, when citing this saying, neither of the latter two links it with the two Pythagoreans or the infamous persecutions. On the contrary, they both use it to illustrate the political activity of Pythagoras, which granted a long-lasting peace in Southern Italy.

Thus, Porphyry introduces the saying in the following way:

> According to Aristoxenus, some Lucanians, Messapians, Picentinians and Romans came to him. He rooted out all dissensions, not only among his disciples and their successors, for many ages, but among all the cities of Italy and Sicily, both internally and externally. He was continuously harping on the maxim "These things are to be avoided by every means, eradicated by fire or iron or any other means, etc.".[114]

Following Diels (*FVS* 68 C 7 D.-K.), Thesleff (1961) 14 and 115 and Gerlach (2008) 59 identify this writing as a third-century BC paraphrasis of Democritus's ethical work Περὶ εὐθυμίας. On Hipparchus and Lysis see also Centrone (2000) and Centrone/Macris (2005) respectively.

111 Transl. Clark (1989) 14.

112 *Sent. Pyth.* 111a [ed. Chadwick (1959) = Sodano (1993)]: φυγαδευτέον πάσῃ μηχανῇ καὶ περικοπτέον· ἀπὸ μὲν σώματος νόσον· ἀπὸ δὲ ψυχῆς ἀμαθίαν· κοιλίας δὲ πολυτέλειαν· πόλεως στάσιν· οἴκου διχόνοιαν· ὁμοῦ δὲ πάντων ἀμετρίαν.

113 The beginning of the Latin translation provided by Jerome differs, however, from his Greek version: *Fuganda sunt omnibus modis et abscindenda, languor a corpore, imperitia ab animo, luxuria a ventre, a civitate seditio, a domo discordia, et in commune a cunctis rebus intemperantia.* Markedly, just like our gnomological source, he omits the proverbial πυρὶ καὶ σιδήρῳ, which Iamblichus repeats five times in various paragraphs of his *On the Pythagorean Life.* From a broader perspective, it is also worth noting that this maxim contains some parallels with the letter of Lysis to Hipparchus cited by Iamblichus and other sources (see especially Lysis, *Ep. ad Hipparchum*, 6 ed. Städele), but the wording is completely different.

114 Porph. *VP*. 22 (ed. Des Places) = Aristoxenus fr. 17 Wehrli: προσῆλθον δ' αὐτῷ, ὡς φησὶν Ἀριστόξενος, καὶ Λευκανοὶ καὶ Μεσσάπιοι καὶ Πευκέτιοι καὶ Ῥωμαῖοι. ἀνεῖλεν δ' ἄρδην στάσιν οὐ μόνον ἀπὸ τῶν

Iamblichus, in turn, writes:

> Fraction, disagreement, in a word, divergence of opinion, he utterly abolished, not only among his followers and their descendants for (it is said) many generations, but in general from all the cities of Italy and Sicily, both in their domestic affairs and in their relations with each other. There was a pregnant saying, like the advice of an oracle, which summed up and epitomized his beliefs: he addressed it to everyone everywhere, both the few and the many. "These things are to be avoided by every means, eradicated by fire or iron or any other means, etc." This was an affectionate reminder to everyone of the best beliefs.[115]

With regard to these two fragments (that is, our saying and the anecdote), Fritz Wehrli has traced them back to a presumed citation from Aristoxenus.[116] Regardless – as more recently Carl Huffman has pointed out – the fragment deriving from Aristoxenus is limited only to the short statement regarding Pythagoras' pacificatory achievements. Moreover, Huffman has suggested that Porphyry and Iamblichus had not referred directly to Aristoxenus, but they had rather found this fragment already excerpted by the late first or early second-century Pythagorizing Platonist Nicomachus of Gerasa.[117]

Nicomachus, who wrote a lost life of Pythagoras in hagiographical terms, was well known also to the early Christian writers. Thus, Porphyry mentions him, together with Numenius, Cronius, Apollophanes, Longinus and Moderatus among the authors who provided Origen with a rich theological and philosophical context. In addition to that, he states that Origen's works were influenced also by some treatises attributed to "those men supreme among the Pythagoreans".[118] As a matter of fact, within his Pythagorean passage, Jerome resumes this remark of Porphyry and offers us a detailed example.

γνωρίμων, ἀλλὰ καὶ τῶν ἀπογόνων αὐτῶν ἄχρι πολλῶν γενεῶν καὶ καθόλου ἀπὸ τῶν ἐν Ἰταλίᾳ τε καὶ Σικελίᾳ πόλεων πασῶν πρός τε ἑαυτὰς καὶ πρὸς ἀλλήλας. Πυκνὸν γὰρ ἦν πρὸς ἅπαντας αὐτῷ πολλοὺς καὶ ὀλίγους τόδε τὸ ἀπόφθεγμα· φυγαδευτέον πάσῃ μηχανῇ καὶ περικοπτέον πυρὶ καὶ σιδήρῳ καὶ μηχαναῖς παντοίαις etc. Transl. Guthrie (1987) slightly modified.

115 Iambl. *VP* 34 (ed. Deubner [1937], reprinted with addenda et corrigenda by Klein [1975]) ἀνεῖλε δὲ ἄρδην στάσιν καὶ διχοφωνίαν καὶ ἁπλῶς ἑτεροφροσύνην οὐ μόνον ἀπὸ τῶν γνωρίμων καὶ τῶν ἀπογόνων δὲ αὐτῶν μέχρι πολλῶν, ὡς ἱστορεῖται, γενεῶν, ἀλλὰ καὶ καθόλου ἀπὸ τῶν ἐν Ἰταλίᾳ καὶ Σικελίᾳ πόλεων πασῶν κατά τε ἑαυτὰς καὶ πρὸς ἀλλήλας. πυκνὸν γὰρ ἦν αὐτῷ πρὸς ἅπαντας πανταχῇ πολλοὺς καὶ ὀλίγους <τὸ τοιοῦτον> ἀπόφθεγμα, χρησμῷ θεοῦ συμβουλευτικῷ ὅμοιον, ἐπιτομή τις ὡσπερεὶ καὶ ἀνακεφαλαίωσίς τις τῶν αὐτῷ δοκούντων [τὸ τοιοῦτον ἀπόφθεγμα]· 'φυγαδευτέον πάσῃ μηχανῇ καὶ περικοπτέον πυρὶ καὶ σιδήρῳ καὶ μηχαναῖς παντοίαις etc.', δι' ὧν φιλοστοργότατα ἀνεμίμνησκεν ἕκαστον τῶν ἀρίστων δογμάτων. Transl. Clark (1989).

116 Aristoxenus frs. 17 and 18 in Wehrli (1967) 12.

117 Huffman (2014b) 292–293 and (2019) 41–42 and 284. Interestingly, the same provenance (that is, the biography Pythagoras attributed to Nicomachus) has been argued also for the letter of Lysis to Hipparchus; see Städele (1980) 203–212.

118 Porph. *Contra Christianos* fr. 6F Becker (fr. 39 Harnack = fr. 24 Ramos Jurado *et al.*) *ap.* Euseb. *Hist. eccl.* 6.19.8 (extant in Rufinus' translation).

Hence, he claims that Origen's *On Principles* (Περὶ ᾿Αρχῶν) was an adaptation of the Doric treatise *On Principles* (Περὶ ᾿Αρχᾶν) attributed to the Pythagorean Archytas.[119]

Finally, Jerome also mentions another collection of the Pythagorean precepts (*Pythagorica et illa praecepta sunt*), but he quotes them in Latin only:

> Amicorum omnia esse communia. Et amicum seipsum esse alterum. Duorumque temporum maxime habendam curam, mane et vesperi, id est, eorum quae acturi sumus, et eorum quae gesserimus. Post Deum veritatem colendam, quae sola homines Deo proximos faciat.
>
> Friends have all things in common. A friend is a second self. Two moments are especially to be observed, morning and evening: that is, things which we are going to do, and things which we have done. Next to God we must worship truth, for this alone makes men akin to God.

However, Jerome distinguishes these maxims from the others. In fact, earlier authors too present them as a different gnomic form, namely proverbs (παροιμίαι).[120] By the same token, Porphyry in his *Life of Pythagoras* calls the *Sent. Pyth.* 111a an apophthegm (ἀπόφθεγμα), while he introduces the latter maxims (at different points) using the phrases "[Pythagoras – KP] was the first to declare" or "he advised" (πρῶτος ἀποφηνάμενος/παρηγγύα/παρῄνει).[121] Furthermore, in the *Anthology* of Stobaeus the latter sayings assume the form of *chreiai*, where the name of Pythagoras is incorporated in the text of the fragment following the scheme "Pythagoras, when asked . . . replied" (Πυθαγόρας ἐρωτηθεὶς . . . ἔφη),[122] while the *Sentences* (γνῶμαι) – as we have seen – are attributed to Pythagoras by a *lemma* or a title.

Given the immediate proximity of this collection of proverbs to the last (but definitely not least) source of fragments on Jerome's list, namely Aristotle's collection of the Pythagorean *symbola* with short explanations (*. . . illaque aenigmata, quae diligentissime Aristoteles in suis libris prosequitur*), modern editors have assigned both excerpts to the lost monograph *On the Pythagoreans*.[123] While it seems improbable that Jerome had extracted them directly from the Stagirite,[124] he certainly had enough doctrinal knowledge to tell the difference between the ethical ideal of impassibility (which according to him was originally represented by Pythagoras, Zeno and the author of the *Sentences* of

119 Archytas' treatise is fragmentarily extant in the *Anthology* of Stobaeus and has been recently edited by Ulacco (2017). The work of Origen, just like the *Sentences* of Sextus, has been reconstructed from its extant Greek fragments cited by the other Christian writers and from the Latin translation made by Rufinus. In both cases (i.e. Origen and Sextus), Jerome criticized Rufinus for similar reasons, namely for silently correcting the doctrinal errors of the original authors and therefore saving their works for the less educated Christians. For a brief survey of scholarship and editions of Origen's text see Martens (2020).

120 *Cf.* Zhmud (2012) 149–150.

121 Porph. *VP* 33, 40 and 41.

122 Stob. *Anth.* 2.33.13 and 3.11.33.

123 Aristot. *De Pythagoreis* fr. 7 Ross (= fr. 197 Rose = fr. 160 Gigon). See, however, the following note.

124 According to Burkert (1972) 166 note 4, Jerome "carelessly copied" this passage from Porph. *VP* 41 and ignored the fact that Porphyry drew it not from Aristotle, but from Androcydes' *On the Pythagorean Symbols*. On this pseudo-Pythagorean text, used also by Iamblichus, see Thom (2021b).

Sextus) and its Aristotelian criticism (which, apparently, is reflected in the later Pythagorean and Academic moral teaching).[125]

Summarizing Jerome's excursus, which eventually confirms the honest, introductory remarks of Iamblichus cited above, we may conclude that the Pythagorean sources available in Late Antiquity (and probably also before) were very limited, and they consisted predominantly in spurious writings and different types of gnomic fragments. In addition to that, the late antique authors had access to various doctrinal narratives, including some now lost testimonies, that dated back to the first centuries BCE and CE and often differed substantially in details. Both Jerome and Rufinus have also acknowledged the important consensus "of the most learned ancient scholars", according to which all the texts bearing the name of Pythagoras were ascribed to him only in a conventional way.[126] That is to say that the writings attributed to Pythagoras actually reflected the doctrines that later authors, on various bases, recognized as Pythagorean. Differently, however, from the modern scholars, Jerome agrees with Porphyry, Iamblichus, and Hierocles considering the *Pythagorean Sentences* to be among the secure and ancient points of reference for the authentication of the other 'Pythagorean' sources.[127]

8 Conclusions

To sum up, this case study demonstrates that the early Greek sayings often happen to be important testimonies of a given intellectual tradition. As a matter of fact, the late antique attestations of the *Pythagorean Sentences* not only indicated that its contents are distinctively Pythagorean, but even that they derive from the most ancient, oral form of Pythagoreanism. Regardless, most of the editors of the early Greek philosophical fragments have neglected this text due to its uncertain origin and problematic, gnomic form. Unfortunately, at the same time, they were much more permissive towards analogous, but not equally well attested, collections of sayings attributed to the other philosophers.

To be sure, the sayings from this collection were often transmitted selectively, reformulated, rearranged and misattributed, either unintentionally or in order to support the new ethical or doxographical or rhetorical objectives of the various recensions, covertexts and testimonies. The analyzed historical accounts confirm that these practices among the ancient authors were more common than one could have expected. Just

125 See Hieron. *Ep.* 133.1, *in Ier.* 4.1, *in Ez.* 4.13.17. *Cf.* note 60 above.

126 *Cf.* Rufin *Ap. c. Hier.* 2.7: "eruditi homines asserunt". On this *communis opinio* see Riedweg (1997).

127 This conclusion may be valid already for Cicero, who in *Tusc. disp.* 4.2 considers Pythagorean (*mihi . . . Pythagoreum videtur*) one of the first texts written in Latin, namely the *Carmen* or *Sententiae* of Appius Claudius Caecus (*c.* 350–271 BCE). Humm (2000) identifies one saying from this collection, that is "aequi animi compotem esse ne quid fraudis stuprique ferocia pariat", precisely with a part of the *Sent. Pyth.* 111a which I cited above.

like the gemstone beads, precious maxims have been continuously unstrung, partially replaced, and strung again, forming new "necklaces of words and wisdom", whereas these new compositions were supposed to be coherent and harmonious.

Regrettably, language and style can hardly be used to authenticate the potentially archaic sayings, for which only a late antique redactional stage is attainable.[128] Also, doctrinal congruity may not be sufficient when the genuine texts are scarce and the testimonies are selective and biased. Hence, it is almost impossible to verify the citations of gnomic material there, where no original context or point of reference is provided. In some lucky cases, additional information regarding the previous literary context, juxtaposition of citations, and alternative attributions may turn out to be helpful, but probably not determinant.

Somewhat diverse, but also rarer, is the situation when the gnomic expressions may factually be regarded as fragments. That is to say, when a text or other written composition (e.g. gnomology) from which the sayings have been excerpted is still extant or somehow can be reconstructed. The current form of this source most probably will differ a lot from the original source (German *Quelle*) and the reconstruction of a common archetype may still remain out of reach.

In fact, for the texts, which by nature are prone to alterations (and this characteristic concerns not only collections of maxims, but also commentaries and lexica), it is more advisable to aim rather at identifying the redactional stages (German *Vorlagen*).[129] Accordingly, we should accept the superficial textual fluidity and misattributions which occur on the regular basis in the gnomic literature and focus principally on the changes in the micro- and macrostructure of the witnesses and on the covertexts, which contain similar sets of fragments but present them in the different contexts.

In our case, the redaction was determined by the alphabetical arrangement of sayings, while the redactional stages corresponded to three different recensions of the same material and were attributed to the different compilers (e.g. Sextus and Demophilus) or to their presumed authors (e.g. Pythagoras and the Pythagoreans). Notwithstanding the apparently irreconcilable differences, all of these versions have been equally considered the fragments from an ancient, Pythagorean treasury.

---

128 This consideration may further be extended also to the Hellenistic texts that were written in the Doric dialect and falsely attributed to the Pythagoreans or the "three books" allegedly written by Pythagoras himself in Ionic. *Cf.* Thesleff (1961) 77–96.

129 *Cf.* remarks of Tosi (2004), Pernigotti (2009) and Searby (2016).

Bibliography

Arzhanov (2019): Yury Arzhanov, *Syriac Sayings of Greek Philosophers. A Study in Syriac Gnomologia with Edition and Translation*, Louvain.

Becchi (1992): Francesco Becchi, "L'ideale della metriopatheia nei testi pseudopitagorici: a proposito di una contraddizione nello Ps.-Archita", in: *Prometheus* 18, 102–120.

Brisson (2007): Luc Brisson: "Aristoxenus: His Evidence on Pythagoras and the Pythagoreans. The Case of Philolaus", *in*: Michael Erler, Stefan Schorn (eds.), *Die griechische Biographie in hellenistischer Zeit.* Akten des internationalen Kongresses vom 26.–29. Juli 2006 in Würzburg, Berlin, 269–284.

Burkert (1972): Walter Burkert, *Lore and Science in Ancient Pythagoreanism*, transl. E.L. Minar Jr., Cambridge, MA, [German original Nürnberg 1962].

Burkert (1998): Walter Burkert, "Pythagoreische Retraktationen: Von den Grenzen einer möglichen Edition", in: Walter Burkert, Laura Gemelli Marciano, Elisabetta Matelli and Lucia Orelli (eds.), *Fragmentsammlungen philosophischer Texte der Antike / Le raccolte dei frammenti di filosofi antichi.* Atti del Seminario Internazionale, Ascona, 22–27 Settembre 1996, Göttingen, 303–319. Reprint in: Fritz Graf (ed.), *Kleine Schriften III Mystica, Orphica, Pythagorica*, Göttingen (2006), 299–316.

Carlini (1985): Antonio Carlini, "Il più antico testimone greco di Sesto Pitagorico (P. Palau Rib. inv. 225v)", in: *Rivista di filologia e di istruzione classica* 113, 5–26.

Centrone (1990): Bruno Centrone, *Pseudopythagorica Ethica*, Naples.

Centrone (2000): Bruno Centrone, "Hipparchos", in: Richard Goulet (ed.), *Dictionnaire des philosophes antiques*, vol. 3, Paris, 750–751.

Centrone/Macris (2005): Bruno Centrone, Constantinos Macris, "Lysis de Tarente", in: Richard Goulet (ed.), *Dictionnaire des philosophes antiques*, vol. 4, Paris, 218–220.

Centrone (2014): Bruno Centrone, "The pseudo-Pythagorean writings", in: Huffman (2014a), 315–340.

Centrone (2021): Bruno Centrone, "Authority and Doctrine in the Pseudo-Pythagorean Writings", in: Michael Erler, Jan E. Heßler, Federico M. Petrucci (eds.), *Authority and Authoritative Texts in the Platonist Tradition*, Cambridge, 115–129.

Chadwick (1959): Henry Chadwick (ed.), *The Sentences of Sextus. A contribution to the history of early Christian ethics*, Cambridge. (*Preface* to the Rufinus' translation: 9–10, *Sentences of Sextus*: 12–72, *Sentences of the Pythagoreans*: 84–94).

Chin (2010): Catherine M. Chin, "Rufinus of Aquileia and Alexandrian Afterlives: Translation as Origenism", in: *Journal of Early Christian Studies* 18 (4), 617–647.

Clark (1989): Gillian Clark, *Iamblichus: «On the Pythagorean Life»*, Liverpool.

Dillon (1983): John M. Dillon, "Metriopatheia and Apatheia: Some Reflections on a Controversy in Later Greek Ethics" in: John Peter Anton, George L. Kustas and Anthony Preus (eds.), *Essays in Ancient Greek Philosophy*, vol. 2, Albany NY, 508–517.

Diels (1903): Hermann Diels, *Die Fragmente der Vorsokratiker. Griechisch und Deutsch.* Berlin.

Ehrman (2014): Bart D. Ehrman, *Forgery and Counterforgery. The Use of Literary Deceit in Early Christian Polemics*, Oxford.

Eisele *et al.* (2015): Wilfried Eisele, Yury Arzhanov, Michael Durst and Thomas Pitour (eds.), *Die Sextussprüche und ihre Verwandten. Eingeleitet, übersetzt und mit interpretierenden Essays versehen*, Tübingen.

Elter (1892): Anton Elter, *Gnomica I. Sexti Pythagorici, Clitarchi, Evagrii Pontici sententiae*, Leipzig.

Framm (1912): Hans Framm, *Quomodo oratores Attici sententiis usi sint* (Diss. Straßburg 1909), Leipzig.

Funghi (2003/2004): Maria Serena Funghi (ed.), *Aspetti di letteratura gnomica nel mondo antico*, vol. 1 and 2, Firenze.

Gemelli Marciano (2013): Laura Gemelli Marciano (ed.), *Die Vorsokratiker, Bd. 3. Griechisch-lateinisch-deutsch. Auswahl der Fragmente und Zeugnisse, Übersetzung und Erläuterungen. Anaxagoras, Melissos, Diogenes von Apollonia. Die antiken Atomisten: Leukipp und Demokrit*, 2., überarbeitete Auflage, Berlin.

Gemelli Marciano (2014): Laura Gemelli Marciano, “The Pythagorean way of life and Pythagorean ethics”, in: Huffman (2014a), 131–148.

Gerlach (2008): Jens Gerlach, *Gnomica Democritea. Studien zur gnomologischen Überlieferung der Ethik Demokrits und zum Corpus Parisinum*, Wiesbaden: Reichert.

Guthrie (1987): Kenneth Sylvan Guthrie (tr.), *The Pythagorean Sourcebook and Library.* Grand Rapids, MI.

Hermann (1938): Theodor Hermann, “Die armenische Überlieferung der Sextussentenzen”, *ZKG* 57 (3. F. 8), 217–226.

Hritzu (1965): John N. Hritzu (transl.), “The Apology Against the Books of Rufinus”, in: *Saint Jerome, Dogmatic and Polemical Works*, Washington, D.C., 47–220.

Hoffmann (2020): Philippe Hoffmann, “ Maximes, proverbes et formes brèves dans la philosophie grecque”, in: Jean-Noël Robert and Michel Zink (eds.), *Les petites phrases. Puissance de la brièveté dans les littératures d’Orient et d’Occiden*t, Cahiers de la Villa Kérylos n. 31, Paris, 13–89.

Horky (2015): Phillip S. Horky, “Pseudo-Archytas’ Protreptics? *On Wisdom* in its Contexts”, in: *Second sailing: alternative perspectives on Plato*, Helsinki, 21–39.

Horky (2020): Phillip S. Horky, “Approaches to the Pythagorean Acusmata in the Early Academy”, in: Paul Kalligas, Chloe Balla, Effie Baziotopoulou-Valavani and Vassilis Karasmanis (eds.), *Plato’s Academy: Its Workings and its History*, Cambridge, 167–187.

Huffman (2014a): Carl A. Huffman (ed.), *A history of Pythagoreanism*, Cambridge.

Huffman (2014b): Carl A. Huffman (ed.), “The Peripatetics on the Pythagoreans”, in: Huffman (2014a), 292–293.

Huffman (2019): Carl A. Huffman, *Aristoxenus of Tarentum: “The Pythagorean precepts (how to live a Pythagorean life)”. An edition of and commentary on the fragments with an introduction.* Cambridge; New York.

Humm (2000): Michel Humm, “Una sententia pitagorica di Appio Claudio Cieco?“, in Marisa Tortorelli Ghidini, Alfredina Storchi Marino, Amedeo Visconti (eds.), *Tra Orfeo e Pitagora: origini e incontri di culture nell’antichità*, Atti dei seminari napoletani 1996–1998, Napoli, 445–462.

Hutchinson/Johnson (2005): Douglas S. Hutchinson, Monte R. Johnson, “Authenticating Aristotle’s *Protrepticus*”, in: David Sedley (ed.), *Oxford Studies in Ancient Philosophy*, vol. 29, 193–294.

Izdebska (2016): Anna Izdebska, “Man, god and the apotheosis of man in Greek and Arabic commentaries to the Pythagorean *Golden Verses*”, in: *International Journal of the Platonic Tradition* 10 (2016), 40–64.

Izdebska (2018): Anna Izdebska, “Pythagore dans la tradition syriaque et arabe”, in: Richard Goulet (ed.), *Dictionnaire des philosophes antiques*, vol. 7, Paris, 861–884.

Johnson (2020): Monte R. Johnson, “The Ethical Maxims of Democritus of Abdera”, in: Wolfsdorf (2020), 211–242.

Kobusch (1976): Theo Kobusch, *Studien zur Philosophie des Hierokles von Alexandrien: Untersuchungen zum christlichen Neuplatonismus*, München.

Laks/Most (2016a): André Laks and Glenn W. Most (eds.), *Early Greek Philosophy, vol. VII, Later Ionian and Athenian Thinkers, Part 2: Atomists (Leucippus, Democritus)*, Cambridge, MA.

Laks/Most (2016b): André Laks and Glenn W. Most (eds.), *Early Greek Philosophy, vol. I, Introductory and Reference Materials*, Cambridge, MA; London.

Laks/Most (2016c): André Laks and Glenn W. Most (eds.), *Early Greek Philosophy, vol. IV, Western Greek Thinkers, Part 1*, Cambridge, MA; London.

Laks/Most (2016d): André Laks and Glenn W. Most (eds.), *Early Greek Philosophy, vol. III, Early Ionian Thinkers, Part 2*, Cambridge, MA; London.

Lardet (1993): Pierre Lardet, *L’Apologie de Jérôme contre Rufin. Un commentaire*, Leiden.

Lelli (2021): Emanuele Lelli (ed.), *Proverbi, sentenze e massime di saggezza in Grecia e a Roma: tutte le raccolte da Pitagora all’Umanesimo*, Milano.

Lelli (2023), Emanuele Lelli, *A History of the Proverb in Greece and Rome*, Published by Classical Continuum (ISSN: 2770-7776) 16 January 2023; available online at https://continuum.fas.harvard.edu/a-history-of-the-proverb-in-greece-and-rome/.

Leszl (2007): Walter Leszl, "Democritus' works: From their titles to their contents", in: Aldo Brancacci and Pierre-Marie Morel (eds.), *Democritus: Science, The Arts, and the Care of the Soul*. Proceedings of the International Colloquium on Democritus (Paris, 20–22 September 2003), Leiden.

Luria (1970): Salomon Luria, *Democritea: collegit, emendavit, interpretatus est Salomo Luria*, Leningrad: Nauka; *cf.* Italian translation: *Democrito. Testimonianze e frammenti a cura di G. Reale, D. Fusaro, S. Maltseva, G. Girgenti, A. Krivushina*, Milano.

Macris (2002): Constantinos Macris, "Jamblique et la littérature pseudo-pythagoricienne", in: Simon Claude Mimouni (ed.), *Apocryphité: histoire d'un concept transversal aux religions du Livre. En hommage à Pierre Geoltrain*, Turnhout, 77–129.

Macris (2014): Constantinos Macris, "Porphyry's *Life of Pythagoras*", in: Huffman (2014a), 381–398.

Macris (2018): Constantinos Macris, "Pythagore de Samos" [P333], in: Richard Goulet (ed.), *Dictionnaire des philosophes antiques*, vol. 7, Paris, 681–850, 1025–1174 (Annexe II).

Macris *et al.* (2021): Constantinos Macris, Tiziano Dorandi, Luc Brisson (eds.), *Pythagoras Redivivus: Studies on the Texts Attributed to Pythagoras and the Pythagoreans*, Baden Baden.

Macris *et al.* (2024): Constantinos Macris, Tiziano Dorandi, Luc Brisson (eds.), *From the Pseudopythagorica to the Neopythagoreans: Further Studies on the Texts Attributed to Pythagoras and the Pythagoreans*, Baden Baden (forthcoming).

Martens (2020): Peter W. Martens, "The Modern Editions of *Peri Archon*", in: *Journal of Early Christian Studies* 28 (2), 303–331.

McCollum (2013): Adam C. McCollum, Review of Wilson (2012), in: *Bryn Mawr Classical Review* (BMCR) 2013.08.45, https://bmcr.brynmawr.edu/2013/2013.08.45/ (accessed 11.01.2023).

O'Meara (1989): Dominic J. O'Meara, *Pythagoras Revived: Mathematics and Philosophy in Late Antiquity*, Oxford.

Pernigotti (2009): Carlo Pernigotti, "Il migliore dei testi possibili? : osservazioni su proverbi, sentenze e critica testuale," in: *Philologia Antiqua: an International Journal of Classics* 2, Pisa.

Piccione (2021): Rosa Maria Piccione, "*Pseudopythagorica* nell'*Anthologion* di Giovanni Stobeo: provenienza, principi di selezione e distribuzione", in: C. Macris *et al.* (2021), 73–106.

Poirier (1983): Paul-Hubert Poirier, "Les Sentences de Sextus", in: *Id.* and L. Painchaud (eds.), *Les Sentences de Sextus (NH XII, 1), Fragments (NH XII, 3), Fragment de la République de Platon (NH VI, 5)*, Québec/Louvain, 1–108.

Pradeau (2023): Jean-François Pradeau (ed.), *Porphyre: Lettre à Marcella. Édition critique, traduction française, introduction et notes*, Leiden.

Prochenko (2018a): Katarzyna Prochenko, "Pythagore et les pythagoriciens dans la tradition gnomologique", in: Richard Goulet (ed.), *Dictionnaire des philosophes antiques*, vol. 7, Paris, 851–860.

Prochenko (2018b): Katarzyna Prochenko, "Sextus (Compléments)", in: Richard Goulet (ed.), *Dictionnaire des philosophes antiques*, vol. 7, Paris, 895–904.

Prochenko (2024): Katarzyna Prochenko, "Pitagora o Sesto? Forme, contenuti e attribuzioni di una raccolta di sentenze", in: Macris *et al.* (2024).

Riedweg (1997): Christoph Riedweg, "'Pythagoras hinterliess keine einzige Schrift' – ein Irrtum? Anmerkungen zu einer alten Streitfrage", *MH* 54, 65–92.

Riedweg (2021): Christoph Riedweg, "Pythagoreische Jenseitsvorstellungen – eine Spurensuche", in: Irmgard Männlein-Robert (ed.), *Seelenreise und Katabasis: Einblicke ins Jenseits in antiker philosophischer Literatur*, Berlin/Boston, 35–80.

Riginos (1976): Alice Swift Riginos, *Platonica: the anecdotes concerning the life and writings of Plato*, Leiden.

Ruiu (2011): Guglielmo Ruiu (ed.), *Democrito. Massime*, Milano.

Schenkl (1886): Heinrich Schenkl, "Pythagoreersprüche in einer Wiener Handschrift", in: *Wiener Studien* 8, 262–281.
Searby (1998): Denis M. Searby, *Aristotle in the Greek Gnomological Tradition*, Uppsala.
Searby (2015): Denis M. Searby, "Greek Collections of Wise and Witty Sayings", in: Alessandro Bausi *et al.* (eds.), *Comparative Oriental Manuscript Studies: An Introduction*, Hamburg, 443–448.
Searby (2016): Denis M. Searby, "The Dicts and Sayings of the Philosophers in the Digital Age", in: Elisabeth Göransson (ed.), *The Arts of Editing Medieval Greek and Latin: A Casebook*, Toronto, 338–366.
Searby (2019): Denis M. Searby, "The Fossilized Meaning of Chreia as Anecdote", in: *Mnemosyne* 72 (2), 197–228.
Searby (2020): Denis M. Searby, "The Unmentionable Apophthegm: An Overview of the Pagan Greek Tradition" in: Susan Ashbrook Harvey, Thomas Arentzen, Henrik Rydell Johnsén, and Andreas Westergren (eds.), *Wisdom on the Move: Late Antique Traditions in Multicultural Conversation. Essays in Honor of Samuel Rubenson*. Leiden, 75–96.
Sodano (1991a): Angelo R. Sodano, *Le sentenze 'pitagoriche' dello pseudo-Demofilo*, Roma.
Sodano (1991b): Angelo R. Sodano, "Porfirio 'Gnomologo' – contributo alla tradizione critica testuale delle sillogi gnomiche", in: *Sileno* 17, 5–42.
Sodano (1993): Angelo R. Sodano, "Una recensione cristiana delle sentenze 'pitagoriche'", in: *Bollettino dei Classici* 14, 42–51.
Staab (2002): Gregor Staab, *Pythagoras in der Spätantike: Studien zu De Vita Pythagorica des Iamblichos von Chalkis*, Munich.
Städele (1980): Alfons Städele, *Die Briefe des Pythagoras und der Pythagoreer*, Meisenheim am Glan.
Stenger (2006): Jan Stenger, "Apophthegma, Gnome und Chrie: zum Verhältnis dreier literarischer Kleinformen", in: *Philologus*, 150 (2), 203–221.
Strohmaier (2003): Gotthard Strohmaier, "Die Weisheit des kleinen Mannes. Das Gnomologium – eine ausgestorbene, aber dennoch amüsante Literaturgattung", in: Rosa Maria Piccione and Matthias Perkams (eds.), *Selecta colligere* I; Akten des Kolloquiums "Sammeln, Neuordnen, Neues Schaffen. Methoden der Überlieferung von Texten in der Spätantike und in Byzanz" in Jena, 21.–23. November 2002, Alessandria, 3–16.
Thesleff (1961): Holger Thesleff, *An Introduction to the Pythagorean Writings of the Hellenistic Period*, Åbo.
Thom (1995): Johan C. Thom, *The Pythagorean Golden Verses: with introduction and commentary*, Leiden/New York/Köln.
Thom (2013): Johan C. Thom, "The Pythagorean *akousmata* and early Pythagoreanism", in: Gabriele Cornelli, Richard McKirahan and Constantinos Macris (eds.), *On Pythagoreanism*, Berlin/Boston, 77–102.
Thom (2017): Johan C. Thom, "Sayings as 'Lebenshilfe': The reception and use of the Two Pythagorean collections", in: Christoph Riedweg (ed.), *PHILOSOPHIA in der Konkurrenz von Schulen, Wissenschaften und Religionen*, Berlin/Boston, 75–98.
Thom (2018): Johan C. Thom, "Protreptic and Pythagorean sayings: Iamblichus's *Protrepticus*", in: Olga Alieva, Annemaré Kotzé, Sophie Van der Meeren (eds.), *When Wisdom Calls: Philosophical Protreptic in Antiquity*, Turnhout, 71–88.
Thom (2020): Johan C. Thom, "The Pythagorean acusmata", in: Wolfsdorf (2020), 3–18.
Thom (2021a): Johan C. Thom, "The Golden Verses as Pseudo-Pythagorean Text", in: Macris *et al.* (2021), 205–227.
Thom (2021b): "Androcydes' On the Pythagorean Symbola as Pseudo-Pythagorean Text", in: Macris *et al.* (2021), 317–339.
Tosi (2004): Renzo Tosi, "I Greci: *gnomai, paroimiai, apophthegmata*", in: Gino Ruozzi (ed.), *Teoria e storia dell'aforisma*, Milan, 1–16.
Tosi (2017): Renzo Tosi (ed.), *Dizionario delle sentenze latine e greche*, Milano: Rizzoli.

Ulacco (2017): Angela Ulacco (ed.), "Ps.-Archita, *Sui principi*". in *Pseudopythagorica Dorica: I trattati di argomento metafisico, logico ed epistemologico attribuiti ad Archita e a Brotino. Introduzione, traduzione, commento*, Berlin/Boston, 17–54.

Viltanioti (2016): Irini Fotini Viltanioti, "Porphyry's *Letter to Marcella*: a literary attack against Christian appropriation of (neo)Pythagorean moral wisdom?", in: A.-B. Renger et A. Stavru (eds.), *Pythagorean knowledge from the ancient to the modern world : askêsis – religion – science*, Wiesbaden, 163–184.

Wehrli (1967): Fritz Wehrli (ed.), *Die Schule des Aristoteles: Texte und Kommentar, Heft II: Aristoxenos*. Zweite, ergänzte und verbesserte Auflage, Basel.

Wilson (2012): Walter T. Wilson, *The Sentences of Sextus*, Atlanta.

Wilson (2022): Walter T. Wilson, *Ancient wisdom. An introduction to sayings collections*, Grand Rapids, MI.

Wisse (1990): Frederik Wisse "NHC XII,1: The Sentences of Sextus", in: Charles W. Hedrick (ed.), *Nag Hammadi Codices XI, XII, XIII*, Leiden, 295–327.

Wolfsdorf (2020): David C. Wolfsdorf (ed.), *Early Greek Ethics*, Oxford.

Wöhrle (2009): Georg Wöhrle (ed.) *Die Milesier: Thales*, Traditio Praesocratica 1, Berlin, *Cf.* English translation: *The Milesians: Thales*, Berlin, 2014.

Zhmud (2012a): Leonid Zhmud, *Pythagoras and the Early Pythagoreans*, Oxford; New York (translated from Russian by Kevin Windle and Rosh Ireland; first published 1994).

Zhmud (2012b): Leonid Zhmud, "Aristoxenus and the Pythagoreans", in: Carl A. Huffman (ed.), *Aristoxenus of Tarentum. Discussion*, New Brunswick, N.J.; London, 223–249.

Patrick Reinard

Gedanken zum Fragment-Begriff in der papyrologischen Überlieferung

1 Einleitung: Eine definitorisch-semantische Annäherung

Im Grimmschen Wörterbuch ist der Eintrag zum Lemma ‚Fragment' denkbar knapp. Es wird lediglich auf das Synonym ‚Bruchstück' verwiesen und ein exemplarisches Zitat aus den Werken des heute eher unbekannten Dichters Klamer Eberhard Karl Schmidt zitiert;[1] hier heißt es: „fragmente grosz und klein, und unergänzlich hiengen / um deine Röcke her, die auf die neige gingen." Das Dichterzitat spricht ein wesentliches Charakteristikum von ‚Fragmenten' an: Sie sind oft nicht zu ergänzen. Im Eintrag ‚Bruchstück' findet man die Bedeutungsangabe: „*fragmentum*: bruchstück einer seule, eines tempels; brückstücke verlorener schriftsteller".[2]

In der philologisch-historischen Forschung ist diese Wahrnehmung des Terminus ‚Fragment' zweifellos komplexer und bedarf einer eindringlichen Beschäftigung, die sich der ‚Fragmentierung' von Texten – und damit einhergehend der sich zu ‚Bruchstücken' reduzierenden Informationsüberlieferung[3] – aus verschiedenen Perspektiven annähern muss. Insbesondere möchte man sich nicht damit abfinden, dass ‚Fragmente' immerzu ‚unergänzlich' sind, sondern ist bestrebt, Überlieferungstraditionen und -inhalte zusammenzuführen, um zumindest ansatzweise verlorene Informationen rekonstruieren zu können.

Bereits diese Ausführungen implizieren die problematische Vorstellung, dass ‚Fragmente' irgendwann einmal vollständig gewesen seien bzw. gewesen sein müssen. In der literaturgeschichtlichen Forschung wird der Begriff umsichtiger erläutert: „Unvollständig überliefertes, unvollendet gebliebenes oder bewußt nicht vollendetes literarisches Werk".[4] In einem literaturwissenschaftlichen Fachwörterbuch heißt es ferner: „Bruchstück: 1. nicht vollständig überliefertes Werk. Bes. aus der Antike und dem MA. bis zur Erfindung des Buchdrucks sind zahlr. Werke nur aus Exzerpten oder Zitaten anderer Schriftsteller erhalten; ... 2. Vom Dichter unabsichtlich aus äußeren Ursachen wie Tod, Interessensverlagerung im Zuge von Persönlichkeitsentwicklung oder inneren Ursachen wie Schreibhemmungen oder Scheitern an der Größe des Stoffes nicht vollendetes bzw. aufgegebenes Werk. ... 3. Beabsichtigte F.e als bewußte lit. Form zeigen die

1 ‚Fragment', in: DWB, Bd. 4, Sp. 55.
2 ‚Bruchstück', in: DWB, Bd. 2, Sp. 414.
3 Zinn (1965) Sp. 995 ff.: „... im übertragenen Sinne wird er [der moderne Fragment-Begriff] auf alles, was den Charakter des ‚Stückwerks' hat, angewendet, so auf das menschliche Wissen und Leben."
4 Lorenz (1999) 42 f. (mit Verweis auf Dällenbach u. Hart Nibbrig (1984)).

https://doi.org/10.1515/9783111508788-004

Unendlichkeit e. Stoffes oder Themas, der in der konkreten Ausgestaltung nur verengt dargelegt werden konnte."[5]

Ein seiner Form und seinem Inhalt nach unvollständig wirkender Text kann abgeschlossen sein, der bruchstückhafte Zustand ist dann Teil der Intention des Verfassers. Oder dieser konnte den Text niemals beenden. Bei diesen beiden Möglichkeiten mag man exemplarisch an das Werk des Thukydides,[6] Petrons ‚Satyricon' oder auch an Bertolt Brechts Roman-Fragment ‚Die Geschäfte des Herrn Julius Caesar' denken. Der Terminus ‚Fragment' hat nach den angeführten Definitionen folglich bereits drei voneinander zu unterscheidende semantische Ebenen: 1. Ein einst vollständiger, aber nur unvollständig überlieferter Text; 2. Ein zufällig unvollendet gebliebener Text; und 3. Ein bewusst unvollendet gebliebener Text. Bemerkenswert ist zudem, dass ‚Exzerpte' und ‚Zitate' als Unterformen eines Fragments angeführt werden.

Aufgrund der besonderen Überlieferungssituation ist die Definition des Fragment-Begriffs in der altertumswissenschaftlichen Forschung gegenüber der allgemeinen Literaturwissenschaft nochmals zu erweitern. Exemplarisch sei hier die Definition aus dem ‚Lexikon der Alten Welt' (LAW) zitiert: „Unter <F.en> versteht man (a) unvollständig (etwa ohne Anfang und Schluß) erhaltene Werke; (b) Teilstücke kleineren oder größeren Umfangs aus verlorenen Werken; (c) Exzerpte, d. h. absichtlich herausgelöste Stellen aus Werken, die entweder verloren, oder auch erhalten geblieben sind; (d) unvollendet gebliebene und in ihrem unfertigen Zustand erhaltene Werke."[7] Als Unterschied zu den bis hierhin angeführten und eher auf die moderne Literatur orientierten Definitionen fällt auf, dass zwischen größeren und kleineren ‚Teilstücken' unterschieden wird. Während das Merkmal der ‚Unvollständigkeit' stets gegeben sein muss, um von Fragmenten sprechen zu können, stellt die Textlänge kein einschlägiges Kriterium dar. Natürlich liegen aus der Antike – dies gilt gleichermaßen für literarische wie für dokumentarische Papyri – oft nur sehr kurze Ausschnitte eines Texts vor. Jedoch gibt es auch für papyrologische Verhältnisse sehr lange Texte – als Beispiel sei auf die Hellenika von Oxyrhynchos[8] verwiesen – die trotz ihres Umfangs als fragmentarisch zu bezeichnen sind. Zudem gibt es aber auch das bewusste Erstellen von Exzerpten und Epitomen, wobei das Ursprungswerk vielleicht erhalten, vielleicht verloren gegangen sein kann. Als Beispiele sei plakativ auf die unten noch anzusprechenden Herodot-Papyri oder die Cassius-Dio-Exzerpte des Johannes Xiphilinos verwiesen.

Soweit die im LAW vorgebrachte und weithin überzeugende Definition verschiedener inhaltlicher Kategorien des Fragment-Begriffs. Wie können diese verschiede-

---

5 Von Wilpert (2001) 277 f.; vgl. zum Begriff ‚Fragment' exemplarisch z. B. ‚Fragment', in: Brockhaus, 257: „1. Unvollständig überliefertes oder unvollendet gebliebenes Werk; 2. die bewusst gewählte und so bezeichnete literarische Form, die ihre Wirkung aus der vorgeblichen Unabgeschlossenheit gewinnt."

6 Zur Unvollständigkeit des Werkes sowie zu der sog. ‚Thukydideischen Frage', die ebenfalls mit der Frage der Fertigstellung und Vollendung zusammenhängt, vgl. allgemein Sonnabend (2011) 34 ff.

7 Zinn (1965) Sp. 995.

8 Vgl. Behrwald (2005).

nen Kategorien auf die papyrologische bzw. materielle Textüberlieferung angewendet werden? Was ist aus papyrologischer Sicht als Fragment zu verstehen? Welche besonderen Aspekte der ‚Fragmentierung' von papyrologischen Texten lassen sich beobachten? Inwieweit helfen die literaturwissenschaftlichen Definitionen für eine Kategorisierung von Papyrusfragmenten, insbesondere im dokumentarischen Bereich? Lassen sich die vorgetragenen Kategorien auf die Papyri anwenden und welcher inhaltliche Mehrwert in der Quelleninterpretation kann aufgrund der Sensibilisierung für das ‚Bruchstückhafte' der verfügbaren Texte erreicht werden? Welchen Einfluss kann ein Bewusstsein für Fragmentierung auf die Textauswertung durch moderne Rezipienten haben? Diese und ähnliche Fragen sollen im Folgenden behandelt werden. Dabei ist zu betonen, dass sich die bisher angeführten definitorischen Annäherungen an den Terminus ‚Fragment' vorrangig auf literarische Texte konzentrieren. Wie man den Begriff ‚Fragment' im Zusammenhang mit dokumentarischen Texten, die bekanntlich die weit überwiegende Mehrzahl der papyrologischen Überlieferung ausmachen, anwenden kann, wurde bisher nicht diskutiert.

Für die Behandlung der formulierten Fragen ist es notwendig, die grundlegenden Quellencharakteristika der papyrologischen Überlieferung in zwei Schritten kurz zu bestimmen. Dabei werden zunächst die Spezifika der unmittelbaren Überlieferung sowie die Unterscheidungsmerkmale von bewusster und unbewusster Überlieferung thematisiert. Ferner muss der Fokus auf die Materialität der Schriftträger gelegt werden. Anschließend werden Exzerpte, Epitome und Zitate in papyrologischen Texten thematisiert. Die im Nachfolgenden vorgebrachten Überlegungen und Beobachtungen können im Rahmen eines Aufsatzes lediglich punktuelle und selektive Einzelbeispiele ansprechen und verstehen sich nicht als abschließend, sondern versuchen, eine Anregung für das (selbst)kritische Reflektieren über den Umgang mit ‚unvollständigen' Texten und den aus ihnen zu ermittelnden Wissenszusammenhängen zu sein.

Wichtig ist einleitend auch, sich den antiken Sprachgebrauch des Wortes ‚Fragment', das bekanntlich von lat. *fragmentum, frangere, fractum* („brechen")[9] abgeleitet ist, zu verdeutlichen. Im Zusammenhang mit literarischen Texten wurde das Wort nicht verwendet, sondern war lediglich – und dies gilt in gleichem Maße für das griechische κλάσμα – für die Benennung unvollständiger materieller Objekte jeder Art gebräuchlich;[10] deshalb ist auch die Reihung der Bedeutungsmöglichkeiten im anfangs angeführten Grimmschen Wörterbuch folgerichtig. Ferner wurde das Wort in biblischen Texten z. B. als Bezeichnung des gebrochenen Brotes verwendet.[11] Eine Erinnerung an die antiken Texttraditionen der Bibel ist hier auch aus wort- bzw. ideengeschichtlicher Perspektive wichtig:[12] Durch die allegorische Interpretation von Joh 6,12–13 („Als die Menge satt war, sagte er zu seinen Jüngern: Sammelt die übriggebliebenen Brotstücke,

9 Kluge (2002) 312.
10 Zinn (1965) Sp. 995.
11 Zinn (1965) Sp. 995; vgl. auch Bauer (1988) Sp. 881.
12 Zinn (1965) Sp. 995.

damit nichts verdirbt. (13) Sie sammelten sie und füllten zwölf Körbe mit den Stücken, die von den fünf Gerstenbroten nach dem Essen übrig waren")[13] wurden die ‚Brocken' / *fragmenta* mit von Jesus überlieferten Aussprüchen, Predigten, Lehrinhalten bzw. letztlich mit Texten gleichgesetzt. Während sich der christliche Sprachgebrauch eigentlich nicht vom sonstigen antiken semantischen Verständnis von *fragmentum* / κλάσμα unterschied, d. h., damit wurden nur unvollständige materielle Güter, nicht aber abstrakte Texte, Aussprüche etc. bezeichnet, führte die allegorische Auslegung der in Rede stehenden Stelle zu einer Begriffserweiterung. Auch nicht komplett verfügbare oder bisher gar nicht schriftlich vorliegende ‚Texte' konnten nun als ‚Fragment' aufgefasst werden.[14] Dabei ist ferner auch zu sagen, dass jenseits dieser durch christliche Exegese geprägten späteren Wortgeschichte unvollständige Texte bereits in der Antike als fragmentarisch beschrieben werden konnten, doch wurde hierfür das Wort ἀπόσπασμα verwendet.[15]

Für eine papyrologische Annäherung an den Terminus ‚Fragment' ist ein Bewusstsein für den antiken Sprachgebrauch wichtig, da die papyrologischen Texte als materielle antike ‚Objekte' vorliegen. Theoretisch hätte also ein Papyrusblatt, ein Ostrakon oder eine Schreibtafel als ‚Fragment' angesprochen werden können, ohne dabei den Text, also das überlieferte Wissen, sondern vielmehr den defekten materiellen Schriftträger zu meinen. Allerdings wird mit κλάσμα in den ägyptischen Quellen kein Papyruserzeugnis bezeichnet. Vielmehr ist das Wort im Zusammenhang mit Geldzahlungen (‚Teilzahlung' od. ‚Einzelposten einer Zahlung') gebräuchlich.[16]

2 Papyri und Ostraka als unmittelbare Quellenüberlieferung

Papyri und Ostraka gehören zu den unmittelbar aus der Antike überlieferten Textzeugen.[17] Allerdings muss hier eine Unterscheidung zwischen literarischer und dokumentarischer Papyrologie beachtet werden, die insbesondere auf das Kriterium der ‚Originalität' abzielt: Literarische Texte auf Papyri und Ostraka sind zwar auch unmittelbar als Schriftzeugnis erhalten geblieben, stammen aber nicht unmittelbar von dem

13 Dt. Übers. nach EÜ (1980); lateinischer Text: *ut autem impleti sunt dixit discipulis suis: / colligite quae superaserunt fragmenta ne pereant. (13) collegerunt ergo et impleserunt duodecim cofinos fragmentorum / ex quinque panibus hordiaciis quae superfuerunt his qui manducaserunt*. Im Griechischen steht für *fragmentum* jeweils die entsprechende Form von κλάσμα.

14 Wie Zinn (1965) Sp. 995 ausführt, fiel die Bedeutung ‚Bruchstück eines Textes' spätestens ab der Renaissance mit der bis dahin üblichen Semantik von *fragmentum* zusammen.

15 Wöhrle (2022) hier 387 f. mit dem Quellenverweis.

16 ‚κλασμα',in: WB, Bd.I, Sp. 799; vgl. generell auch ‚κλασμα', in: LSJ 956.

17 Allgemein zur Auswertung papyrologischer Quellen für historische Fragestellungen vgl. R. Bagnall (2019).

antiken Autor – d. h. dem originären Textschöpfer –, sondern stellen lediglich Abschriften bzw. Kopien dar; diese sind zumeist in großem chronologischen und geographischen Abstand zur Lebenszeit bzw. Lebenswelt des Textschöpfers entstanden. Es liegt dann zwar ein direktes, materiell unmittelbar überliefertes antikes Textstück, aber kein autographisches Zeugnis des gedanklichen Schöpfers des Textes vor. Der Text wird von Rezipienten genutzt und vervielfältigt und dabei vielleicht auch bewusst oder unbewusst verändert, wodurch eine Fragmentierung – d. h. eine Reduzierung und/oder eine sprachliche Veränderung – entstehen kann. Da ausgesprochen selten sicher zu identifizierende Autographe bzw. Originale literarischer Texte für uns verfügbar sein können, muss jede Abschrift eines literarischen Werkes textkritisch eingeordnet werden und steht zunächst einmal in dem Verdacht fragmentarisch zu sein.

In manchen Fällen, in denen uns literarische Textfragmente anonymer Autoren auf Papyrus vorliegen, kann jedoch nicht ausgeschlossen werden, dass der Text direkt von seinem gedanklichen Schöpfer stammen könnte. Als Beispiel kann P.Oxy. LXXIX 5193, ein Fragment einer polemischen Geschichte (?) über den Ursprung der ‚heidnischen' Spiele im klassischen Griechenland, angeführt werden. Dieser literarische Text entstand in christlicher Zeit, wahrscheinlich im 4. Jh. n. Chr., und umfasst noch lückenhafte 29 Zeilen. Soweit ersichtlich wird die einstige Einführung von Athletenspielen bei den Griechen abschätzig thematisiert (Z. 12 ff.). Ob es sich wirklich um ein historiographisches oder vielleicht doch eher um ein rhetorisches Werk oder ggfs. um einen Übungstext aus dem Schulunterricht handelt, kann aufgrund des fragmentarischen Zustands nicht entschieden werden.[18] Zumindest wird aber deutlich, dass der Autor den Spielen sehr kritisch gegenübersteht. Da dieses literarische Werk bisher nur durch einen oxyrhynchitischen Papyrus bekannt ist, kann theoretisch nicht ausgeschlossen werden, dass vielleicht ein Fragment eines Autographs vorliegen könnte.[19]

Allerdings wird sich dies für moderne Rezipienten niemals sicher erweisen lassen. Anhand sprachlicher, lexikologischer, paläographischer, formaler oder archäologischer Kriterien kann bei der Analyse ansonsten unbekannter literarischer Papyrustexte eigentlich bestenfalls erwiesen werden, dass ein Text keinesfalls in der Zeit seiner paläographischen Datierung entstanden ist, sondern älter sein muss. Damit ist dann auch in diesen Fällen deutlich, dass der Text auf keinen Fall ein Autograph sein kann. Wenn ein anonymer Text – wie etwa die verschiedenen Fragmente der Hellenika von Oxyrhynchos – in unterschiedlichen Abschriften, die zudem geographisch unterschiedlich verteilt sein können, erhalten ist, wird ebenfalls deutlich, dass es sich nicht um autographische Textzeugen handeln kann.[20] Mit anderen Worten, man kann oft erwei-

18 Vgl. die Einleitung in P.Oxy. LXXIX S. 74 ff.

19 Zur Diskussion der Frage, inwieweit Autographe literarischer Texte erkannt werden könnten, vgl. auch Fleischer (2023) 104–109.

20 Hier kann exemplarisch z. B. auch auf die papyrologisch erhaltenen sog. ‚Paganen Märtyrerakten' verwiesen werden. Diese (semi)literarischen Texte – es handelt sich um stilistisch ausgestaltete Gesandtschaftsberichte, die innerhalb einer städtischen Elitenschicht im kaiserzeitlichen Alexandria entstan-

sen, dass anonyme, jenseits der papyrologischen Überlieferung unbekannte literarische Fragmente keine Autographen sein können. Andersherum ist ein ‚positives' Belegen, dass ein solcher Papyrustext vielleicht doch direkt von einem ägyptischen Autor unmittelbar erhalten geblieben ist, nicht möglich. Wir können im Umgang mit literarischen Fragmenten in dieser konkreten Frage nur falsifizieren, nicht verifizieren.[21]

In der dokumentarischen Papyrologie liegen in aller Regel direkte, unmittelbar erhaltene Quellenzeugnisse antiker Menschen vor, die sich durch den Text mitteilen[22] und / oder für die die Texte eine funktionale Bedeutung[23] hatten; in unterschiedlicher Intensität gilt dies für alle verschiedenen dokumentarischen Textsorten.[24] Der antike ‚Schreiber', der uns in diesen Texten entgegentritt, ist selbst Schöpfer und / oder Nutzer des Schriftstücks; gewiss muss man hier beachten, dass teilweise Texte diktiert wurden, der Schreiber ist dann nur als Ausführender, der Diktierende dann als ‚Schöpfer' und Nutzer des Textes anzusehen. Dabei muss der ‚Schöpfer' nicht der alleinige ‚Nutzer' eines Textes sein. Auch wenn der physische ‚Schreiber', der gedankliche ‚Schöpfer' und der ‚Nutzer' eines Textes nicht immer identisch sein müssen, liegen doch dokumentarische Papyri vor, die man in vielen Fällen als Autographe bezeichnet kann.

Stets haben die hier skizzierten Fälle – sowohl bei literarischen als auch bei dokumentarischen Papyri – das Merkmal, dass die Texte unmittelbar erhalten sind. Die dokumentarischen Papyri haben zudem einen funktionalen Charakter, der lediglich für eine beschränkte Personengruppe wichtig ist; dabei gehört in aller Regel der Textschöpfer dieser Gruppe an. Durch diese Unmittelbarkeit entsteht die Möglichkeit, einen Papyrus auch rein als materiellen Schriftträger – im Prinzip als archäologisches Fundstück – aufzufassen und zu untersuchen. Dabei entsteht die Situation, dass manche Texte materiell als Fragment anzusprechen sind, es aber aus verschiedenen Gründen möglich ist, den Wortlaut zu rekonstruieren. Dies kann z. B. aus sprachlich-grammatika-

---

den sind – können anhand der paläographischen Datierung sowie mehr noch anhand der Fundorte (z. B. Oxyrhynchos) als nicht-autographe Werke aufgefasst werden; vgl. Vega Navarrete (2017); Musurillo (1979).

21 Allgemein zur Falsifikation als Methode vgl. Popper (2005) 54 ff.

22 Hier darf man an Briefe privater, geschäftlicher oder amtlicher Natur denken oder auch an kurze Nachrichten, die man als ‚Anweisung' bezeichnen kann.

23 Dies gilt z. B. für Verträge, Abrechnungen, Petitionen, Quittungen jeder Art, Testamente etc. Diese Texte dienen natürlich teilweise auch als Kommunikationsakt (z. B. Petitionen), haben aber ansonsten einen funktionalen Charakter. Sie können eine Form des juristisch bzw. administrativ notwendigen Nachweises sein (z. B. Quittung, Verträge etc.) oder eine konkrete geschäftliche Alltagsfunktion besitzen (z. B. Abrechnungen, Notizen, Inventarlisten) oder im öffentlich-staatlichen Verwaltungsapparat bestimmte Zwecke erfüllen (z. B. Steuerlisten, Namenlisten, Gesetze etc.).

24 Die Termini Textsorte / -gattung / -art sind in literaturwissenschaftlicher und textlinguistischer Hinsicht natürlich genauer ausdifferenzierbar, werden hier der Einfachheit halber aber synonym verwendet. Anzumerken ist aber, dass dokumentarische Texte textlinguistisch zumeist in den Bereich der ‚gebrauchssprachlichen Textsorten' einzuordnen sind; zu diesen vgl. allgemein B. Sandig, Zur Differenz gebrauchssprachlicher Textsorten im Deutschen, in: Gülich u. Raible (1972) 113–124; Heinemann u. Heinemann (2002).

lischen, onomastischen, paläographischen sowie stilistisch-phraseologischen Gründen und ferner, sofern wir Archiv-Kontexte und damit mehr Wissen über die in den Texten genannten Personen und Sachverhalte haben, auch aus inhaltlichen Gründen erfolgen.[25] Als Beispiel sei hier ein Brief aus dem Apollonios-Archiv aus trajanisch-hadrianischer Zeit angeführt: P.Giss. I 75 = P.Giss.Apoll. 40 ist zwischen ca. 113 und 120 n. Chr. entstanden und umfasst insgesamt 13 Zeilen, von denen acht jeweils am Zeilenbeginn einen Textverlust aufweisen. Der Wortlaut kann jedoch aus eben angesprochenen Gründen ergänzt werden.[26] Dieses Beispiel zeigt schön, dass wir diesen Papyrusbrief zwar einerseits auf der materiellen Ebene zweifellos als Fragment bezeichnen müssen. Andererseits ist eine verlässliche Textrekonstruktion möglich, weshalb dieses Quellenzeugnis inhaltlich nicht als Fragment zu kategorisieren ist. Die materielle Fragmentierung erzeugt hier – zumindest auf den ersten Blick – keine inhaltliche Fragmentierung, d. h., Wissen geht hier nicht verloren.[27] Der Papyrus überliefert hier inhaltlich nicht nur den Teil eines ganz ursprünglichen Textes, sondern den kompletten Text, auch wenn dieser beschädigt ist.

Allerdings kann man auf der inhaltlichen Ebene bei vollständig erhaltenen bzw. vollständig rekonstruierbaren Texten aus einer anderen Perspektive dennoch von ‚Fragmenten' sprechen. Selbst wenn der Wortlaut zur Gänze erhalten ist, kann ein hundertprozentiges ‚Verstehen' von dokumentarischen Texten dennoch häufig nicht erreicht werden. Oft fehlen – z. B. bei Briefen oder Listendokumenten – das Vorwissen und der genaue Kontext,[28] die dem antiken Textbenutzer bekannt gewesen, dem modernen Rezipienten aber unzugänglich sind. Diesen Gedanken, aus welchem sich eine Sensibili-

25 Natürlich können solche Textwiederherstellungen teilweise auch mit literarischen antiken Texten gelingen. Allerdings ist man in diesen Fällen in aller Regel auf Parallelquellen angewiesen. Die Wiederherstellung antiker Literatur gelingt nicht ausschließlich anhand sprachlicher, phraseologischer, paläographischer oder formaler Aspekte, sondern Informationen über den Autor, die verlorenen Werkteile, die Gattung etc. sind notwendig.

26 Z. 1–8: [Ἁρποκρ]ατίων Ἀπολλωνίωι τῶι / [τι]μιωτάτωι / χαίρειν. / [παρακ]ạλῶ / σε, ἄδελφε, συνλαβέσθαι / [Ἀπολλ]ωνίωι ἡμẹτέρῳ χειριστῆι / [πεμφθ]έντι ὑπ' ἐμοῦ χάριν ἀγο/[ρασμ]ọῦ γενῶν ἐν οἷς ἐάν σου προσ/[δέητ]αι. ἐπọίησας μεγάλως χάρι/[τας] („Harpokration grüßt den hochgeehrten Apollonios. Ich bitte Dich, Bruder, unserem Gehilfen Apollonios, der von mir wegen des Kaufs von Waren geschickt worden ist, zu unterstützen, sofern er Dich dafür braucht. Du würdest mir einen großen Gefallen tun").

27 Natürlich ist hierbei zu problematisieren, dass Rekonstruktionen zweifellos stets immer nur Interpretationen sind, die historisches, sprachliches, kulturwissenschaftliches etc. Wissen voraussetzen. Dabei kann eine Textrekonstruktion, auch wenn sie sprachlich oder inhaltlich sicher zu sein scheint, niemals hundertprozentig authentisch sein. Auch bei einer grammatikalisch zwingenden Ergänzung können Informationen, z. B. sprachgeschichtlicher Art, verloren gehen. In dem angeführten Beispiel wird in Z. 6 der Name Apollonios mit zwei Lambda ergänzt, da dies die korrekte onomastische Form ist. In diversen Texten wird der Name aber auch nur mit einem Lambda geschrieben und man kann – trotz der Schreibung des Adressatennamens – sich nicht völlig sicher sein, dass dies auch für die hier angesprochene Person gegolten hat; vgl. exemplarisch zu dieser Problematik in der Überlieferung von Namen auch Tsiampokalos (2022) 179–202.

28 Vgl. Mastellari (2021).

sierung für inhaltliche ‚Fragmentierung' von Wissen über vergangene Zeiten ergibt, gilt es im Folgenden im Zusammenhang mit den Quellenkategorien ‚bewusst' / ‚unbewusst' nochmals aufzunehmen.

3 Papyri und Ostraka als unbewusste und bewusste Quellenüberlieferung

Die dokumentarischen Papyri und Ostraka besitzen also einen unmittelbaren Quellencharakter. Des Weiteren sind sie als unbewusste Überlieferung anzusehen; mit Johann Gustav Droysen könnte man von ‚Überresten' sprechen.[29] Aufgrund der Funktionalität oder des Kommunikationscharakters sowie ihrer Unmittelbarkeit sind diese Texte nicht an eine breite Öffentlichkeit adressiert, sie besitzen keinen ‚Publikumscharakter' und richten sich natürlich auch nicht an eine wie auch immer geartete Nachwelt; bzgl. des ‚Publikumscharakters' ist zu sagen, dass Briefnachrichten jeder Art sowie Petitionen und Verträge etc. gewiss auch stets an bestimmte Personen adressiert sind, aber eben in aller Regel nur an die Menschen, für die diese Texte funktionale Bedeutung haben. Sie sind nicht an eine allgemeine Öffentlichkeit gerichtet und waren auch nur wenigen Personen direkt zugänglich. Das ‚Publikum' ist auf die Textbenutzer beschränkt.[30] Deshalb kann man solche Texte als ‚unbewusste' Überlieferung klassifizieren. Das hat für das Thema der ‚Fragmentierung' direkte Auswirkungen: Texte, die nur für einen bestimmten Personenkreis zugänglich bzw. bestimmt waren, können entsprechend individuelle Vorkenntnisse voraussetzen.[31] Dies ist insbesondere bei Briefen der Fall; abgeschwächt ist dieses Problem bei Petitionen und ggfs. bei Verträgen. Für den modernen Rezipien-

29 Natürlich ist anzumerken, dass die Kategorien ‚unmittelbar' / ‚mittelbar' sowie ‚unbewusst' / ‚bewusst' nicht immerzu starr sind, sondern sich bei jedem Quellenzeugnis je nach Fragestellung und historischer Thematik verschieben können; vgl. einführend Schuller (1994) 22 ff.; vgl. zu den Quellenkategorien auch Reinard (2022). Für die Unterscheidung von ‚Überrest' und ‚Tradition' (s. u.) vgl. Droysen (1967) 37 ff. Von dem hier verwendeten Begriff ‚Überrest' zu unterscheiden ist der Terminus *reliquiae*, der in der Forschung (vgl. z. B. Brunt (1980) 477; vgl. Wöhrle (2022) 391) teilweise synonym zu ‚Fragment' verwendet wird und dabei auch literarische Texte einschließt. Hier geht es aber ausschließlich um solche ‚Überreste', die als dokumentarisch unbewusste Überlieferung zu kategorisieren sind.

30 Natürlich gilt diese Einschränkung teilweise auch allgemein für Texte jeder Art. Allerdings besteht ein Unterschied zwischen einer dokumentarischen Urkunde und einem literarischen Text. Die Urkunde hat nur für ihren konkreten ‚Besitzer' einen funktionalen Wert. Sie wird nicht zwecks Ausbildung oder Unterhaltung geschrieben und gelesen, sondern aus einem praktischen Anliegen heraus, welches lediglich für einen geschlossenen Personenkreis wichtig ist. Dokumentarische Texte besitzen somit einen speziellen ‚Publikumscharakter', der durch eine entsprechende Exklusivität geprägt ist.

31 Dabei sind mit ‚Vorkenntnisse' keine Fähig- oder Fertigkeiten sowie Kompetenzen einer besonderen (Schul)Ausbildung gemeint, wie sie auch für das richtige Verständnis literarischer Texte vorauszusetzen sind, sondern individuelles Wissen über das Leben, die Sorgen, die Nöte der Personen, die die jeweiligen dokumentarisch-funktionalen Texte angefertigt und genutzt haben.

ten bedeutet dies, dass er bei diesen unmittelbaren und unbewussten Quellentexten stets das Problem des fehlenden Vorwissens zu beachten hat.

Etwas anders liegt der Fall bei Gesetzen und Edikten, die auf Papyri überliefert sind. Diese Textzeugnisse sind natürlich für eine öffentliche Gegenwart ihrer Entstehungszeit bestimmt und hatten gewiss auch für die nachfolgende Zeit Gültigkeit; sie sind also in gewisser Hinsicht auch an eine ‚nahe' Nachwelt adressiert.[32]

Wie verhält sich die Frage nach dem bewussten oder unbewussten Quellencharakter bei literarischen Papyri und Ostraka? Literarische Werke sind als ‚Kunst-' oder ‚Fachtext' natürlich an eine Öffentlichkeit gerichtet und können – mit Droysen – als ‚Traditionsquellen' angesprochen werden. Dies gilt auch für die literarischen Texte in der papyrologischen Überlieferung. Allerdings kann hier auch differenziert werden: Ein für schulische Zwecke exzerpierter Ausschnitt aus den Historien Herodots[33] besitzt im Rahmen des antiken Schulunterrichts eben doch einen bestimmten funktionalen Kontext, der den ursprünglichen Charakter des literarischen Werks verändern kann. Die bewusste inhaltliche Kürzung gibt in diesem Fall dem Schriftstück einen funktionalen Charakter und die Adressierung an ein Publikum löst sich in gewisser Weise auf. Das eigentlich herodoteische Werk ist als bewusste Überlieferung anzusehen, die gezielte Fragmentierung für den Schuleinsatz ist hingegen natürlich gegenüber der Nachwelt ein unbewusster Akt. Der Einblick in den schulischen Umgang mit dem herodoteischen Text ist in keiner Weise durch die Benutzer, die den Text fragmentieren, intendiert, sondern ergibt sich durch den Zufall der Überlieferung. Der Auszug aus den Historien verliert dadurch seinen bewussten Überlieferungscharakter, aus der ‚Traditionsquelle' wird ein zufälliger ‚Überrest' aus dem antiken Schulalltag. Natürlich sind diese Einschätzungen direkt von der jeweiligen Perspektive bzw. Fragestellung abhängig. Für einen Historiographieforscher kann das Schulexzerpt der Historien dennoch als literarischer Text eine wichtige Quelle sein, auch wenn der Wortlaut verkürzt und verändert ist.

Als ein weiteres vergleichbares (Grenz)Beispiel sei auch auf P.Fay. 19 aus dem 2. Jh. n. Chr. hingewiesen. Es handelt sich um einen Brief, der am Zeilenanfang und -ende durch Textlücken entstellt, aber dennoch inhaltlich gut verständlich ist. Der Verfasser gibt vor, Kaiser Hadrian zu sein, der im hohen Alter an seinen Nachfolger Antoninus Pius schreibt. Der Text ist offensichtlich fiktiven Inhalts und wird als eine Schulübung interpretiert. Man kann den ‚Hadrian-Brief' auf der Grenze zwischen literarisch und dokumentarisch ansiedeln. Würde man ihn aufgrund seiner Fiktionalität und seiner Themenwahl als ‚literarisches Werk' interpretieren, dann läge hier wahrscheinlich ein Autograph vor, das für uns trotz Textverlust inhaltlich verständlich ist. Legt man den Fokus auf den antiken Schulunterricht besitzt dieser Text, ganz ähnlich dem angesprochen Herodot-Exzerpt, für den modernen Rezipienten einen dokumentarischen Über-

32 Vgl. unten das Beispiel der Kaiserbriefe Gordians III.

33 Vgl. unten den Absatz zu Exzerpten.

lieferungswert. Allerdings wird lediglich ein knapper Einblick gewährt, der weitere Kontext dieser Schulübung bleibt offen und Sinn und Ziel der Übung können nur indirekt erschlossen werden.

Dokumentarische Papyri können als unmittelbare und zugleich unbewusste Überlieferung angesprochen werden. Aus beiden Charakteristika ergibt sich aber das bereits angesprochene Problem, dass selbst vollständig erhaltene Texte aufgrund von fehlendem Vor- und Kontextwissen oft nur einen ‚bruchstückhaften' Informationsgehalt für moderne Leser haben können. Es ergibt sich also der Befund, dass wir zwar – wie bei P.Giss. I 75 = P.Giss.Apoll. 40 gesehen – mitunter materiell fragmentierte Texte ergänzen und wiederherstellen können. Zugleich bleibt durch diese Texte vermitteltes inhaltliches Wissen für uns oft nur fragmentiert. Dabei variiert die Gravität dieses Problems je nach Textsorte. Bei Briefen fehlt fast immer das kommunikative Vorwissen, mindestens – um mit Aristoteles zu sprechen – die Hälfte des schriftlichen Dialoges.[34] In der Regel liegt ein Brief immer nur als ein zeitverzögerter Kommunikationsbeitrag aus einer längeren Abfolge von Kommunikation vor; dabei muss diese nicht zwingend immer schriftlich erfolgt sein. Man muss einen Brief also als Kommunikationsfragment auffassen. Bei über 3500 Briefen[35] aus dem griechisch-römischen Ägypten liegt ausgesprochen selten der Befundkontext vor, dass ein Brief und sein unmittelbarer Antwortbrief überliefert sind.[36] Fast immer ist ein Brief für den modernen Rezipienten also ein Einzelzeugnis, das als einseitiger Kommunikationsakt zu verstehen ist. Diese Befundsituation führt dazu, dass das oben bereits angesprochene Vorwissen, das einhergeht mit der Adressierung an eine begrenzte Leserschaft, eine inhaltliche Auswertung besonders schwierig gestaltet. Für den modernen Leser liegt hier selbst bei sehr gut erhaltenen Brieftexten ein fragmentierter Rezeptionsinhalt vor.

Ferner sind häufig private und amtliche Briefe bzw. Nachrichten erhalten, in denen auf beigefügte Texte – also auf Anhänge – oder auf frühere Nachrichten explizit verwiesen wird. Unabhängig von dem abstrakten Vorwissen der Briefpartner, das den modernen Rezipienten fehlt, sind solche ‚Anhänge' und ‚Vorgängernachrichten' zumeist nicht erhalten. Dies erschwert ein Verständnis. In diesen Fällen liegen eine materielle Fragmentierung bzw. ein gänzlicher Totalverlust vor, woraus zwangsläufig auch eine inhaltliche Fragmentierung erwächst.

Eine direkte inhaltliche Fragmentierung erzeugen auch sog. Empfehlungsbriefe.[37] Diese kurzen Texte haben die Funktion, bei dem Adressaten eine ihm bisher unbekannte Person, zumeist den Briefüberbringer, einzuführen. Der Absender und sein Brief fungieren quasi als Leumund für den Empfohlenen. Diese Briefe dienen also als eine Art

34 Zu historischen Auswertung von Briefen vgl. Reinard (2018).

35 Palme (2010).

36 Als seltenes Beispiel sei auf O.Did.342 und O.Did. 343 verwiesen; zu diesen Briefen vgl. Bülow-Jacobsen (2001).

37 Zu dieser Briefgattung vgl. Kaiser (2010); Cotton (1981).

‚Gesprächseröffnung', wobei jegliche, auf die Lektüre des Briefes folgende Interaktion zwischen den angesprochenen Akteuren für den modernen Rezipienten verloren ist.

Bei Verträgen, Petitionen oder Gesetzestexten ist dieses Problem etwas abgeschwächt, da hier ein Thema angesprochen wird, welches durch den Text hinreichend verständlich sein muss. Für Gesetzestexte ist zudem zu sagen, dass sie in gewisser Hinsicht einen Publikumscharakter aufweisen, d. h., eine Öffentlichkeit muss in der Lage sein, den Wortlaut zu erfassen und in den richtigen Kontext einordnen zu können. Bei Petitionen muss das Thema hinreichend erläutert sein, damit eine administrative Obrigkeit das Anliegen des Petitionsstellers nachvollziehen kann. Verträge müssen so formuliert sein, dass beide Seiten sowie Zeugen und ggfs. eine administrativ-juristische Instanz den festgeschriebenen Sachverhalt verstehen können. In gewisser Hinsicht setzen die ‚Schreiber' / ‚Schöpfer' solcher Text im Vergleich zu Briefen / Nachrichten weniger Vorwissen bei ihrem ‚Publikum' voraus. Deshalb ist die inhaltliche Fragmentierung im Gegensatz zu Textarten wie Briefen oder Listendokumenten hier weniger drastisch ausgeprägt.

4 Papyri und Ostraka als Schreibmaterial

Für das Thema der Fragmentierung von Texten ist natürlich auch die bereits angesprochene Materialität des jeweiligen Beschreibstoffs zu beachten.[38] Als ‚Ostraka' werden mit Tinte beschriebene Scherben verstanden. Diese sind materiell gesehen ‚Fragmente' von nicht mehr funktionsfähigen oder nicht mehr in Funktion befindlichen Keramikobjekten. Die Texte stehen also – anders als z. B. Dipinti, Tituli Picti, Besitzergraffiti etc. – nicht mehr in einem funktionalen Zusammenhang mit dem intakten Gefäß, seinem Inhalt oder seiner ‚Objektbiographie'. Das Beschreibmaterial entsteht also durch Recycling. Eine zu einem Schriftträger gewordene Keramikscherbe ist dann nur noch als ‚Fragment' anzusprechen, wenn Textverlust festzustellen ist.

Auch bei den Papyri ist die Materialität sehr wichtig. Die heute erhaltenen ‚Papyrusblätter' waren in den allermeisten Fällen Teil eines größeren Textes, d. h., nur verhältnismäßig wenige Papyri sind materiell komplett erhalten. Durch natürliche Einwirkungen sind nach Jahrhunderten im Wüstensand Materialverluste und damit sehr häufig auch Textlücken entstanden; auch nach der Auffindung konnte es durch mangelnde Restauration, schlechte Lagerung, Kriegsschäden etc. ebenfalls zu weiteren Material- und Textausbrüchen kommen. Ferner sind Papyri in der Antike auch recy-

38 Aus Platzgründen erfolgt hier lediglich eine Fokussierung auf Papyri und Ostraka. Gewiss könnten hier auch Schreib- und Wachstafeln, Wandgraffiti, Fluchtafeln sowie Texte auf Pergament und dergleichen mehr berücksichtigt werden. Die hier grundsätzlich geäußerten Gedanken zur Materialität sind auch für andere Beschreibmedien des antiken Alltags adaptierbar; vgl. zur Materialität generell die Beiträge des Sammelbandes Th. Meier u. a. (2015).

celt und zu diesen Zwecken dann bearbeitet oder verändert worden, wobei der auf sie aufgeschriebene Text natürlich keine Rolle gespielt hat. Dabei kann man zwei wichtige Formen der Wiederverwendung nennen: Zum einen die Verwendung von ‚Altpapyrus' als Werkmaterial. Aus Papyrus wurde z. B. Mumienkartonage hergestellt und Einzelfragmente eines Textes können über mehrere Mumien verteilt sein.[39] Man verwendete ihn ferner als billiges Verpackungsmaterial und auch der Einsatz in der Schuhherstellung (Abb. 1) oder als stabilisierende Einlage für lederne Kodexeinbände ist bezeugt.[40] Einige Berühmtheit hat auch ein Homer-Papyrus (P.Oxy. LXVII 4633) erlangt, der als ‚Toilettenpapier' verwendet wurde.[41] Zum anderen gibt es gelegentlich auch papyrologische Palimpseste.[42] Ferner konnten die noch nicht beschriebenen Flächen auf der Vorder- und Rückseite eines Papyrusblattes auch für weitere Textanbringung genutzt werden.

Diese unterschiedlichen Verwendungs- bzw. Wiederverwendungsmöglichkeiten haben natürlich Einfluss auf die Beständigkeit oder die Fragmentierung eines Textes. Deshalb sollten Fragen bzgl. des Zustandes des rezipierbaren Textes auch stets die materielle ‚Geschichte' eines Textträgers beachten. Ein Bewusstsein für die finale Funktion eines Schriftstücks kann nützlich sein. Die meisten Papyrustexte und Ostraka hatten für ihre antiken ‚Besitzer' als ‚Text' keine wichtige Funktion mehr, was der Grund für ihren materiellen Zustand sein kann.

Dabei entsteht natürlich auch die Möglichkeit, dass mehrere Fragmente zu einem Text zusammengesetzt werden können. Materiell und textlich-inhaltlich liegen also verschiedene Bruchstücke vor, deren Wortlaut man für sich genommen – anhand der oben angesprochenen Möglichkeiten – sprachlich und inhaltlich nicht gänzlich rekonstruieren kann, für die aber eine inhaltliche und materielle Zusammengehörigkeit zu erkennen ist. Aus materiellen Einzelstücken kann dann ein Text werden. Ein Beispiel hierfür ist P.Trier I 5, eine Vorladung wegen Nichtzurückzahlung eines Weizendarlehens, entstanden wahrscheinlich 184/183 v. Chr. (Abb. 2) Der ‚Text' konnte aus insgesamt fünf Einzelfragmenten (Fr. a–e) unterschiedlicher Größe zusammengefügt werden;[43] weitere Fehlstellen am Beginn und Ende vieler Zeilen konnten in weiten Teilen auch

39 Vgl. exemplarisch Willer (2020).

40 Gemeinsam mit N. Reifarth (Köln) bereite ich aktuell ein archäologisch-papyrologisches Forschungsprojekt zu den fußförmigen Papyri der Trierer Papyrussammlung vor; für 2023 ist eine Publikation zu dem Einsatz der Papyri als Arbeitsmaterial geplant.

41 Spooner (2002), Pl. IV; vgl. die digital verfügbare Abbildung: https://portal.sds.ox.ac.uk/articles/online_resource/P_Oxy_LXVII_4633_Scholia_minora_to_Homer_Iliad_II_277-318_294-306_in_lacuna_/21179425/2 [11. Juni 2022].

42 Als Beispiel sei auf den Brief P.Oxy. VI 929 aus dem späten 2. oder frühen 3. Jh. n. Chr. verwiesen. Er steht auf der verso-Seite, auf welcher eine frühere Schrift getilgt wurde, um die Briefnachricht aufschreiben zu können; vgl. allgemein zur Materialität von Briefen die grundlegende Studie von A. Sarri (2018).

43 Vgl. die hervorragende Edition von Kramer u. Sánchez-Moreno Ellart (2017) 158 ff., Nr. 5.

sprachlich rekonstruiert[44] werden und erst nach Z. 26 bricht der Text dann ab. Aus fünf materiellen Fragmenten entsteht somit für den modernen Rezipienten ein relativ vollständiger dokumentarischer Text. Für die Zusammenfügung von Einzelstücken zu einem zusammenhängen Text sind bestimmte Kriterien zu beachten. Paläographie und Sprache, Inhalt und Thema, Materialität und sofern bekannt die Überlieferungsgeschichte sind zu berücksichtigen.

Insbesondere eine ‚objektbiographische' Perspektive ist hilfreich: Zusammengehörige Fragmente sind über den Kunsthandel oft in verschiedene Sammlungen gekommen. Das Erkennen der Zusammengehörigkeit wird dadurch erschwert. Als Beispiel sei auf einen Text verwiesen, dessen Einzelfragmente in den Sammlungen in Trier und Brüssel liegen: In Trier sind drei Einzelfragmente (P. UB Trier S 109-44) vorliegend, von denen Fragment A und Fragment B, jeweils ist der linke Blattrand erreicht, direkt zusammengehören. Fragment C gehört aufgrund paläographischer, sprachlicher, überlieferungsgeschichtlicher sowie inhaltlicher Ansatzpunkte mit Sicherheit zu dem gleichen Text, gleichwohl die genaue Positionierung dieses Bruchstücks innerhalb der Textstruktur bisher nicht zu erfassen ist.[45] Direkt zugehörig zu Fragment C ist ein Fragment aus Brüssel (P.Brux. E 8907), das sich unterhalb des Trierer Stücks anfügen lässt.

Diese willkürlich ausgewählten Beispiele verdeutlichen, dass aus einzelnen Fragmenten – selbst wenn sie materiell als Bruchstücke zu bezeichnen sind und aufgrund jeweils unterschiedlicher objektbiogaphischer Zäsuren heute in verschiedenen Sammlungen verwahrt werden – größere zusammenhängende Texten rekonstruiert werden können. Papyrusfragmente müssen also nicht immer ‚Fragment' bleiben, sondern können oft nicht nur sprachlich-inhaltlich rekonstruiert, sondern auch materiell wieder zusammengesetzt werden. Das letztgenannte Beispiel deutet auch noch an, dass Fragmentierung nicht immer nur bereits in der Antike oder durch die Zeiteinwirkung erfolgt sein muss, sondern vielleicht auch bewusst in der Moderne herbeigeführt worden sein könnte.

Eine besondere Form der Wiederherstellung fragmentarischer Papyri ist für die verkohlten Texte aus dem unterägyptischen Gau von Bubastos gelungen. Hier haben sich aus Severischer Zeit u. a. amtliche Briefnachrichten eines Dioiketen erhalten, die ein gleiches Thema – es geht um Anträge von Personen, die Gebäude und / oder Grundstücke vom Staat erwerben möchten – behandeln. Diese Texte besitzen jeweils einen sehr gleichen inhaltlichen Aufbau, was für behördliche Schreiben nicht verwundert. Aus den verkohlten Fragmenten konnte zwar kein kompletter authentischer Text zusammengefügt werden, jedoch war es J. Frösén und D. Hagedorn in ihrer hervor-

44 Dabei fehlen auch äußere Merkmal wie Anzeichen von Klebestreifen: Fr. a, Fr. d und Fr. e haben jeweils den rechten Zeilenrand bewahrt, der zudem durch eine Klebung des Papyrusblattes begrenzt wird; vgl. Kramer u. Sánchez-Moreno Ellart (2017) ebd. S. 158.

45 Eine Edition dieses Textes, bei dem es sich um eine Abrechnungsurkunde aus dem 3./2. Jh. v. Chr. handeln dürfte, steht noch aus. Im Zuge ihrer sehr anregenden Dissertationsarbeit wird Garance Clapuyt (Brüssel) den Papyrus bearbeiten und eine Textrekonstruktion sowie Edition vorlegen.

ragenden Edition aufgrund der seriellen Anfertigung der Nachrichten möglich, ein ‚Musterschreiben' zu rekonstruieren.[46] So entsteht aus mehreren nicht zusammengehörenden Einzelfragmenten eine Textfassung, die zwar in dieser Form nicht materiell erhalten ist, aber inhaltlich eine sehr solide Informationslage für Fragen bzgl. der Gestaltung, des Inhalts und der Funktion einer solchen Dioiketennachricht bietet.

‚Muster' für bestimmte Textsorten liegen auch auf Papyri unmittelbar überliefert vor; bspw. ist P.Hamb. IV 254 eine in der Kaiserzeit entstandene ‚Mustervorlage' für einen Kondolenzbrief. Bekannt sind ferner auch serielle Dokumente, z. B. Quittungen, die vorgeschrieben bzw. vorbereitet sind, und bei denen dann lediglich bestimmte Variablen wie Personennamen, Datumsangaben etc. zu ergänzen sind.[47] Solche Muster-Textzeugnisse wären als bloße Vorlage ggfs. als unvollständig anzusehen, können aber gewiss nicht als ‚Fragment' angesprochen werden.

5 Exzerpte und Epitome antiker Literatur auf Papyri

In der papyrologischen Überlieferung können Exzerpte[48] literarischer Texte verschiedentlich beobachtet werden. Erhalten blieben bspw. herodoteische Papyri, die in der Kaiserzeit entstanden, und nachweislich keine vollständigen Abschriften ganzer Bücher umfasst haben können.[49] Vielmehr ist davon auszugehen, dass hier bewusste Exzerpte angefertigt worden sind. Mit St. West kann man den Eindruck teilen, dass diese Exzerpte für den Schulgebrauch genutzt worden sind.[50] Zudem darf man auch mutmaßen, dass es in gewisser Weise einen ‚Markt' für Kurzfassungen berühmter klassischer Werke gegeben hat. Dies belegt eindrücklich ein im 2. Jh. n. Chr. entstandener Papyrusbrief aus Oxyrhynchos:[51] (2. Hand) ἐρρῶσθαί σε εὔχομαι κύριέ μου ἄδελφε. / Ὑψικράτους τῶν κωμωι/δουμένων ς ζ ποιή/σας μοι πέμψον. φησὶ γὰρ / Ἁρποκρατίων ἐν τοῖς / Πωλίωνος αὐτὰ βιβλί/οις εἶναι. εἰκὸς δὲ καὶ ἄλλους / αὐτὰ ἐσχηκέναι. καὶ λόγῳι / ἐ̣π̣ιτο̣μὰς τῶν Θερσαγόρου / τῶν τραγικῶν μύθων ἔχει. / (3. Hand) ἔχει δὲ αὐτὰ Δημήτριος ὁ βυβλιοπώλης, / ὡς φησὶν Ἁρποκρατίων. ἐπέσταλκα Ἀπολ/λωνίδηι πέμψαι μοι ἐκ τῶν

46 Frösén u. Hagedorn (1990) 16 f.

47 Als Beispiel sei etwa auf die berühmten *libelli* aus der Zeit der sog. Christenverfolgung des Decius verwiesen; vgl. u. a. BGU I 287; P.Meyer 15; P.Mich. III 158 (alle 250 n. Chr.).

48 Exzerpt – abgeleitet von *excerptum* wörtlich als das ‚Herausgehobene' zu verstehen – wird hier aufgefasst als ein „wörtl. oder zusammenfassender Auszug" bzw. als „Lesefrüchte aus e. Schriftwerk", die „zum Zweck leichteren Lernens und geringerer Kosten an teurem Buchmaterial" angefertigt wurden; für die Zitate vgl. von Wilpert (2001) 253.

49 Reinard (2021a).

50 West (2011).

51 P.Oxy. XVIII 2192 Col. II Z. 20 ff. Die in dem Brieftext genannten Autoren sowie die Briefpartner samt weiteren Personen sind durch Parallelquellen bekannt; vgl. die Kommentierung in P.Oxy. XVIII. Eine ausführliche Analyse kann hier aus Platzgründen nicht erfolgen.

ἐμῶν / βιβλίων τιν[ὰ ἅ]περ παρ' αὐτοῦ εἴσῃ / Σ̣ε̣[λ]εύκου δι[ὰ] τ̣ῶν χρόνων [...] ἐὰν εὑ/ρίσκῃς μεθ' ἃ ἐγὼ κέκτημαι ποιήσα[ς] / μο[ι] πέμψον. ἔχουσι δὲ \καὶ/ οἱ περὶ Διό/δωρ[ον] ὧν οὐ κέκτημαί τιν̣α („Ich bete für Deine Gesundheit, mein Herr, Bruder. Fertige an und schicke mir Kopien der Bücher 6 und 7 von Hypsikrates' Werk ‚In den Komödien genannte Personen'. Denn Harpokration sagt, dass dieses Werk unter den Büchern des Polion sei. Aber es ist auch gut möglich, dass andere es ebenfalls haben. Er hat zudem von *epitomai* der Werke des Thersagoras über die Mythen in den Tragödien berichtet. (2. Hand) Harpokration meint, dass Demetrius, der Buchhändler, sie haben würde. Ich habe Apollonides angewiesen, mir bestimmte Bücher meiner eigenen Sammlung zu schicken, was Dir demnächst Seleukos selbst erzählen wird ... Solltest Du ansonsten Bücher finden, die ich noch nicht besitze, stelle Abschriften her und schicke sie mir. Diodor und seine Freunde besitzen ebenfalls welche, die ich nicht habe").

Der Absender führt zunächst aus, dass der Adressat für ihn Kopien des sechsten und siebten Buches des von dem Autor Hypsikrates stammenden Werks ‚In den Komödien genannte Personen' anfertigen soll. Ferner geht es um die Beschaffung von *epitomai* der Werke über Mythen in Tragödien, die ein Autor namens Thersagoras verfasst haben soll, sowie um Anweisungen zum Transfer von Büchern aus der eigenen Bibliothek. Schließlich wird der Adressat für den Fall, dass er Bücher entdeckt, die der Absender noch nicht haben sollte, auch beauftragt, ggfs. Abschriften dieser Werke anfertigen zu lassen; der Absender gibt hier noch den Tipp, dass angeblich ein gewisser Diodor und seine Freunde noch ‚neue' Bücher besitzen könnten.

Der Brieftext dokumentiert die Üblichkeit des Kopierens von Fachliteratur und deutet zudem an, dass der Gebrauch von ‚Kurzfassung' (ἐπιτομή)[52] verbreitet war.[53] Zudem deutet die Nennung des Δημήτριος ὁ βυβλιοπώλης an, dass auch über den beruflichen Literaturvertrieb Kurzfassungen von Werken distribuiert worden sind. Entsprechende Textfassungen wurden sicherlich nicht nur privat, sondern auch ‚professionell' hergestellt.

Als ein überliefertes Beispiel für einen solchen fachwissenschaftlichen Text in Exzerptform kann ein kaiserzeitliches Fragment eines von Aristarchos von Samothrake stammenden Kommentars zu Herodots Werk angeführt werden.[54] Der Text ‚spiegelt'

52 Unter Epitome (abgleitet von ἐπιτέμνειν) – als lateinisches Synonym kann *breviarium* angesehen werden – wird hier ein Text in Prosa verstanden, der einen anderen Text in deutlich verkürzter Form wiedergibt. Dabei kann der Originalwortlaut unter Reduzierung von stilistischen Merkmalen übernommen oder paraphrasierend dargelegt werden; allerdings ist auch mit Textveränderungen zu rechnen. In der Forschung werden Epitome aufgrund einer stärkeren inhaltlichen Kohärenz sowie einer eigenen strukturierenden Gliederung gegenüber Exzerpten oder Periocha abgegrenzt. Die Umstrukturierung wird durch das Bestreben der Textkürzung notwendig; vgl. Gärtner u. Eigler (1997) Sp. 1175 ff.; vgl. auch die allgemeine literaturwissenschaftliche Definition bei von Wilpert (2001) 226.

53 Beispiele für Epitome haben sich auch im positiven Befund erhalten; verwiesen sei exemplarisch nur auf die Livius-Epitome; vgl. Kornemann (1904/ND 1963).

54 P.Amh. 12; vgl. auch P.Oxy. LXV 4455, das weitere Fragment eines Herodot-Kommentars; zudem liegt mit P.Oxy. VI 857 (= FGrHist. 105 F 3) auch ein ἐπιτομή-Fragment der Historien oder aber das Bruchstück

sich also nur in kurzen Auszügen. Wären die Historien nicht anderweitig erhalten geblieben, könnte man heute nur indirekt und sehr bedingt einzelne Inhalte rekonstruieren.

6 Zitate in auf Papyri überlieferten Texten

Bekanntlich sind ‚Fragmente' antiker Autoren gelegentlich als Zitate in späteren Literaturwerken erhalten geblieben. Auch in den dokumentarischen Papyri lassen sich verschiedene Formen der Zitat-Nutzung beobachten. Dabei ist zu klären, was genau mit dem Terminus ‚Zitat' gemeint ist. Im bereits bemühten Grimmschen Wörterbuch steht die Definition: „1) das angeführte wort; die angeführte stelle aus einem buch, von einem autor. ... 2) in der wissenschaftlichen fachsprache die quellenangabe einer stelle oder eines wortes".[55] In der literaturwissenschaftlichen Forschung wird ‚Zitat' mit „zu Erläuterung, Beweis oder Bestätigung der eigenen Auffassung wörtlich oder sinngemäß angeführte Wendung (Satz, Vers) aus e. Schriftwerk oder wörtlich wiederholte mündl. Äußerung eines anderen, die der Zitierende infolge ihrer treffenden Formulierung nicht mit eigenen Worten wiedergeben will, die er als fremde Meinung feststellt oder mit der er sich so wenig identifiziert, daß er sie betont als Z. abrückt" definiert.[56]

Hinsichtlich der konkreten Funktion eines Zitats in einem antiken Text werden in der altertumswissenschaftlichen Forschung folgende Ebenen unterschieden: „(a) inhaltlich: Bericht, Bestätigung, Beweis, Erläuterung; (b) formal: Einleitung, Zäsur, Abschluß".[57] Ferner müssen antike Zitatangaben in literarischen Texten nicht immer eine namentliche Nennung beinhalten und lassen „keine historische Distanz zum zitierten Autor spüren, auch der längst Verstorbene wird als ‚gegenwärtig' behandelt".[58]

Inwieweit sind diese Definitionen auf die papyrologischen Zeugnisse anzuwenden? Die literarischen Papyri unterscheiden sich hier in keiner Weise von der allgemeinen literarischen Überlieferung. Jedoch dürfen kurze Ausführungen zu Zitaten in dokumentarischen Quellen ausgeführt werden. In solchen finden sich natürlich eher selten direkte Zitate von klassischen Texten. In vielen dokumentarischen Textgattungen, z. B. Verträge, Quittungen, Listen etc., ist per se nicht mit Literaturzitaten zu rechnen. Anders liegt der Fall bei Briefen. So weisen P.Cair.Zen. III 59314 (250 v. Chr.) und P.Sarap 101 = P.Lond. III 854 (90–133 n. Chr.) z. B. sprachliche Anlehnungen an Herodot auf.[59] In spätantiken Episteln sind z. B. direkte Bibelzitate oder entsprechende Reminiszenzen

eines nahe auf Herodot aufbauenden Geschichtswerks vor; zu Aristarchos von Samothrake vgl. Reinard (2021b).

55 ‚Zitat', in: DWB, Bd. 31, Sp. 1656–1659.

56 von Wilpert (2001) 922.

57 von Albrecht (1965) Sp. 3339.

58 von Albrecht (1965) Sp. 3339.

59 West (1998); Bandiera (1995/1997).

durchaus üblich. In drei Briefen des Nepheros-Archivs können bspw. wörtliche Beeinflussungen durch den ersten Timotheus-Brief erkannt werden.[60]

Inwieweit die Verwendung der ‚Zitate' in Briefen bewusst oder unbewusst geschehen ist, lässt sich freilich nicht sicher klären.[61] Es wäre z. B. bei den an Klostermönche adressierten Nepheros-Texten denkbar, dass die Absender den Adressaten durch eingeflochtene Zitate imponieren wollten. Denkbar wäre dann auch, dass diese Zitate unter Umständen der Verifizierung des schriftlich Mitgeteiltem oder schlicht der sozialen Repräsentation des Briefabsenders dienen sollten. Die Fragmentierung einer literarischen Vorlage würde in diesen Fällen von den Briefschreibern bewusst umgesetzt, wobei sie selbst voraussetzen würden, dass die Adressaten die literarische Anspielung – mit anderen Worten: das Fragment – verstehen würden. Ferner könnten die Formulierungen auch unbewusst, vielleicht durch intensive Lektüre oder schulische Ausbildung bedingt, entstanden sein. Im Fall von sehr kurzen Zitaten ist natürlich auch schlichtweg mit einer zufälligen sprachlichen Angleichung zu rechnen.

Neben solchen literarischen Zitaten und Reminiszenzen werden in Briefen auch sehr häufig verbale Aussagen von Dritten wiedergegeben. Dies kann der schlichten Informationsweitergabe dienen, aber ebenso auch aus Gründen der Rechtfertigung oder der Selbstdarstellung des Absenders erfolgen. Bei der Wiedergabe von mündlichen Aussagen liegt in gewisser Hinsicht eine inhaltliche Fragmentierung vor. Der Absender verkürzt das von ihm Mitgeteilte auf die seiner Meinung nach entscheidende – oder seiner Intention entsprechende – Kernaussage. Das bereits oben angesprochene Fehlen von Vorwissen über die Kommunikationssituation der Briefpartner erschwert in der Regel ein tiefergehendes Verständnis solcher Zitate.[62]

Dabei ist noch eine andere Beobachtung zu betonen, die hinsichtlich der Anwendung des Fragment-Begriffs auffällt. Die Wiedergabe von Zitaten kann natürlich in direkter wörtlicher Form, aber ebenso auch indirekter Rede erfolgen. Im zweitgenannten Fall stellt sich stets die Frage, inwieweit der Inhalt abgewandelt und angepasst wurde. Gewiss kann man dennoch von einem Fragment einer Aussage sprechen, doch wird hier durchaus auch der Bereich der Paraphrase erreicht;[63] die ursprüngliche origi-

---

60 P.Nepheros 4 Z. 30 zu 1 Tim 6,11; P.Nepheros 7 Z. 6 zu 1 Tim 6,1 u. 1 Tim 5,17; P.Nepheros 11 Z. 6f. zu 1 Tim 1,15 u. 1 Tim 4,9; vgl. jeweils die Zeilenkommentare in Shelton u. Kramer (1987).

61 Vgl. zu vergleichbaren Befunden: Papathomas u. Tsitsianopoulou (2019); Papathomas (2006); Papathomas (2007).

62 Hier steht hinsichtlich der Verlässlichkeit einer zitierten Aussage auch stets die Frage im Raum, inwieweit Gehörtes – oder besser gesagt: Erinnertes – beim Abfassen einer Nachricht noch korrekt präsent waren. Ferner darf überlegt werden, inwieweit ein Missverhältnis zwischen schriftlicher und mündlicher Handlungskompetenz die Wiedergabe von verbalen Aussagen verändert haben könnten; zumindest dürfte hier mit Reduzierungen zu rechnen sein.

63 Der Terminus ‚Paraphrase' wird hier in literaturwissenschaftlicher Definition zugrunde gelegt; vgl. von Wilpert (2001) 590: „..., erweiternde und erläuternde, verständlich machende Umschreibung e. Wortes, Satzes oder e. Schriftwerks mit anderen / eigenen Worten unter Beibehaltung des Sinnes, ...".

nale Aussage wird nicht mehr im Wortlaut wiedergeben, sondern ist nur noch mittelbar in einer ggfs. interpretativ abgewandelten Form und ggfs. verkürzten Form erhalten.

Eine bisher nicht hinreichend angesprochene Besonderheit von Zitatfragmenten besteht auch in der Transferierung von Textteilen in andere Texte, die aber nicht der gleichen Textsorte / Textgattung angehören. Wenn in einem privaten Papyrusbrief z. B. Teile des Wortlautes aus einem Vertrag wiedergegeben werden, liegt ein solcher Fall vor. In gewisser Hinsicht handelt es sich um ein typisches Zitat. Die Übertragung in eine andere Textgattung ist aber zu erkennen und mag unter Umständen eine Beeinflussung auf die Art und Weise der Fragmentierung gehabt haben.[64] Die den Fragmenttext aufnehmende und damit überliefernde Textgattung setzt vielleicht eine sprachliche oder stilistische Anpassung voraus.

7 Duplikate und Abschriften dokumentarischer Texte

Natürlich wurden auch dokumentarische Texte abgeschrieben.[65] Dies konnte aus verschiedenen Gründen erfolgen. Zum einen mussten juristisch oder administrativ relevante Texte in mehreren Ausführungen vorliegen. Dann erfolgte zeitgleich eine Mehrfachaus-

Schon die ursprüngliche Wortbedeutung von παράφρασις sensibilisiert für eine zwar nicht zwingend inhaltliche, aber doch sprachliche Veränderung; zur Etymologie vgl. Kluge (2002) 680.

64 Es sei erlaubt, hier willkürlich ein Beispiel aus den ‚Kinder- und Hausmärchen‘ der anfangs bereits angesprochenen Gebrüder Grimm anzuführen. In der von Heinz Rölleke 1980 (ND 2010) herausgegebenen Ausgabe (Rölleke (1980/ND 2010)) sind in Bd. II unter Nummer 17 drei Fragmente abgedruckt. Zu dem kurzen Fragment ‚Vom Prinz Johannes‘ (465, Nr. 17b) heißt es in den Grimmschen Erläuterungen (Bd. III, 507), dass sich Karl Graß daran erinnere, dass seine Amme ihm das Märchen in Kindertagen erzählt habe. Ferner wird gesagt: „Er hat daraus ein Gedicht in 12 Gesängen gemacht, welches schwerlich dem Märchen beikommen wird“ (vgl. ebd. mit dem Belegverweis). In der zweiten Auflage der Märchensammlung – erschienen im Jahr 1819 (Grimm u. Grimm (1819)) – wurde ‚Vom Prinz Johannes‘ deshalb nicht mehr berücksichtigt. Die Geschichte war noch bekannt, doch die ursprüngliche Form verloren. Hier wird die gewiss dynamische Grenze zwischen Fragment und Paraphrase berührt. Das Beispiel zeigt plakativ, dass Texte bzw. Textinhalte in unterschiedlichen Textgattungen rezipiert werden können und dass ggfs. durch stilistische oder formale Vorgaben der aufnehmenden Textgattung der ‚Originaltext‘ eines Fragments verändert werden kann; vgl. auch die Ausführungen in Bd. III, S. 516 zu ‚Bruchst. Nr. 6: Märchenhafte Bruchstücke in Volksliedern‘, die in einem Fall aus einem Lustspiel von Andreas Gryphius übernommen sind. Man kann sich, wenn etwa Plutarch für seine Viten historische oder poetische Quellen auswertet, ähnliche (vielleicht sogar unbewusste) Prozesse der Veränderung im Zuge der bewussten Fragmentierung von Texten vorstellen; dergleichen kann im dokumentarischen Bereich schwerlich ausgeschlossen werden.

65 Ein als ‚Duplikat‘ (von lat. *duplicare*) anzusprechender Text ist natürlich kein Fragment. Er stellt kein ‚Bruchstück‘ eines ursprünglich vollständigen Textes dar, sondern eine in aller Regel möglichst genaue Abschrift. Dabei kann die Genauigkeit der Vervielfältigung allerdings variieren, wobei Abweichungen vom Originaltext nicht ohne Weiteres als ‚normales‘ Fragment bezeichnet werden sollten. Eine Sensibilisierung für Textvariationen im Zuge von Vervielfältigung tangiert aber dennoch das hier behandelte

führung ein und desselben Textes. Andere öffentliche Bekanntmachungen oder administrative Nachrichten wurden von zentraler behördlicher Stelle durch das Nilland geschickt und jeweils vervielfältigt und weitergesendet. Ein solches Beispiel stellt etwa O.Did. 29 aus dem Jahr 236 n. Chr. dar: Diese kaiserliche Bekanntmachung informiert darüber, dass Maximinus Thrax seinen Sohn Gaius Iulius Verus Maximus zum Caesar erhoben hat.[66] Die Nachricht zirkulierte in den Siedlungen der östlichen Wüste gewiss auf mindestens einem Papyrusblatt, wurde aber lokal abgeschrieben. Vermutlich erfolgte dies zwecks einer Archivierung der kaiserlichen Nachricht sowie für die lokale Veröffentlichung, die in den Z. 9ff. angeordnet wird. Bemerkenswert ist, dass nach einem unbeschriebenen Freiraum in Z. 16 anscheinend Teile des bereits verfassten Textes wiederholt werden (vgl. Z. 4). Hier fasst man also ein Fragment einer weiteren Abschrift der kaiserlichen Nachricht. Diese muss aus dem Westen kommend den Statthalter in Alexandria erreicht haben, der dann mindestens eine Abschrift durch die Gaue des Nillandes zirkulieren ließ, wo dann weitere Abschriften für den lokalen Gebrauch angefertigt wurden.[67]

Abschriften dokumentarischer Texte wurden auch noch aus einem weiteren Grund angefertigt: Ebenso wie bei literarischen Texten mussten Schriftzeugnisse von Zeit zu Zeit zwecks Erhaltung neuerlich abgeschrieben werden.[68] Zudem war es aus Gründen der Kontrolle notwendig, Textfassungen von staatlichen Beschlüssen vergleichen zu können. Dies zeigt etwa ein Brief des jüngeren Plinius auf: In epist. 10, 65 geht es um die Alimentierung der sog. θρεπτοί. Plinius als Statthalter wurden verschiedene Urkunden – ein Edikt des Augustus sowie verschiedene *recitatae epistulae* der Kaiser Vespasian, Titus und Domitian – zugesandt. Über diese Textzeugnisse schreibt Plinius: *quae ideo tibi non misi, quia et parum emendata et quaedam non certae fidei videbantur, et quia vera et emendata in scriniis tuis esse credebam* („Diese Urkunden schicke ich Dir nicht, weil sie nicht ganz fehlerfrei und teilweise nicht unbedingt echt zu sein scheinen, und weil sich authentische und fehlerfreie Kopien in Deinen Archiven befinden dürften").[69] Es wird deutlich, dass Plinius diese Texte nicht für zweifelsfrei korrekt und authentisch ansieht. Während sich *emendare* ggfs. auf Fehler bezieht, die während eines Abschreibprozesses entstanden sind, deuten die Worte *certus* und *fides* einen grundsätzlichen Zweifel an der Echtheit der Dokumente an. Die Formulierung mit *vera et emendata*

Thema, insbesondere dann, wenn wir wissen, dass der vorhandene Text eine ‚Abschrift' / ein ‚Duplikat' ist, uns das Original aber nicht erhalten ist.

66 Vgl. zu diesem Text die Einleitung sowie den Zeilenkommentar in der Edition: Cuvigny (2012) 89ff. Nr. 29; ferner auch Reinard (2020).

67 Mit SB I 421 liegt ein Papyrusschreiben aus dem Niltal vor, das ganz ähnliche, wenn auch nicht wörtlich identische Anordnungen bzgl. der Bekanntmachung der Erhebung des Kaisersohnes überliefert.

68 Bei einer sehr positiven Einschätzung ist davon auszugehen, dass ein Papyrusmanuskript spätestens nach ca. sieben Generationen zwecks Erhalt kopiert werden muss. Völkel (2006) 70 führt bspw. aus: „Setzt man die optimale Lebensdauer einer Papyrusrolle auf 200 Jahre an, dann müßte ein Text des 5. Jh. v. Chr. bis zum 4. Jh. n. Chr., dem Zeitraum der Umformung in den Pergamentkodex, mindestens drei Mal kopiert worden sein."

69 Plin. epist. 10,65,3.

bringt schließlich zum Ausdruck, dass Plinius von der Verfügbarkeit gesicherter Kopien der besagten Textzeugnisse in Rom ausgeht. Den stadtrömischen Exemplaren wird größere Verlässlichkeit attestiert, da die in den Provinzen vorliegenden Textfassungen nur spätere Abschriften darstellen; zudem könnten aus lokalen Interessen heraus bewusste Veränderungen des Wortlautes denkbar sein.

Könnte man nun die Plinius vorgelegten Urkunden als ‚Fragmente' ansprechen, da sie einen bewusst oder unbewusst veränderten Wortlaut präsentieren? Auch wenn der Fragment-Begriff hier an gewisse definitorische Grenzen stößt und man von gänzlich erhaltenen, aber vom Wortlaut her verderbten Texten sprechen sollte, so eignet sich das Beispiel doch gut, um sich für mögliche Textveränderungen im Zuge von Abschriften zu sensibilisieren. Auch äußerlich intakte, d. h. also, materiell vollständig vorliegende Texte können einen veränderten, ggfs. fragmentierten Inhalt wiedergeben.

Redaktionelle ‚Arbeiten' mit kaiserlichen Nachrichten und Erlassen lassen sich an den Papyri vielfach beobachten. Als Beispiel sei hier auf SB XVIII 13774–13776 (= P.Vindob. G 25945) verwiesen. Es handelt sich um drei Briefe des Kaisers Gordian III. an die griechischen Bürger von Antinoopolis.[70] Inhaltlich geht es um Privilegien, die die Einwohner einst von dem Stadtgründer Hadrian erhalten hatten. Die Briefe werden hinsichtlich ihrer formalen und inhaltlichen Gestaltung von F. Mitthof sehr trefflich beschrieben: „Zu einem späteren Zeitpunkt wurden Abschriften dieser Briefe, vielleicht zusammen mit weiteren kaiserlichen Verfügungen zu den Privilegien der Stadt, auf dem Papyrus zusammengestellt. Diese Sammlung dürfte von einem Beamten oder Juristen angelegt worden sein, der mit der Thematik befasst war. Nach Fertigstellung der Sammlung hat eine zweite Schreiberhand alle Texte mit einer kurzen Inhaltsangabe versehen, um dem Benutzer die Orientierung zu erleichtern".[71] Der Papyrus bzw. die drei zusammengehörenden Papyri mit den drei Briefen des Kaisers Gordian III. verdeutlichen sehr schön, wie kaiserliche Nachrichten im Laufe der Zeit aus Gründen der Funktionalität im Umgang mit den Einzeltexten redaktionell bearbeitet werden konnten. Dabei konnten formale Teile wie Überschriften[72] ergänzt, aber ggfs. auch einzelne Textteile ausgelassen werden. Solche Textveränderungen – und hier ist im Prinzip von einer Kompilation[73] zu sprechen – könnten durchaus auch als Fragmentierung aufgefasst werden, da durch Anpassungen und Veränderungen, selbst wenn sie

70 Zu diesem Papyrus grundlegend: Hoogendijk u. van Minnen (1987); Mitthof (2010).

71 Mitthof (2010) 167.

72 Bei den Überschriften handelt es sich um kurze Einschübe, so ist SB XVIII 13775 z. B. mit π(ερὶ) τῶν τελῶν (Z. 1) betitelt, um einen schnellen Zugriff auf die Ausführungen zu den Zollprivilegien zu ermöglichen.

73 In der Literaturwissenschaft wird der Terminus ‚Kompilation' (von lat. *compilare*) als bloßes „Zusammentragen unverarbeiteter und geistig nicht durchdrungener Materialien aus anderen Schriften zu bloßer Stoffsammlung, ..." verstanden; für das Zitat vgl. von Wilpert (2001) 427. Für die dokumentarischen Papyri ist diese Definition nicht hinreichend. Hinsichtlich einer redaktionellen Handhabung – wie etwa das Einfügen von Überschriften in den Kaiserbriefen Gordians zeigt – mussten die Texte auch inhaltlich erfasst werden.

zunächst nur die formale Gestaltung betreffen, die originale Textfassung verloren geht. Solche Befunde dürften die Zweifel des Plinius geschürt haben.

Schließlich sei auch noch darauf hingewiesen, dass nicht nur durch das Abschreiben einzelne Textinhalte verloren gehen konnten. Insbesondere die Papyrusbriefe liefern alltägliche Probleme, durch welche Nachrichten unvollständig waren. Papyrusblätter konnten ‚unrein' sein, Wasser konnte die Briefe und die Tinte beschädigen oder gefräßige Mäuse hatten den Text angeknabbert.[74] Jeweils war die Folge, dass einem Adressaten nur ein fragmentarischer Text vorlag.

8 Zusammenfassung

Der Beitrag hat anhand exemplarischer Beispiele versucht, Bedeutung und Verständnis des ‚Fragment'-Begriffs aus papyrologischer Sicht zu betrachten. Dabei ist die Unterscheidung zwischen den Überlieferungscharakteristika ‚bewusst' und ‚unbewusst' sowie ‚mittelbar' und ‚unmittelbar' zu beachten sowie ferner die Differenzierung zwischen dokumentarischen und literarischen Texten wahrzunehmen, um fragmentarische Texte hinsichtlich ihrer inhaltlichen Informationen verlässlich auswerten zu können. Unmittelbar und unbewusst überlieferte Texte sind in aller Regel als Original anzusehen, sie gehen nicht auf einen verlorenen ‚Archetyp' zurück, sind meist nur für eine geringe Personenanzahl von funktionaler und inhaltlicher Bedeutung und lagen, davon ist auszugehen, bereits in der Antike nur in wenigen Ausführungen oder gar nur einer Textfassung bzw. Abschrift vor. Für literarische Texte, die auf Papyri erhalten geblieben sind, sind diese Charakteristika anders zu bewerten. Zwar sind auch solche Texte unmittelbar überliefert, aber es ist hier von einer bewussten Überlieferung auszugehen. Ganz zweifellos, gibt es zwischen dokumentarischen und literarischen Texten aber, wie verschiedene Beispiele gezeigt haben, diverse Überschneidungen. Zudem können sich diese ‚Parameter' je nach historisch-philologischer Fragestellung verändern.

Des Weiteren ist zu bemerken, dass der Terminus ‚Fragment' in der papyrologischen Überlieferung einerseits in Bezug auf den erhaltenen Text, andererseits auf den materiellen Textträger angewendet werden kann. Jedes papyrologische Zeugnis ist zunächst einmal ein archäologisches ‚Fundstück' aus der Antike. Wichtig ist ferner, dass papyrologische Texte nicht immer ihre ursprüngliche Funktion erfüllen bzw. nur erfüllt haben. Wenn ein Text als solcher für seine ‚Benutzer' nicht mehr wichtig oder funktional war, konnte das Material als Werkstoff oder als Schriftträger für einen neuen Text weiter- bzw. wiederverwendet werden. Eine Fragmentierung von Texten ist dadurch indirekt entstanden.

74 Unreines (καθαρός) Blatt: P.Abinn. 21 (Mitte 4. Jh. n. Chr.); Wasserschäden: P.Berl.Zill 10 (1./2. Jh. n. Chr.); vgl. auch BGU II 531 (ca. 75–85 n. Chr.); Mäuse: P.Lond. VII 2033 (Mitte 3. Jh. v. Chr.).

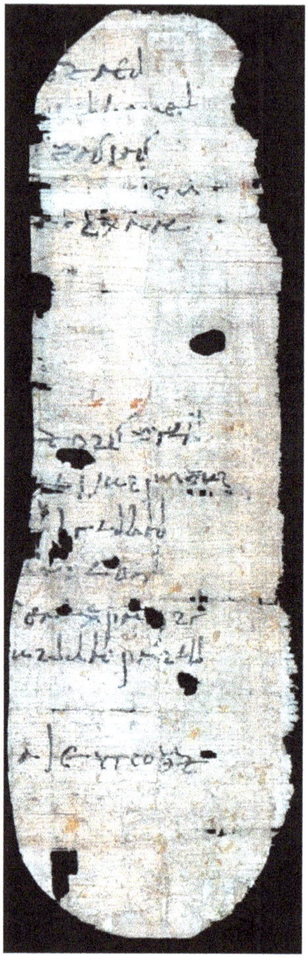

Abb. 1: P. UB Inv. 188-49; Papyrussammlung Trier.

Abb. 2: P.Trier I 5 (P. UB Inv. 188-73 R u. V + P. UB Inv. 188-120b R + P. UB Inv. 188-112 R + P. UB Inv. 188-74 R + P. UB Inv. 188-75 R); Papyrussammlung Trier.

Abkürzungen u. Lexika

Brockhaus	Der Brockhaus. Literatur. Schriftsteller, Werke, Epochen, Sachbegriffe, hrsg. v. der Lexikonredaktion des Verlags F.A. Brockhaus, Mannheim / Leipzig[2] 2004.
DNP	Hubert Cancik u. Helmuth Schneider (Hgg.), Der neue Pauly: Enzyklopädie der Antike. Stuttgart / Weimar ab 1996.
DWB	Deutsches Wörterbuch von Jacob und Wilhelm Grimm, hrsg. von der Deutschen Akademie der Wissenschaften, bearbeitet von: J. Grimm, K. Weigand u. R. Hildebrand, Leipzig 1854–1960 (ND München 1984).
EÜ (1980)	Die Bibel. Altes und Neues Testament. Einheitsübersetzung. Stuttgart 1980.
LAW	Carl Andresen u. a. (Hrsg.), Lexikon der Alten Welt. Zürich / Stuttgart 1965.
LSJ	Henry George Liddell, Robert Scott u. Henry Stuart Jones, A Greek-English Lexicon. Oxford[9] 1968.
SB	Sammelbuch griechischer Urkunden aus Aegypten, Bd. I (1913–1915) – Bd. XXIX (2016).
WB	Friedrich Preisigke, Wörterbuch der griechischen Papyrusurkunden mit Einschluss der griechischen Inschriften, Aufschriften, Ostraka, Mumienschilder usw. aus Ägypten. Heidelberg 1924.

Quellen

Die papyrologischen Quellen wurden nach der Checklist of Editions zitiert; vgl. https://papyri.info/docs/checklist [31. Januar 2023].

Plin. epist.	Gaius Plinius Caecilius Secundus, Briefe – Epistularum libri decem. Lateinisch – deutsch (Sammlung Tusculum), hrsg. u. übers. Helmut Kasten, Düsseldorf/Zürich[8] 2003.

Literaturverzeichnis

Bagnall (2019): Roger S. Bagnall, *Reading Papyri, writing Ancient History*, London[2].

Bandiera (1995/1997): Adriana Bandiera, „Per un bilancio della tradizione papiracea delle storie di Erodoto", in: Akten des 21. Internationalen Papyrologenkongresses, Berlin/Stuttgart, Vol. 2, 49–56.

Bauer (1988): Walter Bauer, *Griechisch-deutsches Wörterbuch zu den Schriften des Neuen Testaments und der frühchristlichen Literatur* (hg. von Kurt Aland und Barbara Aland), Berlin/New York[6].

Behrwald (2005): Ralf Behrwald, *Hellenika von Oxyrhynchos, herausgegeben, übersetzt und kommentiert*, Darmstadt.

Brunt (1980): Peter Astbury Brunt, „On Historical Fragments and Epitomes", *CQ* 30(2), 477–494.

Bülow-Jacobsen (2001): Adam Bülow-Jacobsen, „Drinking and Cheating in the Desert", in: Traianos Gagos u. Roger S. Bagnall (Hgg.), Essays and Texts in Honor of J. David Thomas (= P.Thomas), Oakville, 119–123.

Cotton (1981): Hannah Cotton, *Documentary Letters of Recommendation in Latin from the Roman Empire*, Königsstein/Ts.

Cuvigny (2012): Hélène Cuvigny (Hg.), *Didymoi. Une garnison romaine dans le désert Oriental d'Égypte II – Les textes*, Kairo.

Dällenbach u. Hart Nibbrig (1984): Lucien Dällenbach und Christiaan Lucas Hart Nibbrig, *Fragment und Totalität*, Frankfurt a. M.

Droysen (1967): Johann Gustav Droysen, *Historik. Vorlesungen über Enzyklopädie und Methodologie der Geschichte* (hg. von Rudolf Hübner), München[5].

Fleischer (2023): Kilian Josef Fleischer, *Philodem, Geschichte der Akademie. Einführung, Ausgabe, Kommentar*, Leiden.

Frösén u. Hagedorn (1990): Jaakko Frösén und Dieter Hagedorn, *Die verkohlten Papyri aus Bubastos* (Pap. Bub.) Band 1, Opladen.

Gärtner u. Eigler (1997): Hans Armin Gärtner und Ulrich Eigler, ‚Epitome', in: DNP 3 (1997) Sp. 1175–1177.

Grimm u. Grimm (1819): Jacob Grimm und Wilhelm Grimm, *Kinder und Haus-Märchen*, Berlin[2].

Gülich u. Raible (1972): Elisabeth Gülich und Wolfgang Raible (Hgg.), *Textsorten. Differenzierungskriterien aus linguistischer Sicht*, Frankfurt a. M.

Heinemann u. Heinemann (2002): Margot Heinemann und Wolfgang Heinemann, *Grundlagen der Textlinguistik. Interaktion – Text – Diskurs*, Tübingen.

Hoogendijk u. van Minnen (1987): Francisca Hoogendijk und Peter van Minnen, „Drei Kaiserbriefe Gordians III. an die Bürger von Antinoopolis", *Tyche* 2, 41–74.

Kaiser (2010): Anna Kaiser, „‚Ich bitte Dich, Herr, habe ihn vor Augen wie mich selbst …'. Empfehlungsbriefe auf Papyrus", in: Claudia Kreuzsaler, Bernhard Palme u. Angelika Zdiarsky (Hgg.), *Stimmen aus dem Wüstensand. Briefkultur im griechisch-römischen Ägypten*, Wien, 61–67.

Kluge (2002): Kluge, *Etymologisches Wörterbuch der deutschen Sprache*, bearbeitet von Elmar Seebold, Berlin/ New York[24].

Kornemann (1904/ND 1963): Ernst Kornemann, *Die neuen Livius-Epitome aus Oxyrhynchus. Text und Untersuchung*, Aalen.

Kramer u. Sánchez-Moreno Ellart (2017): Bärbel Kramer u. Carlos Maria Sánchez-Moreno Ellart, *Neue Quellen zum Prozessrecht der Ptolemäerzeit. Gerichtsakten aus der Trierer Papyrussammlung (P.Trier I)*, Berlin / Boston.

Lorenz (1999): Otto Lorenz, *Kleines Lexikon literarischer Grundbegriffe*, München[2].

Mastellari (2021): Virginia Mastellari (Hg.), *Fragments in context / Fragmenti e dintori*, Göttingen.

Meier u. a. (2015): Thomas Meier, Michael R. Ott und Rebecca Sauer, *Materielle Textkulturen: Konzepte – Materialien – Praktiken*, Berlin/Boston.

Mitthof (2010): Fritz Mitthof, „Antike Herrscherbriefe: Das Beispiel der römischen Kaiser", in: Claudia Kreuzsaler, Bernhard Palme u. Angelika Zdiarsky (Hgg.), *Stimmen aus dem Wüstensand. Briefkultur im griechisch-römischen Ägypten*, Wien, 45–51 u. 167–170.

Musorillo (1979): Herbert A. Musorillo, *The acts of the pagan martyrs. Acta Alexandrinorum*, New York.

Palme (2010): Bernhard Palme, „Papyrusbriefe und antike Briefliteratur", in: Claudia Kreuzsaler, Bernhard Palme u. Angelika Zdiarsky (Hgg.), *Stimmen aus dem Wüstensand. Briefkultur im griechisch-römischen Ägypten*, Wien, 1–16.

Papathomas (2006): Amphilochios Papathomas, *Literarische und rhetorische Elemente in P.Oxy. XXXIV 2713*, APF 52(2), 244–255.

Papathomas (2007): Amphilochios Papathomas, „Gnomen als literarisches Stilmittel in kaiserzeitlichen Petitionen (30 v. Chr.–44 n. Chr)", in: Jaakko Frösén, Tiina Purola u. Erja Salmenkivi (Hgg.), *Proceedings of the 24th International Congress of Papyrology Helsinki, 1–7 August, 2004* (= Commentationes Humanarum Litterarum), Helsinki, 865–877.

Papathomas u. Tsitsianopoulou (2019): Amphilochios Papathomas und Eleni Tsitsianopoulou, „Der Gebrauch von Gnomen in den griechischen privaten Papyrusbriefen der römischen Kaiserzeit bis zum Ende des 4. Jh. n. Chr.", *Tyche* 34, 129–139.

Popper (2005): Karl Popper, *Logik der Forschung*, Tübingen[11].

Reinard (2018): Patrick Reinard, „Briefe auf Papyri und Ostraka. Bemerkungen zur quellenkritischen Auswertung in der althistorischen Forschung“, in: Marie Isabel Matthews-Schlinzig u. Caroline Socha (Hgg.), *Was ist ein Brief? – Aufsätze zu epistolarer Theorie und Kultur / What is a letter? – Essays on epistolary theory and culture*, Würzburg, 179–196.

Reinard (2020): Patrick Reinard, „Maximinus Thrax und die Erhebung des C. Iulius Verus Maximus zum Caesar – O.Did. 29 und seine historische Einordnung“, in: Patrick Reinard (Hg.), *Geschichte auf Scherben. Das Leben in der östlichen Wüste Ägyptens in römischer Zeit. Eine studentische Ausstellung*, Gutenberg, 121–147.

Reinard (2021a): Patrick Reinard, „Herodotus Papyri“, in: Christopher Baron (Hg), *The Herodotus Encyclopedia*, Hoboken, 1048–1052.

Reinard 2021b): Patrick Reinard, „Aristarchos of Samothrace“, in: Christopher Baron (Hg), *The Herodotus Encyclopedia*, Hoboken, 138.

Reinard (2022): Patrick Reinard, „Einführung in die Historischen Grundwissenschaften der Antike“, in: Patrick Reinard (Hg.), *Werkzeuge der HistorikerInnen*, Stuttgart (im Druck).

Rölleke (1980/ND 2010): Heinz Rölleke (Hg.), *Brüder Grimm. Kinder- und Hausmärchen. Ausgabe letzter Hand mit den Originalanmerkungen der Brüder Grimm. Mit einem Anhang sämtlicher, nicht in allen Auflagen veröffentlichter Märchen und Herkunftsnachweisen*, Stuttgart.

Sarri (2018): Antonia Sarri, *Material Aspects of Letter Writing in the Graeco-Roman World. c. 500 BC – c. AD 300*, Berlin/Boston.

Schuller (1994): Wolfgang Schuller, *Einführung in die Geschichte des Altertums*, Stuttgart.

Shelton u. Kramer (1987): John Shelton und Bärbel Kramer, *Das Archiv des Nepheros und verwandte Texte*, Mainz.

Sonnabend (2011): Holger Sonnabend, *Thukydides*, Hildesheim[2].

Spooner (2002): Joseph Spooner (Hrsg.), *Nine Homeric Papyri from Oxyrhynchos*, Firenze.

Tsiampokalos (2022): Theofanis Tsiampokalos, „Wie schreibt man ‚Alkmaion‘ richtig? Zur Namensproblematik in der Überlieferung der Zeugnisse zum Naturphilosophen Alkmaion von Kroton“, *MH* 79(2), 179–202.

Vega Navarrete (2017): Natalia Vega Navarrete, *Die Acta Alexandrinorum im Lichte neuerer und neuester Papyrusfunde*, Leiden.

Völkel (2006): Markus Völkel, *Geschichtsschreibung*, Köln.

von Albrecht (1965): Michael von Albrecht, ‚Zitat‘, in: LAW, Sp. 3339.

von Wilpert (2001): Gero von Wilpert, *Sachwörterbuch der Literatur*, Stuttgart[8].

West (1998): Stephanie West, „Unremitting Activity: Herodotus’ Mycerinus and Zenon’s Correspondents“, *ZPE* 123, 31–34.

West (2011): Stephanie West, „The Papyri of Herodotus“, in: Dirk Obbink u. Richard Ruterford, *Culture in Pieces. Essays on Ancient Texts in Honour of Peter Parsons*, New York, 69–83.

Willer (2020): Laura Willer, „Kodizes, Mumien und anderer Altpapyrus – Die Wiederverwendung von Papyri in griechisch-römischer Zeit aus wirtschaftlicher Perspektive“, in: Patrick Reinard, Christian Rollinger u. Christoph Schäfer (Hgg.), *Wirtschaft und Wiederverwendung. Beiträge zur antiken Ökonomie*, Gutenberg, 175–197.

Wöhrle (2022): Georg Wöhrle, „Fragmente im Überfluss: Zur Problematik eines philologischen Begriffs“, *Hermes* 150(4), 385–404.

Zinn (1965): Ernst Zinn, ‚Fragment‘, in: LAW, Sp. 995–997.

II Fragmente und überliefernde (Kon-)Texte?

Mathilde Brémond

Intentional Alterations in Cover Texts and their Impact on Text Editing – The Case of Hippolytus of Rome

Editing Fragments in Cover Texts

In this paper, I intend to focus on how to deal with fragments within the text that quotes them (which I will call the "cover text"[1]), and more precisely on how to distinguish the editorial work on the fragment from the one on the cover text. Indeed, the two kinds of editing do not face the same challenges. The cover text (C) has "only" been altered during the transmission, whether because of material damages, mechanical errors, or some editorial operation by the copyist.[2] However, the fragment (F)[3] in C is subject to more alterations, which may have three origins: (1) the transmission of C, (2) the author of C, and (3) the source of C. For C could have had a correct version of the fragment but be itself corrupted, its author may have modified F and he may have received an already incorrect version of F. In all these cases, again, errors can stem from material issues, miscopying (or misunderstanding) or intentional modifications. All these kinds of alteration tend, of course, to accumulate, which makes editing F particularly challenging.

What impact do these considerations have on the editorial process? The editor should aim to reconstruct as close a text as possible to the one the author of this text wrote. When we edit collections of fragments from an author, the objective is to reconstitute the wording in the original work. For this purpose, the editor will collect the different versions of the fragment that exist (when there are several of them), whether in cover texts or in another form. Comparison may help obtain a better version of F than the one we find in a given cover text. But the editor may also reconstitute F on his own, by correcting mistakes or filling gaps. This may especially happen when the fragment is written in verse: it is then noticeable when something is missing or out of place and

1 This term is not usually applied to philosophical texts but rather to historiographical ones. Schepens, who coined the expression, underlines the three aspects of a "cover-text": transmitting, dissimulating and encompassing (Schepens and Bollancée (2005) X). As we shall see, these three characteristics play a role in Hippolytus' transmission of Empedocles' fragments, which makes this notion particularly relevant here.

2 On the various sources of error in text transmission, see the quite complete presentation of West (1973) 15–29.

3 I call "fragment" a piece of text that is found outside the context of the work it originally belongs to. In the case that interests me here, it is quoted in another work (C) and marked as different from the discourse of C's author. As we will see, the difference between a proper fragment, which repeats the wording of the quoted work, and a reformulation, is often uncertain in cover texts.

https://doi.org/10.1515/9783111508788-005

should be emended (although the content of the emendation is necessarily speculative). The version that is printed in collections of fragments is then often quite different from the one we find in any C.

But should we take this editorial work on F into account for editing C? As indicated, the aim of editing is to reconstruct the text *as its author wrote it*, in this case the author of C, not as he should have written it (for example with correct quotations). Hence, it would be legitimate to take the editorial work on F into consideration if we are only in the first case of alteration, i. e. if C had a correct (or at least a better) version of F that was damaged during the transmission.[4] But if C inherited an incorrect version or its author modified F, the editor should, in order to keep C's reading of F, print this incorrect version of it. The difficulty is now the following: how can we distinguish between those two cases? How may we determine whether C originally had a correct (or more correct) version of F than is presently in the transmitted manuscripts? The issue arises both in the case of intentional and mechanical alterations.

One could assume that C's author intended F to be at least minimally correct and meaningful. For one usually blames the errors in C on inaccurate memory.[5] But a Greek-speaking author, even with a poor memory, could not, on this presupposition, have deliberately quoted something that is obviously wrong. Hence, if the version of F that we have in C is linguistically or grammatically incorrect, it would indicate that C was altered during the transmission and should be emended. This suggestion has a particular impact on the case of verses: since an error in versification would be immediately observable by the author (and also by the reader), he could not have intentionally copied faulty lines.[6]

However, as I intend to show, this presupposition is erroneous: it happens that the author of C (or his source) does not intend to present a correct version of F. In this case modifying C based on a better edition of F can lead to editorial mistakes, which concern not only C, but also, retrospectively, F, as we will see. How can we determine whether we are in such a case? A sound criterion is not just to compare the text of C with a better version of F, but also to take into consideration the interpretation and use the author makes of F. If what appears to be an error in the quotation happens to fit the author's interpretation of the text, we should consider it as an intentional alteration (from the author himself or his source) and keep the incorrect version of F in our edition of C.

In his excellent article, Whittaker (1989) has already studied the many ways in which an author (in his case, mostly Alcinous in his *Didaskalikos*) could deliberately modify quotations. Alcinous' aim, as he emphasizes, was not to deceive his reader, for his quotations are drawn from Plato's work, which was well known to his public.

---

4 In this case, we do not necessarily need a better version of F but a version that is closer to the version of C. For example, if we know that C1 copied the same source as C2, consulting C2 may help us correct C1, even if they both share an incorrect version of F.

5 Cf. West (1973) 17–18 and Osborne (1987) 4–7.

6 This is especially the case when the pattern of the verses is well known, like the Homeric hexameter.

But Whittaker reconstitutes the various effects these alterations may have had. In this paper, I wish to focus, more specifically, on the way these alterations may lead to editorial mistakes. For this purpose, I will examine the case of Hippolytus of Rome's *Refutation of All Heresies*, who quotes in abundance other authors. My main interest will be in his quotations of Empedocles—a topic I have had the opportunity to study in other contexts. I will show how neglecting the way Hippolytus may modify the quotations that he introduces leads to important editorial mistakes on both Hippolytus's and Empedocles's text. Many of these issues have already been noticed by other commentators, although the readings I will support here are often in the minority.[7] But my point is mostly to use them as a case study to examine the methodological issues one encounters while editing fragments from and within a cover text. However, before turning to these quotations in my fourth and main section, I will first say a few words concerning the *Refutation* (section 2) and examine the case of quotations of well-known authors, i. e. Plato and Aristotle (section 3), in order to establish more accurately Hippolytus's approach to quoting.

The *Refutation of All Heresies* and Its Editorial Tradition

The *Refutation of all Heresies* is one of our main sources concerning both gnostic and Presocratic thought. The author, who is often identified with Hippolytus of Rome,[8] intends to demonstrate that the Gnostics do not grant access to any new knowledge since they actually copy the thought of ancient philosophers.[9] Through this attack, he undermines their claim to bring knowledge through revelation and to be consistent

7 Mansfeld (1992), who provides an excellent survey on Hippolytus's doxographical account, often points toward issues that I develop here.

8 The manuscripts of the first book attribute the work to Origen, but no one accepts this attribution nowadays. The author was identified as Hippolytus of Rome not only because of biographical and doctrinal elements of the *Refutation*, but mostly because he mentions the title of one of his works, περὶ τοῦ παντὸς, which happens to be inscribed along with other works by Hippolytus on a Vatican statue. However, this identification is contested by Nautin (1947), who argues that the author would rather be a certain Josipus, and more recently by many critics who, although they do not endorse Nautin's thesis, raised several objections toward the attribution of the *Refutation* to Hippolytus. This discussion and the various arguments are well presented in Litwa (2016) xxxii–xl. However, since the exact identification of the author is of no importance for my topic, I will refer to him as Hippolytus, as most critics and editors still do, without any strong commitment to this hypothesis.

9 Cf. Hershbell (1973) 99–100 and Osborne (1987) 15–17.

with Christianity.[10] This agenda plays, of course, a capital role in the way he presents and quotes the authors with whom he deals.

The structure of the *Refutation* is the following: after a summary of ancient philosophy (book I) and various religious doctrines (books II–IV, which are mostly lost), Hippolytus systematically compares individual Gnostics and ancient thinkers (V–IX) and presents a summary of his argumentation in conclusion (X). His criticism is accompanied by abundant quotations of the thinkers he deals with. This approach is extremely valuable concerning authors whose works are lost, particularly the Presocratics. Indeed, Hippolytus is one of our main sources for the thought of Empedocles and Heraclitus.

However, the poor transmission of the treatise raises a major issue. While there are several manuscripts for the first book, which was transmitted on its own as a compendium of the history of philosophy,[11] we only (and partially) know the rest of the treatise through one manuscript (Parisinus suppl. gr. 464), which is itself quite corrupted. The text has had several editions: the first one was prepared by Miller in 1851, under the name of Origen, there was a second one by Duncker/Schneidewin (1859), who already attributed it to Hippolytus of Rome. Finally, there are two modern editions: Wendland (1916) and Marcovich (1986).[12] All these editors take note of the poor transmission and offer an ever-increasing number of emendations. Marcovich's approach is particularly interventionist, far beyond what is necessary to make the text understandable.[13] The number of additions is especially impressing: Marcovich systematically adds conjunctions at the beginning of sentences that have none, or some φησι to make it clearer that Hippolytus does not assume the claims he introduces, or simply some words that we find in similar contexts.[14] And, what especially concerns us here, he relies heavily on other sources to correct the quotations.[15] This method is justified by his (as we will see, quite mistaken) idea that "we can be reasonably sure that [Hippolytus] is, as a rule,

10 I doubt that, as Litwa (2016) xliii–xliv claims, Hippolytus was also condemning plagiarism as a dishonest practice.

11 Cf. Marcovich (1986) 1.

12 Litwa (2016) also edits the Greek text with a translation, but he mostly compiles corrections by Wendland and Marcovich, with no apparatus.

13 Cf. Litwa (2016) ix: "His *libido emendationis* altered readings on almost every paragraph." See also pp. xxx–xxxi. Despite this quite harsh remark, he keeps most of Marcovich's corrections on the fragments.

14 As an example, on p. 313 of his edition, Marcovich makes additions on six places: he adds three conjunctions, two demonstrative pronouns (which both make the sentence smoother but are far from necessary), one φησι and one λόγοις which he copies from another sentence on the next page (although it is not needed in this passage).

15 See his introduction p. 8: "The author copies—*verbatim* and extensively—from other extant authors (such as Irenaeus, *Adv. haereses*, I; Flavius Josephus, Sextus Empiricus). Thus, a corrupt passage of the *Elenchos* may be helped by collating it with its original."

faithfully copying his source".[16] Marcovich is not the only editor with this tendency: all of them, as we will see, modify the quotations of ancient philosophers as they are transmitted in the manuscript, and rely for this purpose on other versions of these fragments.

I do not claim, of course, that comparison with other sources is always detrimental, and we will see many cases in which they are of great help for editing; however, one should exercise great caution, because it may also erase modifications in the fragment that were actually intentional. As earlier stated, I will first study two examples of quotation of well-known authors, i. e. Plato and Aristotle, before turning to the more problematic case of Empedocles.

Quotations From Plato and Aristotle

Comparison with other sources is easier when the fragment is issued from a text for which there is an independent transmission and multiple manuscripts: in these cases, we can usually distinguish the "correct" version from what Hippolytus quotes, and our knowledge of the original text may help edit the *Refutation*. As an example, in VI.37.2, Hippolytus quotes a letter from Plato (*Letter* II 312d–e).[17] Our only manuscript provides the following sentence:[18]

> Φραστέον δή σοι δι' αἰνιγμάτων, ἵν' τι ἡ δέλτος ἢ πόντου ἐν πτυχαῖς πάθῃ, ὁ ἀναγνοὺς μὴ γνῷ.
>
> I have to explain it to you in enigmas, so that something happens to this letter in the folds of either the sea, its reader may not understand.[19]

The sentence is problematic for two reasons: the two clauses after ἵνα are not connected, and we only have half of the alternative structure ἢ . . . ἤ. Those two issues are easily solved if one relies on Plato's text and edits, as all editors since Miller (1851) do, ἵν' <ἄν> τι ἡ δέλτος ἢ πόντου <ἢ γῆς> ἐν πτυχαῖς πάθῃ. In this case, it is clearly legitimate to take Plato's text as it was independently transmitted into consideration, for Hippolytus's text is meaningless without these corrections.[20] One should blame those two errors on the copyists rather than on the author of the treatise, especially since they can both be explained as haplographies or *saut du même au même*.

16 Marcovich (1986) 50. Hershbell (1973) 203 reaches a similar conclusion: "Hippolytus's quotations seem to be accurate for the most part, many of the errors probably those of a copyist [*sic*]".

17 I do not wish, of course, to commit here to the authenticity of this letter.

18 All my examples will be taken from parts of the treatise where we only have the Parisinus manuscript.

19 All translations are mine.

20 This sentence is often (correctly) quoted by Christian authors: see Clemens of Alexandra *Strom.* V.10.65.2, Eusebius *Praep. evang.* XI.20.2, and Theodoret *Cure of Greek Maladies* 2.78.

But it is not always the case that Hippolytus intended to reproduce the original text faithfully. Let us now turn to another example, a quotation from Aristotle's *Categories* 5 2a11–13 in *Refutation* VII.18.2. The context is the following: Hippolytus explains that Aristotle divided substance into three, i. e. genus, species and individual. In order to specify the privileged status of the individual, he makes the following quotation:

> Ταύτην Ἀριστοτέλης **πρώτην καὶ μάλιστα καὶ κυριωτάτην οὐσίαν** καλεῖ[21] μήτε καθ' ὑποκειμένου τινὸς λεγομένην μήτε ἐν ὑποκειμένῳ οὖσαν.
>
> Aristotle calls it the first, main and most proper substance, since it is neither said of some subject nor is in a subject.

In the *Categories*, we find the following text:

> Οὐσία δέ ἐστιν **ἡ κυριώτατά τε καὶ πρώτως καὶ μάλιστα λεγομένη**, ἣ μήτε καθ' ὑποκειμένου τινὸς λέγεται μήτε ἐν ὑποκειμένῳ τινί ἐστιν.

This sentence can be understood in two ways. Either the clause in bold presents the definition of substance, which is then developed by the relative clause, and we translate "Substance is that which is said in the most proper sense, primarily and mainly, i. e. which is not said of some subject nor is in some subject".[22] Or we understand ἡ κυριώτατά τε καὶ πρώτως καὶ μάλιστα λεγομένη not as a definition of substance but as specifying the status of the definition that is enunciated in the relative clause. We should then translate "A substance, said in the most proper sense, primarily and mainly, is that which is not said of some subject nor is in some subject".[23]

Hippolytus does not present the text as a direct quotation, since Aristotle's opinion is introduced with καλεῖ and the content of his thought is transmitted in indirect speech, but it is no complete paraphrase either, since the content is strictly parallel to Aristotle's sentence. This has led the editors to change the text for it to correspond better to Aristotle's. Hence, already Duncker-Schneidewin, followed by Wendland, correct πρώτην καὶ μάλιστα καὶ κυριωτάτην into πρώτως καὶ μάλιστα καὶ κυριώτατα. Marcovich makes more drastic changes, so as to obtain a proper quotation: ταύτην Ἀριστοτέλης "<τὴν> πρώτως καὶ κυριώτατα καὶ μάλιστα <λεγομένην> οὐσίαν" καλεῖ. He obviously assumes that Hippolytus quoted Aristotle's text faithfully, which justifies a significant intervention even on details that have no influence on the meaning, for example the word order. However, as Whittaker (1989) 71–76 demonstrates, changes in the word order were quite common in ancient quotations, probably as a way to startle the reader or a

---

21 Οὐσίαν καλεῖ is hardly readable in the manuscript, Miller proposes to fill the gaps in this way and is followed by all the later editors.

22 This is the translation of Pellegrin and Crubellier (Pellegrin et al. [2007]), which is justified in their note pp. 220–221.

23 This is the translation of Ackrill (1979).

manifestation of mannerism. Hence, intervening on Hippolytus's text erases this stylistic aspect.

But these interventions do not only make Hippolytus's text closer to Aristotle's: they have an impact on the meaning, because the various versions have quite different implications.[24] According to the editors besides Marcovich, Aristotle would "in the proper sense, primarily and mainly call [the individual] substance", that is the name "substance" is mostly attributed to the individual.[25] This remark has a linguistic value: Hippolytus would note that even though there are three kinds of substances, Aristotle mostly calls substance the individual because it is not said of anything else. Marcovich's text lends a similar meaning: Aristotle could call the individual "the substance that is said in the proper sense, primarily and mainly". However, if one follows the manuscripts, Hippolytus claims that Aristotle calls the individual "the first, main and most proper substance", meaning that the individual is the main substance.

Hence, the manuscripts have a different interpretation from that of the editors: Hippolytus does not restrict the term "substance" to the subject that is not predicated of anything else, i. e. the individual, but he lends to this kind of substance a hierarchical priority. This reading is far from illegitimate: Aristotle regularly calls the individual "first substance" (πρώτη οὐσία) in the *Categories*.[26] By using this expression in *Refutation* VII.18.2, Hippolytus underlines the hierarchy that Aristotle establishes between a "first" substance and secondary kinds of substance, instead of making a simple claim on the most proper use of the term "substance".

Does this correction result from inaccurate memory? It appears intentional, since Hippolytus had an interest in underlining this hierarchy of three substances. Two reasons can be advanced. First, Mansfeld (1992) shows that Hippolytus takes up here a Middle-Platonic interpretation of Aristotle:[27] in particular, there is a parallel between this tripartite division of substance and the division we find in Seneca's *Letter* 58. This letter studies the nature of οὐσία and presents the way in which Plato divided beings, with the greatest *genus*, being, that is further and further divided into species up to the individual. This division is not directly attributed to Aristotle, even though he is briefly mentioned. But this indicates that Hippolytus took up a Platonic reading of Aristotle. Second, this tripartite division could be of importance to ensure the comparison with the Gnostic Basileides, which is Hippolytus's target in these chapters. For, according to

24 Against Osborne (1987) 59, who claims that "both the sense and the terminology are entirely accurate"—which is helped by adopting Wendland's corrections.

25 Indeed, if one turns the adjectives into adverbs, necessarily they qualify the verb καλεῖ and not the substantive οὐσίαν. Therefore, they do not describe the status of the substance as primary, as it is the case in the text of the manuscripts, but the main use of the term "substance". This is the interpretation we find in Osborne (1987) 47, who adopts Wendland's emendations.

26 See for example 3a8 and 3b16–17.

27 See his chapter 5 for this Middle-Platonic reading of Aristotle (pp. 78–109) and chapter 6 for its application to Hippolytus's text.

Refutation VII.22.7, Basileides explained the development of the cosmos from a single seed that would contain a threefold "sonship" (υἱότης). As noted by Osborne (1987) 55, the relationship between this sonship and the Aristotelian division of substance is far from clear and it is not explained at all by Hippolytus, who only specifies in VII.22.5 that the seed is "what Aristotle calls 'genus'". But this role of tripartite division in Basileides' thought might explain Hippolytus's interest in this threefold interpretation of substance.

Those two justifications are, of course, perfectly compatible: Hippolytus, since he intended to compare Aristotle to Basileides, would have chosen the Middle-Platonic interpretation for this purpose. The only obscure point is whether the quotation was already modified in his source[28] or Hippolytus is responsible for the alteration. In any case, this example is representative of the way in which he (or his source) quoted ancient philosophers: the emphasis is not on faithfulness to the original but on the correspondence between the quotation and the interpretation that is developed. This would probably be considered not as untrustworthiness but as a way to make the point clearer. For since Aristotle talks about "first substance" elsewhere and Hippolytus wanted to emphasize this division between different kinds of substances, it was simpler to adapt the quotation so that it does not present the main way in which the word "substance" is used but already a description of the main substance, the individual.

This reading has important consequences on the editorial practice: by making Hippolytus's quotation of Aristotle more "correct", one loses part of the interpretation he is offering. Hence, one should refrain from introducing any correction that would make the quotation closer to the original but further from the intention of the author.

The Case of Empedocles

As already mentioned, Hippolytus is one of our main sources for Empedocles's quotations.[29] Some of those are known otherwise, which allows for useful comparisons, but Hippolytus is our only witness for others, which makes the reconstitution especially problematic. I will take three cases into consideration: B6 and B109, where we can compare with other sources, and B29, where it is not the case.[30]

28 This is the opinion of Mansfeld (1992) 117–119.

29 The quotations are usually quite easy to identify because of the metric and the archaic expressions. But, as we will see, distinguishing between fragment and paraphrase is not always that simple.

30 I use the standard numbering of Diels-Kranz's edition (1951–1952).

Fragments B6 and B109

Hippolytus quotes B6 twice, first in book VII, where he compares Empedocles' thought with that of Marcion the theologian, and again in book X, which contains a summary of the whole treatise. The two versions have differences in our (only) manuscript:

VII.29.4: τέσσαρα τῶν πάντων ῥιζώματα πρῶτον ἄκουε·
Ζεὺς Ἥρη τε φερέσβιος ἠδ' Ἀιδωνεύς
Νῆστίς **γε, ἣ δακρύοις τέγγει** κρουνῷ **μακρόγιον.**
X.7.3–4: τέσσαρα τῶν πάντων ῥιζώματα πρῶτον ἄκουε·
Ζεὺς **ἀὴρ** Ἥρη τε φερέσβιος ἠδ' Ἀιδωνεύς
Νῆστις **δὲ, ἠδακτοῖς σπονδε** κρουνῷ **μαβρόντιον.**

The fragment is quoted by many other authors, whom editors of Empedocles usually follow. In particular, those other sources make it possible to correct the third line. Concerning the epithet of Zeus, most texts have ἀργής, "bright", while Aetius (I.3.19) has αἰθήρ—which Diels (1879) and Mansfeld/Runia (2020) correct in ἀργής. We usually find the following text in editions of Empedocles:

Τέσσαρα **γὰρ** πάντων ῥιζώματα πρῶτον ἄκουε·
Ζεὺς **ἀργὴς** Ἥρη τε φερέσβιος ἠδ' Ἀιδωνεύς
Νῆστίς **θ'**, ἣ δακρύοις τέγγει **κρούνωμα βρότειον**.

Hear first the four roots of all things:
Zeus the bright, Hera the life-bearing, Aidoneus
And Nestis, who moistens with her tears the mortal spring.

The interpretation of this fragment is extremely debated: everyone considers that the four gods should be associated with the four elements, but neither ancient nor modern commentators agree on which god corresponds to which element. While the identification of Nestis with water and of Zeus with fire is usually admitted, the correspondence between Hera "life-bearing" and Aidoneus, on the one hand, and air and earth on the other is subject to question since Antiquity. For "life-bearing" could be a reference to breathing or to the production of plants.[31] In book VII, Hippolytus argues in favour of the identification of Hera with earth and Aidoneus with air, but he does not mention this reading in book X.

This debate may explain why the fragment has often been quoted by ancient authors. But the issue of interest here is whether one should take these other versions

31 For the interpretation of Hera as earth and Aidoneus as air, see for example Heracleitus *Homeric Allegories* 24.6–7, Diog. Laert. VIII.76 and Stob. *Flor.* I.10.11a–b. We find the opposite interpretation in [Plut] *Placita* 878A. Athenagoras, who supports the first reading, attributes the second one to the Stoics (*Embassy for the Christians* 22.4). The controversy remains: while many critics, following Diels (1879) 88–99, opt for the second reading, Kingsley (1995) 13–48 argues that Aidoneus is actually fire and Zeus air. For a criticism of Kingsley's interpretation, see Picot (2000).

into account for editing the *Refutation*. There is obviously an issue with the third line as it is transmitted, since it ends in both versions with non-existing words, μακρόγιον and μαβρόντιον. This can easily be explained by the fact that the copyist who did not identify the unfamiliar word κρούνωμα, read it as the more common κρουνῷ, and subsequently did not understand the last word. Hence, it is quite likely that Hippolytus wrote κρούνωμα βρότειον. In book X, there are other errors that can be understood as mechanical: Marcovich reconstitutes a likely version, ἣ δακρύοις σπένδει κρούνωμα βρότειον.[32] In these cases, the correct version of Empedocles is of help to editing. Concerning the particle after Νῆστις, it is difficult to determine whether it was altered during the transmission or already modified in Hippolytus's text. However, σπένδει can hardly be explained as an error in the transmission: either Hippolytus quoted from memory and made a mistake, or he simply operated a substitution with a less poetic term.[33] If Hippolytus really wrote σπένδει, although this error might not have been intentional, it appears methodologically problematic to correct.

However, the most interesting issue concerns the epithet of Zeus. Hippolytus provides none in the first version and ἀήρ in the second. Marcovich supposes, on the basis of Aetius's text, that ἀήρ reflects an erroneous transmission of αἰθήρ, and also adds this epithet in the line of book VII.[34] The other editors keep ἀήρ in book X but add ἀργής in book VII. The presupposition in those additions is that Hippolytus would not have wanted to copy an incorrect line. Those assumptions are far from obvious: there is no indication that Hippolytus wanted his quotation to be metrically correct—we will see in other examples that it is not the case.

More importantly, if one assumes that he indeed knew the fragment with ἀήρ as an epithet to Zeus, its absence in book VII makes perfect sense: for Hippolytus claims in his commentary that Zeus should be associated with fire, not air. The alteration, in this case, would be intentional: seeing that the interpretation of the fragment he had (which he probably inherited from some doxographical tradition) and his (incorrect) version of it were not compatible, he simply deleted the epithet. In book X, where he does not offer this interpretation, he had no difficulty in keeping it. Hippolytus even warns the reader in book VII that the quotation might not be accurate, since he introduces it with

32 Miller and Duncker-Schneidewin keep the reading of the manuscripts, Wendland edits the version of book VII.

33 On cases of substitution of terms by synonyms, see Whittaker (1989) 83–86.

34 This correction from Aetius is, however, weakened by the fact, which Mansfeld (1992) 211, n. 9 emphasizes, that Hippolytus claims that Hera is earth and Aidoneus air, and Aetius the opposite: it indicates that Hippolytus did not inherit his reading from the same tradition as Aetius. The Arabic translation of Pseudo-Plutarch, however, has the equivalent of αἰθήρ but attributes Hera to air and Aidoneus to earth (see Mansfeld/Runia 2020).

λέγων ὧδέ πως, "He puts it approximately as follows."[35] By correcting the fragment in book VII, the editors mask this interpretative move.[36]

We find a similar issue, which confirms my analysis, with the quotation of another famous fragment, B109. This text, which describes Empedocles's theory of perception, is quoted in book VI.11 for a comparison with the Gnostic Simon. This fragment is also well known, and we have many other sources for it.

> Hippolytus: γαίῃ μὲν γὰρ γαῖαν ὀπώπαμεν, ὕδατι δὲ ὕδωρ,
> αἰθέρι δ' αἰθέρα, ἀτὰρ πυρὶ πῦρ ἀίδηλον,
> **καὶ** στοργήν, νεῖκος **ἐπὶ** νείκεϊ λυγρῷ.
> Other versions: γαίῃ μὲν γὰρ γαῖαν ὀπώπαμεν, ὕδατι δ' ὕδωρ,
> αἰθέρι δ' αἰθέρα **δῖον**, ἀτὰρ πυρὶ πῦρ ἀίδηλον,
> στοργὴν **δὲ στοργῇ**, νεῖκος **δέ τε** νείκεϊ λυγρῷ.[37]
>
> For we see earth by earth, water by water,
> (Divine) aether by aether, unseen fire by fire,
> Affection (by Affection) and Discord by baneful Discord.

Again, some of the differences can be explained through mechanical errors and should be corrected. This is the case for the omission of στοργῇ, which is necessary for the syntax, the error being easily explained as a *saut du même au même*,[38] and for ἐπί, which does not make sense: Marcovich corrects it in ἔτι, the other editors take up Aristotle's δὲ τε. However, the sentence is perfectly grammatical and understandable in the absence of δῖον – except, of course, that the line cannot be scanned. All editors of the *Refutation* still make the addition. It is possible, of course, for it to be an error of a copyist, but there is also good reason for Hippolytus to delete it. For his aim, through this quotation, is to establish a parallel between Empedocles and Simon's claim that fire is the first intelligible principle from which the whole cosmos comes. It is far from obvious how this fragment is supposed to establish this point: Hippolytus might have been interested in the association of fire with invisibility,[39] since he just claimed that according to Simon,

---

35 Hippolytus often introduces his quotations of Empedocles in this way: see *Refutation* 29.23 before B115.1–2 or 31.4 before B110. He also uses λέγει τοιοῦτόν τινα τρόπον, "He says something of this kind".

36 For similar omissions in the case of quotations from Plato, see Whittaker (1989) 76–78.

37 This fragment is quoted twice by Aristotle (*De An.* I.2 404b13 and *Metaph.* B.4 1000b7), three times by Sextus Empiricus (*Math.* I.303.7–9, VII.92.8–10 and VII.121.1–3), and also partially by Galen and Stobaeus. There are some insignificant variations between the versions of those authors (see next note), I present here Diels's edition, which is mostly based on Aristotle.

38 The other sources have two versions for this bit: either στοργὴν δὲ στοργῇ or στοργῇ δὲ στοργήν. Most manuscripts of Aristotle's *Metaphysics* have the first version (which is followed by most editors), but in the *De Anima* we find the second one.

39 Ἀίδηλον may also be translated with "destructive", as most translators of the Empedoclean fragments do. Although this is probably what Empedocles meant, I translate it with "unseen" on the inclination that this was how Hippolytus understood it.

fire has invisible parts, or in the association of elements with thought.[40] In any case, since Simon claims that fire is the first divine principle,[41] it is, of course, inconvenient that in this fragment, Empedocles calls "divine" not fire, but rather aether. This would justify erasing this epithet, which plays no fundamental role in the quotation but would obscure Hippolytus's parallelism.[42]

If I am right, these two cases indicate that an author like Hippolytus does not concern himself with quoting the fragment correctly—and even in the same way in the same treatise, as we saw in the case of B6—and does not hesitate to delete elements that do not fit his interpretation. Is this a way to deceive the reader? The situation is not the same as the one analysed by Whittaker, since the reader (especially the Christian reader who is Hippolytus's target) probably does not know the poem of Empedocles that well (if at all) and cannot easily identify the differences between Hippolytus's quotations and the original text.[43] However, the incorrect scansion would make it immediately perceptible that the fragment is not accurately quoted. Hence, Hippolytus could not expect his alteration to go unnoticed. This inaccuracy is not a sign of Hippolytus's lack of seriousness either: for his work is the product of extensive research on Gnostic and ancient philosophical thought. It has been well shown that Hippolytus relies on many sources for this treatise:[44] concerning Empedocles, he used at least a Platonic and a Stoic source.[45] But he obviously considered that the exactness of the quotation was less important than the clarity of his argumentation: rather than having details in the quotations that would obscure his point and require further explanations, he prefers to erase them. Correcting his text by relying on our knowledge of Empedocles conceals this approach, which is particularly enlightening with regard to the use of quotations in Hippolytus's time.

---

40 Osborne (1987) 223–225 suggests that the fragment was in Simon's treatise itself. She relies for this hypothesis on the sentence that follows, πάντα γάρ, φησίν, ἐνόμιζε τὰ μέρη τοῦ π(υ)ρός, τὰ <ὁρατὰ καὶ τὰ> ἀόρατα, "φρόνησιν ἔχειν καὶ νώματος αἶσαν" (= fragment B110.10 of Empedocles), "He thought, *he says*, that all parts of fire, the visible and invisible, 'have thought and a share of mind'". For φησίν would have Simon as a subject and ἐνόμιζε Empedocles. It is also possible that this quotation of Empedocles in Simon's work prompted the quoting of B109 by Hippolytus.

41 Simon does not call it specifically divine, according to Hippolytus, but an "infinite power", μεγάλη δύναμις (*Refutation* VI.4) that is purely intelligible (VI.11), eternal and unchanging (VII.12.3).

42 If one assumes, as Osborne does, that the quotation came from Simon's work, then Simon could also (but not necessarily) be responsible for the omission.

43 Hence, I doubt that in the case of Hippolytus's quotations of Empedocles, one may explain the variations through the kind of mannerism Whittaker describes. See for example p. 66: "the identification of quotations and allusions, both in and out of context, has been a sort of literary sport or intellectual exercise in many societies with a strong literary tradition".

44 This is particularly well established by Mansfeld (1992), who shows in particular pp. 2–7 that Hippolytus relied on many sources for his history of philosophy in book I.

45 On the Platonic inspiration, see, besides Mansfeld's analyses, the article of Longo (2011). On the Stoic source, see Brémond (2017).

Fragment B29

The case of fragment B29 is quite different from the previous ones, for it is not a case where Hippolytus actually modifies a quotation, but rather where the editors wrongly assumed that there was some alteration. This clearly manifests the risk editors face in wanting quotations to be metrically correct, and how this approach can lead to errors in editing the fragment itself.

We only know B29 from Hippolytus's treatise (VII.29.13). It describes, according to Hippolytus, the state of the world in the cosmic time when Love dominated and all elements were gathered into one homogenous sphere. Empedocles would emphasize that we should not have an anthropomorphic conception of this perfect being but regard it as spherical. The text is transmitted as follows:

> Οὐ γὰρ ἀπὸ νότοιο δύο κλάδοι ἀίσονται,
> οὐ πόδες οὐ θοὰ γούνατ' οὐ μήδεα γενήεντα
> ἀλλὰ σφαῖρος ἔην καὶ ἶσος ἐστὶν αὐτῷ.

Marcovich edits the following text:

> Οὐ γὰρ ἀπὸ ν**ώ**τοιο δύο κλάδοι ἀίσ<**σ**>ονται,
> οὐ πόδες, οὐ θοὰ **γοῦν'**, οὐ μήδεα γεν<**ν**>ήεντα,
> ἀλλὰ σφαῖρος ἔην <**μοῦνός τε**> καὶ ἶσος **[ἐστὶν]** <**ἑ**>αυτῷ.
>
> For two branches do not spring from his back
> Nor feet, nor fast knees, nor fertile genitals
> But he was a sphere, <alone and> equal to himself

Some of these modifications are necessary and correspond to common errors of transmission: νότοιο should be read νώτοιο, and there are two haplographies (ἀίσ<**σ**>ονται and γεν<**ν**>ήεντα). The corrections of γούνατ' in γοῦν' and αὐτῷ in <ἑ> αυτῷ are less necessary: they are needed if one desires that the line scan, but we already saw that this is no priority of Hippolytus. Both could be read as modernization of Empedocles's archaic Greek: in particular, γοῦνα is the epic plural form of γόνυ, while γούνατα is more common.[46]

The main intervention concerns, however, the last line, which is far from scanning. Marcovich has to add μοῦνος τε and delete ἐστὶν, Wendland just puts a *crux*, and Schneidewin conjectures πάντοθεν instead of μοῦνος τε. Editors of Empedocles's fragments usually adopt Schneidewin's correction. I will argue, however, that these reconstructions are illegitimate and lead to an important error in the editions of Empedocles's poem.[47]

---

46 On this tendency to modernization, see Whittaker (1989) 84–85.

47 This point is already noted by Mansfeld (1992) 215, especially n. 30. But most editions of Empedocles keep the third line: this is the case, recently, of Mansfeld/Primavesi (2011) and Laks/Most (2016).

One part of the line is clearly authentic, i. e. σφαῖρος ἔην. For not only does it contain an epic form (ἔην), but it is also quoted by Simplicius *In Physics* 1124.2, who explicitly attributes it to Empedocles.[48] But what remains must be completely transformed in order to scan: the correction of Schneidewin, which most editors follow, rests on another fragment, B28, which starts with ἀλλ' ὅ γε πάντοθεν ἶσος <ἑοῖ>. However, Hippolytus's sentence is perfectly correct from a grammatical point of view, if one does not regard it as the end of an Empedoclean verse, but as a combination of quotation and paraphrase. This explains the change in verb tense, from imperfect to present: Empedocles regards the sphere as a state of the universe at a given time, that existed in our past, while Hippolytus interprets it, under a Platonic influence, as the intelligible world, which exists in eternity.[49] If this is right, it is a mistake not only to correct Hippolytus's text in the edition of the *Refutation*, but also to include <πάντοθεν> καὶ ἶσος <ἑ>αυτῷ in editions of Empedocles, as most editors do. At the very least, the quotations of B29 should stop after σφαῖρος ἔην.

But it is possible to go further. If one does not regard what follows ἔην as Empedoclean, there are two possibilities: either ἀλλὰ σφαῖρος ἔην is indeed the beginning of the line that follows, or it is an independent quotation.[50] I will argue for the second reading, even though it is difficult to achieve certainty on this topic. First, Simplicius only mentions those two words, which indicates that they were known as an independent unity: he does not evoke any context but relies on them to describe the way Empedocles depicted his godly world.[51] One may note, again, that Hippolytus warns the reader about the inaccuracy of his quotation, since he introduces it with λέγει τοιοῦτόν τινα τρόπον, "He says something of this kind."[52] A final argument could be the change of tense, this time from present to imperfect, which would indicate that σφαῖρος ἔην does not belong with the two previous lines.[53] Again, Whittaker (1989) 89–91 notices that this kind of conflation of several quotations is common practice.

---

48 Simplicius uses σφαῖρον and emphasizes this neutral form. I doubt this is reason enough to consider it an independent fragment, as Bollack edits and argues (see [1969a] for the edition and [1969b] 132–133 for the commentary). I rather think either that Simplicius had an incorrect version of Empedocles (who usually uses σφαῖρος, see B27.17) or that (more likely) Hippolytus knew a version that altered the neutral into a more usual form.

49 Cf. Berg/Picot (2018) 374.

50 Bollack (1969a) opts for the first hypothesis in his fragment 98 and keeps the text up to ἶσος, Wright (1981) choses the second one and adds B28 directly after the two lines of B29 (text 22).

51 It is interesting for what follows that Simplicius also identifies here the sphere with a god.

52 Cf. Wright (1981) 189.

53 This could appear as a weak argument, since in B134 (see next paragraph), the same lines in the present tense are followed by an aorist. However, if one accepts Ammonius's claim that these lines describe a god, ἔπλετο is no reference to a past event but to a lasting state of things and does not contrast with the present tense that precedes. However, in the case of the sphere, the imperfect is clearly a reference to the past, since the sphere does not exist in the present state of the world: cf. Berg/Picot (2018) 388. The juxtaposition with the present tense is then problematic.

If I am right then, the whole third line should be disregarded, and only the two words σφαῖρος ἔην kept as a separate fragment. This would have important consequences on editions of Empedocles, since we possess another version of these two lines that is quoted, among others, by Ammonius (*In De interp.* 249.6–10) and referenced as Diels-Kranz B134:

Οὐδὲ γὰρ ἀνδρομέῃ κεφαλῇ κατὰ γυῖα κέκασται,
οὐ μὲν ἀπαὶ νώτοιο δύο κλάδοι ἀίσσονται,
οὐ πόδες, οὐ θοὰ γοῦν(α), οὐ μήδεα λαχνήεντα,
ἀλλὰ φρὴν ἱερὴ καὶ ἀθέσφατος ἔπλετο μοῦνον,
φροντίσι κόσμον ἅπαντα καταΐσσουσα θοῇσιν.[54]

For his limbs are not adorned with a human head,
Two branches do not spring from his back,
Nor feet, nor fast knees, nor hairy genitals
But he was just a holy, unutterable mind,
That darts through the whole world with swift thoughts.

The main difference between those two versions is that λαχνήεντα replaces γεννήεντα. This kind of variation would not justify considering the two fragments as separate, but as two versions of the same text. This remark goes against most editions, which keep B29 and B134 as two distinct fragments, even when they doubt the value of the third line of B29.[55] One may provide two arguments in favour of this distinction. First, many recent editors delete the second line of B134, on the basis of a scholium to Olympiodorus that only has lines 1 and 3–5:[56] they consider that it was interpolated from B29.[57] But this argument only works if B29 was indeed an independent fragment: for one can only justify reading the second line of B134 as an interpolation from B29 if B29 is separate from B134.

Another (more valid) objection against the assimilation of B134 and B29 is that the fragments are presented in very different contexts and as referring to different beings: Hippolytus considers it as a description of the spherical world of Love, while Ammonius presents it as a depiction of the god Apollo. It is indeed possible that Empedocles used

54 I follow the edition of Diels/Kranz.

55 This is the case of Inwood (2001) and Wright (1981), because they assume that B29 was followed by B28, whose content is similar to what Hippolytus describes after the fragment. But they do not argue for this choice.

56 This scholium was published by Horna (1930).

57 See in particular Zuntz (2005) 14–15. Wright (1981) 253–254 provides three further reasons for this deletion: the line would not fit well after the first one, it is useless and "the fragment has elegance and balance as a quatrain". Only the first argument has real value. But we may find a similar structure in B20.1 (= v. 302 pap. Strasb.), and the sentence is in any case perfectly grammatical. Picot (2012) 25–27 and Berg/Picot (2018) interpret this alleged difference between B29 and B134 by arguing that B29.1–2 is a description of the traditional Eros, who has wings, while B134 deals with Apollo, who traditionally has none.

the same couple of verses twice in different places, and I cannot exclude this option. But since most doxographers (and it is certainly the case for Hippolytus) only knew Empedocles's poem through some compendium and, as a consequence, had no knowledge of the context,[58] it is at least problematic to rely on them. Indeed, many critics regard the two fragments as referring to the same object, either because Empedocles himself would assimilate Apollo and the spherical world of Love,[59] or because one of the doxographers would be wrong about the context. It is perfectly possible that Hippolytus, for example, used the fragment inappropriately, whether intentionally or not.[60] If one considers that the two texts have the same object, it becomes difficult to justify keeping them separate.

I do not intend to commit too strongly to the interpretation that B29 and B134 are the same fragment[61] rather than two occurrences of similar lines. But it appears, at least, that one should not consider the whole sentence ἀλλὰ σφαῖρος ἔην καὶ ἶσος ἐστὶν αὐτῷ as part of the quotation, and neither modify it in Hippolytus's text nor edit it as a fragment of Empedocles. At the very least, one should only print ἀλλὰ σφαῖρος ἔην in B29 and keep καὶ ἶσος ἐστὶν αὐτῷ apart as a commentary of Hippolytus. This case clearly illustrates the danger in assuming that an ancient author like Hippolytus intended to present correct quotations: this presupposition leads to an error in the edition of Hippolytus, by unnecessarily modifying the text, and to a graver error for Empedocles, who receives credit for words he did not write.

Conclusion

We saw with the case of Hippolytus an illustration of the difficulties in editing quotations within a cover text. On some occasions, the use of other sources is necessary to establish a text that is understandable and (probably) closer to what the author wrote. But the tendency to modify the quotations on the basis of other sources or of some expectations concerning the correctness of the quotation (in particular in its metric composition) leads to severe mistakes in the edition of both the cover text and the fragment. I pre-

58 This is the opinion of Zuntz (2005) concerning Ammonius.

59 See for example Wright (1981) 254–255 and Primavesi (2006) 70–73, (2016) 11, who, despite this, still regard B29 and B134 as distinct. A difficulty in this reading is that the entity that is described in B134 is a mind that "darts through the whole world": since the sphere *is* the whole world, this would be a very convoluted way to say that the sphere thinks itself. Cf. Picot (2012) 8–10 against Primavesi (2006) 71–72.

60 For similar misuses of quotations, see Whittaker (1989) 91–93. Whittaker considers, however, in the cases he studies, that the author expected the reader to recognize the reference and to be aware that it was used in another context. This can hardly be the case for Hippolytus.

61 If this is the case, it is unlikely that Hippolytus knew B134 in its full form, but he probably only had knowledge of the two lines he quotes. Indeed, since he assimilates the sphere with the intelligible world, it would be extremely strange for him not to quote lines 4–5 of B134, had he known them.

sented a few cases in which one can explain alterations in the quotation, in particular omissions, as intentional and as having a certain aim. It is, of course, extremely debatable whether this or that case of omission is due to an error of the copyist or an intentional alteration. However, I hope to have shown that an editor should at least not presuppose that a mistaken quotation should be corrected in the cover text, but rather examine carefully whether the error could be intentional. In any case, it is very informative to examine the reasons why authors voluntarily alter the texts, since it provides us with insight on the way they consider their own work as interpreters. As Whittaker (1989) 94 says, "There is always something to be learned from indirect tradition, but not necessarily, and only rarely, what an editor might wish to find."

References

Ackrill (1979): John L. Ackrill, *Aristotle's Categories and De Interpretatione*, Oxford.

Berg/Picot (2018): William Berg and Jean-Claude Picot, "Apollo, Eros, and Epic Allusions in Empedocles, Frr. 134 and 29 DK", *American Journal of Philology* 139, 365–396.

Bollack (1969a): Jean Bollack, *Empédocle II : Les Origines. Édition et Traduction des Fragments et des Témoignages*, Paris.

Bollack (1969b): Jean Bollack, *Empédocle III : les Origines. Commentaire*, Paris.

Brémond (2017): Mathilde Brémond, "Le Logos d'Empédocle : Reconstruction d'une Lecture Stoïcienne", *Elenchos* 38, 127–149.

Diels (1879): Hermann Diels, *Doxographi Graeci*, Berlin.

Diels/Kranz (1951–1952): Diels Hermann and Walther Kranz, *Die Fragmente der Vorsokratiker*, 6th ed., Berlin.

Duncker/Schneidewin (1859): Ludwig Duncker and Friedrich Wilhelm Schneidewin, *S. Hippolyti Refutationis Omnium Haeresium Librorum Decem Quae Supersunt*, Göttingen.

Hershbell (1973): Jackson P. Hershbell, "Hippolytus' *Elenchos* as a Source for Empedocles Re-Examined", *Phronesis* 18, 97–114 and 187–203.

Horna (1930): Constantinus Horna, "Empedocleum", *Wiener Studien* 48, 3–11.

Inwood (2001): Brad Inwood, *The Poem of Empedocles. A Text and Translation with an Introduction.* 2nd ed., Toronto.

Kingsley (1995): Peter Kingsley, *Ancient Philosophy, Mystery, and Magic: Empedocles and Pythagorean Tradition*, Oxford.

Laks/Most (2016): André Laks and Glenn W. Most, *Early Greek Philosophy*, V, Cambridge (Mass.).

Litwa (2016): M. David Litwa, *Refutation of All Heresies*, Atlanta.

Longo (2011): Angela Longo, "Empedocle e l'allegoria nella *Confutazione di tutte le eresie* attribuita a Ippolito di Roma", in: Gabriella Aragione and Enrico Norelli (eds.), *Des Évêques, des écoles et des hérétiques: actes du colloque international sur la "Réfutation de toutes les hérésies", Genève, 13–14 juin 2008*, Prahins, 119–133.

Mansfeld (1992): Jaap Mansfeld, *Heresiography in Context: Hippolytus' Elenchos as a Source for Greek Philosophy*, Leiden.

Mansfeld/Primavesi (2011): Jaap Mansfeld and Oliver Primavesi, *Die Vorsokratiker: Griechisch/Deutsch*, Stuttgart.

Mansfeld/Runia (2020): Jaap Mansfeld and David T. Runia, *Aëtiana V. An Edition of the Reconstructed Text of the* Placita *with a Commentary and a Collection of Related Texts*, Leiden.

Marcovich (1986): Miroslav Marcovich, *Hippolytus. Refutatio Omnium Haeresium*, Berlin.

Miller (1851): Emmanuel Miller, *Origenis Philosophumena Sive Omnium Haeresium Refutatio*, Oxford.
Nautin (1947): Pierre Nautin, *Hippolyte et Josipe: Contribution à l'histoire de la littérature chrétienne du troisième siècle*, Paris.
Osborne (1987): Catherine Osborne, *Rethinking Early Greek Philosophy: Hippolytus of Rome and the Presocratics*, Ithaca (N. Y.).
Pellegrin/Crubellier/Dalimier (2007): Pierre Pellegrin, Michel Crubellier and Catherine Dalimier, *Aristote. Catégories. Sur l'interprétation*, Paris.
Picot (2000): Jean-Claude Picot, "L'Empédocle Magique de P. Kingsley", *Revue de Philosophie Ancienne* 18, 25–86.
Picot (2012): Jean-Claude Picot, "Apollon et La Φρὴν Ἱερὴ Καὶ Ἀθέσφατος", *Anais de Filosofia Clássica* 6, 1–31.
Primavesi (2006): Oliver Primavesi, "Apollo and Other Gods in Empedocles", in: Maria Michela Sassi (ed.), *La costruzione del discorso filosofico nell'età dei Presocratici*, Pisa, 51–77.
Primavesi (2016): Oliver Primavesi, "Empedocles' Cosmic Cycle and the Pythagorean Tetractys", *Rhizomata* 4, 5–29.
Schepens and Bollansée (2005): Guido Schepens and Jan Bollansée, *The Shadow of Polybius Intertextuality as a Research Tool in Greek Historiography*, Leuven.
Wendland (1916): Paul Wendland, *Hippolytus Werke 3. Refutatio Omnium Haeresium*, Leipzig.
West (1973): Martin L. West, *Textual Criticism and Editorial Technique Applicable to Greek and Latin Texts*, Stuttgart.
Whittaker (1989): John Whittaker, "The Value of Indirect Tradition in the Establishment of Greek Philosophical Texts or the Art of Misquotation", in: John Neilson Grant (ed.), *Editing Greek and Latin texts*, New York, 63–95.
Wright (1981): M. R. Wright, *Empedocles. The Extant Fragments*, New Haven/London.
Zuntz (2005): Günther Zuntz, *Griechische Philosophische Hymnen*, eds. Hubert Cancik and Lutz Käppel, Tübingen.

Elvira Wakelnig

Fragmente griechisch-arabischer Übersetzungen: Methodische Überlegungen am Beispiel von Philoponos' *Über die Ewigkeit der Welt*

Griechische Texte der Antike und Spätantike haben sich nicht nur in ihrer Originalsprache erhalten, sondern auch in Form von Übertragungen in andere Sprachen, unter denen dem Arabischen eine herausragende Rolle zukommt. So wurden im Rahmen der sogenannten griechisch-arabischen Übersetzungsbewegung vom Ende des 8. bis zum 11. Jh. n. Chr. fast das gesamte Textkorpus sowohl von Aristoteles als auch von Galen, sowie Schriften einer Vielzahl von anderen griechischen Denkern ins Arabische übertragen. Diese arabischen Übersetzungen lassen Rückschlüsse auf die ihnen zugrundeliegenden Versionen der griechischen Originaltexte zu und sind, wenn die griechischen Schriften verloren sind, zuweilen unsere einzigen Zeugen dieser Originale. Fragmente aus solchen griechisch-arabischen Übertragungen werfen eine Anzahl von Fragen auf, die uns bei ihrer Verwendung, Deutung und Einschätzung vor besondere methodologische Herausforderungen stellen, wie im Folgenden allgemein als auch anhand von arabischen Fragmenten aus Philoponos' *Über die Ewigkeit der Welt* erläutert werden soll. Der Begriff „Fragment" wird dabei auf Zitate angewandt, die einem nicht mehr erhaltenen Quellentext, nämlich einer griechisch-arabischen Übersetzung entnommen wurden.

Fragmente griechisch-arabischer Übertragungen im Kontext des erhaltenen Textbefundes: Zwei mögliche Szenarien

Die Quellen, aus denen die im Folgenden behandelten Fragmente stammen, sind arabische Übertragungen griechischer philosophischer Werke, die vom Ende des 8. bis zum 11. Jh. n. Chr. angefertigt wurden. Diese Übertragungen reichen von wortwörtlichen Übersetzungen bis zu paraphrasierenden Wiedergaben im Verbund mit von den wiedergegebenen Quellen abweichenden doktrinären Hinzufügungen.[1] Haben sie sich

1 Wie etwa die sogenannte *Theologie des Aristoteles*, bei der es sich um eine Wiedergabe ausgewählter Passagen aus Plotins *Enneaden* IV–VI verbunden mit nicht-plotinischen Elementen, wie etwa der durch den Geist vermittelten Schöpfung (*creatio mediante intelligentia*) handelt. Für eine einführende Darstellung der *Theologie des Aristoteles* und weiterführende Literatur, siehe Hansberger (2013).

https://doi.org/10.1515/9783111508788-006

nicht zur Gänze, sondern lediglich als Fragmente erhalten, ist es zumeist schwierig zu bestimmen, ob etwaige Unterschiede zu erhaltenen griechischen Vorlagen auf die Übersetzer oder auf die Autoren, die die arabischen Versionen zitieren, zurückgehen. Sind auch die griechischen Originale, die ins Arabische übersetzt wurden, verloren, so wird es nahezu unmöglich, etwas über den Charakter der Übersetzung auszusagen. Zugleich nimmt in solchen Fällen aber das Interesse an den arabischen Zeugnissen zu, da mit deren Hilfe nicht mehr erhaltene Teile griechischer Tradition rekonstruierbar werden. So wurden vor einigen Jahrzehnten etwa die vollständig erhaltenen arabischen Übersetzungen der Abhandlung von Alexander von Aphrodisias *Über die Differentia specifica* und des ersten proklischen Arguments für die *Ewigkeit der Welt* ins Griechische rückübersetzt.[2] Im Falle von verlorenen griechischen Originalen potenziert sich zudem der Fragmentcharakter: Das Zitat eines arabischen Autors ist dann nicht nur Fragment der nicht mehr erhaltenen arabischen Übersetzung, sondern auch Fragment des übersetzten griechischen Textes.

In den folgenden Szenarien wird von einem Fragment einer griechisch-arabischen Übertragung, das von einem arabischen Autor zitiert wird, ausgegangen. Der Verlust der arabischen Version des griechischen Textes wird daher in jedem Fall vorausgesetzt. Aufgrund des Vorhandenseins oder des Verlusts des griechischen Originals lassen sich folgende zwei Szenarien unterscheiden:

Szenario 1

Der übersetzte griechische Text ist erhalten und das bei einem arabischen Autor vorliegende Fragment aus der arabischen Übertragung kann mit dem griechischen Original verglichen werden. Hierbei ergeben sich folgende Fragen: Welche Vorlage lag dem Übersetzer[3] ins Arabische vor – eine dem uns erhaltenen griechischen Text entsprechende oder eine davon mehr oder weniger stark abweichende? Im Falle einer vom erhaltenen griechischen Text abweichenden Version muss es sich nicht einmal notwendigerweise um einen vom Originalautor verfassten Text handeln, sondern ist auch eine Paraphrase (im Sinne von paraphrasierender Wiedergabe des gesamten Inhalts des Textes), Synopse (verstanden als kurze Zusammenfassung der wichtigsten Punkte der Vorlage), Epitome (als Zusammenstellung von vergleichsweise getreuen Auszügen

2 Diese Rückübersetzungen wurden von Karl Deichgräber in Dietrich (1964) 128–135 und Miklós Maróth (1984) 183–185 angefertigt.

3 Während bekannt ist, dass griechisch-syrische und arabisch-lateinische Übersetzungen auch unter Beteiligung zweier Personen zustande kamen, scheint das bei griechisch-arabischen Übersetzungen nicht üblich gewesen zu sein. Nur in Einzelfällen gibt es Hinweise auf Zusammenarbeit, wobei aber entweder ein besserer Übersetzer einen weniger Kundigen korrigiert (so wie Ḥunayn Übersetzungen seines Neffen Ḥubayš verbessert) oder das Arabische einer bereits bestehenden Übersetzung überarbeitet wird (z. B. al-Kindī im Falle der *Theologie des Aristoteles*).

aus dem Original) oder eine andere Art der Zusammenfassung durch einen späteren Autor denkbar.[4] Lag dem arabischen Übersetzer möglicherweise gar nicht direkt der griechische Text vor, sondern eine syrische Übertragung davon?[5] War die Übersetzung wörtlich, frei oder paraphrasierend mit möglichen Auslassungen und Hinzufügungen? Handelte es sich um eine Gesamt- oder nur eine Teilübersetzung?[6] Waren der Übersetzer, der zitierende arabische Autor oder beide für die Veränderungen gegenüber dem griechischen Original verantwortlich? Wodurch waren diese Abweichungen von der Vorlage motiviert? Ist es möglich, dass der Übersetzer und der zitierende Autor ein und dieselbe Person waren? Wenn ja, wurde eine vollständige Übersetzung des gesamten griechischen Textes angefertigt, aus der dann zitiert wurde, oder hatte der zitierende Übersetzer möglicherweise die griechische Vorlage vor Augen und übersetzte *ad hoc* und lediglich die von ihm zitierte Passage? Lässt sich das Fragment einer bestimmten, in arabischen Quellen bezeugten Übersetzung zuordnen bzw. lässt sich ausschließen, dass das Fragment aus einer solchen Übersetzung stammt? Hatte der zitierende Autor möglicherweise eine überarbeitete Version der Übersetzung vorliegen? Dies ist nicht auszuschließen, da vor allem Übersetzungen aus der Anfangszeit der Übersetzungsbewegung später, nach der allmählichen Herausbildung des Fachvokabulars, überarbeitet und so der aktuell verwendeten Terminologie angepasst wurden.[7]

4 Beispiele hierfür sind etwa die drei *Organon*-Paraphrasen von Ibn al-Muqaffaʿ, die am Beginn der arabischen Handschriften als Übersetzungen des porphyrischen und der aristotelischen Texte bezeichnet werden, siehe Ighbariah (2020) 66–67; oder die arabischen Übersetzungen von Galens Synopsen platonischer Werke, von denen nur jene des *Timaios* erhalten ist, siehe Arnzen (2015) 196.

5 Die Annahme, dass syrische Übersetzungen ein notwendiges und unverzichtbares Zwischenglied bei der Übersetzung aus dem Griechischen ins Arabische dargestellt haben, wird heute nicht mehr vertreten. Syrische und arabische Übertragungen wurden für ein unterschiedliches Publikum angefertigt, siehe Watt (2019). Jedoch übersetzten Personen, die des Griechischen nicht ausreichend mächtig waren, schon bestehende syrische Übertragungen griechischer Originale ins Arabische (so z. B. Ḥunayns Neffe Ḥubayš, der die griechisch-syrischen Galenübersetzungen seines Onkels ins Arabische weiterübersetzte; oder die Bagdader Aristoteliker, die syrische Aristotelesübersetzungen ins Arabische übertrugen, siehe Endress (2012), 295–299, 305, 326–327).

6 Diese Frage stellt sich beispielweise für Plotins *Enneaden*, für die sich bisher in der *Theologie des Aristoteles* und verwandten Texten nur arabische Versionen der *Enneaden* IV–VI belegen lassen; oder für die proklischen *Elemente der Theologie*, von denen bisher etwa ein Drittel der 211 griechischen Propositionen auf Arabisch nachgewiesen werden konnte.

7 So lassen sich beispielsweise zwei unterschiedliche Textstadien der arabischen Übertragung einer Paraphrase von Aristoteles' *De anima* anhand zweier erhaltener Handschriften belegen, siehe Sebti (2007). Wie Meryem Sebti (ebd. 414) ausführt, wird es daher schwierig, Aussagen wie Avicenna habe die *De anima*-Paraphrase gelesen, zu treffen, da nicht mit Sicherheit bestimmt werden kann, um welche Version es sich gehandelt haben muss. Analog gilt das auch für Zitate, die ein Autor von dieser oder anderen griechisch-arabischen Übertragungen gibt.

Szenario 2

Der übersetzte griechische Text ist nicht erhalten und kann daher nicht mit dem arabischen Fragment verglichen werden. In diesem Fall stellt sich zunächst die Frage der Zuschreibung und deren Verlässlichkeit. Um ein solches Fragment als das einer Übersetzung eines verlorenen griechischen Textes zu erkennen, ist es notwendig, dass der zitierende Autor sein Fragment als solches kennzeichnet und einem griechischen Verfasser und idealerweise einem bestimmten Werk zuschreibt. Da eine solche Zuschreibung zumeist nur an einer Stelle erfolgt, nämlich entweder am Beginn oder am Ende eines Zitates, stellt sich außerdem die Frage nach der Bestimmung des genauen Umfangs des Fragmentes. Die Funktion des Zitates innerhalb des arabischen Textes, also etwa zur Illustration einer vom zitierenden Autor abgelehnten und widerlegten Position oder im Gegenteil zur Unterstützung der eigenen Argumentation, kann bis zu einem gewissen Grad darüber Auskunft geben, inwieweit und in welcher Weise das Fragment vermutlich vom zitierenden Autor verändert wurde, aber kaum über Gestalt und Charakter der arabischen Übersetzung. Die Möglichkeit, weitere Aussagen sowohl über das griechische Original als auch die arabische Übersetzung zu treffen, besteht vor allem dann, wenn zwei oder mehrere Autoren dieselbe Textstelle zitieren, also zwei oder mehrere Fragmente derselben Passage vorliegen.

Die beiden beschriebenen Szenarien lassen sich gut anhand von Fragmenten aus der arabischen Version von Philoponos' *Über die Ewigkeit der Welt* illustrieren, die Ibn al-Faḍl al-Anṭākī in seinem *Buch der Erheiterung des Gläubigen* anführt.[8] Nach al-Anṭākīs eigenen Angaben besteht die *Erheiterung des Gläubigen* aus Exzerpten aus verschiedenen Quellen, die der Autor zur Erbauung und Bildung seiner Leser zusammengestellt hat. An einer Stelle, an der Ibn al-Faḍl al-Anṭākī eine Analogie zwischen dem Schöpfer der Welt und der Sonne als Ursache des Lichtes herstellt, führt er ausdrücklich Philoponos als Quelle an. Ein aufgrund des Inhaltes der Passage naheliegender Vergleich mit dem griechischen Original von Philoponos' *Über die Ewigkeit der Welt* bestätigt, dass der Autor hier auf eine arabische Version das philoponischen Werkes zurückgegriffen haben muss (Fragment 1). Eine aufmerksame Durchsicht der *Erheiterung des Gläubigen* fördert eine weitere Parallele zu Philoponos' Original zutage (Fragment 2). So bewahrt al-Anṭākī zwei Fragmente der griechisch-arabischen Philoponos-Version, die mit der griechischen Vorlage verglichen werden können und so das beschriebene Szenario 1 illustrieren. Ein drittes Fragment stammt hingegen aus dem auf Griechisch verlorenen Anfang des philoponischen Werkes und ist daher nur aufgrund eines parallelen Fragmentes bei einem anderen arabischen Autor als Fragment der arabischen Übersetzung von *Über die Ewigkeit der Welt* zu identifizieren (Fragment 3). Dieses dritte Fragment, das Ibn al-Faḍl al-Anṭākī zitiert und das eine Parallele bei al-Isfizārī hat, liefert uns ein anschauliches Beispiel für das beschriebene Szenario 2.

---

8 Näheres zu al-Anṭākī und seinem Werk im Folgenden, siehe S. 128–129.

Philoponos' *Über die Ewigkeit der Welt* auf Griechisch und Arabisch

Die Abhandlung *Über die Ewigkeit der Welt*, in der der christliche Philosoph Johannes Philoponos (um 490–574) die achtzehn Argumente für die Ewigkeit der Welt des heidnischen Neuplatonikers Proklos (412–485) zunächst wiedergibt, um sie danach zu widerlegen, ist auf Griechisch nur unvollständig erhalten. In der einzigen bekannten griechischen Handschrift, auf der die Edition von Hugo Rabe beruht, fehlen Anfang und Ende. Somit sind die Titelangabe des Werkes, das erste Argument des Proklos und der Beginn der philoponischen Widerlegung dieses ersten proklischen Argumentes verloren.[9]

Aufgrund von Informationen arabischer Biobibliographen kann man davon ausgehen, dass bereits im 10. Jh. eine arabische Version von Philoponos' *Über die Ewigkeit der Welt* vorlag. In seinem Buchkatalog, dem *Fihrist* führt Ibn al-Nadīm unter den Büchern von Philoponos, der auf Arabisch als Johannes der Grammatiker (Yaḥyā al-Naḥwī) bekannt ist, ein *Buch der Widerlegung des Proklos* (*Kitāb al-Radd ʿalā Buruqulus*) in 18 Kapiteln an, ohne jedoch einen Übersetzer zu nennen.[10] Fast zwei Jahrhunderte später erwähnt al-Qifṭī in seiner *Geschichte der Gelehrten* (*Taʾrīḫ al-ḥukamāʾ*), dass er selbst ein Exemplar dieses Buches besitzt, gibt jedoch dessen Umfang mit 16 Kapitel an.[11] Das muss nicht notwendigerweise bedeuten, dass al-Qifṭī von einer anderen Übersetzung spricht als Ibn al-Nadīm, sondern könnte beispielsweise damit erklärt werden, dass innerhalb der zwei Jahrhunderte, die zwischen den beiden Biobibliographen liegen, die letzten beiden Abschnitte des Werkes verloren gegangen sind. Heute ist die arabische Übersetzung zur Gänze nicht mehr auffindbar, aber die Hoffnung bleibt bestehen, dass sich in schlecht oder gar nicht katalogisierten Handschriftenbeständen weltweit vielleicht doch noch ein Exemplar erhalten hat. Bekannt sind jedoch zwei längere Abschnitte aus der Widerlegung des vierten und des neunten proklischen Arguments, die sich unter der Zuschreibung an Alexander von Aphrodisias in einer arabischen Sammelhandschrift finden. Diese von Ahmed Hasnawi identifizierten arabischen Philoponos-Texte weichen vom griechischen Original in vielerlei Hinsicht ab. Sie tilgen den polemischen

---

9 Da Philoponos im erhaltenen Teil seines Textes jeder seiner Widerlegungen eine Wiedergabe des proklischen Argumentes vorausgehen lässt, ist anzunehmen, dass er das auch im Falle des ersten Argumentes so gehandhabt hat. Für eine detaillierte Rekonstruktion des Inhaltes der, laut Rabe am Anfang fehlenden zwei Lagen zu je 4 Bögen und damit insgesamt 32 Seiten, siehe Rashed (2013) 268–271.

10 Fuʾād (2014), Bd. 2, 179.6.

11 Al-Qifṭīs *Geschichte der Gelehrten* hat sich nur in Form eines Auszuges, den al-Zawzanī im Jahr nach al-Qifṭīs Tod angefertigt hat, erhalten, siehe Lippert (1903), 11. In seinem Eintrag zu Proklos beschreibt al-Qifṭī (Lippert (1903) 89.3-5) Proklos als Befürworter der Ewigkeit (*Buruqulus al-qāʾil bi-l-dahr*), dessen Widerlegung Johannes [Philoponos] (Yaḥyā al-Naḥwī) ein umfangreiches Buch, das er darüber verfasst habe, gewidmet habe und dass er selbst besäße (*wa-huwa ʿandī*). In seinem Eintrag zu Philoponos führt al-Qifṭī den Titel des Buches in folgender Form an: *Buch der Widerlegung des Proklos, des Befürworters der Ewigkeit in 16 Kapiteln* (ebd., 356.5).

Kontext und lassen so eine neutrale und didaktische Darstellung aristotelischer Positionen entstehen. Dazu werden lange Passagen des griechischen Textes übergangen. Ebenso wird auf jeglichen Verweis auf Proklos und auf die philosophische Streitfrage der Ewigkeit der Welt verzichtet, wodurch entweder die gewünschten pädagogischen Zwecke besser erreicht oder die unterschiedlichen Ansichten antiker und spätantiker Philosophen harmonisiert werden, um sie dem muslimischen Publikum gegenüber als einheitlich und daher überzeugender darzustellen.[12] Das Verhältnis zwischen diesen Texten und der bei Ibn al-Nadīm und al-Qifṭī belegten, aber nicht erhaltenen arabischen Übersetzung von *Über die Ewigkeit der Welt* zu bestimmen, ist schwierig und nicht das Ziel dieses Beitrages. Fragmente, die dagegen höchstwahrscheinlich aus der arabischen Übersetzung stammen, finden sich in al-Bīrūnī (973–1048)[13], al-Isfizārī (*fl.* 10. Jh.) und Ibn al-Faḍl al-Anṭākī, dem wir uns nun zuwenden wollen.

Ibn al-Faḍl al-Anṭākīs *Buch der Erheiterung des Gläubigen*

ʿAbdallāh Ibn al-Faḍl al-Anṭākī war ein melkitischer Diakon, der im 11. Jahrhundert n. Chr. in Antiochien lebte, aus dem Griechischen ins Arabische übersetzte und theologisch-philosophische Abhandlungen auf Arabisch verfasste bzw. aus vorhandenen Quellen zusammenstellte.[14] Eine solche Abhandlung ist das *Buch der Erheiterung des Gläubigen* (*Kitāb Bahǧat al-muʾmin*), das in zwei Versionen vorliegt und vom Autor selbst im Vorwort als „Sammlung von religionsgesetzlichen Fragen, philosophischen Problemen und den Antworten darauf, Kapitel ausgewählt aus einer Reihe von göttlichen Büchern und geistigen Abhandlungen“ beschrieben wird.[15] Das zusammengestellte Material präsentiert Ibn al-Faḍl al-Anṭākī in Frage-und-Antwort-Form. In den erhaltenen Handschriften wird das *Buch der Erheiterung des Gläubigen* entsprechend durch in roter Tinte vom restlichen Text abgesetzte Überschriften „Frage“ und „Antwort“ gegliedert, die aber vielleicht auch erst nachträglich von einem Kopisten eingefügt worden sein können. Für den Verlauf des Textes sind sie nicht notwendig, sondern zuweilen sogar störend, etwa wenn sie rhetorische Strukturen wie „Wenn

---

12 Hasnawi (1994), bes. 68 ff. beschreibt die beiden Philoponos-Abschnitte ausführlich, stellt die arabischen Texte dem griechischen Original gegenüber und deutet die durch diese Gegenüberstellung erhaltenen Ergebnisse.

13 Ausführlich besprochen in Giannakis (2002–2003), der die Fragmente auf Arabisch und in englischer Übersetzung anführt und mit dem griechischen Original vergleicht.

14 Zu Ibn al-Faḍl, siehe Graf (1947) 52–64; Treiger (2011) und besonders zu seiner Übersetzungstätigkeit, siehe auch Roberts (2020).

15 MS Vatikan, Ar. 164, fol. 1b und MS Bodleian, Marsh 408, fol. 1b.

jemand sagt" – „dann sag",[16] durchbrechen. Solche Strukturen eignen sich besonders zu polemischen Zwecken und dazu, dem Leser Argumente zur Widerlegung an die Hand zu geben, sollte er sich mit falschen Behauptungen konfrontiert sehen.

Die beiden Versionen der *Erheiterung des Gläubigen* unterscheiden sich in ihrem Aufbau.[17] In der vermutlich älteren, ersten Version, die sich in einer einzigen Handschrift aus dem dreizehnten Jahrhundert n. Chr. im Vatikan erhalten hat, dürfte Ibn al-Faḍl al-Anṭākī zunächst sein Material aus verschiedenen Quellen zusammengesucht haben. Daher finden sich Exzerpte aus ein und derselben Quelle in aufeinanderfolgenden Fragen und Antworten. In der jüngeren, zweiten Version, die in mehreren Handschriften belegt ist, hat al-Anṭākī das exzerpierte Material dann nach inhaltlichen Kriterien neu zusammengestellt, sodass Fragen und Antworten aus einer Quelle nicht mehr in einem Stück präsentiert werden. Zudem werden die Fragen und Antworten in vier Abschnitte untergliedert, in denen die Fragen von eins bis hundert (bzw. 65 im letzten Abschnitt) durchnummeriert werden. So hat der Autor nach eigenen Angaben für seinen Leser an jedem Tag des Jahres eine Frage und Antwort zur Erbauung und Weiterbildung bereitgestellt.

Eine Frage und Antwort aus der *Erheiterung des Gläubigen*, in der eine Analogie zwischen dem Schöpfer der Welt und der Sonne hergestellt wird, schreibt Ibn al-Faḍl al-Anṭākī ausdrücklich Philoponos zu. Ein Vergleich mit dem griechischen Original von *Über die Ewigkeit der Welt* zeigt, dass es sich dabei tatsächlich um eine Wiedergabe einer Passage aus Philoponos' Widerlegung des ersten proklischen Argumentes handelt. Die in der älteren Version unmittelbar auf den dem Philoponos zugeschriebenen Abschnitt folgende Frage und Antwort kann durch den Vergleich mit dem griechischen Original ebenfalls der ersten Widerlegung zugeordnet werden. Die dem Philoponos zugeschriebenen Abschnitt unmittelbar vorausgehende Frage und Antwort kann aufgrund eines parallelen Fragmentes bei al-Isfizārī als Zusammenstellung von Proklos' erstem Argument und dem Beginn der philoponischen Widerlegung gedeutet werden. Hierzu ist keine griechische Vorlage erhalten, da der Anfang von *Über die Ewigkeit der Welt*, wie zuvor erwähnt, heute verloren ist. Die in der älteren Version der *Erheiterung des Gläubigen* zusammenhängenden Fragmente sind in der jüngeren Version auf die Fragen und Antworten 14, 49 und 60 des ersten Teiles verteilt.

---

16 Derartige Strukturen sind vor allem auch aus dem *Kalām*, also der rationalen islamischen Theologie bekannt, siehe van Ess (1976) 23–25; oder auch Treiger (2016) 29–34.

17 Meine im Folgenden dargelegte Hypothese über das Verhältnis der beiden Versionen zueinander stützt sich auf einen kursorischen Vergleich der Handschriften aus dem Vatikan (13. Jh. n. Chr.) und der Bodleian in Oxford (1032 *hiǧrī*, d. i. 1622/3 n. Chr.), muss aber im Detail noch überprüft werden. Die in beiden Handschriften vorhandenen Textpassagen stimmen, abgesehen von ihrer unterschiedlichen Anordnung im Textganzen, wortwörtlich überein. Im Vorwort wird beispielsweise lediglich die Aussage, dass Ibn al-Faḍl das Wissen seiner Vorgänger gesammelt habe, um es den Nachfolgenden zu hinterlassen durch die Präzisierung ersetzt, dass er die Fragen und Antworten in 4 Abschnitten und 365 Einheiten angeordnet habe. Für weitere Handschriften der Version in 365 Fragen und Antworten, siehe Treiger (2011) 105–106.

So bewahrt Ibn al-Faḍl al-Anṭākī folgende drei Fragmente aus Philoponos' *Über die Ewigkeit der Welt*:

	Erheiterung des Gläubigen **ältere Version, MS Vatikan, fol.**	***Erheiterung des Gläubigen*** **jüngere Version, Teil 1**	***Über die Ewigkeit der Welt*** **(ed. Rabe)**	**Parallele Fragmente**
1. Fragment	178a–179a	Frage 49	14.20–27, 16.24–17.2, 17.15–25, 18.16–19.1	
2. Fragment	179a–180a	Frage 60	20.21–26, 20.13–15, 21.6–10, 21.27–22.10	
3. Fragment	176b–178a	Frage 14	nicht erhalten	al-Isfizārī

Fragment 1 mit ausdrücklicher Zuschreibung an Philoponos[18]

Aus: Ibn al-Faḍl al-Anṭākī, *Buch der Erheiterung des Gläubigen*[19]
Frage:[20]
Wenn jemand sagt: Der Schöpfer ist die Ursache der Welt wie die Sonne die Ursache des Lichtes ist. Wie die Sonne und das Licht zusammen sind, ebenso sind der Schöpfer und die Welt zusammen.
Antwort:
Dann sag: Dieser Vergleich ist nicht richtig.[21] Denn die Sonne hat zweifaches Licht, eines davon ist in ihrem (d.i. der Sonne) Körper bestehend und in ihr substantiiert – und jenes Licht ist die

---

18 In der handschriftlichen Überlieferung ist die Zuschreibung leicht entstellt, da in Philoponos' arabische Namensform Yaḥyā al-Naḥwī ein Namensbestandteil des arabischen Autors Yaḥyā ibn ʿAdī eingefügt worden ist. Siehe dazu im Folgenden, S. 133.

19 Arabische Edition mit Gegenüberstellung des Griechischen und englische Übersetzung, siehe Wakelnig (2013), 303–305. Meine arabische Edition der drei Fragmente beruht lediglich auf MS Marsh 408, deren Text aber, wie der Vergleich mit MS Vatikan, Ar. 164 für den vorliegenden Beitrag ergab, mit dem Text von MS Vatikan ident ist.

20 So in MS Vatikan, Ar. 164, fol. 178a, hingegen MS Marsh 408, fol. 25b: „49. Frage".

21 Für die Vergleiche mit dem griechischen Original gebe ich nicht nur die im Arabischen aufgenommenen Sätze bzw. Satzteile an, sondern einen etwas größeren Kontext.
Vgl. Rabe (1899) 14.20–27: ἃς γὰρ ἡμῖν τοῦ συναΐδιον εἶναι τῷ θεῷ τὸν κόσμον εἰκόνας παράγουσιν δεικνύντες, ὡς οἴονται, ὅτι ἔστιν τινὰ αἰτιατὰ ἅμα τοῖς αἰτίοις ἑαυτῶν συνυπάρχοντα, οὐδὲν ὁρῶ κοινὸν ἐχούσας πρὸς τὸ ζητούμενον· ὁ γὰρ ἥλιος, φασίν, αἴτιος ὢν τοῦ φωτὸς αὐτῷ τῷ εἶναι δημιουργεῖ αὐτὸ καὶ οὔτε τοῦ ἡλίου τὸ φῶς οὔτε τοῦ φωτὸς ὁ ἥλιος οὔτε πρότερός ἐστιν οὔθ' ὕστερος·
Und die deutsche Übersetzung, Scholten (2009) II, 349–351: „Denn die Bilder, die sie (*sc.* die Neuplatoniker) uns für eine gemeinsame immerwährende Dauer des Kosmos mit Gott beibringen, um zu beweisen, wie sie glauben, daß es Verursachtes gibt, das zugleich mit seiner Ursache existiert, haben, wie ich sehe mit dem untersuchten Gegenstand nichts gemeinsam. Die Sonne nämlich, sagen sie (*sc.* die Neuplatoniker), ist ursächlich für das Licht und erschafft es durch das Sein selbst, und weder ist das Licht früher oder später als die Sonne, noch die Sonne früher oder später als das Licht [..]."

Form der Sonne, die für die Natur der Sonne konstituierend ist. Ein Ding ist jedoch nicht die Wirkursache seiner selbst.[22] Das andere Licht emaniert von der Sonne zu dem von der Sonnensphäre Umgebenen. Es ist ein verschwindendes und vergängliches Licht. Es ist kein einziges Licht, sondern etwas, das die Sonne beständig hervorbringt. Wenn das so ist, dann ist die Sonne in ihrem Wesen jedem Licht vorausgehend, das sie in dem hervorbringt, was von ihrer Sphäre umgeben wird. Das Argument, mit dem Du dafür argumentiert hast, dass die Sonne die Ursache für ihr Leuchten ist, das aus ihr erzeugt wird, ist nichtig. Der Beweis dafür, dass das von der Sonne emanierende Licht verschwindend und vergänglich ist, ist, dass es, wenn die Dunkelheit es beschmutzt, vergeht.[23] Du musst wissen, dass das Licht auf zwei Arten ist, ein materielles und ein immaterielles. Das materielle ist bestehend durch die Sonne, den Feuerkörper und die übrigen Himmelskörper. Das, das immateriell ist, ist das, durch das die Luft von der Sonne erleuchtet wird. Es ist das verschwindende und vergängliche Licht.[24] Dies gehört zu den Worten von Johannes [Sohn von ʿAdī] dem Grammatiker (Yaḥyā [ibn ʿAdī] al-Naḥwī, <d.i. Philoponos>) – möge Gott sich seiner erbarmen.

---

22 Vgl. Rabe (1899) 16.24–17.2: Πρὸς δὲ τὸ ἀπὸ τοῦ ἡλίου ὑπόδειγμα ἐκεῖνό φαμεν· ἐπειδὴ τὸ φῶς διττόν ἐστιν, τὸ μὲν ἐν αὐτῇ συνυποστὰν τῇ τοῦ ἡλίου σφαίρᾳ οὐσιωμένον φῶς εἰδοποιόν τέ ἐστιν καὶ συμπληρωτικὸν τῆς τοῦ ἡλίου φύσεως, <ὡς> παντί τῳ δῆλον· ἑκάστου δὲ τὸ τί ἦν εἶναι καὶ ἡ οὐσία κατὰ τὸ εἶδός ἐστιν· οὐδὲν δὲ αὐτὸ ἑαυτοῦ ἐστιν δημιουργικὸν αἴτιον·
Und die deutsche Übersetzung, Scholten (2009) II, 355: „Zum Beispiel von der Sonne haben wir folgendes zu sagen [..]: Es gibt zweierlei Licht [..]: (1) einmal das Licht, das in der Sonnenkugel seine Substanz hat und gemeinsam mit ihr da ist; es schafft die Form (*sc.* der Sonne) und macht einen wesentlichen Bestandteil der Natur der Sonne aus, <wie> jedem klar ist; die Wesensbestimmung und die Substanz eines jeden aber unterliegt der Form; nichts aber ist die schöpferische Ursache seiner selbst."

23 Vgl. Rabe (1899) 17.15–25: Τὸ δὲ ἐν ἀέρι χεόμενον φῶς οὐκ ἀεὶ τὸ αὐτὸ ὑπάρχει· φθαρτὸν γὰρ εἶναι ὡμολόγηται· διαδέχεταιγὰρ αὐτὸ σκότος· οὐδὲ γὰρ ὑπομένει ἀεὶ τὸ αὐτό, ἀλλ' ἐν τῷ γίνεσθαι τὸ εἶναι ἔχει, ὥσπερ καὶ ἡ κίνησις καὶ ὁ χρόνος· ὅθεν ἅμα τῷ ἀποστῆναι τὸ φωτίζον εὐθὺς καὶ τὸ ἐν τῷ ἀέρι φῶς εἰς τὸ μὴ ὂν μεθίσταται, ὥσπερ ἀμέλει μὴ ὄντος τοῦ κινουμένου οὐδὲ κίνησίς ἐστιν οὐδὲ χρόνος. ὥστε οὐδὲ ἐκεῖνο ἀληθές, οὗ χάριν τὴν τοῦ φωτός τε καὶ τοῦ ἡλίου εἰκόνα παρειλήφασιν, λέγω δὴ τὸ εἶναί τι παρ' ἑτέρου γινόμενον μὴ ὕστερον τοῦ ποιοῦντος·
Und die deutsche Übersetzung, Scholten (2009) II, 357: „(2) (a) Das in der Luft ausgegossene Licht aber ist nicht immer dasselbe; denn es ist zugegebenermaßen vergänglich, weil ihm die Finsternis folgt. Nicht immer nämlich bleibt es dasselbe, sondern es hat das Sein im Werden, wie (es) auch (bei der) Bewegung und der Zeit (der Fall) ist. Daher geht auch zugleich mit der Entfernung des Erleuchtenden sofort das Licht in der Luft in nichts über, ebenso wie es selbstverständlich keine Bewegung und keine Zeit gibt, wenn es nichts gibt, was sich bewegt. Daher ist auch jene (Auffassung) nicht wahr, derentwegen sie (*sc.* die Neuplatoniker) das Bild von Licht und Sonne aufgeboten haben, ich meine, daß etwas durch ein anderes existiert, das nicht später als der Urheber entsteht [..]."

24 Vgl. Rabe (1899) 18.16–19.1: ὅτι δὲ φθαρτὸν τὸ ἐν ἀέρι φῶς καὶ ἄλλοτε ἄλλο κατ' ἀριθμόν, καὶ αὐτὴ μὲν ἡ ἐνάργεια πιστοῦται καὶ ὁ Πρόκλος δὲ σαφῶς ἐν τῷ περὶ φωτὸς ἐδίδαξεν λόγῳ· φησὶν γὰρ οὕτως 'εἰ δὲ τὸ μὲν ἔνυλον τὸ δὲ ἄυλον φῶς κατὰ τὴν τῶν φωτιζόντων πυρός τε καὶ ἡλίου διαφοράν, τὸ μὲν ἄυλον πῶς φθείρεται, τὸ δὲ ἔνυλον πῶς διὰ τῶν ἐνύλων δίεισιν; οὐδὲν γὰρ μᾶλλον ὅλος ὁ ἀὴρ ἡμῖν φωτιζόμενος φαίνεται καὶ ἀφ' ἡλίου καὶ ἐκ τοῦ παρ' ἡμῖν φωτὸς τοῦ ἐκ τοῦ πυρός· καὶ μὴν καὶ νέφους ὑποδραμόντος τὸν ἥλιον ὑπὸ θάτερα τέτμηται τὸ φῶς καὶ οὐκ ἔστιν ὅλως'. ταῦτα μὲν ὁ Πρόκλος.
Und die deutsche Übersetzung, Scholten (2009) II, 359: „(b) Daß aber das Licht in der Luft vergänglich ist und jedesmal zahlenmäßig ein anderes ist, macht sowohl die Anschauung glaubhaft und hat überdies Proclus deutlich in der Abhandlung über das Licht gelehrt [..]. Er sagt nämlich folgendermaßen: ‚Wenn das eine Licht stofflich, das andere unstofflich ist gemäß dem Unterschied der Erleuchtenden, Feuer und Sonne, wie wird einerseits das Unstoffliche zerstört, wie andererseits geht das Stoffliche durch

Dieses Fragment nimmt jenen Teil von Philoponos' Widerlegung des ersten proklischen Arguments auf, indem er sich mit der Behauptung auseinandersetzt, dass ein gütiger Gott alles als mit sich selbst ident schaffen müsste. Dagegen führt Philoponos an, dass etwas Geschaffenes nie seinem Schöpfer gleichen kann, denn jedes Geschaffene ist in allen Hinsichten seinem Schöpfer unterlegen und jede Ursache ist ihrer Wirkung vorausgehend. Dann führt er nicht näher benannte Gegner an,[25] die aufweisen wollen, dass die Welt gleichewig mit Gott sei, indem sie vorbringen, dass bestimmte Verursachte mit ihren Ursachen zugleich existieren können, wie die Sonne und ihr Licht oder die Körper im Licht und ihre Schatten[26]. Ibn al-Faḍl al-Anṭākī formuliert aus dem gegnerischen Einwand seine Frage und fasst Philoponos' Widerlegung der Analogie in seiner Antwort zusammen. Dabei lässt sich feststellen, dass das Hauptaugenmerk des Philoponos nicht beibehalten wird und bis zu einer Seite edierter griechischer Text der Teubner-Edition übergangen wird. Beide Veränderungen können kaum dem arabischen Übersetzer von *Über die Ewigkeit der Welt* zur Last gelegt werden, vor allem nicht erstere, d. i. die Verschiebung des Hauptaugenmerks von der Frage des Verhältnisses vom Schöpfer zur Welt zu einer bloßen Erörterung der Beziehung der Sonne zu ihrem Licht. In Ibn al-Faḍls Fragment wird der philoponische Kontext des Sonnenbeispiels lediglich in der Frage angedeutet, während in der Antwort zunächst die Analogie kategorisch abgelehnt wird, aber dann nicht mehr auf den reinen Beispielcharakter des Falls der Sonne und ihres Lichtes eingegangen wird, sondern diese Beziehung zum eigentlichen Thema gemacht wird. Eine weitere Auslassung des Fragmentes, die auf Ibn al-Faḍl zurückgehen dürfte, ist die Tilgung des Namens Proklos, der in der griechischen Version mit seiner heute nicht mehr erhaltenen Abhandlung über das Licht zitiert wird, in der er materielles und immaterielles Licht unterschieden haben muss. Diese Unterscheidung wird von Ibn al-Faḍl zitiert, nicht aber die Zuschreibung an Proklos. Für die arabische Version von *Über die Ewigkeit der Welt* hingegen ist anzunehmen, dass der Übersetzer diese Zuschreibung beibehalten hat, handelt es sich doch um eine Übertragung von Philoponos' Widerlegung des Proklos und ist daher genau zu dokumentieren, was Proklos gedacht hat. Philoponos geht es darum, aufzuzeigen, dass selbst Proklos von vergänglichem Sonnenlicht ausgeht und daher der Vergleich zwischen Sonnenlicht und Welt nicht zur Annahme einer unvergänglichen Welt führen kann. Hier kann also mit

---

Stoffliches hindurch? Denn um nichts mehr erscheint uns die ganze Luft erleuchtet sowohl durch die Sonne als auch durch das Licht hier bei uns aus dem Feuer; wenn eine Wolke unter der Sonne vorbeizieht, wird vollends auch das Licht auf der anderen Seite abgeschnitten und ist überhaupt nicht (mehr)'. Soweit Proclus [..]."

25 Siehe Rabe, 14.20–27 und 16.24ff. Scholten (2009) II, 349 erkennt hierin die Neuplatoniker, siehe Fn. 21.

26 Das Schattenbeispiel fehlt in Ibn al-Faḍl al-Anṭākīs Fragment. Das mag daran liegen, dass Philoponos selbst darüber sagt, es sei keiner Beachtung würdig, bevor er es dennoch im Detail widerlegt. Nicht zu klären ist aber die Frage, ob bereits der arabische Übersetzer von *Über die Ewigkeit der Welt* auf die Übertragung dieses – laut Philoponos wertlosen – Beispiels verzichtet hat.

einiger Sicherheit vermutet werden, dass Ibn al-Faḍl das Fragment gegenüber seiner Quelle inhaltlich verändert, um eine andere Aussage zu erzielen.

Al-Anṭākī beschließt seine Frage und Antwort mit der Zuschreibung an Philoponos in der Formulierung „Dies gehört zu den Worten von Yaḥyā ibn ʿAdī al-Naḥwī". Aufgrund der Frage-und-Antwort-Form seiner *Erheiterung des Gläubigen* liegt es nahe, diese Zuschreibung und damit den Umfang des philoponischen Fragments auf den gesamten Text der Frage und Antwort zu beziehen, auch wenn wir im Folgenden sehen werden, dass auch die vorausgehende und folgende Frage und Antwort auf Philoponos zurückgreifen. Die in der Zuschreibung verwendete Namensform Yaḥyā ibn ʿAdī al-Naḥwī ist auch in anderen arabischen Quellen belegt,[27] jedoch problematisch. Sie scheint zwei Autoren miteinander zu verschmelzen, zum einen Yaḥya al-Naḥwī, d.i. Johannes den Grammatiker, wie Philoponos in der arabischen Tradition genannt wird, und zum anderen den miaphysitischen Theologen und Aristoteliker des 10. Jh. n. Chr., Yaḥyā ibn ʿAdī.[28] Diese Namensform ist zwar bereits in der älteren Version der *Erheiterung des Gläubigen* belegt, kann aber am ehesten als wohlgemeinter, aber falscher Zusatz eines Kopisten erklärt werden. Denn es lässt sich vermuten, dass Ibn al-Faḍl Philoponos und Yaḥyā ibn ʿAdī, den er anonym in seiner *Erheiterung des Gläubigen* zitiert, auseinanderhalten konnte.[29] Außerdem schreibt er in einem anderen seiner Werke, seinem *Großen Buch des Nutzens* (*Kitāb al-Manfaʿa al-kabīr*), eine Philoponos-Passage richtigerweise Yaḥyā al-Naḥwī zu und eben nicht Yaḥyā ibn ʿAdī al-Naḥwī. Wie dem auch sei, in jedem Fall zeigt sich hier, dass eine in einem Fragment erhaltene Zuschreibung an einen bestimmten Autor auch irreführend sein kann. In unserem Fall würden wir ohne die Existenz des griechischen Originals von Philoponos' *Über die Ewigkeit der Welt* wahrscheinlich annehmen, dass al-Anṭākī aus einem nicht mehr erhaltenen Werk Yaḥyā ibn ʿAdīs zitiert.[30] Ein weiterer Fall von irreführender Zuschreibung lässt sich in Fragment 2 beobachten.

---

27 Eine Verwechslung von Johannes Philoponos (Yaḥyā al-Naḥwī) und Yaḥyā ibn ʿAdī und die daraus resultierende Namensform Yaḥyā ibn ʿAdī al-Naḥwī ist in arabischen Quellen häufig, siehe Gannagé (2012) 504.

28 Zu Yaḥyā ibn ʿAdī, siehe Endress (2012) 301–324.

29 In seiner Frage „Kennt Gott die Einzeldinge oder nicht?" zitiert Ibn al-Faḍl al-Anṭākī den Gelehrten Yaḥyā ibn ʿAdī wortwörtlich nach dessen *Antworten des Meisters Yaḥyā ibn ʿAdī auf drei Fragen, die er von seinem Freund Abū ʿAlī Saʿīd ibn Dādīšuʿ gefragt wurde* (Samir 1986), jedoch ohne jegliche Zuschreibung.

30 So z. B. Sepmeijer (1990–1991) 117.

Fragment 2

Aus: Ibn al-Faḍl al-Anṭākī, *Buch der Erheiterung des Gläubigen*[31]
Frage:
Wenn jemand sagt: Was ist die Definition von Licht?
Antwort:
So ist das Reden darüber vielfältig. Was Platon betrifft, so sagt er, dass das Licht eine Form für das leuchtende Ding ist. Davon ausgehend behauptet er, dass das Leuchten der Sonne, das von ihr emaniert, die Form der Sonne ist[32] und dass es ohne Vergehen und ohne Unterbrechung mit dem Hinweggehen des Sonnenkörpers von seinem Platz, der von der Sonne sichtbar gemacht wurde, hinweggeht.[33] Was Plotin betrifft, so sagt er, dass das Licht eine Aktualität des Leuchtenden ist und dass daher, wenn das Leuchtende anwesend ist, auch seine Aktualität anwesend ist, und wenn das, dessen Aktualität das Licht ist, abwesend ist, mit ihm seine Aktualität abwesend ist.[34] Was Aristoteles betrifft, so sagt er im Kapitel seines Buches über die Seele, dass das Licht (die Ursache?) des Erleidens des durchsichtigen Dinges ist (? <*ʿillat*> *al-ḍawʾ infiʿāl al-šayʾ al-ṣāfī*). Im durchsichtigen Ding ist das Licht potentiell, selbst wenn es dunkel ist. Jedoch ist das durchsichtige Ding aktuell leuchtend bei der Anwesenheit von Feuer oder was ihm gleicht, wie die Himmelskörper, denn sie besitzen Licht in andauernder Aktualität. So wird das Licht wie wenn es die Farbe des durchsichtigen Dinges wäre, wenn es vom Zustand der Potentialität in den Zustand der Aktualität heraustritt. Er sagt: und ich meine mit den durchsichtigen Dingen die Luft, das Wasser und was diesen beiden an lichtdurchlässigen Körpern gleicht.[35]

---

31 Arabische Edition mit Gegenüberstellung des Griechischen und englische Übersetzung, siehe Wakelnig (2013), 307–309.

32 Vgl. Rabe (1899) 20.21–26: εἰ δ’ ὅλως καὶ συγχωρήσειέ τις συμπεριπολεῖν τῷ ἡλίῳ τὸ ἐν ἀέρι φῶς, δηλονότι ἀχώριστον ἔσται τοῦ φωτίζοντος· εἰ δὲ τοῦτο, εἶδος ἂν εἴη ἢ πάθος αὐτοῦ· καὶ γὰρ καὶ τῷ Πλάτωνι δοκεῖ εἶδος εἶναι τὸ φῶς τοῦ φωτίζοντος.
Und die deutsche Übersetzung, Scholten (2009) II, 363: “(dβ) Wenn dennoch jemand einräumte, das Licht in der Luft würde mit der Sonne herumwandern, wird es offensichtlich vom Erleuchtenden untrennbar sein; wenn dies aber (so ist), wäre es Form oder Affiziertsein von ihm; denn auch Platon ist der Meinung, das Licht sei Form des Erleuchtenden [..].“

33 Vgl. Rabe (1899) 20.13–15: Εἰ δέ τις μὴ φθείρεσθαι λέγοι τὸ ἐν ἀέρι γινόμενον φῶς ἀλλὰ τῷ φωτίζοντι συμπεριπολεῖν, μάλιστα μὲν οὐκ ἀληθὴς ἡ τοιαύτη ὑπόνοια, ...
Und die deutsche Übersetzung, Scholten (2009) II, 363: “(dα) Wenn aber jemand sagte, das Licht in der Luft sei nicht zerstörbar, sondern bewege sich gemeinsam mit dem Erleuchtenden herum, ist eine solche Vermutung sehr unwahr“.

34 Vgl. Rabe (1899), 21.6–10: τὸ αὐτὸ δ’ ἂν εἴποι τις καὶ κατὰ Πλωτῖνον ‘ἐνέργειά ἐστιν τοῦ φωτίζοντος τὸ φῶς εἰς ἄλλα προϊοῦσα’. διό φησιν καὶ ‘παρόντος μὲν τοῦ ἐνεργοῦντος πάρεστιν ἡ ἐνέργεια, ἀπελθόντος δὲ συνάπεισιν’·
Und die deutsche Übersetzung, Scholten (2009), II, 365: „(dγ) Im Anschluß an Plotin könnte jemand dasselbe auch so sagen: ‚Das Licht ist Aktualität des Erleuchtenden, die zu anderem hingeht‘ [..]. Deshalb sagt er auch: ‚Wenn das, was die Aktualität schafft, anwesend ist, ist auch die Aktualität anwesend, wenn es sich entfernt, geht sie auch gemeinsam mit ihm weg‘ [..].“

35 Vgl. Rabe (1899) 21.27–22.10: οὕτω γὰρ καὶ Ἀριστοτέλης ἐν τῷ δευτέρῳ τῶν περὶ ψυχῆς ἀπεφήνατο· ἔχει <δὲ> ἡ λέξις οὕτως ‘φῶς δέ ἐστιν ἡ τούτου ἐνέργεια τοῦ διαφανοῦς, ᾗ διαφανές. δυνάμει δὲ ἐν οἷς τοῦτό ἐστιν, καὶ τὸ σκότος. τὸ δὲ φῶς οἷον χρῶμά ἐστιν τοῦ διαφανοῦς, ὅταν ᾖ ἐντελεχείᾳ διαφανὲς ὑπὸ πυρὸς ἢ τοιούτου οἷον τὸ ἄνω σῶμα· καὶ γὰρ τούτοις τοῦτο ὑπάρχει ἓν καὶ ταὐτό. τί μὲν οὖν τὸ διαφανὲς

In dieser Frage seiner *Erheiterung des Gläubigen* beschäftigt sich Ibn al-Faḍl al-Anṭākī mit der Definition von Licht und führt in der Antwort unterschiedliche Definitionen dreier antiker Philosophen, Platon, Plotin und Aristoteles an. Die Nennung ihrer Namen könnte dazu verleiten, anzunehmen, dass Ibn al-Faḍl hier aus den Werken dieser drei Philosophen zitiert[36] oder zumindest einer doxographischen Quellen, in der unterschiedliche Definitionen von Licht angegeben werden. Dass er aus Philoponos' *Über die Ewigkeit der Welt* exzerpiert und die Zuschreibungen an die einzelnen griechischen Autoritäten direkt aus seiner Vorlage übernimmt, lässt sich nur anhand des glücklicherweise erhaltenen griechischen Originals belegen. Indirekt zu zitieren, also Zuschreibungen und Zitate aus der eigenen Quelle zu übernehmen, jedoch ohne diese unmittelbare Quelle selbst zu erwähnen, kann bei Ibn al-Faḍl al-Anṭākī und allgemein in der arabischen Literatur häufig beobachtet werden. Gleiches gilt ebenso für die griechische Literatur und so ist bei Zuschreibungen immer größte Vorsicht geboten.[37] In der älteren Version der *Erheiterung des Gläubigen* schließt Fragment 2 unmittelbar an Fragment 1 an, was darauf schließen lässt, dass al-Anṭākī sie in einem Stück aus seiner arabischen Philoponos-Quelle exzerpiert hat. Die Passagen, die die beiden Fragmente wiedergeben, folgen auch im griechischen Original aufeinander, wobei jedoch zwischen ihnen etwa eine Seite der Teubner-Edition übersprungen wird.

καὶ τί τὸ φῶς, εἴρηται'. ταῦτα μὲν οὖν περὶ τοῦ φωτὸς ὁ Ἀριστοτέλης ἐναργῶς εἶδός τι καὶ τελειότητα τοῦ διαφανοῦς εἶναι λέγων τὸ φῶς. εἰ οὖν τὸ διαφανὲς ἐν ἀέρι ἐστὶν καὶ ὕδατι καὶ τοῖς παραπλησίοις, ... Und die deutsche Übersetzung, Scholten (2009) II, 367: „Denn so hat es auch Aristoteles im zweiten Buch (der Schrift) über die Seele dargestellt. Wörtlich heißt es: ‚Licht ist die Aktualität des Durchsichtigen, insofern es durchsichtig ist, wo es (*sc.* das Durchsichtige) aber nur potentiell da ist, gibt es auch Finsternis. Das Licht ist gleichsam die Farbe des Durchsichtigen, sobald es wirklich durchsichtig ist durch Feuer oder ein Ähnliches (*sc.* die Sonne), wie (es zum Beispiel beim) oberen Körper (*sc.* dem fünften Element) (der Fall ist); denn auch in diesen ist es (*sc.* das Durchsichtige) ein und dasselbe [..]. Damit ist also gesagt, was das Durchsichtige und was das Licht ist' [..]. Soweit Aristoteles über das Licht; er sagt deutlich, daß es eine gewisse Form und Vollendung des Durchsichtigen ist. Wenn nun das Durchsichtige in der Luft und im Wasser und Ähnlichem ist, [...]".

36 So angenommen von Sepmeijer (1990–1991) 117 und Daiber (2012) 5, der sogar behauptet (Fn. 17), dass „a comparison proves that Ibn al-Faḍl relied on the Greek original [of Aristotle's *De anima*] and did not use the shortened late Hellenistic paraphrase, which was translated into Arabic in the school of al-Kindī".

37 In Frage 4 des *Buches der Erheiterung des Gläubigen* führt Ibn al-Faḍl al-Anṭākī Platon und Aristoteles an, die die Einheit Gottes behauptet hätten und greift dafür auf ʿAmmār al-Baṣrīs *Buch des Beweises* (*Kitāb al-burhān*) zurück. Das mag auch für Ibn al-Faḍls Pythagoras-Zitat gelten, dass aber in Hayeks Edition des *Buches des Beweises* (1986, 22–23) nicht enthalten ist. In Frage 20 beispielsweise zitiert Ibn al-Faḍl al-Anṭākī aus Yaḥyā ibn ʿAdī, der selbst auf Galen und dessen Werk *Über den Nutzen der Körperteile* zurückgreift. Daher halten Daiber (2012), 4 und Sepmeijer (1990–1991), 116 dieses Zitat Ibn al-Faḍls für ein Galen-Zitat. Sepmeijer (ebenda, Fn. 8) scheint davon auszugehen, dass Yaḥyā ibn ʿAdī und Ibn al-Faḍl dasselbe Zitat verwenden, ohne eine mögliche Abhängigkeit des letzteren von ersterem zu diskutieren. Ein weiteres Beispiel für indirektes Zitieren in der arabischen Literatur ist die philosophische Materialsammlung, die vermutlich im Umkreis des Gelehrten Miskawayhs (*fl.* 10/11. Jh.) entstanden ist und z. B. Platon und Aristoteles nach Werken Miskawayhs oder ʿAlī ibn Rabban al-Ṭabarīs zitiert, wodurch bei den Lesern der Eindruck entstehen muss, es handelt sich um direkte Platon- oder Aristoteles-Zitate. Wakelnig (2014), 165, 289, 293, 295, 299, 305.

Die Definitionen, die Ibn al-Faḍl im Namen von Plotin und Aristoteles anführt, entsprechen im Großen und Ganzen dem, was wir im griechischen Original lesen, auch wenn Philoponos die eine Definition nicht Plotin selbst zuschreibt, sondern nur von jemanden, der in dessen Tradition steht. Der Abschnitt dürfte von al-Anṭākī mehr oder weniger wortwörtlich aus der ihm vorliegenden arabischen Übersetzung von *Über die Ewigkeit der Welt* entnommen sein. Die platonische Definition hingegen gibt einige Rätsel auf. Hier werden einige Zeilen, die im griechischen Text unmittelbar der Erwähnung Platons vorausgehen, in die platonische Definition mithineingenommen. Ob sich dies aus einer Textumstellung in der arabischen Version erklären lässt oder ob Ibn al-Faḍl selbst in die Anordnung seiner Vorlage eingegriffen hat, ist schwer zu sagen. Letzteres wäre in jedem Fall denkbar, wenn wir etwa annehmen, dass die kurze Angabe Philoponos' „denn auch Platon ist der Meinung, das Licht sei Form des Erleuchtenden" Ibn al-Faḍl al-Anṭākī als Definition nicht ausreichend erschien und er deshalb kurzerhand zuvor Erwähntes in die vorgebliche Definition miteinfließen ließ. Ebenfalls schwierig zu klären ist ein Detailproblem innerhalb der aristotelischen Definition. Im Griechischen wird Licht als *energeia* (im Arabischen im Allgemeinen als *fiʿl* übersetzt) des Durchsichtigen beschrieben, während es bei Ibn al-Faḍl das *infiʿal* (übersetzt im Allgemeinen das griechische *pathos*) des Durchsichtigen genannt wird.[38] Es könnte sich dabei um eine willentliche Abweichung von Philoponos handeln, um die Aussage der aristotelischen Passage deutlicher zu machen, nämlich dass das Licht das Durchsichtige aktiviert und dabei auf das Durchsichtige einwirkt, das Durchsichtige also etwas vom Licht erleidet – was mit der ungewöhnlichen Formulierung „das Licht ist das Erleiden des Durchsichtigen" wiedergegeben wäre bzw. durch den Ausfall des Wortes „Ursache" (*ʿilla*) entstanden sein könnte. Selbst wenn eine derartige Absicht hinter der Textveränderung stehen sollte, ist es unmöglich zu entscheiden, ob sie vom Übersetzer des philoponischen Werkes oder von Ibn al-Faḍl stammt. Dass hingegen die Überlegungen, die Philoponos im Griechischen zwischen den verschiedenen Definitionen des Lichts anstellt, in der *Erheiterung des Gläubigen* fehlen, lässt sich damit erklären, dass Ibn al-Faḍl al-Anṭākī seine Zitate zu einem doxographischen Abriss verschiedener philosophischer Meinungen zum Licht zusammengestellt hat und kann daher als Auslassung unseres Autors gedeutet werden.

Fragment 3 mit parallelem Fragment bei al-Isfizārī und möglicher Rekonstruktion der Quelle

Aus: Ibn al-Faḍl al-Anṭākī, *Buch der Erheiterung des Gläubigen*[39]

---

38 Siehe Wakelnig (2013) 310 und bes. Fn. 51–52.

39 Arabische Edition mit Gegenüberstellung des Fragmentes von al-Isfizārī und englische Übersetzung, siehe Wakelnig (2013), 298–301.

Frage:
Wenn jemand sagt: Gott hat die Welt durch Seine Güte geschaffen. Wenn Er die Welt durch Seine Güte geschaffen hat und Er nicht einmal gütig und einmal nicht gütig ist, so hört die Schöpfung der Welt nicht auf, in ihrer Existenz der Existenz des Schöpfers, Er sei gepriesen, ähnlich zu sein. Denn Seine Güte ist Ursache für das Entstehen der Welt, und wenn das so ist, dann hört der Schöpfer nicht auf, die Schöpfung zu wollen, und es gibt kein Hindernis, das Ihn an Seinem Tun hinderte. So hört Er zweifellos nicht auf, Schaffender der Welt zu sein.
Antwort:
Dann sag: Wenn Gott, der Gepriesene und Erhabene, nicht aufhört, gütig zu sein, so ist es nötig, dass die Welt nicht aufhört, geschaffen zu sein. Zweifellos ist es nötig, dass, wenn du diese Prämisse in ihr Gegenteil umkehrst – d. i. „dass die Welt nicht immer in Existenz ist" –, Gott nicht immer gütig ist. Ein Beispiel dafür ist, dass jemand sagt: Wenn dieser Herankommende Mensch ist, ist er zweifellos ein Lebewesen. Die Umkehrung dieser Prämisse in ihr Gegenteil ist: Ist er kein Lebewesen, dann ist er kein Mensch.
Entsprechend diesem Beispiel kehren wir die Aussage deiner (unseren Anschauungen?) widersprechenden Prämisse in ihr Gegenteil um und sagen: „Wenn der Schaffende nicht aufhört, gütig zu sein, so hört Er zweifellos nicht auf, Schaffender der Welt zu sein", so ist die Umkehrung dieser Prämisse in ihr Gegenteil: „Wenn Er nicht aufhört, Nicht-Schaffender für die Welt zu sein, dann ist Er nie gütig." So folgt für dich, dass du die Welt zur Ursache für die Güte Gottes, des Erhabenen machst. Es liegt im Bereich des Möglichen, dass die Welt nicht immer in der Existenz existent ist, und so es ist notwendig, dass du sagst, dass es im Bereich des Möglichen liegt, dass Er nicht immer gütig ist. Denn du behauptest: „Wenn Gott immer gütig ist, dann ist es notwendig, dass die Welt immer ewig ist. Denn die Existenz der Welt ist der Güte[40] des Schöpfers ähnlich. Wenn man die Ewigkeit der Welt nicht begründet hat, so hat man zweifellos die Ewigkeit der Güte des Schöpfers nicht begründet." Die Ungehörigkeit dieser Aussage bedarf keiner Widerlegung.

Dass es sich bei dieser Frage und Antwort um ein Fragment aus der arabischen Übersetzung von *Über die Ewigkeit der Welt* handelt, ist nicht so einfach zu belegen, ist es doch dem Anfang des philoponischen Werkes entnommen und damit dem Teil, der auf Griechisch verloren ist. Glücklicherweise gibt es jedoch ein paralleles Fragment mit ausdrücklicher Zuschreibung an Philoponos' *Über die Ewigkeit der Welt* bei einem wahrscheinlich älteren Zeitgenossen al-Anṭākīs, dem Gelehrten al-Isfizārī. Außerdem bildet al-Anṭākī seine Frage diesmal dem proklischen Argument nach, das Philoponos vor seiner Widerlegung ausführlich zitiert, und so kann die Frage mit den zwei erhaltenen arabischen Übersetzungen von Proklos' *Argumenten für die Ewigkeit der Welt* verglichen werden. Von der älteren, anonymen Übersetzung haben sich die ersten acht, von der jüngeren Übersetzung Isḥāq ibn Ḥunayns haben sich die ersten neun Argumente erhalten.[41] Ibn al-Faḍls Darstellung des proklischen Arguments deckt sich im Wortlaut mit keiner der beiden erhaltenen arabischen Übersetzungen und enthält ein zusätzliches Element, nämlich die Idee, dass Gott an Seinem Schaffen gehindert werden könnte. In den beiden arabischen Versionen heißt es nur, dass Gott nicht einmal unvermögend und dann ver-

40 Hier wäre in Parallelität mit der in der Frage formulierten Behauptung auch möglich anzunehmen, dass im ursprünglichen Text Ibn al-Faḍls „Existenz" (*wuǧūd*) statt „Güte" (*ǧūd*) zu lesen war.
41 Siehe Wakelnig (2012) und Badawī (1977) 34–42.

mögend sei, zu schaffen, denn das würde Veränderung in Gott bedeuten, während Er unveränderlich ist. Diese Abweichung kann entweder auf Ibn al-Faḍl al-Anṭākī zurückgehen, der z. B. versucht haben könnte, das proklische Argument kürzer darzustellen, oder auf den Übersetzer der arabischen Version von Philoponos' *Über die Ewigkeit der Welt*. Für letztere Annahme spricht der Umstand, dass sich das Element des Hinderns auch in der Wiedergabe einiger proklischer Argumente durch einen Gelehrten des 12. Jh., al-Šahrastānī findet.[42] Al-Šahrastānīs Darstellung scheint auf keiner der beiden erhaltenen arabischen Versionen von Proklos' Schrift zu beruhen, könnte aber auf die philoponische Wiedergabe der proklischen Argumente jeweils vor deren Widerlegung zurückgehen. Der Textbefund in Ibn al-Faḍl al-Anṭākī und al-Šahrastānī legt daher die Annahme nahe, dass die arabische Version von Philoponos' *Über die Ewigkeit der Welt* eine eigene, von beiden arabischen Proklos-Übertragungen abweichende Übersetzung der proklischen Argumente enthielt. Hier stellt sich zudem die Frage, ob den drei arabischen Übersetzern der gleiche griechische Text der proklischen Argumente für die Ewigkeit der Welt vorlag oder ob etwa davon ausgegangen werden muss, dass Philoponos die proklischen Argumente nicht wortwörtlich zitierte und schon für die griechischen Vorlagen der arabischen Übertragungen Unterschiede angenommen werden müssen.[43]

Die philoponische Widerlegung kleidet Ibn al-Faḍl in seine „Antwort" und ermöglicht damit folgende Rekonstruktion: Philoponos macht sich bei seiner Widerlegung des proklischen Argumentes von der göttlichen Güte eine dialektische Strategie zunutze, die in der aristotelischen *Topik* II, 8 beschrieben wird:[44]

> Da es vier Arten der Entgegensetzung gibt, sind die Kontradiktionen aufgrund der umgekehrten Folgebeziehungen zu prüfen, sowohl beim Bestreiten als auch beim Aufstellen, sie sind aber durch Induktion zu erfassen. Wenn zum Beispiel der Mensch ein Lebewesen ist, dann ist das Nicht-Lebewesen kein Mensch. Ähnlich verhält es sich aber auch bei den anderen. Denn hier ist die Folgebeziehung umgekehrt: [..] Zwar folgt auf Mensch Lebewesen, auf Nicht-Mensch folgt aber nicht Nicht-Lebewesen, sondern es folgt umgekehrt auf Nicht-Lebewesen Nicht-Mensch. Bei allen (Kontradiktionen) muss es in dieser Art gefordert werden.

Dies auf die proklische These angewandt ergibt die umgekehrten Folgebeziehungen von „Gott ist immer gütig, daher schaffend" zu „Gott ist nie schaffend, daher nie gütig". Daraus leitet Philoponos ab, dass Proklos die Welt zur Ursache für die Güte Gottes macht. Denn wenn es möglich ist, dass die Welt nicht immer vorhanden ist, dann muss Proklos auch zugeben, dass Gott nicht immer gütig ist. Verkürzt aber, wie wir sehen

---

42 Siehe Badrān (1955) 157.

43 Der griechische Text der proklischen Argumente ist verloren und kann nur aus den Fragmenten bei Philoponos rekonstruiert werden.

44 Übers. Wagner u. Rapp (2004) 90–91. Der griechische Text lautet (113b15–22): Ἐπεὶ δ' αἱ ἀντιθέσεις τέτταρες, σκοπεῖν ἐπὶ μὲν τῶν ἀντιφάσεων ἀνάπαλιν ἐκ τῆς ἀκολουθήσεως, καὶ ἀναιροῦντα καὶ κατασκευάζοντα, λαμβάνειν δ' ἐξ ἐπαγωγῆς. οἷον εἰ ὁ ἄνθρωπος ζῷον, τὸ μὴ ζῷον οὐκ ἄνθρωπος· ὁμοίως δὲ καὶ ἐπὶ τῶν ἄλλων. ἐνταῦθα γὰρ ἀνάπαλιν ἡ ἀκολούθησις· τῷμὲν γὰρ ἀνθρώπῳ τὸ ζῷον ἕπεται, τῷ δὲ μὴ ἀνθρώπῳ τὸ μὴ ζῷον οὔ, ἀλλ' ἀνάπαλιν τῷ μὴ ζῴῳ τὸ οὐκ ἄνθρωπος.

werden, logisch nicht ganz korrekt, kann Philoponos daraus das zusammenfassen, womit Ibn al-Faḍl al-Anṭākī seine „Antwort" beginnt, nämlich, dass die Umkehrung von „Gott immer gütig, daher immer geschaffene Welt" zu „keine immer geschaffene Welt, daher Gott nicht immer gütig" führt.

Der Versuch, die Art und Weise sowie das Ausmaß von Ibn al-Faḍls Eingriff in seine arabische Philoponos-Vorlage zu bestimmen, ist nur aufgrund eines parallelen Fragments bei al-Isfizārī möglich.

Das parallele Fragment bei al-Isfizārī

Anders als die drei besprochenen Fragmente aus der *Erheiterung des Gläubigen*, deren Umfang und Ausmaß aufgrund der Frage-und-Antwort-Struktur von Ibn al-Faḍls Werk klar ersichtlich sind, ist das Fragment in al-Isfizārīs *Metaphysischen Fragen* (*Kitāb fī Masāʾil al-umūr al-ilāhīya*) viel enger in die Argumentation des arabischen Autors eingebaut und daher schwieriger zu fassen. Zwar ist auch al-Isfizārīs Abhandlung in Frage-und-Antwort-Form strukturiert, jedoch geben die Fragen das Thema vor, das im Folgenden aus der Sicht des Autors behandelt wird und nicht, wie es bei Ibn al-Faḍl häufig der Fall ist, eine zu widerlegende Position. Auch die Absicht al-Isfizārīs, von dem nicht viel mehr bekannt ist, als dass er im 10. Jh. n. Chr. lebte,[45] ist von der Ibn al-Faḍls verschieden. Während Ibn al-Faḍl al-Anṭākī eine mögliche philosophische Position, nämlich die Ewigkeit der Welt in seiner „Frage" darstellt und dann seinen Lesern eine plausible Widerlegung in der „Antwort" aufzeigt, geht al-Isfizārī auf die philosophiegeschichtlich belegte Kontroverse zwischen Proklos und Philoponos ein und verteidigt ersteren sogar teilweise gegen letzteren. Das alles bringt al-Isfizārī im Rahmen einer Darlegung der göttlichen Attributenlehre zur Sprache:

> Frage:[46] Wodurch wird Gott, der Erhabene, beschrieben, wo Er doch unbeschreiblich ist? Und wie sind Seine Beschreibungen zu verstehen, die an die Stelle der Definition von zusammengesetzten und definierbaren Dingen treten?
> Durch drei Arten an Beschreibungen, da zu Seinen Ihm wesentlichen Beschreibungen, an denen nichts teilhat, (1) das gehört, was Ihm in Seinem Wesen zukommt, sowie (2) das, was Ihm durch die Art Seines Tuns, das Ihn auszeichnet, zukommt und (3) das, was Ihm in Relation (zum Geschaffenen) zukommt. [...]
> Was das Verstehen Seiner Beschreibungen mit Bezug auf die Existierenden anlangt, so sagen wir, dass Gott die erste Ursache (*sabab*)[47] für die Existenz aller Existierender ist und der sie Vollen-

45 Siehe Gimaret (1984) und Reisman (2008).

46 Arabischer Text, siehe Gimaret (1984), 246–249; englische Teilübersetzung, siehe Wakelnig (2013), 300–301; französische Teilübersetzung, siehe Rashed (2013), 265–266, sowie deren Weiterübersetzung ins Englische, Rashed (2016), 507–508.

47 Im Arabischen werden vor allem zwei Begriffe für „Ursache" verwendet, *ʿilla* wie bei Ibn al-Faḍl und weiter unten bei al-Isfizārī, und *sabab* wie hier bei al-Isfizārī. In meinen Übersetzungen gibt „Ursache" al-

dende; oder dass Er der erste Beweger ist, durch den alle bewegten Dinge bewegt werden. Diese Beschreibungen haben Bezug zu den Existierenden, jedoch kommen sie Ihm alleine zu. Es ist möglich, dass Gott ohne diese Beschreibungen gedacht wird, jedoch kommen sie Ihm alleine zu.[48] Was die Beschreibungen, die in Seinem Andauern auch nicht andauern können, anlangt, so sind sie wie wenn wir sagen „der Versorger", „der Vergebende", „der Erbarmer" und „der Gütige". Allerdings ist es möglich, dass Er aktuell gütig ist, auch ohne dass etwas existiert. Denn es folgt[49] daraus nicht das, was Proklos in seinem Buch sagt, dass „Gott immer aktuell existiert, denn wäre dem nicht so, folgte, dass Er sich von einem Zustand in einen anderen verändert." Denn wir sagen, dass jemand aktuell ein Schreiber ist, selbst wenn er gerade nicht schreibt, da er fähig ist, zu schreiben, wenn er möchte. Ebenso, selbst wenn Gott immer gütig ist, so folgt daraus nicht, dass die Welt immer existiert. Denn der Gütige ist der, der mit Güte reichlich gibt zu der Zeit, zu der es notwendig ist und in dem Ausmaß, in dem es notwendig ist und für den, für den es notwendig ist. Für jemanden, der sagt, dass die Güte Ihn nicht zur Schöpfung der Welt zu einer bestimmten Zeit verpflichtet, aber doch zu irgendeiner Zeit, folgt aus unserer Aussage, dass Gott immer aktuell gütig ist, nicht, dass die Welt immer aktuell existiert, wie Proklos sagt. Aber es folgt auch nicht das, was Johannes der Grammatiker (d.i. Philoponos) in seiner *Widerlegung des Proklos* anführt, nämlich dass aus dessen (Proklos') Rede: „Wenn Gott immer gütig ist, die Welt immer existiert" folge, d. i. dass die Welt Ursache (*sabab*) für die Existenz Gottes sei. D. h. Johannes (Philoponos) sagt: „Unsere Aussage: ‚Wenn dieser Herannahende ein Mensch ist, dann ist er Lebewesen' lässt, wenn wir sagen, dass er kein Lebewesen ist, folgern, dass er kein Mensch ist. Ebenso folgt, wenn unsere Aussage lautet: ‚Gott ist immer gütig', dass die Welt immer existiert, wie Proklos sagt. Dann folgt daraus, dass, wenn die Welt nicht existiert, Gott auch nicht existiert, entsprechend dem ersten Argument, wie unsere Aussage: ‚Wenn Gott immer gütig[50] ist, dann existiert die Welt immer'. Existiert aber die Welt nicht, dann folgt, dass Gott nicht gütig ist, jedoch ist die Güte Gottes Sein Wesen. Wenn wir sagen, dass die Welt nicht existiert, folgt, dass Gott nicht existiert. Dann ist dementsprechend die Welt Ursache (*sabab*) der Existenz Gottes, des Erhabenen." Das Argument von Johannes (Philoponos) ist zielführend, denn unsere Aussage: ‚Wenn A existent ist, ist auch B existent' ist richtig, und wenn wir sagen: ‚Nicht-B ist existent' so resultiert daraus, dass auch Nicht-A existent ist.[51] Jedoch folgt daraus nicht, dass B die Ursache (*sabab*) für die Existenz von A ist.[52] Diese Rede Johannes' des Grammatikers ist fehlerhaft. Es folgt daraus nicht diese Abscheulichkeit, mit der er Proklos abscheulich macht, und er macht damit sein Argument minderwertig, denn die Sache ist nicht so, wie Johannes (Philoponos) sagt. Denn wir sagen: Wenn die Sonne oberhalb der Erde ist, ist Mittag. Aber der Mittag ist nicht Ursache (*sabab*) dafür, dass die Sonne oberhalb der Erde ist, sondern das oberhalb der Erde Sein der Sonne ist die Ursache (*sabab*) für das Entstehen der Zeit, die „Mittag" genannt wird. Wir sagen: Wenn es die Bewegung der Sphäre gibt, dann gibt es die Zeit, die aus

lein das arabische *ʿilla* wieder, während „Ursache (*sabab*)" auf den alternativen arabischen Begriff verweist.

48 Die wortwörtliche Wiederholung gibt den arabischen Text wieder, der ebenfalls zweimal genau dieselbe Wendung verwendet.

49 Ich übersetze *yalzam*, die alternative Lesung in Damaskus, MS Ẓāhirīya 4871, statt des von Gimaret (2008) 247 edierten *yumnaʿ*.

50 Ich übersetze *ǧawādan* nach Damaskus, MS Ẓāhirīya 4871 statt *mawǧūdan* in Gimaret (1984).

51 Der zweite Satzteil ist meine Rekonstruktion. Nach Damaskus, MS Ẓāhirīya 4871 und Gimaret ist zu lesen: ‚A und B sind inexistent' so resultiert daraus, dass A auch inexistent ist. In Istanbul, MS Ragıp Paşa 1463, fol. 45a lautet der erste Satzteil: ‚und A ist nicht-B, inexistent'.

52 Auch hier habe ich die Lesung entsprechend des Argumentes und der folgenden Beispiele korrigiert. Nach Damaskus, MS Ẓāhirīya 4871, MS Ragıp Paşa 1463 und Gimaret ist das Gegenteil zu lesen, nämlich: ‚dass A die Ursache für die Existenz von B ist'.

dieser Bewegung hervorgeht, aber die Zeit ist nicht Ursache (*sabab*) für die Existenz der Bewegung, sondern die Bewegung ist die Ursache (*sabab*) für die Existenz der Zeit. Wenn wir gefragt werden: Warum ist die Welt unvergänglich? So antworten wir: Weil Gott immer gütig ist. Ebenso: Warum wird es[53] Nacht? So sagen wir: Weil die Sonne unterhalb der Erde ist. Und ebenso: Warum ist die Zeit ewig? So sagen wir: Weil die Bewegung dauernd ist. Wenn wir gefragt werden: Warum ist Gott immer gütig? So antworten wir nicht: Weil die Welt immer existiert. Wenn wir gefragt werden: Warum ist die Sonne oberhalb der Erde? So antworten wir nicht: Weil zu dieser Zeit Mittag ist. Gleichfalls sagen wir gemäß dem, was Johannes gesagt hat: ‚Warum existiert die Welt immer?' und antworten: ‚Weil Gott immer gütig ist'. Aus dieser Argumentation resultiert, dass, wenn Gott nicht immer gütig ist, die Welt nie existiert, wie unsere Rede, dass, wenn die Welt immer existiert, dann Gott immer gütig ist. So resultiert, dass wenn Gott immer nicht-gütig ist, dann die Welt nie existiert. Die Existenz Gottes ist Ursache für die Existenz der Welt, nicht die Welt Ursache für Seine Existenz. Wir sagen auch: Wenn dieser Herannahende Mensch ist, so ist es nötig, dass er ein Lebewesen ist. Es resultiert aus unserer Rede: Wenn dieser Herannahende kein Lebewesen ist, dass er kein Mensch ist, weil das Lebewesen die Ursache des Menschen ist, nicht der Mensch dessen Ursache.

Al-Isfizārī behandelt die Eigenschaften, die Gott zugeschrieben werden können, wenn man Ihn mit Seiner Schöpfung in Beziehung setzt, und insbesondere Gottes Güte. Diese zeigt sich zwar gegenüber Seinen Geschaffenen, Gott kann aber auch tatsächlich, d. h. aktuell bzw. *in actu* (*bi-l-fiʿl*) gütig sein, ohne dass etwas vorhanden ist, demgegenüber sich Seine Güte manifestiert. Zu dieser Klärung sieht sich al-Isfizārī mit Hinblick auf die Behauptung Proklos' veranlasst, dass Gottes Güte die Ewigkeit der Welt impliziere. Das lässt vermuten, dass sich die proklische These weiter Bekanntheit erfreute. Ebenso deutet der Umstand, dass al-Isfizārī auf „Proklos und sein Buch" verweist, darauf hin, dass der griechische Philosoph vor allem für ein Werk bekannt war, das daher nicht näher bezeichnet werden musste. In der Tat ist Proklos in der arabischen Tradition der Vertreter der These der Ewigkeit der Welt schlechthin, und seine Argumente für die Ewigkeit der Welt wurden, wie bereits erwähnt, mindestens zweimal ins Arabische übertragen. Die von al-Isfizārī angeführte proklische These findet sich im ersten Argument und kann somit mit den beiden erhaltenen arabischen Übersetzungen verglichen werden. Das Kernargument, dass ein immer gütiger Gott eine immer existente Welt zur Folge hat und dass anderenfalls eine Veränderung in Gott angenommen werden muss, kommt in beiden Übersetzungen, wenn auch in anderer arabischer Formulierung, zum Ausdruck. Die Widerlegung, die al-Isfizārī gegen den Einwand des andernfalls veränderlichen Gottes anführt, dürfte hingegen von Philoponos' Widerlegung des dritten proklischen Argumentes inspiriert sein.[54] Im dritten Argument legt Proklos dar, dass ein immer aktueller Schöpfer die Welt immer schaffe und dass, nach aristotelischer Lehre, ein zu einem Zeitpunkt nicht aktueller Schöpfer von einem gerade aktuellen Schöpfer von der Potentialität in die Aktualität übergeführt werden müsse. Jedoch müsse auch das in immerwährender Dauer geschehen, da sonst auch der zweite Schöp-

53 Wörtl.: die Zeit.

54 Möglicherweise greift er auch auf die Widerlegung des vierten Argumentes zurück, wo Philoponos noch weitere Details klärt, siehe Scholten (2009) 427, Fn. 165, u. 461 ff.

fer nicht immer in Aktualität wäre und eines weiteren aktuellen Schöpfers bedürfte, um sein Überführen des ersten Schöpfers in die Aktualität zu aktualisieren. Das hätte einen unendlichen Regress zur Folge. Dagegen führt Philoponos im griechischen Original die doppelte Bedeutung von „potentiell“ und „aktuell“ ins Treffen:[55]

> Auf die eine Weise nämlich wird potentiell genannt, was eine natürliche Eignung zu irgendetwas besitzt, wie wir sagen, daß das kleine Kind potentiell des Lesens und Schreibens kundig ist. [...] Dies ist die eine Bedeutung von potentiell, die auch die erste Potenz genannt wird, die hinsichtlich der Eignung. Wenn aber jemand in den Habitus, lesen und schreiben zu können versetzt ist, hat er zwar das Wissen darum in der Seele, betätigt sich aber nicht darin und wendet seine Kenntnisse nicht an, sei es, weil er gerade ißt oder weil er den Gedanken auf anderes richtet oder weil er den Willen vermissen läßt; auch dieser wird potentiell des Lesens und Schreibens kundig genannt, aber nicht wie der erste. [...] Diese Bedeutung heißt zweite Potenz und Potenz dem Habitus nach. Diese zweite und dem Habitus nach genannte Potenz heißt aber nun auch erste Aktualität.

Während al-Isfizārī sich eindeutig an diese Argumentation anlehnt, erwähnt er deren Darstellung bei Philoponos mit keinem Wort, sondern formuliert seine eigene These: Gott ist immer gütig und auch immer aktuell gütig, muss dafür aber nicht immer schaffen, sondern kann zu einem Ihm beliebigen Zeitpunkt einmal schaffen.[56] Denn al-Isfizārī möchte Proklos zwar in einem Punkt korrigieren, nämlich in der Annahme, dass die Welt *a parte ante*, also in der Vergangenheit ewig ist, aber ihn doch auch vor den viel weitreichenderen Konsequenzen der philoponischen Widerlegung in Schutz nehmen – denn al-Isfizārī verteidigt eine Ewigkeit der Welt *a parte post* (arabisch *abadī*), d. h. zwar von einem Schöpfungsmoment ausgehend, aber ewig in die Zukunft reichend. Seine Widerlegung des ersten proklischen Argumentes für die Ewigkeit der Welt basierend auf der Güte Gottes schließt daher eine Widerlegung der philoponischen Widerlegung mit ein. Für diesen Textabschnitt können wir das parallele Fragment 3 von Ibn al-Faḍl al-Anṭākī vergleichen und so versuchen, zwischen der arabischen Version von Philoponos' *Über die Ewigkeit der Welt* und al-Isfizārīs teilweise polemischen Gebrauchs davon zu unterscheiden.

---

55 Scholten (2009) 427–429. Siehe auch den griechischen Text. Rabe (1899) 46.5–24:
λέγεται γὰρ καθ' ἕνα μὲν τρόπον δυνάμει τι εἶναι τὸ φυσικήν τινα ἔχον εἴς τι ἐπιτηδειότητα, ὥς φαμεν τὸ παιδίον δυνάμει γραμματικὸν εἶναι· ... ἓν μὲν οὖν τοῦτο τῶν ἐπὶ τοῦ δυνάμει σημαινομένων, ὃ καὶ καλεῖται πρῶτον δυνάμει, τὸ κατὰ τὴν ἐπιτηδειότητα. ὅταν δέ τις ἐν ἕξει τῶν γραμματικῶν θεωρημάτων γενόμενος, ἔχῃ μὲν αὐτῶν ἐν τῇ ψυχῇ τὴν ἐπιστήμην, μὴ ἐνεργῇ δὲ κατ' αὐτὰ μηδὲ προχειρίζοιτο τὴν τούτων θεωρίαν, ἢ ἐσθίων τυχὸν ἢ πρὸς ἑτέροις τὴν διάνοιαν ἀσχολούμενος ἢ μὴ βουλόμενος, λέγεται μὲν καὶ ὁ τοιοῦτος δυνάμει γραμματικὸς εἶναι, ἀλλ' οὐχ ὡς ὁ πρότερος· ... καλεῖται δὲ καὶ τὸ τοιοῦτον σημαινόμενον δεύτερον δυνάμει καὶ τὸ καθ' ἕξιν δυνάμει. αὐτὸ δὲ δὴ τοῦτο τὸ δεύτερόν τε καὶ καθ' ἕξιν δυνάμει καλούμενον καλεῖται καὶ πρῶτον ἐνεργείᾳ·

56 Und dann die Welt immer in Existenz erhalten oder auch wieder vergehen lassen, wie es beispielsweise schon der sogenannte „erste Philosoph der Araber“, al-Kindī vertritt, zu dessen Tradition al-Isfizārī zu rechnen ist.

Rekonstruktion der Philoponos-Quelle aufgrund der Fragmente von al-Isfizārī und Ibn al-Faḍl al-Anṭākī

Darstellung des proklischen Arguments:

Al-Isfizārī	Ibn al-Faḍl al-Anṭākī
Wenn Gott immer aktuell gütig, Welt immer aktuell existent, sonst Veränderung in Gott	Gott schafft Welt durch Seine Güte, ist immer gütig, daher Welt immer existent, denn weder Nachlassen Seines Wollens noch Hindernis für Sein Schaffen

Zusammenfassung der proklischen Position durch Philoponos

Al-Isfizārī	Ibn al-Faḍl al-Anṭākī
Aussage: „Wenn Gott immer gütig, Welt immer existent" gleichbedeutend mit Behauptung: „Welt ist Ursache der Existenz Gottes"	Aussage: „Wenn Gott immer gütig, Welt immer geschaffen" entspricht bei Verkehrung ins Gegenteil: „Welt nicht immer existent, Gott nicht immer gütig"

Philoponos' Widerlegung

Al-Isfizārī	Ibn al-Faḍl al-Anṭākī
„Wenn etwas Mensch, dann auch Lebewesen", woraus folgt: „Wenn etwas kein Lebewesen, dann auch kein Mensch" Entsprechend „Wenn Gott immer gütig, dann Welt immer existent", woraus folgt: „Welt nicht existent, dann Gott nicht gütig" Güte = Wesen Gottes	„Wenn etwas Mensch, dann auch Lebewesen" wird verkehrt zu: „Wenn etwas kein Lebewesen, dann auch kein Mensch" Entsprechend „Wenn Gott immer gütig, dann auch immer die Welt schaffend" wird verkehrt zu „Wenn nie die Welt schaffend, dann nie gütig"
Damit machst Du Welt zur Ursache für die Existenz Gottes	Damit machst Du Welt zur Ursache für die Güte Gottes und erlaubst die Möglichkeit, dass Gott nicht immer gütig ist
Das ist abscheulich	Das ist ungehörig

Der erste gravierende Unterschied zwischen al-Isfizārīs und Ibn al-Faḍl al-Anṭākīs Fragment betrifft die philoponische Zusammenfassung der proklischen Position. Ob Philoponos dabei wirklich so weit gegangen ist, Proklos zu unterstellen, er habe die Existenz der Welt zur Ursache der Existenz Gottes gemacht, wie al-Isfizārī behauptet, oder ob Philoponos lediglich festgestellt habe, die proklische Position münde in der Annahme, dass die Existenz der Welt Ursache von Gottes Güte sei, ist schwierig zu entscheiden.[57] Einerseits kann man davon ausgehen, dass al-Isfizārī eine Verbindung zwischen Gottes Güte und göttlichem Wesen herstellen wollte, da das gut in den Kontext passt, in dem das Fragment von ihm eingefügt wird, nämlich bei der Behandlung der göttlichen Eigenschaften. „Gütig" wird damit nicht nur eine Eigenschaft, die Gott in Bezug auf Seine Schöpfung zukommt, sondern auch eine wesentliche Eigenschaft, mittels derer das göttliche Wesen beschrieben werden kann. Außerdem ist denkbar, dass al-Isfizārī die philoponische Widerlegung des Proklos ins Absurde übersteigert, um Philoponos bei seinen Lesern unglaubwürdig zu machen. Andererseits ist es ebenso vorstellbar, dass Ibn al-Faḍl al-Anṭākī die äußerste, von Philoponos vollzogene Konsequenz der proklischen Position nicht mitmacht. Sein Fragment findet sich ja im *Buch der Erheiterung des Gläubigen*, dessen erklärtes Ziel es ist, den Leser zu erheitern und zu bilden. Eine allzu absurde Position hätte vielleicht sein eigenes Publikum vor den Kopf gestoßen.

Bei der Darstellung der philoponischen Widerlegung fällt auf, dass die beiden arabischen Autoren unterschiedliche Formulierungen der proklischen Position ins Gegenteil verkehren. Bei al-Isfizārī wird „Immer gütiger Gott, immer existente Welt" zu „Inexistente Welt, ungütiger Gott" umgewandelt. Implizit erweist al-Isfizārī das im Folgenden als unhaltbar, da er aufzeigt, dass „Mensch, dann Lebewesen" zu „Nicht-Lebewesen, dann Nicht-Mensch" verkehrt werden muss und nicht etwa zu „Nicht-Mensch, dann Nicht-Lebewesen", da Lebewesen das dem Menschen Zugrundeliegende ist. Auf das proklisch-philoponische Beispiel angewendet müsste es also heißen: „Wenn Existenz der Welt, dann Güte Gottes", aber „Wenn keine Güte Gottes, dann keine Existenz der Welt" und eben genau nicht: „Wenn keine Existenz der Welt, dann keine Güte = kein Wesen Gottes". Nach der Darstellung al-Isfizārīs zu urteilen hätte Philoponos hier ein aristotelisches Prinzip falsch angewandt, um Proklos zu widerlegen und seine Leser zu täuschen. Ob eine derart plumpe Täuschung Philoponos zur Last gelegt werden kann, lässt sich glücklicherweise anhand des parallelen Fragments bei Ibn al-Faḍl in Zweifel ziehen.

Nach Ibn al-Faḍl al-Anṭākī kehrt Philoponos nämlich eine andere Formulierung des proklischen Argumentes um, und zwar eine solche, in der nur Gott auftritt, einmal als Gütiger und einmal als Schöpfer der Welt, während die Welt als solche erst nach der Umkehrung der proklischen These eingeführt wird: „immer gütiger Gott, immer die Welt schaffender Gott" → „nie die Welt schaffender Gott, nie gütiger Gott", also Welt Ursache Gottes. Dies stimmt mit dem aristotelischen Prinzip überein – wenn man davon ausgeht, dass die göttlichen Attribute „Schöpfer" und „Gütiger" in einer Folgebeziehung zueinanderstehen – und lässt sich viel einfacher Philoponos zuschreiben als die parallele Formulierung bei al-Isfizārī. Dessen verkürzte Darstellung kann aber damit

---

57 Erschwerend hinzu kommt, dass sich die arabischen Begriffe für „Güte" und „Existenz" nur durch einen Buchstaben unterscheiden, der noch dazu auch in der Verwendung „und" an einen Wortanfang treten kann. *wǧūd* kann also sowohl als „Existenz" (*wuǧūd*) oder „und Güte" (*wa-ǧūd*) gelesen werden, und es ist vorstellbar, dass ein Schreiber *wuǧūd* als *wa-ǧūd* las und dann das im Satzzusammenhang seiner Meinung nach störende *wa-* unterdrückte.

gerechtfertigt werden, dass auch nach Ibn al-Faḍl al-Anṭākī die philoponische Zusammenfassung des proklischen Argumentes zunächst in einer Umkehrung „keine Welt, keine Güte Gottes“ mündet. Der Weg dorthin ist jedoch etappenreicher als al-Isfizāri seine Leser glauben macht. Da er aber nicht vorgibt genau zu zitieren, sondern sich nur auf Philoponos beruft, macht er sich nicht notwendigerweise einer Verfälschung der philoponischen Ansicht schuldig. Seine verkürzte Darstellung gibt dem des Originaltexts unkundigen Leser nur eine falsche Vorstellung von Philoponos' Argument, da al-Isfizārī die Ineinssetzung von Gottes Schaffen und der Existenz der Welt schon vor der Umkehrung der proklischen These einführt, während sie Philoponos – zumindest nach dem Fragment von Ibn al-Faḍl zu urteilen – erst nach erfolgter Umkehrung und in der Auslegung des durch die Umkehrung erhaltenen Ergebnisses vornimmt. Wenn wir den Textbefund der beiden Fragmente in dieser Weise interpretieren, können wir sowohl Philoponos als auch al-Isfizārī ein äußerst intelligentes Vorgehen zuschreiben – Philoponos in seiner Widerlegung Proklos' und al-Isfizārī in seiner nicht falschen, aber polemisch gut genutzten Zusammenfassung der philoponischen Widerlegung. Während Ibn al-Faḍl al-Anṭākī also den Wortlaut von *Über die Ewigkeit der Welt* vermutlich genauer bewahrt, wäre es ohne das parallele Fragment bei al-Isfizārī gar nicht möglich, Ibn al-Faḍls Fragment Philoponos' Werk zuzuordnen, denn al-Anṭākī nennt, im Gegensatz zu al-Isfizārī, keinerlei Autorität oder Werk als seine Quelle.

Abschließende Bemerkungen

Fragmente einer griechisch-arabischen Übersetzung können einerseits über ihre nicht mehr erhaltene Quelle, die arabische Übersetzung eines griechischen Werkes Auskunft geben als auch über die Verwendung dieser Quelle durch den das Fragment exzerpierenden Autor. Dazu muss jedoch mindestens ein Vergleichstext vorliegen, bei dem es sich entweder um das griechische Original der verlorenen arabischen Übersetzung oder um ein paralleles Fragment der arabischen Übersetzung bei einem anderen Autor handeln kann. Der Vergleich von Ibn al-Faḍl al-Anṭākīs Fragment 1 und 2 mit dem griechischen Original von Philoponos' *Über die Ewigkeit der Welt* hat gezeigt, dass al-Anṭākī Exzerpte aus seiner Quelle aus dem philosophischen Kontext der Widerlegung der These der Ewigkeit der Welt herauslöst und in einem völlig neuen Zusammenhang stellt, wie etwa der Definition des Lichtes. Anhand von Ibn al-Faḍl al-Anṭākīs Fragment 3, für das sich kein griechischer Originaltext erhalten hat, konnte aufgezeigt werden, dass das dazu parallele Fragment von al-Isfiẓārī absichtlich stark verkürzt ist, um so Philoponos' Behauptungen als plump und falsch erscheinen zu lassen. Während al-Anṭākī Philoponos als glaubwürdige Quelle philosophischer Sachverhalte heranzieht, versucht al-Isfizārī Philoponos widerlegen und wählt seine Zitate daher entsprechend.

Die Fragmente bei al-Anṭākī und al-Isfizārī sind vermutlich derselben Quelle entnommen, bei der es sich höchstwahrscheinlich um die arabische Übersetzung von *Über die Ewigkeit der Welt* handelt, die schon bei Ibn al-Nadīm im 10. Jh. belegt ist. Al-Isfizārī scheint nicht nur das erste proklische Argument und dessen philoponische Widerlegung gekannt zu haben, sondern auch das dritte und vierte Argument und deren Widerlegungen. Weitere Fragmente in al-Bīrūnī, die eine arabische Übertragung der proklischen Argumente und philoponischen Widerlegungen 6 und 7, 9, 13, 18 belegen, dürften aus derselben Übersetzung stammen.[58] Das einzige Fragment al-Bīrūnīs, das einen längeren Abschnitt umfasst, weist Verkürzungen und Auslassungen auf, die denen ähnlich sind, die sich bei Ibn al-Faḍl al-Anṭākī finden und nicht eindeutig Ibn al-Faḍl zugeschrieben werden können. Das legt nahe, dass die arabische Übertragung von *Über die Ewigkeit der Welt* nicht immer wortwörtlich, sondern auch dem Sinn nach und verkürzend verfertigt wurde.

Literaturverzeichnis

Arnzen (2015): Rüdiger Arnzen, „Plato's *Timaeus* in the Arabic Tradition. Legends – Testimonies – Fragments", in: Francesco Celia u. Angela Ulacco (Hgg.), *Il Timeo. Esegesi greche, arabe, latine*, Pisa, 181–267.

Badawī (1977): ʿAbd al-Raḥmān Badawī, *al-Aflāṭūnīya al-muḥdaṯa ʿind al-ʿArab*, 2. Aufl., Kuwait.

Badrān (1955): Muḥammad Badrān, *Kitāb al-Milal wa-Niḥal li-l-Imām al-Šahrastānī*. Al-Qism al-ṯānī, al-Qāhira.

Daiber (2012): Hans Daiber, „Graeco-Arabica Christiana: The Christian scholar ʿAbd Allāh Ibn al-Faḍl from Antiochia (11th c. A.D.) as transmitter of Greek works", in: Felicitas Opwis u. David Reisman (Hgg.), *Islamic Philosophy, Science, Culture, and Religion*, Leiden/Boston, 3–9.

Dietrich (1964): Albert Dietrich, *Die arabische Version einer unbekannten Schrift des Alexander von Aphrodisias über die Differentia specifica* (Nachrichten der Akademie der Wissenschaften in Göttingen. I. Philologisch-historische Klasse. Jahrgang 1964, Nr. 2, 88–152), Göttingen.

Endress (2012): Gerhard Endress, „Die Bagdader Aristoteliker", in: Ulrich Rudolph (Hg.), *Philosophie in der islamischen Welt 1: 8.–10. Jahrhundert*, Basel, 290–362.

van Ess (1976): Josef van Ess, „Disputationspraxis in der islamischen Theologie. Eine vorläufige Skizze", *Revue des Études Islamiques* 44, 23–60.

Fu'ād (2014): Ayman Fu'ād Sayyid, *Kitāb al-Fihrist li-Abī al-Farağ Muḥammd ibn Isḥāq al-Nadīm*, zweite revid. Auflage, 4 Bde, London.

Gannagé (2012): Emma Gannagé, „Philopon (Jean -). Tradition arabe", in: Richard Goulet (Hg.), *Dictionnaire des Philosophes Antiques. Va de Paccius à Plotin*, Paris, 503–563.

Giannakis (2002–2003): Elias Giannakis, „The quotations from John Philoponos' *De Aeternitate Mundi Contra Proclum* in al-Bīrūnī's *India*", *Zeitschrift für Geschichte der Arabisch-Islamischen Wissenschaften* 15, 185–195.

Gimaret (1984): Daniel Gimaret, „Un traité théologique du philosophe musulman Abū Ḥāmid al-Isfizārī (IVᵉ–Xᵉ s.)", *Mélanges de l'Université Saint-Joseph* 14, 209–252.

Graf (1947): Georg Graf, *Geschichte der christlichen arabischen Literatur. Zweiter Band: Die Schriftsteller bis zur Mitte des 15. Jahrhunderts*, Città del Vaticano.

58 Giannakis (2002–2003) 188–189.

Hansberger (2013): Rotraud Hansberger, „Die *Theologie des Aristoteles*“, in: Heidrun Eichner, Matthias Perkams u. Christian Schäfer (Hgg.), *Islamische Philosophie im Mittelalter. Ein Handbuch*, Darmstadt, 162–185.

Hasnawi (1994): Ahmed Hasnawi, „Alexandre d'Aphrodise *vs* Jean Philopon: Notes sur quelques traités d'Alexandre "perdus" en grec, conservés en arabe“, *Arabic Sciences and Philosophy* 4, 53–109.

Hayek (1986): Michel Hayek, *'Ammār al-Baṣrī, Apologie et Controverses*, Beyrouth.

Ighbariah (2020): Ahmad Ighbariah, „Ibn al-Muqaffaʿ's Isagoge: An Edition of the Arabic Text with an English Translation“, *Journal of Abbasid Studies* 7, 57–97.

Lippert (1903): Julius Lippert, *Ibn al-Qifṭī's Taʾrīḫ al-ḥukamāʾ* auf Grund der Vorarbeiten Aug. Müller's, Leipzig.

Maróth (1984): Miklós Maróth, „Der erste Beweis des Proklos für die Ewigkeit der Welt“, *Acta Antiqua Academiae Scientiarum Hungaricae* 30, 1982–1984, 181–189.

Rabe (1899): Hugo Rabe, *Ioannes Philoponos De aeternitate mundi contra Proclum*, Leipzig.

Rashed (2013): Marwan Rashed, „Nouveaux fragments antiprocliens de Philopon en version arabe et le problème des origines de la théorie de l'« instauration » *(ḥudūth)*“, *Les Études philosophiques* 105, 261–292.

Rashed (2016): Marwan Rashed, „New Arabic Fragments of Philoponus and their Reinterpretation: Does the World Lack a Beginning in Time or Take no Time to Begin?“, in: Richard Sorabji (Hg.), *Aristotle Re-Interpreted. New Findings on Seven Hundred Years of the Ancient Commentators*, London/New York, 503–530 [= englische Übersetzung von Rashed (2013)].

Reisman (2008): David C. Reisman, „An Obscure Neoplatonist of the Fourth/Tenth Century and the Putative Philoponos Source“, in: Peter Adamson (Hg.), *In the Age of al-Fārābī: Arabic Philosophy in the Fourth/Tenth Century*, London, 239–264.

Roberts (2020): Alexandre M. Roberts, *Reason and Revelation in Byzantine Antioch. The Christian Translation Program of Abdallah ibn al-Fadl*, Berkeley.

Samir (1986): Khalil Samir, „Science divine et théorie de la connaissance chez Yaḥyā ibn ʿAdī. Textes édités et traduits“, *Annales de Philosophie* 7, 75–115.

Scholten (2009): Clemens Scholten, *Johannes Philoponos. De Aeternitate Mundi. Über die Ewigkeit der Welt.* Übersetzt und eingeleitet, 5 Teilbde, Turnhout.

Sebti (2007): Meryem Sebti, „Une copie inconnue d'une paraphrase anonyme conservée en arabe du *De anima* d'Aristote. Le ms Ayasofya 4156“, in: Cristina D'Ancona (Hg.), *The Libraries of the Neoplatonists*, Leiden/Boston, 399–414.

Sepmeijer (1990–1991): Floris Sepmeijer, „The Book of Splendor of the Believer by ʿAbdallāh ibn al-Faḍl“, *Parole de l'Orient* 16, 115–120.

Treiger (2011): Alexander Treiger, „ʿAbdallāh ibn al-Faḍl al-Anṭākī“, in: David Thomas u. Alex Mallett (Hgg.), *Christian-Muslim Relations. A Bibliographical History. Volume 3 (1050–1200)*, Leiden/Boston, 89–113.

Treiger (2016): Alexander Treiger, „Origins of *Kalām*“, in: Sabine Schmidtke (Hg.), *The Oxford Handbook of Islamic Theology*, Oxford, 27–43.

Wagner u. Rapp (2004): Tim Wagner u. Christof Rapp, *Aristoteles. Topik.* Übersetzt und kommentiert, Stuttgart.

Wakelnig (2012): Elvira Wakelnig, „The Other Arabic Version of Proclus' *De Aeternitate mundi.* The Surviving First Eight Arguments“, *Oriens* 40, 51–95.

Wakelnig (2013): Elvira Wakelnig, „Al-Anṭākī's use of the lost Arabic version of Philoponos' *Contra Proclum*“, *Arabic Sciences and Philosophy* 23, 291–317.

Wakelnig (2014): Elvira Wakelnig, *A Philosophy Reader from the Circle of Miskawayh.* Cambridge.

Watt (2019): John W. Watt, „Why did Ḥunayn, the Master Translator into Arabic, Make Translations into Syriac?“, in: J. W. Watt (Hg.), *The Aristotelian Tradition in Syriac*, London/New York, 123–140.

III Das Ganze und seine Teile im Vergleich

Lisa Irene Hau

Athenaeus as covertext for Hellenistic historiography: the fragments of Polybius as case study

1 Introduction

Historiography flourished in the Hellenistic world. Hundreds of intellectuals in Greece, Rome, Egypt, Babylon, and other areas around the Mediterranean Sea wrote history in the time from the death of Alexander the Great to the Battle of Actium. Today, most of this vast production is lost. We have substantial parts of the works of Polybius and Diodorus Siculus, but this still amounts to less than half of their respective works, and everything else has disappeared. The only indication we have of these lost works is fragments, or, more precisely, citations of the lost works in works preserved. These citations are sometimes mere mentions of names of earlier authors, at other times summaries or quotations of passages.

The challenges facing anyone trying to interpret these 'fragments'[1] in order to form an impression of the works now lost have long been recognised.[2] The main difficulty lies in determining to what extent the 'covertext', the text in which the fragment is contained, has altered the original text.[3] Is what we read a quotation or a summary? Has it been rewritten in the words of the covertext-author? Since it has obviously been repurposed and is now used in a different context than that intended by its original author, does this change how we read it? Has it perhaps even been accidentally or deliberately misquoted or misrepresented? As if these difficulties were not enough, the impression we get of the lost work is necessarily determined by the selectivity of the covertexts which reference it: each author takes only from previous authors whatever interests him. In order to estimate the value of the fragments preserved in this way, we need to

1 'Fragment' is a notoriously unhelpful term for these references, and other terms have been suggested, most influentially in anglophone scholarship 'reliquiae' (Brunt (1980)). The term "Zeugnis" is widely used in German scholarship – and is used in its English translation 'testimony' by Wöhrle/Strohmaier (2014) – and is perhaps preferable because it does not make it sound as if we have actual pieces of the texts themselves when all we actually have is other texts talking about them.

2 The fragments were collected by Jacoby in the monumental *Fragmente der griechischen Historiker* (*FGrHist*) in the first half of the twentieth century. Most of them are now available online in *Brill's New Jacoby* (*BNJ*) with English translations and recent commentaries, and Jacoby's original entries for the *FGrHist* can also be accessed there. Lenfant (2009) is a critical review of *BNJ*, which is worth consulting before using it as a resource. The fundamental articles on the methodological difficulties in decoding fragments are Brunt (1980) and Schepens (1997). An excellent, more recent, treatment is chapter 1 of Baron (2013), which references earlier scholarship.

3 The term covertext was suggested by Schepens (1997) and is widely used in anglophone scholarship.

https://doi.org/10.1515/9783111508788-007

understand the citation practices of the various covertexts, i.e how each author handles his source material, to what extent he presents it faithfully, and whether he can be expected to quote it verbatim. The best way to do this is to investigate how each covertext author behaves when he references and quotes texts which are still extant. This gives us the opportunity to compare the fragments with the original text and check the faithfulness of the covertext as well as how its selectivity would colour our reading of the cited text if we only had these fragments.

The most important covertext of them all is also one of the most difficult to get a handle on: Athenaeus' *Deipnosophistae*. This is a voluminous work of the late second and early third century AD in the genre of Plato's and Xenophon's *Symposia* as well as Plutarch's *Banquet of the Seven Sages*.[4] It consists of a patchwork of quotations and summaries of earlier literature, arranged thematically around symposiastic themes such as food, drink, music, flatterers, courtesans, and sexual scandals. In the process, Athenaeus cites around 1250 authors of all genres of literature both prose and poetry. This makes him the most important covertext for the lost works of many genres including Hellenistic historiography.[5] Unfortunately, his working methods are far from transparent. It is often unclear whether he quotes or paraphrases, where one citation ends and another begins, and there is debate over whether he had read the works he cites directly or only knew them through intermediary sources.[6] Since a ground-breaking study published by Lenfant in 1999 showed what a skewed image we would have of Herodotus if we only knew his work through Athenaeus,[7] several scholars have studied Athenaeus' citation practice in the cases of texts which are still extant: Pelling and Lenfant again for Herodotus, Carrière and Maisonneuve for Xenophon, Berti *et al.* for Homer, Olson for Xenophon and Plato.[8] This, however, has so far not been done for Athenaeus' use of Polybius.

The fragments of Polybius in Athenaeus have been collected by Walbank, who first discusses the question whether Athenaeus accessed Polybius' text directly or through an intermediary source and why he was interested in Polybius at all, and then attempts to place the fragments in the correct books of Polybius. His focus is on the fragments of Polybius in Athenaeus for which we do not have an independently surviving text, in effect using Athenaeus as a covertext to establish lost parts of Polybius.[9] The present paper has a different focus: it examines the citation practice of Athenaeus in the case of Polybius as a case study for his citation practice of Hellenistic historiography more

4 15 books are partly preserved, some gaps are covered by a Late Antique epitome. It is unclear how many books the original contained. See Olson (2015) with references to earlier discussions.

5 For the genre and purpose of the *Deipnosophistae*, see Jacob (2004 and 2013) and Olson (2015) as well as the papers collected in Braund and Wilkins (2000).

6 For these problems see e.g. Ambaglio (1990), Pelling (2000), Lenfant (1999, 2007a, and 2013), Gorman/Gorman (2007), and Olson (2018). See also the papers collected in Lenfant (2007b).

7 Lenfant (1999).

8 Pelling (2000), Lenfant (2007a), Carrière (2007), Maisonneuve (2007), Berti *et al.* (2016), Olson (2018).

9 Walbank (2000). This is similar to the approach taken by editors of Polybius' *Histories*, most recently the editors of the revised Loeb edition, Walbank, Habicht, and Olson.

broadly. We shall focus primarily on the fragments of Polybius in Athenaeus which correspond to independently preserved parts of Polybius' text in order to investigate the degree of misrepresentation practised by Athenaeus. We shall finish with some thoughts on the impression we would have of Polybius' *Histories* if all we had were the fragments contained in Athenaeus, and the implications of this for our understanding of the vast stretches of entirely fragmentary Hellenistic historiography for which he is our main covertext.[10]

2 Analysis: Polybius in Athenaeus

Let us begin with the issue of the faithfulness of Athenaeus' citations to their source. The scholars who have investigated this issue in the case of Athenaeus' handling of other source texts have shown that misrepresentation of various kinds is often present:[11] sometimes Athenaeus offers material from a named source and then adds extra material without making it clear that it does not come from the same source; sometimes he quotes, but leaves out sentences or passages; sometimes he gets the source citation wrong entirely. We shall investigate whether this is also the case for his handling of Polybius.

As a method of discerning whether a given fragment in Athenaeus is a quotation, paraphrase, or summary, Lenfant has investigated the phrases he uses to introduce each Herodotus fragment.[12] Olson has applied a simplified version of her typology to Xenophon and Plato and concluded that the same pattern holds true for Athenaeus' references to these two authors and to Herodotus.[13] We shall investigate whether he followed the same practice in his references to Polybius.

Naturally, only the fragments that correspond to preserved parts of Polybius' *Histories* are of any use in this exercise. This matter is complicated by the fact that only books 1–5 of Polybius' *Histories* survive through an independent manuscript tradition whereas the rest of his once-monumental 40-volume work is known only through the so-called *Excerpta Antiqua* (Byzantine extracts of books 6–18 preserved with some of the manuscripts of books 1–5) and the *Excerpta Constantiniana* (excerpts from Polybius' full work contained in an anthology of historiography collated for the emperor Constantine Porphyrogenitus in the tenth century and arranged by theme). However, since

10 A useful companion piece to this paper is Hau (2021), which compares the complete fragments of Polybius with the fragments of Duris and Phylarchus, the notorious 'tragic historians', first in terms of distribution of covertexts, then in terms of content, and finally, proceeding by case studies, in terms of the faithfulness of the covertext to Polybius' original.

11 See especially Lenfant (1999 and 2007), Pelling (2000), Olson (2018). Also Gorman & Gorman (2007), but see the arguments in Hau (2016) 127–131 and 142–148.

12 Lenfant (2007a).

13 Olson (2018).

these excerpts seem to have been made on the principle of generally preserving the original content and often wording of the excerpted text, at most compressing it in the first and last sentence and leaving out some sentences in the middle, they still function as a useful comparandum to Athenaeus' version of Polybius' text.[14] Nonetheless, even if we include the extracts of Polybius preserved through the *Excerpta Antiqua* and the *Excerpta Constantiniana*, we are left with only 10 fragments of Polybius in Athenaeus that overlap with the otherwise preserved text of Polybius.[15] They are as follows (a list of all Polybius fragments in Athenaeus follows at the end of the paper in Appendix 1):

1. Ath. 6.251e corresponding to Plb. 13.4.
2. Ath. 6.252d. The relevant part of Polybius' original text is lost, but it is partly recoverable from an assumed close paraphrase in the Byzantine *Excerpta Antiqua* included in most Polybius editions as 8.22.1–2.
3. Ath. 6.274f–275a corresponding to Plb. 31.25.
4. Ath. 9.400f corresponding to Plb. 12.3.10.
5. Ath. 10.418a–b corresponding to Plb. 20.6.6–7.
6. Ath. 10.440a corresponding to Plb. 2.4.6.
7. Ath. 10.445d corresponding to Plb. 25.3.
8. Ath. 12.527b. The relevant Polybius passage is preserved by the Constantinian collection of excerpts *On Vice and Virtue* and is usually labelled 13.1.1.
9. Ath. 14.626a–f corresponding to Plb. 4.20.5–21.9.
10. Ath. 14.634b corresponding to Plb. 8.6.6.

We shall investigate each of these in turn.

Example 1

Πολύβιος δ᾽ ἐν τῇ τρισκαιδεκάτῃ τῶν ἱστοριῶν Φιλίππου τοῦ καταλυθέντος ὑπὸ Ῥωμαίων κόλακα γενέσθαι Ἡρακλείδην τὸν Ταραντῖνον τὸν καὶ τὴν βασιλείαν αὐτοῦ πᾶσαν ἀνατρέψαντα.

14 For the Polybian manuscript tradition and the place of the *Excerpta Antiqua* and the *Excerpta Constantiniana* in it, see Moore (1965). For an overview of which parts of Polybius' text come from which manuscripts, see Walbank (1979) 51–62. For the *Excerpta Antiqua* see Pédech (1961) XXXVI–XLVIII and (1969) LII–LVI. For the practice of the Constantinian excerptors see Rafiyenko (2017) and Németh (2018) with references to earlier scholarship. For an overview of this field of scholarship more generally, see the introduction to Manafis (2020).

15 As pointed out in Hau (2021) fn. 31, looks can be deceiving: if one searches Polybius' text in the *TLG* for some of the phrases used in the fragments of Polybius preserved by Athenaeus in order to check if they match the preserved Polybius text, the search will bring up passages that correspond very neatly to Athenaeus' text. That is, however, because these fragments have been included verbatim from Athenaeus in the Polybius edition used by the *TLG* and not because there is independent evidence of the specific passage in the Polybius manuscripts or the *Excerpta Antiqua* and *Constantiniana*. The fragments of Polybius preserved by Athenaeus have been collected by Walbank (2000), who numbers them according to assumed position in Polybius' *Histories* after the fashion of the *FGrHist* and lists the corresponding Polybius passage where one exists.

Polybius in Book XIII of his *History* records that the Philip defeated by the Romans had a flatterer named Heracleides of Tarentum, who brought about the ruin of Philip's entire kingship.[16]

Ath. 6.59 251e

Compare this with what Polybius actually says about Heracleides:

ὁ δὲ Φίλιππος Ἡρακλείδῃ μέν, καθάπερ ὑπόθεσιν δούς, ἐπέταξε φροντίζειν πῶς ἂν κακοποιήσαι καὶ διαφθείραι τὰς τῶν Ῥοδίων νῆας, [2] εἰς δὲ τὴν Κρήτην πρεσβευτὰς ἐξαπέστειλε τοὺς ἐρεθιοῦντας καὶ παρορμήσοντας ἐπὶ τὸν κατὰ τῶν Ῥοδίων πόλεμον. [3] ὁ δ' Ἡρακλείδης, ἄνθρωπος εὖ πεφυκὼς πρὸς τὸ κακόν, ἕρμαιον ἡγησάμενος τὴν ἐπιταγήν, καὶ διανοηθεὶς ἅττα δήποτ' οὖν παρ' αὑτῷ, μετά τινα χρόνον ὥρμησε καὶ παρῆν καταπλέων εἰς τὴν Ῥόδον. [4] συνέβαινε δὲ τὸν Ἡρακλείδην τοῦτον τὸ μὲν γένος ἀνέκαθεν εἶναι Ταραντῖνον, πεφυκέναι δ' ἐκ βαναύσων καὶ χειροτεχνῶν ἀνθρώπων, μεγάλα δ' ἐσχηκέναι προτερήματα πρὸς ἀπόνοιαν καὶ ῥᾳδιουργίαν· [5] πρῶτον μὲν γὰρ ἀναφανδὸν τῷ σώματι παρεκέχρητο κατὰ τὴν πρώτην ἡλικίαν, εἶτ' ἀγχίνους ὑπῆρχε καὶ μνήμων, καὶ πρὸς μὲν τοὺς ταπεινοτέρους καταπληκτικώτατος καὶ τολμηρότατος, πρὸς δὲ τοὺς ὑπερέχοντας κολακικώτατος. [6] οὗτος ἀρχῆθεν μὲν ἐκ τῆς πατρίδος ἐξέπεσε δόξας τὸν Τάραντα πράττειν Ῥωμαίοις, οὐ πολιτικὴν ἔχων δύναμιν, ἀλλ' ἀρχιτέκτων ὑπάρχων καὶ διά τινας ἐπισκευὰς τῶν τειχῶν κύριος γενόμενος τῶν κλειδῶν τῆς πύλης τῆς ἐπὶ τὸ μεσόγαιον φερούσης· [7] καταφυγὼν δὲ πρὸς Ῥωμαίους, καὶ πάλιν ἐκεῖθεν γράφων καὶ διαπεμπόμενος εἰς τὸν Τάραντα καὶ πρὸς Ἀννίβαν, ἐπεὶ καταφανὴς ἐγένετο, προαισθόμενος τὸ μέλλον αὖθις ἔφυγε πρὸς τὸν Φίλιππον. [8] παρ' ᾧ τοιαύτην περιεποιήσατο πίστιν καὶ δύναμιν ὥστε τοῦ καταστραφῆναι τὴν τηλικαύτην βασιλείαν σχεδὸν αἰτιώτατος γεγονέναι.

Philip, as if giving Heracleides a proper subject for the exercise of his talents, ordered him to think of the best means of damaging and destroying the navy of Rhodes, and at the same time sent envoys to Crete to provoke the Cretans and incite them to make war on Rhodes. Heracleides, a fellow by nature suited to evil (ἄνθρωπος εὖ πεφυκὼς πρὸς τὸ κακόν), thinking this commission a godsend and forming some kind of scheme in his mind, waited a little and then set out on his voyage and appeared at Rhodes. This Heracleides was of Tarentine origin, of a family of low-born manual labourers, and he possessed advantages which fitted him for bold and unscrupulous undertakings. For, to begin with, in his early years he had openly prostituted his person, but later he showed great sharpness and an excellent memory, and while he was a terrible bully and most bold-faced in dealing with his inferiors, he was most obsequious to his superiors (κολακικώτατος). He was originally expelled from his native town as he was suspected of a design of betraying Tarentum to the Romans, not that he had any political power, but because he was an architect and owing to some repairs they were making in the wall had been entrusted with the keys of the gate leading to the interior. He then took refuge with the Romans, but later when he was detected in sending letters and messages from the Roman camp to Tarentum and to Hannibal, he foresaw what would be the result and this time sought safety with Philip, at whose court he acquired such credit and power that he was almost the chief instrument of the ruin of that mighty kingdom.

Plb. 13.4[17]

16 All Athenaeus translations are by Olson for the Loeb, with small modifications, unless otherwise stated.

17 All Polybius translations are by Paton for the Loeb, with small modifications, unless otherwise stated.

Polybius' account is much more detailed than Athenaeus'. He does not use the noun 'flatterer' (κόλαξ), but describes Heracleides' character in unpleasant and insidious detail, concluding with the damning phrase 'while he was a terrible bully and most bold-faced in dealing with his inferiors, he was most obsequious to his superiors (κολακικώτατος)'. 'Flatterer' is a legitimate shorthand for this sort of behaviour and is, indeed, the noun corresponding to the last superlative adjective used by Polybius. Athenaeus' claim that Heracleides 'brought about the ruin of Philip's entire kingship' (τὴν βασιλείαν αὐτοῦ πᾶσαν ἀνατρέψαντα) is a compressed version of Polybius' final sentence 'at whose court he acquired such credit and power that he was almost the chief instrument of the ruin of that mighty kingdom' (παρ' ᾧ τοιαύτην περιεποιήσατο πίστιν καὶ δύναμιν ὥστε τοῦ καταστραφῆναι τὴν τηλικαύτην βασιλείαν σχεδὸν αἰτιώτατος γεγονέναι.)

In other words, Athenaeus' description of Heracleides matches Polybius' even if it simplifies it. The main difference between the two texts is in what Athenaeus leaves out, namely the politico-military narrative. In Polybius, the passage begins with Philip giving Heracleides a military job to do (left out by Athenaeus), then proceeds to describe his character (retained and simplified by Athenaeus), then gives his background story, which throws light on his character through politico-military events (left out by Athenaeus), and finally crowns the narrative with his role in the destruction of Macedon (retained and simplified by Athenaeus). The result is that, if we only had the fragment preserved by Athenaeus, we might well assume that Polybius talked superficially about Heracleides in the context of court gossip rather than giving a detailed description of his character in the context of a politico-military narrative.

If we look at the introductory phrase used by Athenaeus, we see that he simply says 'Polybius' followed by an accusative with infinitive, but leaves out the verb of speaking. Lenfant does not give any examples of an equivalent phrase in the case of Athenaeus' citations of Herodotus. The closest is an instance of 'Herodotus' without a verb of speaking followed by direct speech, which Lenfant identifies as a quotation.[18] This Polybius fragment, then, is an example of a practice Athenaeus does not use for citing Herodotus and might be added as an additional type of citation alongside the ones identified by Lenfant.

Example 2

Πολύβιος δ' ἐν ὀγδόῃ ἱστοριῶν 'Καύαρος, φησίν, ὁ Γαλάτης ὢν ἀνὴρ ἀγαθὸς ὑπὸ Σωστράτου τοῦ κόλακος διεστρέφετο, ὃς ἦν Χαλκηδόνιος γένος.'

Polybius says in Book VIII of the *History* "Cavarus the Celt was otherwise a decent person, but was led astray by his flatterer Sostratus, who was a native of Calcedon."

Ath. 6.252d

18 Lenfant (2007a) 51, type G.

The relevant part of the *Histories* is lost, recoverable only from a paraphrase in the *Excerpta Antiqua*. The relevant extract gives this description of Cavarus:

> ὅτι Καύαρος ὁ βασιλεὺς τῶν ἐν τῇ Θρᾴκῃ Γαλατῶν βασιλικὸς ὑπάρχων τῇ φύσει καὶ μεγαλόφρων, πολλὴν μὲν ἀσφάλειαν παρεσκεύαζε τοῖς προσπλέουσι τῶν ἐμπόρων εἰς τὸν Πόντον, μεγάλας δὲ παρείχετο χρείας τοῖς Βυζαντίοις ἐν τοῖς πρὸς τοὺς Θρᾷκας καὶ Βιθυνοὺς πολέμοις.
>
> Cavarus, the king of the Gauls in Thrace, being kingly and high-minded by nature, provided much safety for those merchants who were sailing to the Pontos, and had provided much aid to the Byzantines in their wars against the Thracians and Bithynians.
>
> Plb. 8.22.1–2

It seems likely that it was a description such as this which Athenaeus abbreviated to 'Cavarus the Celt was otherwise a decent person'. In other words, the passage in Athenaeus is a paraphrase rather than a verbatim quotation. This runs contrary to Lenfant's investigations on Herodotus, according to which direct speech with an inserted φησίν indicates verbatim quotation, or a transition from paraphrase to quotation.[19]

> Example 3
>
> Τῆς δὲ πολυτελείας τῆς νῦν ἀκμαζούσης πρῶτος ἡγεμὼν ἐγένετο Λεύκολλος ὁ καταναυμαχήσας Μιθριδάτην, ὡς Νικόλαος ὁ περιπατητικὸς ἱστορεῖ· 'ἀφικόμενος γὰρ εἰς τὴν Ῥώμην μετὰ τὴν ἧτταν τὴν Μιθριδάτου ἔτι τε τὴν Τιγράνου τοῦ Ἀρμενίου καὶ θριαμβεύσας λόγον τε ἀποδοὺς τῶν τοῦ πολέμου πράξεων ὤκειλεν εἰς πολυτελῆ δίαιταν ἐκ τῆς παλαιᾶς σωφροσύνης καὶ πρῶτος τρυφῆς εἰσηγητὴς Ῥωμαίοις ἐγένετο, καρπωσάμενος δυεῖν βασιλέων τῶν προειρημένων πλοῦτον. <u>Κάτων δὲ ἐκεῖνος, ὡς Πολύβιος ἱστορεῖ ἐν τῇ πρώτῃ καὶ τριακοστῇ τῶν ἱστοριῶν, ἐδυσχέραινε καὶ ἐκεκράγει, ὅτι τινὲς τὰς ξενικὰς τρυφὰς εἰσήγαγον εἰς τὴν Ῥώμην, τριακοσίων μὲν δραχμῶν κεράμιον ταρίχων Ποντικῶν ὠνησάμενοι, καὶ μειράκια δ' εὔμορφα ὑπερβαλλούσης ἀγρῶν τιμῆς.</u>
>
> The man who initiated the extravagance flourishing today was the Lucullus who defeated Mithridates at sea, according to Nicolaus the Peripatetic. Because when he came to Rome after defeating Mithridates as well as Tigranes of Armenia, and celebrated his triumph, he offered an account of his conduct during the war, but then abandoned his earlier self-discipline and wrecked his life on the reef of extravagance, becoming the first person to introduce the Romans to luxury, by exploiting the wealth of the two kings mentioned above. <u>According to Polybius in Book XXXI of his *History*, the well-known Cato was disgusted and cried out that certain people had imported foreign luxury into Rome by buying a jar of Pontic saltfish for 300 drachmas, and handsome boys for more than fields cost.</u>
>
> Ath. 6.274f–275a

Compare this with what Polybius says according to the *Excerpta Constantiniana*:

> πρώτη δέ τις ἐνέπεσεν ὁρμὴ καὶ ζῆλος τῶν καλῶν τὸ τὴν ἐπὶ σωφροσύνῃ δόξαν ἀναλαβεῖν καὶ παραδραμεῖν ἐν τούτῳ τῷ μέρει τοὺς κατὰ τὴν αὐτὴν ἡλικίαν ὑπάρχοντας. [3] ὢν δὲ μέγας οὗτος

19 Lenfant (2007a) 51, type H.

καὶ δυσέφικτος ὁ στέφανος εὐθήρατος ἦν κατ᾽ ἐκεῖνον τὸν καιρὸν ἐν τῇ Ῥώμῃ διὰ τὴν ἐπὶ τὸ χεῖρον ὁρμὴν τῶν πλείστων. [4] οἱ μὲν γὰρ εἰς ἐρωμένους τῶν νέων, οἱ δ᾽ εἰς ἑταίρας ἐξεκέχυντο, πολλοὶ δ᾽ εἰς ἀκροάματα καὶ πότους καὶ τὴν ἐν τούτοις πολυτέλειαν, ταχέως ἡρπακότες ἐν τῷ Περσικῷ πολέμῳ τὴν τῶν Ἑλλήνων εἰς τοῦτο τὸ μέρος εὐχέρειαν. [5] καὶ τηλικαύτη τις ἐνεπεπτώκει περὶ τὰ τοιαῦτα τῶν ἔργων ἀκρασία τοῖς νέοις ὥστε πολλοὺς μὲν ἐρώμενον ἠγορακέναι ταλάντου, πολλοὺς δὲ ταρίχου Ποντικοῦ κεράμιον τριακοσίων δραχμῶν. [5a] ἐφ᾽ οἷς καὶ Μάρκος ἀγανακτῶν εἶπέ ποτε πρὸς τὸν δῆμον ὅτι μάλιστ᾽ ἂν κατίδοιεν τὴν ἐπὶ τὸ χεῖρον προκοπὴν τῆς πολιτείας ἐκ τούτων, ὅταν πωλούμενοι πλεῖον εὑρίσκωσιν οἱ μὲν εὐπρεπεῖς παῖδες τῶν ἀγρῶν, τὰ δὲ κεράμια τοῦ ταρίχου τῶν ζευγηλατῶν.

The first direction taken by Scipio's ambition to lead a virtuous life, was to attain a reputation for temperance and excel in this respect all the other young men of the same age. This is a high prize indeed and difficult to gain, but it was at this time easy to pursue at Rome owing to the immoral tendencies of most of the youths. For some of them had abandoned themselves to love affairs with boys and others to the society of courtesans, and many to musical entertainments and banquets, and the extravagance they involve, having in the course of the war with Perseus quickly snatched up the Greek licentiousness in these respects. So great in fact was the incontinence that had broken out among the young men in such matters that many paid a talent for a male favourite and many three hundred drachmas for a jar of pickled fish. This aroused the indignation of Cato, who said once in a public speech that it was the surest sign of deterioration in the republic when pretty boys fetch more than fields, and jars of pickled fish more than ploughmen.

Plb. 31.25.2–5

In this instance, the main difference is historical context. Athenaeus begins the passage with L. Licinius Lucullus and his triumph in 63 BC, then moves backwards in time to quote a saying of Cato the Elder, who died in 149 BC, with no indication at all that the two famous Romans were not contemporary. Polybius, on the other hand, mentions Cato's saying in a historically grounded narrative of Scipio Aemilianus the Younger and his efforts to gain a reputation for temperance in the years following the defeat of Perseus (167 BC), where Cato comments on the same prevailing decadence that allows Scipio to shine. The anecdote about Cato is very similar in the two texts, but not identical. Importantly, the two verbs which characterise Cato in Athenaeus, 'was disgusted' (ἐδυσχέραινε) and 'cried out' (ἐκεκράγει), are Athenaeus' interpretation of, and embellishment on, Polybius' text. Polybius just says that Cato 'spoke, annoyed' (ἀγανακτῶν εἶπέ). In addition, Polybius gives the information that Cato's words were part of a public speech (πρὸς τὸν δῆμον) whereas Athenaeus gives no indication of his addressees.

Interestingly, the tone of moral outrage has not been imposed by Athenaeus; it goes back to Polybius, and the two authors share the evocative mention of a 'jar of pickled fish' (κεράμιον ταρίχων/τὰ δὲ κεράμια τοῦ ταρίχου). The idea of 'foreign luxury' (τὰς ξενικὰς τρυφάς) prominent in the Athenaeus passage is Athenaeus' interpretation and simplification of Polybius' statement that the Romans had 'during the Persian War quickly snatched up the Greek licentiousness in this respect' (ταχέως ἡρπακότες ἐν τῷ Περσικῷ πολέμῳ τὴν τῶν Ἑλλήνων εἰς τοῦτο τὸ μέρος εὐχέρειαν). However, what seems at first glance like a sideways jab at the Greeks is less black and white in Polybius where the participle ἡρπακότες ('having snatched') connects it with the idea of Roman rapaciousness in their dealings with Greece and the East more generally: the Romans snatched away decadent habits along with artwork and wealth. Again, Polybius is not seriously misrepresented by Athenaeus, but his original is more subtle and detailed than the covertext's brief reference.

In terms of introductory phrase, this passage corresponds to Lenfant's typology:[20] ὡς Πολύβιος ἱστορεῖ signifies paraphrase rather than quotation.

Example 4

Πολύβιος δ' ἐν τῇ δωδεκάτῃ τῶν ἱστοριῶν γίγνεσθαί φησι παρόμοιον τῷ λαγῷ ζῷον τὸν κούνικλον καλούμενον, γράφων οὕτως· 'ὁ δὲ κούνικλος καλούμενος πόρρωθεν μὲν ὁρώμενος εἶναι δοκεῖ λαγὼς μικρός· ὅταν δ' εἰς τὰς χεῖρας λάβῃ τις, μεγάλην ἔχει διαφορὰν καὶ κατὰ τὴν ἐπιφάνειαν καὶ κατὰ τὴν βρῶσιν, γίνεται δὲ τὸ πλεῖον κατὰ γῆς.'

Polybius in Book XII of his *History* reports that the so-called *kouniklos* is a creature that resembles the hare. He writes as follows: "When seen from a distance, the so-called *kouniklos* appears to be a small hare: but when you get one in your hands, it both looks and tastes quite different. It is generally found underground".

Ath. 9.400f

Compare with:

ὁ δὲ κύνικλος πόρρωθεν μὲν ὁρώμενος εἶναι δοκεῖ λαγὼς μικρός, ὅταν δ' εἰς τὰς χεῖρας λάβῃ τις, μεγάλην ἔχει διαφορὰν καὶ κατὰ τὴν ἐπιφάνειαν καὶ κατὰ τὴν βρῶσιν· γίνεται δὲ τὸ πλεῖον μέρος κατὰ γῆς.

The rabbit when seen from a distance looks like a small hare, but when captured it differs much from a hare both in appearance and taste. It lives for the most part under the ground.

Plb. 12.3.10

Here, Athenaeus quotes Polybius verbatim, and introduces the quotation with Πολύβιος ... φησι ... γράφων οὕτως. This is one of the formulae identified by both Lenfant and Olson as regularly introducing quotations by other authors, and they both highlight the frequency with which Athenaeus distorts such quotations by leaving out important sentences or passages.[21] That is not the case here; Athenaeus is, in fact, quoting faithfully. The only distortion occurs because he, as in the two examples discussed above, presents the passage out of context. He fails to mention that Polybius is describing the fauna of Corsica, as part of polemicising against Timaeus, who he claims has never visited the island and has therefore got his information wrong. Athenaeus has repurposed the passage as a piece of evidence about rabbits and hares to fit in with information about

20 Lenfant (2007a) 51, type J.
21 Lenfant (2007a) 51, type F, Olson (2018).

these two animals from various authors. We would never guess from his citation that the original Polybius passage was part of a savage polemic.

Example 5

Πολύβιος δ' ὁ Μεγαλοπολίτης ἐν τῇ εἰκοστῇ τῶν ἱστοριῶν φησιν ὡς Βοιωτοὶ μεγίστην δόξαν λαβόντες κατὰ τὰ Λευκτρικὰ κατὰ μικρὸν ἀνέπεσον ταῖς ψυχαῖς καὶ ὁρμήσαντες ἐπ' εὐωχίας καὶ μέθας διέθεντο καὶ κοινωνεῖα τοῖς φίλοις. πολλοὶ δὲ καὶ τῶν ἐχόντων γενεὰς ἀπεμέριζον τοῖς συσσιτίοις τὸ πλέον μέρος τῆς οὐσίας, ὥστε πολλοὺς εἶναι Βοιωτῶν οἷς ὑπῆρχε δεῖπνα τοῦ μηνὸς πλείω τῶν εἰς τὸν μῆνα διατεταγμένων ἡμερῶν. διόπερ Μεγαρεῖς μισήσαντες αὐτῶν τὴν τοιαύτην κατάστασιν ἀπένευσαν εἰς τοὺς Ἀχαιούς.

Polybius of Megalopolis in Book XX of his *History* says that after the Boeotians got a great reputation for what happened at Leuctra, they gradually allowed themselves to relax, began having feasts and drinking parties, and made arrangements in their wills for their friends to have parties. Even many of those who had families divided up the majority of their property among their messmates, the result being that large numbers of Boeotians had more dinners to attend each month than there were days in it. This is why the Megarians, who despised the situation in Boeotia, revolted to the Achaeans.

Ath. 10.418a–b

This is, in fact, surprisingly close to what Polybius says:

πολλοὶ δὲ καὶ τῶν ἐχόντων γενεὰς ἀπεμέριζον τοῖς συσσιτίοις τὸ πλεῖον μέρος τῆς οὐσίας, ὥστε πολλοὺς εἶναι Βοιωτῶν οἷς ὑπῆρχε δεῖπνα τοῦ μηνὸς πλείω τῶν εἰς τὸν μῆνα διατεταγμένων ἡμερῶν. διὸ καὶ Μεγαρεῖς, μισήσαντες μὲν τὴν τοιαύτην κατάστασιν, μνησθέντες δὲ τῆς προγεγενημένης αὐτοῖς μετὰ τῶν Ἀχαιῶν συμπολιτείας, αὖτις ἀπένευσαν πρὸς τοὺς Ἀχαιοὺς καὶ τὴν ἐκείνων αἵρεσιν.

Even many who had families distributed the greater part of their fortune among the clubs, so that there were many Boeotians who had each month more dinners than there were days in the calendar. One consequence of this was that the Megarians detesting this state of affairs and mindful of their former confederacy with the Achaean League, once more inclined towards the Achaeans and their policy.

Plb. 20.6.6–7

The introductory phrase used by Athenaeus here, Πολύβιος … φησιν ὡς, signals according to Lenfant a verbatim or almost verbatim quotation.[22] In this case, we get one initial sentence of paraphrase before Athenaeus lunges into a verbatim quotation. If we did not have Polybius' text, we would be unlikely to spot this, and would assume that the whole passage was a quotation. As before, there is the problem of the absence of context. In Polybius, the preceding chapter, summarised by Athenaeus in his first sentence, 'after the Boeotians got a great reputation for what happened at Leuctra, they gradually allowed themselves to relax, began having feasts and drinking parties, and made arrangements in their wills for their friends to have parties,' is about a popu-

22 Lenfant (2007a) 50, type D.

list movement in Boeotia and the consequent juridical and administrative chaos. The quoted passage about the decadent feasting of the Boeotians then follows as an afterthought, corresponding to Polybius' general contemptuous attitude towards democracy and other populist forms of government.[23] In Athenaeus, the passage has lost this political connotation and becomes purely about luxurious living.

Example 6

ἐν δὲ τῇ δευτέρᾳ ὁ αὐτὸς Πολύβιος ἱστορεῖ Ἄγρωνα τὸν Ἰλλυριῶν βασιλέα ἡσθέντα ἐπὶ τῷ νενικηκέναι τοὺς μέγα φρονοῦντας Αἰτωλοὺς πολυπότην ὄντα καὶ εἰς μέθας καὶ εὐωχίας τραπέντα πλευρίτιδι ληφθέντα ἀποθανεῖν.

In Book II the same Polybius reports that the Illyrian king Agron, who was delighted to have defeated the proud Aetolians, but who consumed large amounts of wine and spent his time at drinking parties and feasts, caught pneumonia and died.

Ath. 10.440a

Compare this with Polybius:

ἐπεὶ κατέπλευσαν οἱ λέμβοι, διακούσας τῶν ἡγεμόνων τὰ κατὰ τὸν κίνδυνον καὶ περιχαρὴς γενόμενος ἐπὶ τῷ δοκεῖν Αἰτωλοὺς τοὺς μέγιστον ἔχοντας τὸ φρόνημα νενικηκέναι, πρὸς μέθας καί τινας τοιαύτας ἄλλας εὐωχίας τραπεὶς ἐνέπεσεν εἰς πλευρῖτιν· ἐκ δὲ ταύτης ἐν ὀλίγαις ἡμέραις μετήλλαξε τὸν βίον.

King Agron, when the flotilla returned and his officers gave him an account of the battle, was so overjoyed at the thought of having beaten the Aetolians, then the proudest of peoples, that he took to carousals and other convivial excesses, from which he fell ill with pneumonia, which ended fatally in a few days.

Plb. 2.4.6

In this case, the fragment in Athenaeus is a close paraphrase of Polybius, duly signalled by the introductory phrase Πολύβιος ἱστορεῖ followed by accusative with infinitive.[24] All the information goes back to Polybius: king Agron's delight at having defeated the proud Aetolians (τοὺς μέγα φρονοῦντας Αἰτωλοὺς/ Αἰτωλοὺς τοὺς μέγιστον ἔχοντας τὸ φρόνημα), his drinking and partying (μέθας καὶ εὐωχίας/ μέθας καί τινας τοιαύτας ἄλλας εὐωχίας), and his resultant death from pneumonia. If we did not have Polybius' text, we might imagine that he narrated these events in greater detail, but in fact he is as brief as Athenaeus.

23 For Polybius' views on democracy and populism, see Eckstein (1995) 127–137.
24 Lenfant (2007a) 50, type a.

Example 7

ἀλλ᾽ οὐ Περσεὺς ὁ ὑπὸ Ῥωμαίων καθαιρεθείς· κατ᾽ οὐδὲν γὰρ τὸν πατέρα Φίλιππον ἐμιμήσατο. οὔτε γὰρ περὶ γυναῖκας ἐσπουδάκει οὔτε φίλοινος ἦν, ἀλλὰ καὶ οὐ μόνον αὐτὸς μέτριον ἔπινε δειπνῶν, ἀλλὰ καὶ οἱ συνόντες αὐτῷ φίλοι, ὡς ἱστορεῖ Πολύβιος ἐν τῇ ἕκτῃ καὶ εἰκοστῇ...

The Perseus who was deposed by the Romans, on the other hand, did not; because he did not resemble his father Philip in any way. For he was uninterested in women, and did not like wine; instead, not only did he himself drink only a modest amount at dinner, but the same was true of the friends who were with him, according to Polybius in Book XXVI.

Ath. 10.445d

And Polybius:

ἐπεφεύγει δὲ καὶ τὴν πατρικὴν ἀσέλγειαν τήν τε περὶ τὰς γυναῖκας καὶ τὴν περὶ τοὺς πότους, καὶ οὐ μόνον αὐτὸς μέτριον ἔπινε δειπνῶν, ἀλλὰ καὶ οἱ συνόντες αὐτῷ φίλοι. καὶ τὰ μὲν προοίμια τῆς Περσέως ἀρχῆς τοιαύτην εἶχε διάθεσιν.

He also had kept clear of his father's incontinence in the matter of women and drink, and not only was he himself moderate in his potations at table, but so were the friends who dined with him. Such was the character of the reign of Perseus at its opening.

Plb. 25.3.7

The first thing to note is that Athenaeus' book allocation is wrong; the relevant Polybius passage is in book 25, not 26.[25] Secondly, the passage is a paraphrase of Polybius, as expected with the introductory formula ὡς ἱστορεῖ Πολύβιος.[26] It is quite a close paraphrase, however, and the statement about how Perseus was both moderate himself and kept his companions moderate too is almost identical in the two authors (οὐ μόνον αὐτὸς μέτριον ἔπινε δειπνῶν, ἀλλὰ καὶ οἱ συνόντες αὐτῷ φίλοι/ οὐ μόνον αὐτὸς μέτριον ἔπινε δειπνῶν, ἀλλὰ καὶ οἱ συνόντες αὐτῷ φίλοι). The main difference, yet again, is context. In Polybius, these remarks about Perseus' personal life follows a passage detailing his political moves after taking power in Macedon, and the popularity these brought him among his people. Then follows a passage about his personal dignity and appearance, and the quoted passage crowns it as conclusion. That is, Polybius shows interest in Perseus' drinking and sexual habits, but only in the larger context of his political and royal behaviour. Athenaeus shows interest in these aspects for their own sake.

25 The distribution of the excerpts from the *Excerpta Constantiniana* into books of the *Histories* is by necessity hypothetical. For the argument that places this passage in book 25, see Walbank (1979) 20–21.
26 Lenfant (2007a) 51, type J.

Example 8

περὶ δὲ Αἰτωλῶν Πολύβιος μὲν ἐν τρισκαιδεκάτῃ Ἱστοριῶν φησιν ὡς διὰ τὴν τῶν πολέμων συνέχειαν καὶ τὴν τῶν βίων πολυτέλειαν κατάχρεοι ἐγένοντο.

As for the Aetolians, Polybius in Book XIII of the *History* says that they fell deeply into debt as a result of their constant wars and the extravagance in which they lived.

Ath. 12.527b

This passage is not found in the extant Polybius text, but in the Constantinian collection of excerpts *On Vice and Virtue*. The passage looks as follows:

ὅτι Αἰτωλοὶ διά τε τὴν συνέχειαν τῶν πολέμων καὶ διὰ τὴν πολυτέλειαν τῶν βίων ἔλαθον οὐ μόνον ἄλλους, ἀλλὰ καὶ σφᾶς αὐτοὺς κατάχρεοι γενηθέντες.

The Aetolians, owing to the long continuance of hostilities and owing to their extravagant way of living, became deeply in debt before anyone else or even they themselves were aware of it.

Plb. 13.1.1

The introductory formula Πολύβιος … φησιν ὡς, according to Lenfant, indicates quotation whereas Olson identifies the phrase twice, once introducing a paraphrase, once a quotation.[27] In our example, the main phrase is so similar in Athenaeus and the Constantinian excerpt that it must have been copied at least almost verbatim from Polybius even if a part of it may have been left out: διὰ τὴν τῶν πολέμων συνέχειαν καὶ τὴν τῶν βίων πολυτέλειαν κατάχρεοι ἐγένοντο/ διά τε τὴν συνέχειαν τῶν πολέμων καὶ διὰ τὴν πολυτέλειαν τῶν βίων ἔλαθον οὐ μόνον ἄλλους, ἀλλὰ καὶ σφᾶς αὐτοὺς κατάχρεοι γενηθέντες. In the Constantinian Polybius excerpt, the passage leads into a brief narrative about constitutional change in Aetolia brought about by their financial problems (13.1.2–3 and 1a), which was clearly longer in Polybius' original. As above, it is the lack of political context that makes the fragment in Athenaeus seem frivolous.

Example 9

Ath. 14.626a–f.

This passage is too long to quote here. It begins as a rejoinder against Ephorus' claim that music has been introduced to deceive human beings and develops into a lecture on the usefulness of music, especially for the Arcadians, who are otherwise made savage by their inclement climate. It is introduced as a quotation by φησὶν Πολύβιος ὁ Μεγαλοπολίτης inserted into direct speech,[28] and indeed it is an almost verbatim quotation of Plb. 4.20.5–21.9. It is certainly clear that Athenaeus had the text of Polybius in front of him. The only phrases that are left out are Polybius' qualification of his initial

27 Lenfant (2007a) 50, type D, Olson (2018) 430 n. 12.
28 Lenfant (2007a) 51, type H.

criticism of Ephorus: 'throwing out a statement in no way fitting for him' (οὐδαμῶς ἁρμόζοντα λόγον αὐτῷ ῥίψας, Plb. 4.20.5) and his remark that 'everybody knows' the special circumstances surrounding music in Arcadia (ταῦτα γὰρ πᾶσίν ἐστι γνώριμα καὶ συνήθη, διότι… Plb. 4.20.8).

Example 10

Πολύβιος δ' ἐν τῇ ὀγδόῃ τῶν Ἱστοριῶν Μάρκελλος, φησί, δυσχρηστούμενος ἐν τῇ Συρακουσῶν πολιορκίᾳ ὑπὸ τῶν Ἀρχιμήδους κατασκευασμάτων ἔλεγεν ταῖς μὲν ναυσὶν αὐτοῦ κυαθίζειν ἐκ θαλάσσης Ἀρχιμήδην, τὰς δὲ σαμβύκας ῥαπιζομένας ὥσπερ ἐκ πότου μετ' αἰσχύνης ἐκπεπτωκέναι.

Polybius says in Book VIII of his *History*: When Marcellus was baffled during the siege of Syracuse by the devices Archimedes invented, he would say that Archimedes was ladling wine for his own ships from the sea, whereas his *sambukai* had been beaten up and ignominiously kicked out, as it were, from the party.

Ath. 14.634b

And Polybius:

δυσχερῶς μὲν ἔφερε τὸ συμβαῖνον, ὅμως δ' ἐπισκώπτων τὰς αὐτοῦ πράξεις ἔφη ταῖς μὲν ναυσὶν αὐτοῦ κυαθίζειν ἐκ θαλάττης Ἀρχιμήδη, τὰς δὲ σαμβύκας ῥαπιζομένας ὥσπερ ἐκσπόνδους μετ' αἰσχύνης ἐκπεπτωκέναι.

Marcellus was hard put to it by the resourcefulness of Archimedes, and seeing that the garrison thus baffled his attacks not only with much loss to himself but with derision he was deeply vexed, but still made fun of his own performance, saying, "Archimedes uses my ships to ladle sea-water into his wine cups, but my sambuca band is flogged out of the banquet in disgrace".

Plb. 8.6.6

Here, Marcellus' witticism has been quoted verbatim while two sentences by Polybius about his state of mind have been left out, taking the seriousness out of the situation. The fact that the quotation is verbatim is duly signposted by the introductory phrase Πολύβιος … φησί with accusative with infinitive,[29] but the quotation only really starts part way through, from ἔλεγεν.

3 Conclusions

Several observations can be made on the basis of these ten fragments and their parallels in the extant Polybius text. Firstly, Athenaeus' citation practice in the case of Polybius largely conforms to the observations made by Lenfant and, in less detail, Olson about the correspondence between the introductory phrases used by Athenaeus and

29 Lenfant (2007a) 51, type H.

the status of the citation as either paraphrase/summary or quotation, although one exception (example 2) breaks the mould and several cases seem to be variations on the established pattern, showing that the system is not watertight. In the case of the paraphrases, it is often mere snippets of information that are preserved by Athenaeus out of their original context, which might give a reader unfamiliar with Polybius' *Histories* a wrongful impression of his work. In the case of quotations, Polybius is usually quoted accurately, but longer quotations may have some sentences left out. This is seen most clearly in the long example 9 on the usefulness of music, where the only parts left out are the sentences that explicitly polemise against Ephorus.

Secondly, in all of these fragments, Athenaeus is actually relatively faithful to Polybius' text, and there are no disturbing distortions of the kind highlighted by Pelling, Olson and others.[30] However, the meaning of each fragment is nonetheless always distorted because Athenaeus reports or quotes passages out of context. The politico-military narrative that surrounds the passages in Polybius and provides their *raison d'etre* are left out and the passages are repurposed into a symposiastic context. This gives the fragments a less serious flavour and might give a reader unfamiliar with Polybius' *Histories* the erroneous impression that it was a work written for light entertainment.

This impression is exacerbated by the 26 fragments that do not correspond to an independently preserved Polybius passage. If we categorise the 36 fragments of Polybius in Athenaeus according to topic of the fragment itself (ignoring its context in Polybius when that is extant), we get the following breakdown of topics (with some overlap between topics; the full set of passages with their topics can be seen in the table in Appendix 1):

- Luxury: 14
- Drinking: 7
- Food: 1
- Women: 3
- Flatterers: 3
- Slaves: 2
- Music: 1
- Ridiculousness of the powerful: 4
- Natural phenomena: 4
- Place names: 2
- Pithy sayings in direct speech: 2

These topics are strikingly similar to the topics of the Athenaean fragments of various other Hellenistic historiographers, e.g. Duris of Samos and Phylarchus of Naucratis or Athens, who are often, on the basis of these fragments, assumed to have written histories more concerned to entertain than to tell the truth or analyse historical causation.

30 Pelling (2000), Olson (2018). See further footnote 8.

It is legitimate to wonder whether such historiographers might not have written works just as politico-military as Polybius, but Athenaeus chose only to reproduce the juicy bits.[31]

There are, however, some small, but significant, differences in the topics of the fragments found in Athenaeus. Firstly, Athenaeus often reproduces anecdotes about religious customs, mythology, or friendship between animals and human beings from many different sources, including Duris and Phylarchus, but not from Polybius. Perhaps he could not find any such passages in Polybius; indeed, there are no mentions of animal-human friendship in the surviving parts of Polybius and only brief references to mythology or religious customs. This may indicate that these particular topics played a larger part in the works of Duris and Phylarchus than they did in that of Polybius. Secondly, Athenaeus quotes only two pithy sayings in direct speech from Polybius, compared with, e.g., 9 from Phylarchus.[32] This seems to indicate that he generally did not find the direct speech in Polybius' *Histories* particularly pithy or quotable, which indeed it is not. Phylarchus, on the other hand, seems to have been a master of the quotable soundbite.

Overall, our investigation of the fragments of Polybius in Athenaeus has demonstrated both the difficult nature of the *Deipnosophistae* as a covertext and its uses. Its relative faithfulness to Polybius' text in the cases where we can check them against each other means that scholars working on less well-preserved works of Hellenistic historiography are justified in using the fragments preserved by Athenaeus to gain some insight into the contents of the lost works. However, the difficulty, despite the intricate system of Lenfant, in determining which passages are quotations and which paraphrases or brief summaries, means that we have to exercise extreme caution when trying to work out the actual words of the lost works. And, lastly, the misrepresentation caused by Athenaeus' determined focus on his chosen themes to the exclusion of historical narrative means that we are never justified in assuming that the lost works wrote about nothing but drinking and luxury.

---

31 A similar hypothesis has been arrived at by different routes by Kebric (2016) and Baron (2016). See also Hau (2021).

32 *FGrHist* 81 F1, F11, F12, F21, F24, F31, F37, F40, F46.

Appendix 1

Tab. 1: Fragments of Polybius in Athenaeus. The ones discussed in the paper are marked in bold.

Athenaeus passage	Independently preserved Polybius passage	Topic	Notes
Ath. 1.16c. Description ascribed to Polybius of the luxuriousness of an Iberian king's palace, which rivalled that of the Phaeacians.	None (included in the Plb. Loeb as 34.9.14–15)	Luxury	
Ath. 1.31d. 'Polybius says that' the best wine is made in Capua and called *anadendrites*.	None (included in the Plb. Loeb as 34.11.1)	Luxury, Drinking	
Ptolemaeus Philadelphus sent Nile water to his daughter Berenice after having married her to Antiochus so that she should never drink anything else, 'as Polybius relates'.	None (included in the Plb. Loeb as F73)	Luxury	Walbank (2000, 170) suggests that Athenaeus may here mistakenly have written 'Polybius' for 'Phylarchus', but there is no reason why Athenaeus should not have found this piece of information in Polybius.
Ath. 3.78e–f. Philip V took figs from Magnesia for his soldiers as they had no corn, and later gave the Magnesians Myus in return.	None (included in the Plb. Loeb as 16.24.9)	Luxury, Food	
Ath. 3.95d: There is a place called 'Snout' in Aetolia, 'as Polybius testifies'.	None	Place name	
Ath. 5.193d–195f: Long description of the madness of Antiochus IV and an extremely elaborate procession organised by him.	None	Luxury, Ridiculousness of the powerful	The description is presented as a verbatim quotation of Polybius, but is usually divided in two by editors of the *Histories* and placed in two different books of his *Histories* (26.1 and 30.25–27).*

(continued)

Tab. 1 (continued)

Athenaeus passage	Independently preserved Polybius passage	Topic	Notes
Ath. 6.251e: on Heracleides, a flatterer of Philip V.	**Plb. 13.4**	**Flatterers**	**See example 1 above.**
Ath. 6.251e: 'And in his fourteenth book, he says that Philo was a flatterer of Agathocles'.	None	Flatterers	
Ath. 6.252d: on Cavarus the Celt and a flatterer.	**The relevant part of the *Histories* is lost, recoverable only from a paraphrase in the Byzantine collection of extracts *Excerpta Antiqua* (Plb. 8.22.1–2).**	**Flatterers**	**See example 2 above.**
Ath. 6.272a: Timaeus is wrong about the Greeks not normally owning slaves, 'Polybius of Megalopolis criticizes him for this in Book XII of his *History*'.	None (included in the Plb. Loeb as 12.6.2)	Slaves	
Ath. 6.273a: The Romans used to be a moderate people; for instance, Scipio Africanus took with him only five slaves to the East and sent home for a new one after one of them died, 'according to Polybius and Posidonius'.	None (included in the Plb. Loeb as F76)	Slaves, Luxury	
Ath. 6.274f–275a: pithy saying by Cato the Elder.	**Plb. 31.25**	**Luxury Pithy saying**	**See example 3 above.**
Ath. 7.302c: 'Polybius of Megalopolis in Book XXXIV of his *History*, in his discussion of the Lusitanian region of Spain, claims that nut-trees grow in the depths of the sea there, and that the tuna grow fat from eating their fruit.'	None (included in the Plb. Loeb as 34.8.1–2)	Natural phenomenon	

Ath. 8.330d–331b: A lengthy description of the fertility of Lusitania and the consequent cheapness of various foodstuffs there, with prices, all ascribed to Polybius.	None (included in the Plb. Loeb as 34.4–10)	Luxury, Natural phenomena	
Ath. 8.332a–b: Description of a river plain completely undermined by underground fish, ascribed to Polybius.	None (included in the Plb. Loeb as 34.10.1–4)	Natural phenomena	
Ath. 9.400f: on how the rabbit differs from the hare.	**Plb. 12.3.10**	**Natural phenomena**	**See example 4 above.**
Ath. 10.418a–b: on Boeotian decadence.	**Plb. 20.6.6–7**	**Drinking, Luxury**	**See example 5 above.**
Ath. 10.424d: Polybius says that a river in Aetolia is called Wine-ladle (Cyathus).	None	Place name	
Ath. 10.425e–f: 'Cleino, the woman who poured wine for King Ptolemy (nicknamed Philadelphus), is mentioned by Ptolemy son of Agesarchus in Book III if his *History Involving Philopator*. Polybius in Book XIV of his *History* reports that statues of her wearing nothing but a tunic and holding a drinking-horn in her hands stood in Alexandria in many parts of the city.'	None (included in the Plb. Loeb as 14.11.2)	Women, Sexual scandal, Luxury	This is a surprising passage for Athenaeus to attribute to Polybius. It does not exist in the surviving parts of the *Histories*, and the focus on promiscuous women is atypical for Polybius. That does not necessarily mean that Athenaeus is misremembering his source, however: Polybius is often keen to show that low-born, low-minded people exercise undue influence over weak rulers, and it is entirely possible that he devoted a digression in book 14 to the influence held by courtesans over various kings.
Ath. 10.439a: Shorter version of the mad behaviour of Antiochus IV detailed in F6–7.	None (included in the Plb. Loeb as 26.1a)	Ridiculous behaviour of the powerful	
Ath. 10.439b–d: Shorter version of Antiochus IV's procession detailed in 6 and 7, with a few new details.	None (included in the Plb. Loeb as 30.25–26)	Ridiculous behaviour of the powerful, Luxury	

(continued)

Tab. 1 (continued)

Athenaeus passage		**Independently preserved Polybius passage**	**Topic**	**Notes**
Ath. 10.439e–440b: This is a continuous passage of Athenaeus on powerful men who do stupid things in drunkenness. It references five separate Polybius passages and so has been divided into five fragments. Most of these passages are lost from the *Histories*, but, as Walbank argues, Polybius often finds occasion to moralise on drunkenness** so they would not be uncharacteristic of him.	Antiochus III 'according to Polybius in Book XX,' was madly in love at the age of 50 and spent the winter celebrating his wedding instead of focusing on the war he was fighting against Rome.	None (included in the Plb. Loeb as 20.8)	Ridiculous behaviour of the powerful	
	'In Book II the same Polybius reports that the Illyrian king Agron, who was delighted to have defeated the proud Aetolians, but who consumed large amounts of wine and spent his time at drinking parties and feasts, caught pneumonia and died.'	**This refers to Plb. 2.4.6 where Polybius briefly relates the death of the Illyrian king Agron and the succession of his wife Teuta, who will be responsible for bringing the Romans to Illyria.**	**Drinking**	**See example 6 above.**

'In Book XXIX the same author claims that the Illyrian king Genthion drank so much that he engaged in a great deal of ugly behavior throughout his life and was constantly intoxicated day and night. After he killed his brother Pleuratus, who was about to marry Monounius' daughter, he married the girl himself and treated his subjects cruelly.'	None	Drinking	This passage is lost from the *Histories*, but Genthion plays a significant and inglorious part in the very fragmented books 28–32, so it is likely that Polybius did indeed say this about him, probably with more details and in a politico-military context, in book 29.
'In Book XXXIII Polybius says that Demetrius, who escaped when he was being held hostage in Rome and became king of Syria, drank large amounts and spent most the day intoxicated.'	None	Drinking	There is very little left of Polybius' narrative of Demetrius after he became king of Syria, and nothing about habitual drunkenness. In the preserved narrative of his escape from Rome, however, Polybius notes that Demetrius was 'by nature fond of drinking-parties and very young' (τοῦ Δημητρίου συμποτικοῦ φυσικῶς καὶ νεοτέρου τελέως ὑπάρχοντος, Plb. 31.13.8), so it is not unlikely that his narrative of Demetrius' reign included a comment on his drinking.
'And in Book XXXII he claims that Orophernes, who was briefly king of Cappadocia and rejected the traditional local customs, introduced the elaborate Ionian style of debauchery.'	None, but brief mention of Orophernes at 33.6 from the *Excerpta Constantiniana*. (Included in the Plb. Loeb as 32.11.10)	Luxury	

(continued)

Tab. 1 (continued)

Athenaeus passage	**Independently preserved Polybius passage**	**Topic**	**Notes**
Ath. 10.440e: Detailed information about Roman women not being allowed to drink wine and the custom of making matrons kiss every male relative they meet in order to make any unauthorised drinking easily detectable, 'according to Polybius in Book VI'; Roman women instead drink *passum* made from raisins.	None (Included in the Plb. Loeb as 6.11a4)	Women, Drinking	Although lost from the *Histories*, this passage would have fitted into the part of book 6 where Polybius discusses Roman customs, and it is characteristic of him to be interested particularly in preventative measures.***
Ath. 445d: on the moderation of Perseus.	**Plb. 25.3**	**Drinking, Luxury**	**See example 7 above.**
Ath. 12.527b: on the decadence of the Aetolians.	**The relevant passage of the *Histories* is preserved by the Constantinian collection of excerpts *On Vice and Virtue* and is usually labelled Plb. 13.1.1.**	**Luxury**	**See example 8 above.**
Ath. 12.528a–c: A comparison, ascribed to Polybius, between the decadence of Capua, brought about by its wealth, which made the citizens invite in Hannibal, and the fortitude of Petelia, whose citizens did not give up during an 11-month siege despite having eaten the bark off all the trees, and finally only surrendered to Hannibal after asking the Romans for permission.	None (included in the Plb. Loeb as 7.1)	Luxury	

Ath. 13.576f–577a: Same information as F20, but with more details.	None (included in the Plb. Loeb as 14.11.2–5)	Women, Luxury	
Ath. 14.615b–c: long description of ridiculous musical games put on by L. Anicius when he celebrated his triumph over Genthion.	None (included in the Plb. Loeb as 30.22)	Ridiculous behaviour of the powerful	
Ath. 14.626a–f: Long polemical discussion to prove the usefulness of music, presented as verbatim quotation from Polybius.	**Plb. 4.20.5–21.9. Much of it is quoted verbatim, but certain details are left out and a few phrases have been changed.**	**Music**	**See example 9 above.**
Ath. 14.634b: pithy saying by Marcellus.	**Plb. 8.6.6.**	**Pithy saying**	**See example 10 above.**
Ath. 14.651c–f: Detailed account of the appearance of the lotus plant and the class-stratified consumption of it in North Africa, said to derive from Polybius 'as an eyewitness' (αὐτόπτης).	None (Included in the Plb. Loeb as 12.1.2)	Natural phenomena	

* On the provenance of the fragments of Polybius *Histories* 19–40 and the reasoning behind their distribution to books, see Walbank (1979) 1–62.

** Walbank (2000); see also Eckstein (1995) 285–290.

*** As in his description of the various punishment for soldiers, Plb. 6.37–38.

Bibliography

Primary texts

Athenaeus (2006–2012) *The Learned Banqueters* vol. I–VIII, edited and translated by S. Douglas Olson, Loeb Classical Library (Cambridge, MA).

Polybius (2010–2012) *The Histories* vol. I–VI, translated by W.R. Paton, revised by F.W. Walbank and Christian Habicht, fragments of vol. VI edited and translated by S. Douglas Olson, Loeb Classical Library (Cambridge, MA).

Scholarship

Ambaglio (1990): Delphino Ambaglio, "I Deipnosofisti di Ateneo e la tradizione storica frammentaria", *Atheneum* 78, 51–64.

Baron (2013): Christopher Baron, *Timaeus of Tauromenium and Hellenistic historiography*, Cambridge.

Baron (2016): Christopher Baron, "Duris of Samos and a Herodotean Model for Writing History", in: Jessica Priestley and Vasilik Zali (eds.), *Brill's Companion to the Reception of Herodotus in Antiquity and Beyond*, Leiden/Boston, 59–82.

Berti *et al.* (2016): Monica Berti, Christopher Blackwell, Mary Daniels, Samantha Strickland, Kimbell Vincent-Dobbins, "Documenting Homeric Text-Reuse in the *Deipnosophistae* of Athenaeus of Naucratis", *Bulletin of the Institute of Classical Studies* 59, 121–139.

Braund and Wilkins (2000): David Braund and John Wilkins (eds.), *Athenaeus and his World*, Exeter.

Brill's New Jacoby (*BNJ*), General Editor: Ian Worthington. https://referenceworks-brillonline-com.ezproxy.lib.gla.ac.uk/browse/brill-s-new-jacoby.

Brunt (1980): Peter A. Brunt, "On Historical Fragments and Epitomes", *The Classical Quarterly* 30, 477–494.

Carrière (2007): Jean-Claude Carrière, "Les citations de Xénophon dans le Banquet des Sophistes d'Athénée", in: Sylvie David and Evelyne Geny (eds.), *Troika. Parcours Antiques. Mélanges offerts à Michel Woronoff* vol. 1 Besancon, 219–240.

Eckstein (1995): Arthur Eckstein, *Moral Vision in the* Histories *of Polybius*, Berkeley/Los Angeles/London.

Gorman/Gorman (2007): Robert J. Gorman and Vanessa B. Gorman, "The *Tryphe* of the Sybarites: A Historiographical Problem in Athenaeus", *JHS* 127, 38–60.

Hau (2016): Lisa Irene Hau, *Moral History from Herodotus to Diodorus Siculus*, Edinburgh.

Hau (2021): Lisa Irene Hau, "The Fragments of Polybius Compared with those of the 'Tragic' Historians Duris and Phylarchus", *Histos* 15, 238–282.

Jacob (2004): Christian Jacob, "La Citation comme Performance dans les *Deipnosophistes* d'Athénée", in: Cathérine Darbo-Peschanski (ed.), *La Citation dans l'Antiquité*, Grenoble, 147–174.

Jacob (2013): Christian Jacob, *The Web of Athenaeus*. Hellenic Studies Series 61, Washington, DC; available online at https://chs.harvard.edu/CHS/article/display/5257.christian-jacob-the-web-of-athenaeus (accessed 29.01.2021).

Jacoby (1923–1955): Felix Jacoby, *Die Fragmente der Griechischen Historiker (FGrHist)* vol. I–III, Berlin and Leiden.

Kebric (2016): Robert B. Kebric, "Caesar, Douris of Samos, and the death of 'Tragic History'", in: Valerie Naas and Mathilde Simon (eds.), *De Samos à Rome: personnalité et influence de Douris*, Paris, 341–360.

Lenfant (1999): Dominique Lenfant, "Peut-on se fier aux "fragments" d'historiens? L'exemple des citations d'Hérodote", *Ktèma* 24, 103–121.

Lenfant (2007a): Dominique Lenfant, "Les 'fragments' d'Hérodote dans les *Deipnosophistes*', in: Dominique Lenfant (ed.), *Athénée et les fragments d'historiens*, Paris, 43–72.
Lenfant (2007b): Dominique Lenfant (ed.), *Athénée et les fragments d'historiens*, Paris.
Lenfant (2009): Dominique Lenfant, 'Jacoby Online', *The Classical Review* 59, 395–398.
Lenfant (2013): Dominique Lenfant, "The Study of Intermediate Authors and its Role in the Interpretation of Historical Fragments", *AncSoc* 43, 289–305.
Maisonneuve (2007): Christine Maisonneuve, "Les 'fragments' de Xénophon dans les *Deipnosophistes*', in: Dominique Lenfant (ed.), *Athénée et les Fragments d'Historiens*, Paris, 73–106.
Manafis (2020): Panagiotis Manafis, *(Re)writing History in Byzantium. A Critical Study of Collections of Historical Excerpts*, London/New York.
Moore (1965): John M. Moore, *The Manuscript Tradition of Polybius*, Cambridge.
Németh (2018): András Németh, *The Excerpta Constantiniana and the Byzantine Appropriation of the Past*, Cambridge.
Olson (2015): Douglas Olson, "Athenaeus (1), of Naucratis", in: Tim Whitmarsh (ed.), *The Oxford Classical Dictionary* online, https://doi-org.ezproxy.lib.gla.ac.uk/10.1093/acrefore/9780199381135.013.913.
Olson (2018): Douglas Olson, "Athenaeus' 'fragments' of non-fragmentary prose authors and their implications", *AJPh* 139, 423–450.
Pédech (1961): Paul Pédech, 'Notice', *Polybe. Histoires. Livre XII.* Les Belles Lettres, Paris.
Pédech (1969): Paul Pédech, 'Introduction', *Polybe. Histoires. Livre I.* Les Belles Lettres, Paris.
Pelling (2000): Christopher Pelling, "Fun with Fragments. Athenaeus and the Historians", in: David Braunds and John Wilkins (eds.), *Athenaeus and his World*, Exeter, 171–190.
Rafiyenko (2017): Daryia Rafiyenko, "Towards the Compilation Principles of the Excerptors in the *Excerpta Historica Constantiniana*", *Byzantinoslavica* 75, 291–324.
Schepens (1997): Guido Schepens, "Jacoby's *FGrHist*: Problems, Methods, Prospects", in: Glen W. Most (ed.), *Collecting Fragments/Fragmente sammeln*, Göttingen.
Walbank (1979): Frank W. Walbank, "*A Historical Commentary on Polybius* vol. III", Oxford.
Walbank (2000): Frank W. Walbank, "Athenaeus and Polybius", in: David Braund and John Wilkins (eds.), *Athenaeus and his World*, Exeter, 161–171.
Wöhrle/Strohmaier (2014): Georg Wöhrle and Gotthard Strohmaier, "Introduction", in: Richard D. McKirahan, *The Milesians: Thales*, Traditio Praesocratica, 1–24.

Christian Orth

Die Zitate aus indirekter Überlieferung von Menanders *Dyskolos*

1 Einleitung

Bei der Arbeit an den Fragmenten[1] der griechischen Komödiendichter steht man – wie bei anderen fragmentarischen Texten auch – immer wieder vor der Frage, inwieweit man aus einigen wenigen Hinweisen überhaupt Rückschlüsse auf das verlorene Ganze ziehen kann, und wie zuverlässig die dabei gewonnenen Ergebnisse sein können. Interessante Einblicke ergeben sich dabei aus Gedankenexperimenten, bei denen man die Zitate aus indirekter Überlieferung von auch in direkter Überlieferung erhaltenen Stücken als Fragmente betrachtet und sich die Frage stellt, welche Schlüsse auf ihren ursprünglichen Kontext man aus diesen ohne Kenntnis des vollständigen Werks ziehen könnte. Das ist bisher besonders für die Komödien des Aristophanes versucht worden,[2] in der Regel mit dem Ziel, die Schwierigkeit oder sogar Unmöglichkeit einer zuverlässigen Rekonstruktion hervorzuheben. In der jeweils gewählten Zielsetzung und Methode liegt natürlich auch ein entscheidendes Problem aller derartigen Versuche, da es ja nicht einfach möglich ist, das eigene Wissen von den vollständigen Werken ganz auszuschalten, und aus denselben Fragmenten je nach Herangehensweise ganz unterschiedliche Schlüsse gezogen werden können.

Im Fall der durch Papyri mehr oder weniger vollständig erhaltenen Komödien Menanders ist die Situation auf den ersten Blick günstiger. Denn hier kann man einfach einen Sprung machen in die Zeit vor der Entdeckung der Papyri, und die allein auf Grundlage der Zitate aufgestellten Hypothesen mit dem Bild vergleichen, das sich jetzt aus den Papyri ergibt.[3] Der *Dyskolos* ist für eine solche Untersuchung aus mehreren Gründen besonders gut geeignet:

(1) Er ist nahezu vollständig erhalten, was zur Folge hat, dass wahrscheinlich jedes der Zitate aus indirekter Überlieferung, sofern es überhaupt richtig dem *Dyskolos* zugeschrieben wurde, ein direktes Gegenstück im Papyrus hat.

(2) Die Kenntnis des *Dyskolos* veränderte sich schlagartig durch einen einzigen Papyrusfund (den zuerst von Martin (1958) veröffentlichten Papyrus Bodmer), und nicht (wie z. B. im Fall der *Epitrepontes* und des *Misumenos*) schrittweise in einem

1 Unter Fragmenten werden hier Überreste aus ansonsten verlorenen Werken verstanden (vgl. unten Anm. 10). Im Fall der Komödienzitate handelt es sich dabei – anders als etwa bei den Fragmenten der griechischen Historiker – in aller Regel um wörtliche Zitate, deren Abgrenzung vom Zitatkontext nicht zuletzt aufgrund der metrischen Form der Zitate in aller Regel unproblematisch ist.

2 Dover (2000) (zu den *Fröschen*); Olson (2015) (zu allen Komödien, aber allein auf der Grundlage der Zitate bei Athenaios).

3 Vgl. dazu jetzt auch (zu den Zitaten der auf Papyrus erhaltenen Stücke bei Stobaios) Millis (2020).

https://doi.org/10.1515/9783111508788-008

längeren Prozess. Damit lässt sich hier besonders einfach der Kenntnisstand vor und nach diesem Ereignis vergleichen.

(3) Schon vor der Entdeckung des Papyrus sind die Fragmente des *Dyskolos* aus indirekter Überlieferung intensiver diskutiert und interpretiert worden als die der meisten anderen Komödien Menanders. Das liegt zum einen an einigen besonders interessanten Testimonien zur Figur des *Dyskolos*, aus denen sich auch der Name von Menanders Titelhelden erschließen ließ (Ribbeck (1885) 11–21, Pack (1935), Carugno (1948)), und zum anderen an der zu Beginn des 20. Jh. viel diskutierten (und schon vor der Entdeckung des Papyrus überzeugend widerlegten) Hypothese von Johannes Geffcken, dass der *Dyskolos* das griechische Vorbild von Plautus' *Aulularia* war.[4]

Dennoch kann hier nicht einfach der Forschungsstand von 1958 mit dem gleichgesetzt werden, was aus heutiger Sicht allein auf der Grundlage der indirekten Überlieferung möglich wäre. Das liegt zum einen daran, dass die Interpretation der Fragmente dabei oft einem bestimmten Ziel untergeordnet war (z. B. dem Versuch, den *Dyskolos* als Vorlage von Plautus' *Aulularia* zu erweisen, oder umgekehrt diese Hypothese zu widerlegen). Zum anderen hat man aber heute bei der Untersuchung der Fragmente aus indirekter Überlieferung deutlich bessere Möglichkeiten als noch vor einigen Jahrzehnten: Das bekannte Vergleichsmaterial aus Menander hat sich durch die Papyri stark vermehrt, die zitierenden Autoren sind teilweise neu untersucht oder auch ediert, und die Methoden bei der Rekonstruktion verlorener Werke verfeinert oder kritisch hinterfragt worden, und nicht zuletzt bieten auch digitale Suchmaschinen wie TLG ganz neue Perspektiven. Wenn man eine Untersuchung der Zitate des *Dyskolos* aus indirekter Überlieferung für die Arbeit an der großen Mehrheit der weiterhin nur aus Zitaten bekannten Stücke Menanders nutzbar machen will, dann muss daher stets auch die Frage gestellt werden, wie weit man allein auf der Grundlage der indirekten Überlieferung mit den heute zur Verfügung stehenden Mitteln kommen *könnte*.

2 Der Name des *Dyskolos*

Bevor wir uns den einzelnen Zitaten des *Dyskolos* aus indirekter Überlieferung zuwenden, müssen aber noch kurz einige Testimonien in den Blick genommen werden, aus denen schon vor der Entdeckung des Papyrus wertvolle Hinweise besonders zum Charakter und Namen des Titelhelden gewonnen werden konnten, die dann auch für die Interpretation der einzelnen Fragmente herangezogen wurden. Wegweisend ist hier

4 Geffcken (1898) 1–16, *prob.* Wilamowitz-Moellendorff (1899) 517 Anm. 1, Weil (1906) 515–516; *contra*: Leo (1898) 348–349, Legrand (1902) 357–363, Pressler (1908) 33–56, Bonnet (1909) 29–30, Krieger (1914) 88–90, und vgl. auch Webster (1950) 147 und Körte (1953) 51.

besonders die Diskussion des *Dyskolos* in Otto Ribbecks 1885 erschiener ethologischen Studie über die Figur des ἄγροικος gewesen.[5] Ribbeck erschloss nicht nur aus Choric. *Apol. mim.* 73 p. 360,20–61,2 Foerster[6] richtig, dass der Titelheld von Menanders Stück Knemon hieß, und nicht Smikrines, wie Meineke (1823) 49 (und vgl. Meineke (1841) 106) aufgrund von Iulian. *Misopog.* 349c[7] und Alciphr. 3,7,3 (wo ein fiktiver Σμικρίνης ὁ δύστροπος καὶ δύσκολος vorkommt) angenommen hatte. Zugleich erkannte er schon aus den wenigen erhaltenen Fragmenten von Menanders Komödie, dass die Bauernbriefe 13–16 des Aelian, ein kleiner Briefwechsel eines Kallippides und eines misanthropischen Einzelgängers mit dem Namen Knemon, in dem Kallippides erfolglos versucht, Knemon zusammen mit anderen Bewohnern des attischen Demos Phyle zu einem Opferfest zu Ehren des Pan einzuladen, direkt auf den *Dyskolos* Bezug nehmen (vgl. von den schon Ribbeck bekannten Fragmenten – nach der von mir im Folgenden verwendeten Nummerierung – **Nr. 1**, wo Phyle als Schauplatz genannt wird und der Sprecher, den Ribbeck richtig mit Pan identifiziert, aus einem Nymphaion herauskommt, **Nr. 3**, wo der Sprecher den bei Opfern betriebenen Aufwand und den egoistischen Genuss beim Opfermahl kritisiert, **Nr.** 7, wo gesagt wird, dass man an den Gott Pan nicht schweigend herantreten soll, und vgl. auch unten zu **Nr. 12**).[8]

Auch wenn sich Kock (1888) 37 bezüglich des Werts von Aelian zur Rekonstruktion des *Dyskolos* skeptisch äußert, fand zumindest Ribbecks Identifizierung von Menanders Titelhelden mit dem bei Chorikios und Aelian genannten Knemon weitgehend Zustimmung[9] und war schon vor der Entdeckung des Papyrus – durch den sie glänzend bestätigt wurde – zur *communis opinio* geworden.

5 Ribbeck (1885) 11–21.

6 ἢ καὶ τῶν Μενάνδρῳ πεποιημένων προσώπων Μοσχίων μὲν ἡμᾶς παρεσκεύασε παρθένους βιάζεσθαι, Χαιρέστρατος δὲ ψαλτρίας ἐρᾶν, Κνήμων δὲ δυσκόλους ἐποίησεν εἶναι, Σμικρίνης δὲ φιλαργύρους ὁ δεδιώς, μή τι τῶν ἔνδον ὁ καπνὸς οἴχοιτο φέρων; „Oder hat auch von Menanders Charakteren Moschion uns darauf vorbereitet, Jungfrauen zu vergewaltigen, und Chairestratos Harfenspielerinnen zu lieben, und Knemon hat uns unumgänglich gemacht, Smikrines aber geizig, der fürchtete, der Rauch könnte etwas von dem Besitz im Haus forttragen?“

7 ἐνόμισας ἂν Σμικρίνην ὁρᾶν ἢ Θρασυλέοντα, δύσκολον πρεσβύτην ἢ στρατιώτην ἀνόητον „Man hätte geglaubt, einen Smikrines zu sehen oder einen Thrasyleon, einen unumgänglichen Alten oder einen törichten Soldaten“.

8 Vgl. auch Wilamowitz-Moellendorff (1905) 170 und Carugno (1948). – Zu einer detaillierten Diskussion der Bezüge auf der Grundlage des Papyrus vgl. Thyresson (1964) und Guida (2004).

9 Vgl. Legrand (1902) 361–363, Pressler (1908) 48, Pack (1935), Webster (1950) 147–148, Körte (1953) 51.

3 Die vor der Entdeckung des Papyrus bekannten Fragmente des *Dyskolos*

Die folgende Sammlung der Zitate des *Dyskolos* aus indirekter Überlieferung umfasst insgesamt 20 ehemalige Fragmente – ihren Fragmentstatus haben sie ja mit der Veröffentlichung des (nahezu) vollständigen Texts des *Dyskolos* aus dem Papyrus Bodmer im Jahr 1958 verloren[10] –, die hier zur Erleichterung der Orientierung und der Querverweise durchnummeriert werden (die Nummern der Editionen von Körte (1953) und Kock (1888) sind in Klammern hinzugesetzt). **Nr. 1–12** sind die in der indirekten Überlieferung explizit dem *Dyskolos* zugewiesenen (und in Körtes Edition unter dem Titel Δύσκολος aufgeführten) Fragmente. **Nr. *13** ist ein von Körte versuchsweise dem *Dyskolos* zugewiesenes, aber unter den Fragmenten *incertae fabulae* belassenes Fragment. **Nr. **14–**20** sind (zuvor in den Editionen der Komikerfragmente an anderer Stelle aufgeführte) Fragmente, die überhaupt erst durch den Papyrus mit dem *Dyskolos* in Verbindung gebracht werden konnten. Die Anordnung folgt (soweit möglich) der Edition von Körte (und entspricht somit nicht der Reihenfolge, in der die Stellen tatsächlich im *Dyskolos* vorkommen).

Jedes Fragment wird in der linken Spalte in derselben Form abgedruckt wie in der Edition von Körte (1953) (die Hinweise auf den Zitatkontext und der kritische Apparat wurden auf der Grundlage von Körte neu bearbeitet), und in der rechten Spalte in ihrem originalen Kontext im *Dyskolos*, wie er sich jetzt aus dem Papyrus ergibt (auf der Grundlage der Editionen von Handley (1965), Sandbach (1972) und Arnott (1979); der aus indirekter Überlieferung bekannte Teil ist dabei jeweils **fett** gedruckt).

10 Die Bezeichnung „Fragmente“ setzt voraus, dass es sich um Reste eines ansonsten *verlorenen* Texts handelt (vgl. dazu zuletzt Ginelli/Lupi (2021) 4–5). Umgekehrt sind z. B. auch die vielen Zitate aus der Komödie bei Autoren wie Athenaios aus der Sicht der zitierenden Autoren keine Fragmente, da die Komödien selbst dort, wo aus ihnen nur noch indirekt zitiert wird – was bei der Überlieferung der Komikerfragmente fast durchweg der Fall ist (vgl. zu Athenaios Nesselrath 1990, 65–79) –, als grundsätzlich vorhanden betrachtet werden (vgl. Orth (2017) 17). – Natürlich bleiben die Zitate aber wichtige Zeugnisse für die Rezeption der betreffenden Stücke im Altertum, und – wenn sie nicht direkt aus einer vollständigen Komödie, sondern aus Zwischenquellen übernommen sind – Fragmente dieser verlorenen Zwischenquellen (ein großer Teil der erhaltenen Komikerfragmente sind z. B. wahrscheinlich auch Fragmente des Didymos von Alexandria, der eine wichtige Durchgangsstation für viele der bei späteren Autoren erhaltenen Fragmente darstellt); allerdings bleibt das alles mehr oder weniger spekulativ, solange diese Zwischenquellen nicht explizit benannt werden, und gehört eher in den Bereich der Quellenkritik als in den der Sammlung von Fragmenten.

<table>
<tr><td>[Nr. 1] Men. fr. 115 Körte = 127 Kock (Harp. p. 304,1–5 Dindorf = φ 33 Keaney)</td><td>Men. Dysk. 1–3
Sprecher: Pan (Prolog)</td></tr>
<tr><td>Φυλή· Ἰσοκράτης ἐν τῷ Περὶ τῆς εἰρήνης (8,108). Φυλὴ δῆμός ἐστι φυλῆς τῆς Οἰνηΐδος. Μένανδρος Δυσκόλῳ·

τῆς Ἀττικῆς νομίζετ' εἶναι τὸν τόπον
Φυλήν, τὸ Νυμφαῖον δ' ὅθεν προέρχομαι
Φυλασίων

1 νομίζεται codd., corr. Dobree</td><td>

τῆς Ἀττικῆς νομίζετ' εἶναι τὸν τόπον,
Φυλήν, τὸ Νυμφαῖον δ' ὅθεν προέρχομαι
Φυλασίων καὶ τῶν δυναμένων τὰς πέτρας
ἐνθάδε γεωργεῖν, ἱερὸν ἐπιφανὲς πάνυ.</td></tr>
<tr><td>Phyle: Isokrates in der Rede Über den Frieden (8,108). Phyle ist ein Demos der Phyle Oineis. Menander im Dyskolos:

Von Attika, nehmt an, ist dieser Ort,
Phyle, und das Nymphaion, aus dem ich trete,
gehört den Phylasiern</td><td>

Von Attika, nehmt an, ist dieser Ort, Phyle, und das Nymphaion, aus dem ich trete, gehört den Phylasiern und denen, die es schaffen, die Steine hier zu bebauen, ein weithin bekanntes Heiligtum.</td></tr>
</table>

Das Fragment enthält – mit einer direkten Wendung an das Publikum – expositorisches Material zum Schauplatz des Stücks und wurde schon seit Meineke (1823) 52 allgemein (und zutreffend) dem Prolog zugewiesen. Als Sprecher vermutet Ribbeck (1885) 13 plausibel (und ebenfalls richtig) Pan (vgl. unten **Nr. 7**).[11] Unbekannt blieb vor der Entdeckung des Papyrus allerdings, dass es sich um die ersten Verse des Prologs handelte (womit das Präsens προέρχομαι hier besonders gut motiviert ist), und dass das Stück auch direkt mit der Rede des göttlichen Prologsprechers begann.[12] Nicht ahnen konnte man auch, dass – und wie – der Satz nach Φυλασίων noch weiterging. Durch den von Harpokration (bzw. dessen Quelle) gewählten Ausschnitt gehen nicht nur pittoreske Details verloren, die hier überhaupt erst eine genauere Einschätzung des Schauplatzes ermöglichen, sondern auch Informationen, die sich für die weitere Handlung als wichtig erweisen (das wenig ergiebige Ackerland, das Knemon mit viel Mühe bearbeitet; das Heiligtum des Pan, das viele Besucher anzieht). Die Informationen aber, die man aus dem Zitat selbst ziehen kann (und gezogen hat), sind hier unproblematisch und liefern wertvolle Anhaltspunkte zur Rekonstruktion des Stücks.

---

11 Vgl. auch Geffcken (1898) 7–8 (dessen Versuch, den Prolog von Plautus' *Aulularia* mit dem des *Dyskolos* in Verbindung zu bringen und damit Phyle als Schauplatz der griechischen Vorlage der *Aulularia* zu erweisen, aber schon von Legrand (1902) 357–361 und Pressler (1908) 33–40 mit zwingenden Argumenten zurückgewiesen wird), Pressler (1908) 35 und Webster (1950) 147.

12 Zumindest einmal wurde in der Forschung explizit davon ausgegangen, dass das Stück *nicht* mit dem göttlichen Prolog des Pan begann (Webster (1950) 147, vgl. unten zu **Nr. 10**).

[Nr. 2] Men. fr. 116 Körte = 128 Kock
(Stob. 3,16,14, Περὶ φειδωλίας)

Μενάνδρου ἐκ Δυσκόλου·
περὶ χρημάτων λαλεῖς, ἀβεβαίου πράγματος.
εἰ μὲν γὰρ οἶσθα ταῦτα παραμενοῦντά σοι
εἰς πάντα τὸν χρόνον, φύλαττε μηδενὶ
ἄλλῳ μεταδιδούς, αὐτὸς ὢν δὲ κύριος.
εἰ μὴ δὲ σαυτοῦ, τῆς Τύχης δὲ πάντ᾽ ἔχεις,
τί ἂν φθονοίης, ὦ πάτερ, τούτων τινί;
αὐτὴ γὰρ ἄλλῳ, τυχὸν ἀναξίῳ τινί,
παρελομένη σοῦ πάντα προσθήσει πάλιν.
διόπερ ἔγωγέ φημι δεῖν, ὅσον χρόνον
εἶ κύριος, χρῆσθαί σε γενναίως, πάτερ,
αὐτόν, ἐπικουρεῖν πᾶσιν, εὐπόρους ποιεῖν
ὡς ἂν δύνῃ πλείστους διὰ σαυτοῦ· τοῦτο γὰρ
ἀθάνατόν ἐστι, κἄν ποτε πταίσας τύχῃς,
ἐκεῖθεν ἔσται ταὐτὸ τοῦτό σοι πάλιν.
πολλῷ δὲ κρεῖττόν ἐστιν ἐμφανὴς φίλος
ἢ πλοῦτος ἀφανής, ὃν σὺ κατορύξας ἔχεις.

5 εἰ μὴ δὲ σαυτοῦ Meineke: εἰ δὲ μὴ σεαυτοῦ codd. **7** αὕτη Blaydes, Hense **9** ἔγωγέ Tyrwhitt: ἐγώ σε codd. **15** πολλῷ Gesner: πολλῶν codd.

Men. *Dysk.* 797–812
Sprecher: Sostratos (zu Kallippides)

περὶ χρημάτων λαλεῖς, ἀβεβαίου πράγματος.
εἰ μὲν γὰρ οἶσθα ταῦτα παραμενοῦντά σοι
εἰς πάντα τὸν χρόνον, φύλαττε μηδενὶ
τούτων μεταδιδούς· ὧν δὲ μὴ σὺ κύριος
εἶ, μηδὲ σαυτοῦ τῆς τύχης δὲ πάντ᾽ ἔχεις,
τί ἂν φθονοίης, ὦ πάτερ, τούτων τινί;
αὐτὴ γὰρ ἄλλῳ, τυχὸν ἀναξίῳ τινί,
παρελομένη σοῦ πάντα προσθήσει πάλιν.
διόπερ ἐγώ σέ φημι δεῖν, ὅσον χρόνον
εἶ κύριος, χρῆσθαί σε γενναίως, πάτερ,
αὐτόν, ἐπικουρεῖν πᾶσιν, εὐπόρους ποιεῖν
ὡς ἂν δύνῃ πλείστους διὰ σαυτοῦ· τοῦτο γὰρ
ἀθάνατόν ἐστι· κἄν ποτε πταίσας τύχῃς,
ἐκεῖθεν ἔσται ταὐτὸ τοῦτό σοι πάλιν.
πολλῷ δὲ κρεῖττόν ἐστιν ἐμφανὴς φίλος
ἢ πλοῦτος ἀφανής, ὃν σὺ κατορύξας ἔχεις.

798 παραμενοῦντα Stob.: περιμενοῦντα B **800** τούτων Jacques, Steffen: τουτου B: ἄλλῳ Stob. ὡνδεμησυ B: αὐτὸς ὢν δὲ Stob. **801** ειμηδεσαυτου B: εἰ δὲ μὴ σεαυτοῦ Stob. (εἰ μὴ δὲ σαυτοῦ Meineke) **802** τί ἂν Stob.: μήτε B **803** αὐτὴ B: αὐτὴ Stob. (correxerat Blaydes) **804** παρελομένη Stob.: αφελομενη B πάντα Stob. ταυτα (?) B **806** πάτερ Stob.: πατηρ B **811** πολλω B: πολλῶν Stob. (correxerat Gesner) κρεῖττον Stob. κρειττων B

Von Menander aus dem *Dyskolos*
Über Geld sprichst du, eine ungewisse Sache. Wenn Du nämlich weißt, dass dies dir bleiben wird für alle Zeit, bewahre es und gib niemand anderem davon ab, aber sei selbst sein Herr. Wenn aber nicht du, sondern Tyche dir alles gibt, warum solltest Du, Vater, jemandem etwas davon vorenthalten? Sie selbst wird es dir wegnehmen und einem anderen, vielleicht unwürdigen, wiederum alles hinstellen. Deswegen sage ich, dass du, solange du sein Herr bist, es selbst großzügig verwenden musst, Vater, alle unterstützen, so viele wie du kannst wohlhabend machen aus deinen Mitteln: Dies nämlich ist unsterblich, und wenn du einmal zufällig strauchelst,

Über Geld sprichst du, eine ungewisse Sache. Wenn Du nämlich weißt, dass dies dir bleiben wird für alle Zeit, bewahre es und gib niemand anderem davon ab. Aber die Dinge, deren Herr du nicht bist, und nicht von dir selbst, sondern von der Tyche hast, warum solltest Du, Vater, jemandem etwas davon vorenthalten? Sie selbst wird es dir wegnehmen und einem anderen, vielleicht unwürdigen, wiederum alles hinstellen. Deswegen sage ich, dass du, solange du sein Herr bist, es selbst großzügig verwenden musst, Vater, alle unterstützen, so viele wie du kannst wohlhabend machen aus deinen Mitteln: Dies nämlich ist unsterblich, und

wirst Du von dort dasselbe wieder haben. Viel wichtiger ist ein sichtbarer Freund als unsichtbarer Reichtum, den du vergraben hast.	**wenn du einmal zufällig strauchelst, wirst Du von dort dasselbe wieder haben. Viel wichtiger ist ein sichtbarer Freund als unsichtbarer Reichtum, den du vergraben hast.**

Das längste aus indirekter Überlieferung bekannte Fragment des *Dyskolos* hat zu einer falschen Annahme geführt, die alle Versuche einer Rekonstruktion des Stücks vor der Entdeckung des Papyrus beeinträchtigt hat. Denn während richtig erkannt wurde, dass hier ein Sohn zu seinem Vater spricht (vgl. Vers 6 = 802 ὦ πάτερ und Vers 10 = 806 πάτερ),[13] wurde dieser Vater allgemein mit dem δύσκολος selbst identifiziert.[14] Als besonders verhängnisvoll erwies sich dabei, dass in den Testimonien die Kategorien von δύσκολος und φιλάργυρος auch sonst häufiger miteinander vermengt werden,[15] und in Mnesimachos' *Dyskolos* der Titelheld tatsächlich ein φιλάργυρος war (fr. 3 K.-A. mit Zitatkontext).[16]

13 Völlig sicher war dieser Schluss allerdings nicht, da bei Menander gelegentlich auch andere Personen als πάτερ angesprochen werden können (vgl. Krieger (1914) 89–90 und Dickey (1996) 79). In seinem Versuch, den *Dyskolos* als Vorlage der *Aulularia* zu erweisen, vermutet Geffcken (1898) 14–5 (gefolgt von Weil (1906) 515–6) als Sprecher den (zukünftigen) Schwiegersohn des δύσκολος (~ Lyconides in der *Aulularia*); vgl. dagegen die Einwände von Pressler (1908) 44–8 (der auch die Möglichkeit einer Belehrung des eigenen Vaters durch den Sohn mit Belegen aus anderen Fragmenten Menanders zu stützen versucht) und Krieger (1914) 89–90 (der einen philosophierenden Sklaven als Sprecher vermutet). – Erwähnenswert ist in diesem Zusammenhang vielleicht auch, dass das Fragment keine direkten Hinweise auf das Geschlecht des Sprechers enthält.

14 Vgl. Meineke (1823) 49 („Verba sunt filii ad patrem, ipsum fortasse Δύσκολον"), Carugno (1948) 112, Webster (1950) 147 („But while Smicrines [in Menanders Apistos, den Webster als Vorlage von Plautus' Aulularia annimmt] had a daughter, Knemon had a son (128K)"), Körte (1953) 52 („Adulescens quidam alloquitur patrem, ni fallor, Κνήμονα [*sic*]").

15 Vgl. die oben genannten Testimonien, in denen der sonst mit Habgier assoziierte Smikrines als δύσκολος bezeichnet wird. Ribbeck (1885) 14 weist insbesondere darauf hin, dass bei Luc. Dial. Mor. 18 ein Knemon erscheint, der sich mit Erbschaften verspekuliert hat, indem er den kinderlosen Hermolaos zu seinem Alleinerben eingesetzt hat in der Hoffung, dieser möge vor ihm sterben und umgekehrt ihn als Erben einsetzen: „Das sieht wie eine freie Illustration aus zu jener Vorstellung des Sohnes [...], das Geld sei doch kein ewig bleibender Besitz, unversehens könne die Tyche das Ganze einem andren, Unwürdigen zuwenden, daher solle der Vater es, so lange er darüber verfügen könne, nützlich dazu anwenden, um sich Freunde zu erwerben".

16 Die vermeintliche φιλαργυρία von Menanders δύσκολος war auch ein entscheidender Grund für die Vermutung von Geffcken (1898) 1–16, dass Plautus' Aulularia auf den *Dyskolos* zurückgeht, wobei hier zusätzlich noch Vers 16 ἢ πλοῦτος ἀφανής, ὃν σὺ κατορύξας ἔχεις als Hinweis gesehen werden konnte, dass der Angesprochene tatsächlich einen Schatz vergraben hatte (an diesem – bei einer genaueren Untersuchung des Fragments nicht unvermeidbaren – Irrtum hält auch Bonnet (1909) 30 fest, der das aber gerade als Argument verwendet, dass der Angesprochene hier kein griechisches Pendant zu Euclio sein kann (der ja nicht selbst einen Schatz vergraben hat).

Durch den Papyrus wissen wir aber jetzt, dass hier tatsächlich Sostratos, der sich in Knemons Tochter verliebt hat, zu seinem reichen Vater Kallippides spricht. Eine weitere Hypothese zu diesem Fragment, dass es hier nämlich um eine Heirat des Sprechers mit einem Mädchen aus armer Familie geht,[17] ist durch den Papyrus dagegen zumindest teilweise bestätigt worden, auch wenn die tatsächliche Situation komplizierter ist, als man angenommen hatte. Denn es geht hier zwar um eine Hochzeit, aber nicht die des Sprechers selbst – denn die Hochzeit des Sostratos mit Knemons Tochter hat Kallippides zuvor bereits genehmigt – sondern um eine weitere Hochzeit von Sostratos' Schwester und Kallippides' Tochter mit Gorgias, dem armen Halbbruder von Knemons Tochter, womit Kallippides gleich zwei Kinder mit Ehepartnern aus armer Familie verheiraten würde. Auch die φιλαργυρία, die man dem Adressaten der Rede in der Forschung unterstellt hat, relativiert sich damit deutlich (zumal dann Kallippides auch auf den zweiten Vorschlag seines Sohns eingeht).

Aber hätte man hier überhaupt vermeiden können, in die Falle zu tappen? Da die Fehlinterpretation nicht auf einer falschen Zuweisung des Fragments oder einer fehlerhaften Textüberlieferung beruht (die deutlicheren Abweichungen im Text von Vers 4–5 ~ 800–1 sind hier ohne Bedeutung[18]), sind aus dem Fragment offenbar Schlüsse gezogen worden, die dessen Wortlaut so nicht hergibt. Als verhängnisvoll erwies sich besonders das Wissen über den Titel des Stücks, das hier von vornherein den Blick auf das Fragment bestimmt hat. Zu wenig beachtet hat man dagegen die Unsicherheiten, die sich aus dem fehlenden Kontext ergeben. So kann die Frage, ob der Angesprochene tatsächlich ein φιλάργυρος ist, erst dann sicher beantwortet werden, wenn man die Situation, in der sich der Sohn an den Vater wendet, kennt. Die Unsicherheit hätte auch durch eine allgemeinere Überlegung hervorgehoben werden können. Wenn auch im *Dyskolos* ein verliebter junger Mann vorkam und (wie man tatsächlich vermutet hat) die an den Vater gerichtete Ermahnung des Sohns hier eine Heirat mit einem armen Mädchen betrifft, dann gehören zu einer solchen Konstellation nach aller Wahrscheinlichkeit zwei ältere Männer (der Vater des verliebten jungen Mannes und der Vater des Mädchens), und es ist nicht von vorherein klar, welcher von beiden (wenn überhaupt einer) der δύσκολος ist. Und in jedem Fall hat die Entscheidung hier auch weitreichende Konsquenzen, da sich daraus auch ergibt, ob man sich den δύσκολος als reichen oder armen älteren Mann vorzustellen hat. Vielleicht die wichtigste Lehre, die man aus einem solchen Fragment ziehen kann, ist, dass bei so lückenhafter Evidenz, wie sie hier vorliegt, die am ökonomischsten und am einfachsten wirkende Lösung nicht zwangsläufig die richtige sein muss.

Ein weiteres besonders mit diesem Fragment verbundenes Problem ist die Frage, inwieweit es sich um ganz allgemeine Reflexionen handelt, und inwieweit diese mit kon-

17 Ribbeck (1885) 14 („vermutlich handelte es sich um die Verbindung des Sohnes mit einem armen Mädchen").

18 Vgl. zu diesen Handley (1965) 52–53 und Sandbach (1973) 255–256.

kreten Elementen der Handlung verbunden sind. Wie Millis (2020) 658–659 bemerkt, ist hier das, was in Stobaios' Zitat wie eine ganz allgemeine Betrachtung über die richtige Verwendung des Reichtums wirkt, tatsächlich eng verknüpft mit konkreten Elementen der Handlung. In einem Punkt aber hat man umgekehrt eine allgemeine Formulierung innerhalb des Fragments zu konkret aufgefasst und daraus falsche Schlüsse über den Adressaten gezogen (Vers 16 ἢ πλοῦτος ἀφανής, ὃν σὺ κατορύξας ἔχεις, das von Geffcken (1898) 14–15 und Bonnet (1909) 30 irrtümlich auf einen vom Angesprochenen tatsächlich vergrabenen Schatz bezogen wird; vgl. oben Anm. 16).

[Nr. 3] Men. fr. 117 Körte = 129 Kock (Athen. 4,146e–f)	Men. *Dysk.* 447–453 Sprecher: Knemon (Monolog)
(nach einem weiteren Menanderzitat über den Aufwand bei Opfern) καὶ ἐν Δυσκόλῳ δέ φησιν οὕτως· ὡς θύουσι δ' οἱ τοιχωρύχοι κοίτας φέροντες, σταμνί', οὐχὶ τῶν θεῶν ἕνεκ' ἀλλ' ἑαυτῶν. ὁ λιβανωτὸς εὐσεβής καὶ τὸ πόπανον· τοῦτ' ἔλαβεν ὁ θεὸς ἐπὶ τὸ πῦρ ἅπαν ἐπιτεθέν. οἱ δὲ τὴν ὀσφὺν ἄκραν καὶ τὴν χολήν, ὅτι ἔστ' ἄβρωτα, τοῖς θεοῖς ἐπιθέντες αὐτοὶ τἄλλα καταπίνουσι ...	κακοὶ κακῶς ἀπόλοισθε. ποιοῦσίν γέ με ἀργόν· καταλιπεῖν γὰρ μόνην τὴν οἰκίαν οὐκ ἂν δυναίμην. αἱ δὲ Νύμφαι μοι κακὸν α[ὔ]ται παροικοῦσ', ὥστε μοι δοκῶ πάλιν [με]τοικοδομήσειν, καταβαλὼν τὴν οἰκίαν, ἐντεῦθεν. **ὡς θύουσι δ' οἱ τοιχωρύχοι· κοίτας φέρονται, σταμνί', οὐχὶ τῶν θεῶν ἕνεκ', ἀλλ' ἑαυτῶν. ὁ λιβανωτὸς εὐσεβὲς καὶ τὸ πόπανον· τοῦτ' ἔλαβεν ὁ θεὸς ἐπὶ τὸ πῦρ ἅπαν ἐπιτεθέν. οἱ δὲ τὴν ὀσφὺν ἄκραν καὶ τὴν χολήν, ὅτι ἔστ' ἄβρωτα, τοῖς θεοῖς ἐπιθέντες αὐτοὶ τἄλλα καταπίνουσι.** γραῦ, ἄνοιγε θᾶττον τὴν θύραν· [ποιητέ]ον ἐστὶν γὰρ ἡμῖν τἄνδον, ὡ[ς ἐμοὶ] δοκεῖ.
3 εὐσεβὴς Porphyr.: εὐσεβὲς Athen. **4** ἐπεὶ τὸ A, corr. Musurus	**448** κοίτας φέρονται ed. princ.: κοίτας φέροντες Ath.:]αιφερονται B **449** ἑαυτῶν Ath.: εαυτον B εὐσεβὴς Porph.
Und auch im *Dyskolos* sagt er folgendes: Wie aber opfern die Schurken, Liegen bringend und Weinkrüge; nicht um der Götter, um ihrer selbst willen. Weihrauch aber und Opferkuchen sind fromm; dieser wird ganz auf das Feuer gestellt und der Gott nimmt ihn. Sie aber stellen die Lende und die Gallenblase, weil sie unessbar sind, den Göttern hin und verschlingen selbst den Rest.	Schlimm sollt ihr schlimmen zugrunde gehen. Sie machen mich untätig. Denn allein zurücklassen könnte ich das Haus nicht. Diese Nymphen aber als Nachbarinnen schaden mir, sodass ich glaube, ich werde das Haus einreißen und wieder von hier wegziehen. **Wie aber opfern die Schurken: Sie bringen sich Liegen und Weinkrüge; nicht um der Götter, um ihrer selbst willen. Weihrauch aber und Opferkuchen sind fromm; dieser wird ganz auf das Feuer gestellt und der Gott nimmt ihn. Sie aber stellen die Lende und die Gallenblase, weil sie unessbar sind, den Göttern hin und verschlingen selbst den Rest.** Alte, öffne schnell die Tür. Wir müssen nämlich die Dinge im Haus tun, wie mir scheint.

Das Zitat bei Athenaios ist hier – wie der Papyrus zeigt – ein vollständiger Satz, und das sogar im letzten Vers, wo am Ende nur eine einzige Silbe zur Vervollständigung des Metrums fehlt (und man entsprechend vermutet hat, dass der Satz zumindest noch bis zum Versende weitergeht[19]).

Die Interpretation wird erschwert durch einen auf den ersten Blick geringfügigen Fehler (Vers 2 φέροντες ~ 448 φέρονται), der etwas verdunkelt, dass hier am Anfang ein Ausruf steht, der auf etwas unmittelbar zuvor Gesehenes Bezug nimmt.

Das Fragment wird von Ribbeck (1885) 14, Carugno (1948) 112 und Webster (1950) 147 dem Titelhelden zugewiesen, und anders als in **Nr. 2**, wo man den Umweg über den Charakter eines φιλάργυρος gehen musste, um auf Knemon zu kommen, passt der aggressive Tonfall (vgl. besonders 1 οἱ τοιχωρύχοι) und die Schärfe der Invektive gut zu einem δύσκολος (vgl. auch Weil (1906) 516 und Krieger (1914) 88).[20]

Als schwieriger erweist sich dagegen die Kontextualisierung des Opfers, auf das hier Bezug genommen wird. Ribbeck (1885) 13–14 vermutet, dass der Titelheld im Verlauf des Stücks – anders als in den Briefen Aelians, wo Knemon eine Einladung zu einem Pansfest ausschlägt – selbst ein Opferfest für Pan veranstaltet, dabei aber mit äußerster Sparsamkeit vorgeht und allein Weihrauch und Opferkuchen als angemessene Opfergaben betrachtet. Diese Hypothese beruht auf dem aus **Nr. 2** irrtümlich erschlossenen Geiz des δύσκολος und auf einer Stelle der *Aulularia*, in der Euclio ein Hochzeitsfest mit möglichst geringen Kosten plant und in diesem Zusammenhang auch etwas Weihrauch (385 *tusculum*) nennt. Pack (1935) 158 vermutet dagegen, dass – anders als bei Aelian – im *Dyskolos* Knemon die Einladung des Kallippides schließlich annimmt, und dies dann schwerwiegende Konsequenzen hat (Knemons Sohn verliebt sich in ein armes Mädchen), die dann die Handlung bestimmen. Problematisch erscheint dabei aber, dass man ein solches Ereignis, und gerade den Beginn der Verliebtheit des Sohns, nicht leicht in eine Handlung integrieren könnte, in der es dann schließlich noch am selben Tag zum *happy end* in Form einer Hochzeit kommt. Die Schilderung des Fests würde man eher in einem Prolog erwarten; dass sich aber Knemon hier mit seiner Invektive gegen Opferbräuche allein auf ein Element der der Handlung vorausgehenden Vorgeschichte bezieht, erscheint eher ungewöhnlich. Webster (1950) 147 schließlich bringt das Fragment mit einer von ihm in Analogie zu Plautus' *Aulularia* vermuteten geplanten Hochzeit von Knemons Sohn mit einem reichen Mädchen in Verbindung. Aber auch diese Annahme beruht teilweise auf Knemons vermeintlicher φιλαργυρία, und teilweise aus dem fragwürdigen Verfahren, durch Analogie zu anderen vermeintlich ähnlichen Stücken Lücken zu füllen. In allen drei Fällen wird aber ein wichtiger Schritt über-

19 Vgl. dagegen aber schon Körte (1953) 53 (mit Hinweis auf hs. Notizen von Georg Kaibel): „sed nihil mutandum, in fine versus potest alterius personae φεῦ similisve interiectio fuisse (Kai.)".

20 Zu kompliziert und schon an sich wenig wahrscheinlich ist die Interpretation des Fragments von Geffcken (1898) 10–11, der eine Verbindung zu Plaut. *Aul.* 363–368 herstellt (vgl. dagegen schon Pressler (1908) 40–42).

sprungen, nämlich die Frage nach dem unmittelbaren Anlass und der pragmatischen Funktion der erhaltenen Äußerung selbst.

Eine unvoreingenommene Lektüre des Fragments selbst in Verbindung mit der aus **Nr. 1** erschließbaren Tatsache, dass Knemons Haus direkt neben einem mit Pan in Verbindung stehenden Nymphaion steht, hätte zu der einfacheren Vermutung führen können, dass Knemon hier mit einem entrüsteten Ausruf auf die in seiner Nachbarschaft regelmäßig stattfindenden – oder auf ein in einem bestimmten Moment der Handlung dort stattfindendes – Opfer reagiert.[21] Und diese einfachste (und banalste) Erklärung des Fragments wäre in diesem Fall dessen ursprünglichem Kontext deutlich näher gekommen. Denn tatsächlich geht es hier um ein zufällig genau im Heiligtum des Pan und der Nymphen stattfindendes Opfer von Sostratos' Mutter.

[Nr. 4] Men. fr. 118 Körte = 130 Kock (Athen. 9,383e–f)	Men. *Dysk.* 644–646 Sprecher: Sikon (Monolog)
καὶ μαγείρων μὲν ἅλις, ἄνδρες δαιταλεῖς, μὴ καί τις αὐτῶν τὰ ἐκ Δυσκόλου Μενάνδρου βρενθυόμενος λαρυγγίσῃ τάδε· οὐδὲ εἷς μάγειρον ἀδικήσας ἀθῷος διέφυγεν ἱεροπρεπής πώς ἐστιν ἡμῶν ἡ τέχνη	εἰσὶν θεοί, μὰ τὸν Διόνυσον. οὐ δίδως λεβήτιον θύουσιν, ἱερόσυλε σύ, ἀλλὰ φθονεῖς; ἔκπιθι τὸ φρέαρ ἐμπεσών, [ἵ]να μηδ' ὕδατος ἔχῃς μεταδοῦναι μηδενί. [νυ]νὶ μὲν αἱ Νύμφαι τετιμωρημέναι [εἴσ'] αὐτὸν ὑπὲρ ἐμοῦ δικαίως. **οὐδὲ εἷς** **μά⌋γειρον ἀδικήσας ἀθῷος διέφυγεν** **ἱερο⌋πρεπής πώς ἐστιν ἡμῶν ἡ τέχνη**· [ἀλλ' εἰ]ς τραπεζοποιὸν ὅ τι βούλει πόει.
Und genug von den Köchen, ihr Herren Gäste, damit nicht einer von ihnen sich brüstet und die Worte aus dem *Dyskolos* grölt: und nicht ein einziger tat einem Koch Unrecht und kam straflos davon. Irgendwie etwas Religiöses hat unsere Kunst	Es gibt Götter, beim Dionysos! Du gibst keinen Topf den Opernden, du Tempelräuber, sondern enthältst ihn ihnen vor? Trinke den Brunnen aus, nachdem du hineingefallen bist, damit du keinem von dem Wasser abgeben kannst! Jetzt haben die Nymphen ihn gerecht bestraft für das Unrecht an mir. **Und nicht ein einziger tut einem Koch Unrecht und kommt straflos davon. Irgendwie etwas Religiöses hat unsere Kunst**. Aber gegen den *trapezopoios* tue was du willst!

Dass ein Koch der Sprecher ist, lässt sich auch aus dem Zitat erschließen und wird durch den Zitatkontext zusätzlich gestützt. Ribbecks Vermutung, dass Knemon den Koch fort-

21 Am nächsten kommt einer solchen Deutung Pressler (1908) 41, der allerdings in Vers 4 ohne Interpunktion καὶ τὸ πόπανον τοῦτ' ἔλαβεν ὁ θεὸς ἐπὶ τὸ πῦρ liest und τοῦτ' sowie den Aorist ἔλαβεν als Hinweis auf die unmittelbar vorausgegangene (und sichtbare) Bühnenhandlung sieht.

jagt, da er die Festmähler bei Opfern verabscheut (vgl. **Nr. 3**),[22] erweist sich dagegen als ebenso falsch wie die Annahme, dass der Koch hier Knemon droht. Aus dem Papyrus wissen wir jetzt, dass der Koch Sikon hier spricht, *nachdem* er von Knemons Sturz in den Brunnen erfahren hat, den er als gerechte Strafe dafür ansieht, dass Knemon zuvor seine Bitte, einen Kochtopf leihen zu dürfen, abgelehnt hat. Erneut erweist es sich als problematisch, das Fragment einfach mit zufällig erhaltenen weiteren Zeugnissen des Stücks zusammenzusetzen. Ein genauerer Blick auf die Formulierung des Fragments selbst hätte aber durchaus zu dem Schluss führen können, dass die unbestimmte Formulierung mit πως in Vers 3 vielleicht besser in einer Reflexion eines Kochs in einem Monolog passt. Ob diese Gedanken vor oder nach der vom Koch erwarteten Strafe ausgesprochen werden, lässt sich aus dem Zitat allein dagegen nicht erschließen, und müsste ohne die Kenntnis des Papyrus offenbleiben.

[Nr. 5] Men. fr. 119 Körte = 131. 132 Kock (Stob. 3,29,45. 46, Περὶ φιλοπονίας)	Men. *Dysk.* 860–863 Sprecher: Sostratos (Monolog)
Μενάνδρου Δυσκόλου· οὐδενὸς χρὴ πράγματος τὸν εὖ πονοῦντ' ὅλως ἀπογνῶναί ποτε· ἁλωτὰ γίνετ' ἐπιμελείᾳ καὶ πόνῳ ἅπαντα **2** πονοῦνθ' Grotius: ποιοῦνθ' codd.	πόει τοῦτ'· **οὐδενὸς χρὴ πράγματος** **τὸν εὖ φρονοῦντ' ὅλως ἀπογνῶναί ποτε·** **ἁλωτὰ γίνετ' ἐπιμελείᾳ καὶ πόνῳ** **ἅπαντ'**. ἐγὼ τούτου παράδειγμα νῦν φέρω· ἐν ἡμέρᾳ μιᾷ κατείργασμαι γάμον ὃν οὐδ' ἂν εἷς ποτ' ᾠήθη ἀνθρώπων ὅλως. **860** χρὴ πράγματος Stob.: χρηματοσ B **861** φρονουνθ' B: ποιοῦνθ' Stob. (πονοῦνθ' Grotius)
Aus Menanders *Dyskolos:* wer sich gut müht, darf in gar keiner Sache jemals aufgeben. Durch Sorgfalt und Arbeit ist alles erreichbar	tue dies: **wer Verstand hat, darf in gar keiner Sache jemals aufgeben. Durch Sorgfalt und Arbeit ist alles erreichbar.** Ich bringe jetzt das Beispiel dafür: In einem Tag habe ich eine Ehe erreicht, die keiner der Menschen jemals für möglich gehalten hätte.

Das Verständnis des Fragments wurde erschwert durch die Unsicherheit, ob Vers 1–2 und Vers 3–4 (wie häufiger vermutet wurde) als zwei getrennte Fragmente betrachtet werden sollen (von denen dann das zweite nicht zwangsläufig aus dem *Dyskolos* stammt), oder als ein zusammenhängendes Zitat. Für letztere Annahme spricht sich Körte aus, was vom Papyrus bestätigt wird. Auch Körte hält allerdings an der Korrektur des überlieferten ποιοῦντ' zu πονοῦντ' (Grotius) fest, obwohl diese gerade dadurch

22 Geffcken (1898) 10 versucht dagegen eine Verbindung auf eine Szene mit Euclio und dem Koch Congrio bei Plaut. *Aul.* 406–448 herzustellen (wo der Koch aber, wie schon Pressler (1908) 44 bemerkt, anders als hier nicht dem Typus des prahlerischen ἀλαζών entspricht).

motiviert war, dass ansonsten Vers 1–2 allein nicht in die Sektion des Stobaios (Περὶ φιλοπονίας) passen (vgl. dagegen πόνῳ in Vers 3). Im Papyrus steht jetzt das noch besser passende φρονοῦντ'. Der Papyrus zeigt daneben auch, dass man bei einem mit einem ausgeschriebenen, aber elidierbaren, Vokal endenden Zitat immer auch mit der Möglichkeit der Elision rechnen muss (vgl. auch **Nr. 5**).

Bei dem Versuch einer Kontextualisierung unterläuft Ribbeck (1885) 14, der als Sprecher einen Sklaven vermutet, der dem verliebten jungen Mann hilft und ihm Mut zuspricht,[23] eine ganz ähnliche Fehleinschätzung wie in **Nr. 4**. Denn tatsächlich handelt es sich hier um Worte des Sostratos selbst in einem Monolog nach Erreichen seines Ziels einer Heirat mit Knemons Tochter (die Worte πόει τοῦτ' in Vers 860 richten sich noch an seinen Vater Kallippides, der in diesem Moment die Bühne verlässt). Ribbecks Kontextualisierung ist beeinflusst von Ter. *Heaut.* 675 *nil tam difficilest quin quaerendo investigari possiet* (wo der Sklave Syrus spricht) und zeigt erneut, wie gefährlich es sein kein, eher auf Parallelen zu vertrauen als auf eine möglichst genaue Beachtung des Tonfalls des Fragments selbst (das besonders in Vers 3–4 tatsächlich eher wie eine rückblickende Reflexion klingt). Aber auch hier war eine sichere Entscheidung vor der Entdeckung des Papyrus kaum möglich.

[Nr. 6] Men. fr. 120 Körte = 133 Kock (Ammon. p. 62 Valckenaer)	Men. *Dysk.* 50. 52 Sprecher: Chaireas (im Gespräch mit Sostratos)
εὐθύς εὐθύ καὶ εὐθέως διαφέρουσιν ... ὁ οὖν ἐναλλάσσων ἁμαρτάνει, καθὰ Μένανδρος ἐν Δυσκόλῳ·	
τί φὴς ἰδὼν ἔνθεν γε πᾶς δ' ἐλευθερῶν † ἀπῆλθες εὐθὺς ὡς ταχύ	(Ch.) **τί φής; ἰδὼν ἐνθένδε πα[ῖδ' ἐλευ]θέραν** τὰς πλησίον Νύμφας στεφ[ανο]ῦσαν, Σώστρατε, **ἐρῶν ἀπῆλθες εὐθύς;**
1 ἐνθένδε Valckenaer Ἐλευθερῶν Valckenaer τί φής; Β. ἰὼν ἐνθένδ' ὁ παῖς / Ἐλευθερῶν ἀπῆλθεν εὐθὺς ὡς ταχύ Meineke, τί φής; ἰδὼν ἐνθένδε; πῶς δ' Ἐλευθερῶν / ἀπῆλθες εὐθύς; ὡς ταχύ Körte	(S.) **εὐθ[ύς].** (Ch.) **ὡς ταχύ·** ἢ τοῦτ' ἐβεβούλευσ' ἐξιών, ἐρᾶν τινος;
Ammon. *De adfin. voc. diff.* 202 Nickau εὐθύς εὐθύ καὶ εὐθέως διαφέρουσιν ... ὁ οὖν ἐναλλάσσων ἁμαρτάνει, καθὰ Μένανδρος ἐν Δυσκόλῳ·	**50** ἐνθένδε Ammon. **η**, Sym. (coniecerat Valckenaer): ἔνθεν γε Ammon. **θ**: ενταυθα B

23 Vgl. auch Geffcken (1898) 13 (und gegen Geffckens Einordnung in die Handlung der *Aulularia* Pressler (1908) 42–43).

τί φῄς; ἰδὼν ἐνθένδε †πᾶς δ᾽ ἐλευθερῶν†
ἀπῆλθες εὐθὺς ὡς ταχύ

1 ἐνθένδε **η** Sym.: ἔνθέν γε **θ**: εὐθὺς Eren. πᾶς δ᾽ ἐλευθερῶν **θ η**: παῖδ᾽ ἐλευθερίαν ἐρῶν Eren.: παῖδες ἐλεύθεροι· ἐρῶν Sym. εὐθὺς ὡς ταχύ om. Eren., ὡς ταχύ om. Sym.

euthys, *euthy* und *eutheos* unterscheiden sich ... Wer sie vertauscht, macht einen Fehler, wie Menander im *Dyskolos:* Was sagst du, von wo (von hier) jeder von freien † du bist gerade weg wie schnell	(Ch.) **Was sagst du? Du hast von hier ein freies Mädchen** die Nymphen in der Nachbarschaft bekränzen sehen, Sostratos, **und warst sofort verliebt, als du gingst?** (S.) **Sofort.** (Ch.) **Wie schnell!** Oder hast du das geplant, als du aus dem Haus gegangen bist, dich zu verlieben?

Dieses Fragment, das hier in der linken Spalte einmal nach dem Kenntnisstand zu der Zeit von Körtes Edition und einmal nach der Edition von Nickau (1966) 53 abgedruckt ist, hat den Herausgebern vor der Entdeckung des Papyrus besondere Probleme bereitet (und ist zugleich ein interessantes Beispiel für verpasste Möglichkeiten in der Textkonstitution). Zwar wurde ἔνθεν γε bald zu ἐνθένδε (Valckenaer) korrigiert, als verhängnisvoll erwies sich aber die (durch die geographische Nähe der attischen Demen Eleutherai und Phyle begünstigte) Annahme, dass sich in ἐλευθερῶν der Ortsname Eleutherai verbirgt. In die Irre geführt wurde man dabei gerade vom Zitatkontext bei Ammonios, der Menander unterstellt, zwei der drei Formen εὐθύς, εὐθύ und εὐθέως durcheinanderzubringen, was zu der Annahme führte, dass hier εὐθὺς mit dem Genitiv wie εὐθὺ die Richtung zu einem Ort angibt.[24] Daraus wiederum ergab sich die Vermutung, dass hier entweder von der Flucht eines Sklaven die Rede ist (so Meineke (1841) 109, der vorschlägt: τί φῄς; B. ἰὼν ἐνθένδ᾽ ὁ παῖς / Ἐλευθερῶν ἀπῆλθεν εὐθὺς ὡς ταχύ),[25] oder – wie Kaibel *ap.* Körte (1953) 54 vermutet, ein alter Mann spricht, der einen Sklaven der Lüge bezichtigt (gebilligt von Körte, der vorschlägt: τί φῄς; ἰδὼν ἐνθένδε; πῶς δ᾽ Ἐλευθερῶν / ἀπῆλθες εὐθύς; ὡς ταχύ).[26] Tatsächlich handelt es sich, wie der Papyrus nun zeigt, um einen typischen Beginn eines Auftritts zweier Personen, wobei der eine der Sprecher scheinbar mitten im Gespräch eine Frage stellt, aus der zugleich die vorausgehenden

24 Vgl. Eur. *Hipp.* 1197 τὴν εὐθὺς Ἄργους κἀπιδαυρίας ὁδόν (mit Barrett (1964) 381) und Phot. ε 2203 mit Pherecr. fr. 116 aus den *Metalles* (deren Echtheit von Eratosthenes u. a. wegen dieser Verwendung von εὐθύς in Frage gestellt wurde).

25 Vgl. Webster (1950) 147, der (ausgehend von gewagten Analogieschlüssen aus Plautus' *Aulularia*) vermutet, dass ein Sklave das Gold, das Knemon im Panheiligtum versteckt hat, entdeckt und damit flieht.

26 Vgl. daneben auch die (allerdings schon sprachlich nicht überzeugenden) Vorschläge von Geffcken (1898) 13 (τί φῄς ἰδών, ἔνθεν γε πᾶς ἐλευθέρων ἀπῆλθεν εὐθὺς ὡς τάχος) und Pressler (1908) 43–44 (τί φῄς ἰδὼν ἔνθεν γε πᾶς ἐλευθερῶν / ἀπῆλθεν εὐθὺς ὡς τάχος στόμα).

Worte des Gesprächspartners hervorgehen (völlig realistisch ist diese Technik nicht, da eine so ausführliche Wiederholung der vorausgehenden Worte des Anderen in der Frage in einem wirklichen Gespräch überflüssig wäre und hier nur der Information des Publikums dient). Ein schönes weiteres Beispiel bei Menander ist der Beginn der *Epitrepontes*, οὐχ ὁ τρόφιμός σου, πρὸς θεῶν, Ὀνήσιμε, / ὁ νῦν ἔχων τὴν Ἁβρότονον τὴν ψαλτρίαν / ἔγημ' ἔναγχος; („Bei den Göttern, hat nicht, Onesimos, dein junger Herr, der jetzt mit der Harfenspielerin Habrotonon verkehrt, vor kurzem geheiratet?"), wo in die Frage ebenfalls weit mehr Informationen gepackt werden als das in einem wirklichen Gespräch zu erwarten wäre, und so zugleich dem Publikum wichtige Informationen geliefert werden. Im *Dyskolos* handelt es sich um die ersten Verse nach dem göttlichen Prolog, und auch inhaltlich ist die Stelle von großer Bedeutung, da hier von dem Moment die Rede ist, in dem sich Sostratos in Knemons Tochter verliebt.

Vergleicht man nun das Zitat mit dem Text des Papyrus,[27] so wäre es wohl kaum möglich gewesen, den Ausfall eines ganzen Verses (51) zu erkennen. Abgesehen davon hätte man aber durchaus den ersten Vers zu τί φῄς; ἰδὼν ἐνθένδε παῖδ' ἐλευθέραν korrigieren, und dann in einem zweiten Schritt erkennen können, dass das überlieferte ἐλευθερῶν durch *saut du même au même* aus ἐλευθέραν ἐρῶν entstanden ist. Das gilt natürlich umso mehr, wenn man die in der Ammonios-Edition von Nickau (1966) 53 verzeichneten – und teilweise – nach Auskunft von L. Cohn – schon von Geffcken (1898) 13 Anm. 2 erwähnten – Überlieferungsvarianten im Herennius Philo zugeschriebenen *De diversis verborum significationibus* (παῖδ' ἐλευθερίαν ἐρῶν)[28] und in der noch unveröffentlichten Synagoge des Symeon (παῖδες ἐλεύθεροι· ἐρῶν) berücksichtigt. Und es wäre auch möglich gewesen, den so entstehenden Text τί φής; ἰδὼν ἐνθένδε παῖδ' ἐλευθέραν / ἐρῶν ἀπῆλθες εὐθύς; ὡς ταχύ richtig in einer expositorischen Szene einzuordnen, und vielleicht sogar (aufgrund der ansonsten repetitiven Ausführlichkeit der Frage) zu erschließen, dass hier zwei Personen mitten im Gespräch auf die Bühne kommen.[29] Hier hat wohl – neben der noch nicht vollständig bekannten handschriftlichen Evidenz – auch die Autorität des (in diesem Fall irreführenden oder zumindest falsch verstandenen) Zitatkontexts eine bessere Lösung verhindert.

27 In einem Fall ist hier die indirekte Überlieferung aber wahrscheinlich sogar besser als der Papyrustext; vgl. zu der Frage, ob bei Menander in Vers 50 ἐνθένδε oder wie im Papyrus ἐνταῦθα stand, Sandbach (1973) 144–145.

28 Vgl. auch Palmieri (1988) 172.

29 Zweifel an dieser Lösung hätte allerdings die Stellung von ἐνθένδε wecken können (das man ohne Vers 51 ja auf ἀπῆλθες beziehen müsste); aber vgl. Sandbach (1973) 144–145, der auch die Möglichkeit einer Verbindung mit ἰδών diskutiert.

[Nr. 7] Men. fr. 121 Körte = 134 Kock (Sud. π 201, cf. Schol. Ar. Lys. 2a)	Men. *Dysk.* 433–434 Sprecherin: Mutter des Sostratos
πανικῷ δείματι· (...) τῷ δὲ Πανὶ εἰώθεσαν ὀργιάζειν αἱ γυναῖκες μετὰ κραυγῆς. καὶ Μένανδρος ἐν Δυσκόλῳ· σιωπῇ φασι τούτῳ τῷ θεῷ οὐ δεῖν προσιέναι	αὖλει, Παρθενί Πανός. **σιωπῇ, φασι, τούτῳ τῷ θεῷ** **οὐ δεῖ προσιέναι**
φασι Schol. R: φησι Schol. ΓBar, Sud. δεῖν Sud., Schol. R: δεῖ Schol. ΓBar	δεῖ B, Schol. ΓBar: δεῖν Sud., Schol. R
in panischer Furcht: (...) den Pan aber verehrten die Frauen mit Geschrei. Auch Menander im *Dyskolos:* sie sagen, dass man vor diesen Gott nicht schweigend treten darf	spiel den Aulos, Parthenis, für Pan. **Schweigend, sagt man, darf man vor diesen Gott nicht treten.**

Der Papyrus bestätigt die Entscheidung für φασι (durch Konjektur hergestellt schon von Porson (1812) 287 und Meineke (1823) 53) gegenüber dem mehrheitlich überlieferten φησι und stützt unter den beiden Varianten δεῖ (Schol. Ar. Lys.; Porson (1812) 287, Meineke (1823)) und δεῖν (Sud.; Meineke (1841), Kock, Körte), die jeweils auch zu einer unterschiedlichen Syntax führen, die erstgenannte.

Inhaltlich war schon aus dem Zitatkontext bekannt, dass es hier um Pan geht. Wichtig ist im Zitatkontext auch der Hinweis, dass Pan von Frauen mit Geschrei verehrt wird (Πανὶ ὠργίαζον αἱ γυναῖκες μετὰ κραυγῆς). Ribbeck (1885) 13 erschließt aus dem Fragment, dass in dem Stück „ein Pansfest gefeiert" wurde, an dem sich auch Frauen beteiligten.[30] Pack (1935) 157 sieht in dem Fragment eine Verteidigung einer Frau, vielleicht der zukünftigen Braut von Knemons Sohn, für ihre Geschwätzigkeit bei einer Feier für Pan. Webster (1950) 148 vermutet dagegen, dass Knemon Angst um sein Geld hat und dieses im Heiligtum des Pan versteckt. Die einfachste und banalste Erklärung, dass hier Frauen sprechen, die zum Heiligtum des Pan gehen, ist in diesem Fall auch die richtige (es handelt sich um Sostratos' Mutter, und es geht um dasselbe Opfer wie in **Nr. 3**).

30 Vgl. auch Pressler (1908) 43 (gegen Geffcken (1898) 13–14) und Carugno (1948) 112.

[Nr. 8] Men. fr. 122 Körte = 135 Kock (Schol. Eur. Andr. 976)	Men. *Dysk.* 239–240 Sprecher: Gorgias (im Gespräch mit Daos)
τὸ δὲ συγγενὲς κατὰ φυσικὴν ἀνάγκην φίλον, ὡς καὶ ἐν Δυσκόλῳ φησὶν ὁ Μένανδρος· οὐκ ἔνεστ' ἴσως φυγεῖν οἰκειότητα, Δᾶε	(G.) οὕτω παρέργως δ', εἰπέ μοι, τῷ πράγματι φαύλως τ' ἐχρήσω; (D.) πῶς; (G.) ἔδει σε, νὴ Δία, τὸν τῇ κόρῃ προσιόντα, Δᾶ', ὅστις ποτ' ἦν, ἰδεῖν τότ' εὐθύς, τοῦτο τοῦ λοιποῦ χρόνου εἰπεῖν θ' ὅπως μηδείς ποτ' αὐτὸν ὄψεται ποιοῦντα· νυνὶ δ' ὥσπερ ἀλλοτρίου τινὸς πράγματος ἀπέστης. **οὐκ ἔνεστ' ἴσως φυγεῖν** **οἰκειότητα, Δᾶ'**. ἀδελφῆς ἔτι μέλει ἡμῖ[ν]. ὁ πατὴρ ἀλλότριος εἶναι βούλεται αὐ[τ]ῆς πρὸς ἡμᾶς· μή τὸ τούτου δύσκολον μιμώμεθ' ἡμεῖς. ἂν γὰρ αἰσχύνῃ τινὶ αὕτη περιπέσῃ, τοῦτο κἀμοὶ γίνεται ὄνειδος· ὁ γὰρ ἔξωθεν οὐ τὸν αἴτιον ὅστις ποτ' ἐστὶν οἶδεν, ἀλλὰ τὸ γεγονός.
1 ἔνεστ' ἴσως AN: ἔνεστ' O: ἔνεστί σοι M Δᾶε Körte: δάει A: δᾶερ MNO	239 ἔνεστ' ἴσως B, Schol. codd. AN: ἔνεστί σοι Schol. cod. M 240 Δᾶε B (coniecerat Körte): δάει Schol. cod. A: δᾶερ Schol. codd. MNO οἰκειότητα, Δᾶ'. ἀδελφῆς Handley, Sandbach: οἰκειότητα, Δᾶ', ἀδελφῆς· Arnott
Aber das Verwandte ist durch natürliche Notwendigkeit befreundet, wie auch im *Dyskolos* Menander sagt: es ist vielleicht nicht möglich, der Verwandtschaft zu entkommen, Daos	(G.) So nachlässig, sag mir, und so schlecht hast du die Sache gehandhabt? (D.) Wie? (G.) Die hättest, beim Zeus, den Mann, der zu dem Mädchen trat, Daos, wer auch immer er war, sofort sehen sollen und sagen, dass er sich in Zukunft nie mehr erwischen lassen soll, wie er dies tut. Jetzt aber bist du beiseite gestanden, als ob es dich nichts anging. **Es ist wohl nicht möglich, der Verwandtschaft zu entkommen, Daos:** Eine Schwester kümmert uns noch. Ihr Vater will uns nicht kennen: Wir wollen nicht seinen griesgrämigen Charakter nachahmen. Wenn ihr nämlich eine Schande widerfährt, wird dies auch für mich zum Vorwurf. Ein Außenstehender kennt nämlich nicht den Schuldigen, wer auch immer es ist, sondern die Tat.

Ein besonders schwieriges Fragment. Zunächst einmal musste hier der Text richtig hergestellt werden, was erst Körte gelingt, der nicht nur in Vers 1 δάει bzw. δᾶερ in den Handschriften zu Δᾶε korrigiert, sondern sich auch unter den Varianten in Vers 1 für ἴσως entscheidet. Beides wird durch den Papyrus bestätigt, aus dem sich noch zusätzlich ergibt, dass am Ende des Zitats mit Elision Δᾶ' zu lesen ist (vgl. oben zu **Nr. 5**).

Die von δᾶερ (einem nur bei Homer, aber nicht im Attischen bezeugten Wort) ausgehenden Kontextualisierungsversuche von Geffcken (1898) 12 (vgl. Leo (1898) 349), Weil (1906) 516, Pressler (1908) 42, Krieger (1914) 88–89 und Webster (1950) 148 sind damit überholt.[31] Aber auch mit Körtes Text war es hier wohl kaum möglich, die tatsächliche Situation oder auch nur den pragmatischen Zusammenhang des Fragments richtig zu erraten: Es steht in einer Ermahnung des Gorgias (dessen Existenz überhaupt erst durch den Papyrus bekannt wurde) an seinen Sklaven Daos, besser auf Knemons Tochter (die zugleich Gorgias' Halbschwester ist) aufzupassen.[32]

[Nr. 9] Men. fr. 123 Körte = 136 Kock (Et. Gud. p. 59,7 des Stefani)	Men. fr. 365 K.-A. (aus *Hymnis*) Sprecher: unbekannt
αἰτῶ καὶ αἰτοῦμαι διαφέρει· τὸ μὲν γὰρ αἰτῶ ἐπὶ εἰς ἅπαξ τι λαβεῖν καὶ μὴ ἀποδοῦναι, τὸ δὲ αἰτοῦμαι ἐπὶ τοῦ χρήσασθαι εἰς ἀπόδοσιν. Μένανδρος ἐν τῷ Δυσκόλῳ διαστέλλει τὴν διαφοράν· οὐ πῦρ γὰρ αἰτῶν, οὐδὲ λοπάδ' αἰτούμενος	οὐ πῦρ γὰρ αἰτῶν, οὐδὲ λοπάδ' αἰτούμενος
Das Aktiv und Medium von *aiteo* unterscheiden sich: das Aktiv nämlich in Bezug auf das einmalige Geben ohne zurückzugeben, das Medium in Bezug auf das Leihen, um es zurückzugeben. Menander drückt im *Dyskolos* den Unterschied klar aus: denn nicht um Feuer bittend (*aiton*), und auch nicht um eine Pfanne zu borgen (*aitoumenos*)	denn nicht um Feuer bittend (*aiton*), und auch nicht um eine Pfanne zu borgen (*aitoumenos*)

Das Fragment stammt sehr wahrscheinlich aus der *Hymnis*, wurde paradoxerweise aber von Ribbeck als Hinweis auf eine Eigenschaft des Knemon gedeutet, die im Papyrus tatsächlich eine Bestätigung findet, nämlich die Tatsache, dass Knemon selbst alltägliche

31 Interessant ist von diesen besonders die Vermutung von Weil (1906) 516, der (unter der Annahme, dass Plautus' *Aulularia* auf den *Dyskolos* zurückgeht) vermutet: „il est tiré, je crois, de l'entretien de Mégadoros, non avec sa soeur, comme dans l'*Aululaire*, mais avec sa belle-soeur. Celli-ci l'avertit qu'après avoir épousé la fille d'Euclio il ne pourrait éviter des relations intimes avec un homme d'humeur aussi désagréable." Eine ähnliche Deutung des Fragments wäre auch ohne einen Zusammenhang mit der *Aulularia* grundsätzlich plausibel (auch wenn sie sich dann durch den Papyrus als falsch erwiesen hat).

32 Auf den ersten Blick scheint ἴσως sogar gegen eine solche Deutung zu sprechen (vgl. aber Handley (1965) 176: „'I suppose', rather than 'perhaps' (...). Gorgias' stress on the claims of relationship is in direct contrast to the attitude of Knemon" und Sandbach (1973) 174: „ἴσως, as often in Aristotle, implies no real doubt, but avoids the appearance of dogmatism").

Gegenstände nicht verleihen oder abgeben will (was allerdings in seinem Fall weniger ein Zeichen von Geiz als ein Symptom seines misanthropischen Charakters ist).[33]

Dass die Zuweisung an den *Dyskolos* unsicher ist, ergibt sich auch ohne den Papyrus (der diese auch nicht sicher widerlegen kann, da immer noch kleinere Lücken bleiben, in denen der Vers theoretisch gestanden haben könnte) aus der Überlieferungssituation (vgl. Kassel/Austin (1998) 229). Denn der Vers wird von Ammonios der *Hymnis*, in Parallelzeugnissen mit annähernd demselben Wortlaut, die eng mit Ammonios zusammenhängen, dagegen dem *Dyskolos* zugewiesen. Man muss hier also damit rechnen, dass eine der beiden Zuschreibungen ein einfacher Fehler ist, und weitere Parallelzeugnisse, in denen der Vers (mit anderer Zitateinleitung) ebenfalls der *Hymnis* zugewiesen wird, scheinen eher dafür zu sprechen, dass Ammonios' Zuweisung an den *Dyskolos* falsch ist. In jedem Fall konnte der Vers also schon vor der Entdeckung des Papyrus nur bedingt zur Rekonstruktion des *Dyskolos* herangezogen werden.

Ein Grund für die falsche Zuschreibung könnte (wie Handley (1965) 223 bemerkt) die Ähnlichkeit mit Men. *Dysk.* 471–472 προσελήλυθ' οὐ χρέος σ' ἀπαιτῶν, οὐδ' ἔχων / κλητῆρας, ἀλλ' αἰτησόμενος λεβήτιον sein (vgl. unten **Nr. **18**).

[Nr. 10] Men. fr. 124 Körte = 137 Kock (Choerob. in Theodos. 1,176,41 Hilg.)	Men. *Misum.* 20–21 (= Men. *Misum.* fr. 9 Körte) Sprecher:
ὁ δυστυχὴς ὦ δυστυχής, ὡς παρὰ Μενάνδρῳ ἐν Δυσκόλῳ· ὦ δυστυχής, τί οὐ καθεύδεις;	] . . . ει τὴν θύραν. **ὦ δυστυχής,** **τί οὐ καθεύδεις**; σύ μ' ἀποκναίεις περιπατῶν
dystyches („unglücklich") im Nominativ und im Vokativ, wie bei Menander im *Dyskolos:* O du Unglücklicher, warum schläfst du nicht?	] . . . *ei* die Tür. **O du Unglücklicher, warum schläfst du nicht?** Du erschöpfst mich mit deinem Umherlaufen

Ein weiteres Fragment, das dem *Dyskolos* zu Unrecht zugeschrieben worden ist. Es lohnt sich, die wechselhafte Forschungsgeschichte hier kurz zu skizzieren: Zunächst nimmt Meineke (1823) 120 den Vers τί οὐ καθεύδεις; σύ μ' ἀποκναίεις περιπατῶν (überliefert in der Synag. B α 1860 ~ Sud. α 3361, und vgl. Phot. α 2518) unter die Fragmente des *Misumenos* auf, dem er in den Zeugnissen zugewiesen wird. Da aber bei Bekker Anecd. III 1190 (= Choerobosc. p, 143,16 Gaisford [1842]) aus Menander die Worte ὦ δυστυχής, τί οὐ καθεύδεις zitiert werden, vermutet Meineke (1841) 172, dass es sich um dasselbe Fragment handelt, und kombiniert die beiden Zitate zu ὦ δυστυχής, / τί οὐ καθεύδεις; σύ μ' ἀποκναίεις περιπατῶν. Kock (1888) 99 (und vgl. 41), dem eine vollständigere Version der Choiroboskos-Passage bekannt war (= Choerobosc. vol. IV.1 p. 177,2–3 Hilgard [1894]), in der die Worte ὦ δυστυχής, τί οὐ καθεύδεις Menanders *Dyskolos* zugeschrie-

33 Vgl. daneben auch Geffcken (1898) 10 (der Plaut. Aul. 91 vergleicht) und Pressler (1908) 41 (der das Feuer mit Opfern am Panheiligtum in Verbindung bringt).

ben werden, nimmt diese unter die Fragmente des *Dyskolos* auf. Konsequenterweise hätte er dann für das Fragment aus dem *Misumenos* nicht nur im Kommentar Meinekes Kombination in Frage stellen, sondern auch im Text ὦ δυστυχής streichen müssen, was aber erst in der Edition von Körte (1938) 128 geschieht. Ein erneuter Umschwung ergab sich dann durch die Entdeckung der Papyri des *Dyskolos* und des *Misumenos*, aus denen hervorgeht, dass der Vers (1) höchstwahrscheinlich nicht im *Dyskolos* stand (er lässt sich auch in den wenigen noch bestehenden Lücken kaum unterbringen), und (2) im *Misumenos* tatsächlich, wie schon von Meineke vermutet, die Worte ὦ δυστυχής, / τί οὐ καθεύδεις; σύ μ' ἀποκναίεις περιπατῶν standen (Vers 20–21). Hier hat also eine falsche Zuschreibung bei Choiroboskos zu der Zurückweisung einer richtigen Vermutung von Meineke geführt, und zugleich auch zu der falschen Annahme, dass die Worte ὦ δυστυχής, τί οὐ καθεύδεις; im *Dyskolos* standen. Folgenreich wird dieser Fehler, wenn Webster (1950) 147 daraus für den *Dyskolos* den Schluss zieht: „The play opened with a night scene in which someone cannot sleep, presumably the son of Knemon who is worried about his love affair with a poor girl". Abgesehen davon, dass Webster – wie wir schon gesehen haben – aus **Nr. 2** irrtümlich erschließt, dass Knemon in dem Stück einen (in ein armes Mädchen verliebten) Sohn hatte, ist seine Schlussfolgerung plausibel. Denn nach den Konventionen der Komödie passt ein solcher Vers, der auf eine Nachtszene deutet, besonders gut in eine Prologszene (und im *Misumenos* steht er auch tatsächlich an dieser Stelle).[34]

[Nr. 11] Men. fr. 125 Körte = 138 Kock (Ammon. p. 61 Valck.)

εὑρεῖν καὶ εὑρέσθαι διαφέρει. εὑρεῖν μὲν γὰρ τὸ καὶ ἐν τῇ συνηθείᾳ, εὑρέσθαι δὲ οἱονεὶ τὸ ἐκπορίσασθαι. Μένανδρος Δυσκόλῳ·
εὑρηκὸς κἀγὼ τούτου τέχνην †

εὑρηκὼς Valckenaer εὕρηκα κἀγὼ τουτουὶ τέχνην Meineke, εὕρηχ' ὅσα κἀγὼ τουτουὶ ⟨ζηλῶν⟩ τέχνην Kaibel ap. Körte, εὕρηχ' ὅσα κἀγὼ παραλαβὼν τούτου τέχνην Körte

Ammon. *De adfin. voc. diff.* 200 Nickau
εὑρεῖν καὶ εὑρέσθαι διαφέρει. εὑρεῖν μὲν γὰρ τὸ καὶ ἐν τῇ συνηθείᾳ, εὑρέσθαι δὲ οἱονεὶ τὸ ἐκπορίσασθαι. Μένανδρος Δυσκόλῳ·

= Men. *Dysk.* 489
Sprecher: Sikon (zu Getas)

κάκιστ' ἀπόλοι'. ἐλοιδορεῖτό σοι; τυχὸν
ἤτεις σκατοφάγως· οὐκ ἐπίστανταί τινες
ποιεῖν τὸ τοιοῦθ'· **εὕρηκ' ἐγὼ τούτου τέχνην**.
διακονῶ γὰρ μυρίοις ἐν τῇ πόλει
τούτων τ' ἐνοχλῶ τοῖς γείτοσιν καὶ λαμβάνω
σκεύη παρ' ἁπάντων. δεῖ γὰρ εἶναι κολακικὸν
τὸν δεόμενόν του. πρεσβύτερός τις τ[ῇ] θύρᾳ
ὑπακήκο'· εὐθὺς πατέρα καὶ πάππα[ν καλῶ].
γραῦς· μητέρ'. ἂν τῶν διὰ μέσου τ[ις ᾖ γυνή],
ἐκάλεσ' ἱερέαν. ἂν θεράπων [νεώτερος],
βέλτιστον. ὑμεῖς δ' ἐκκρεμανν[ύοισθε δή]·
ὦ τῆς ἀμαθίας· "παιδίον, παῖ"· [φλήναφος].
ἐγώ, "πρόελθε, πατρίδιον, σὲ β[ούλομαι]."

34 An einen Beginn der Handlung des *Dyskolos* noch in der Nacht oder am frühen Morgen denkt schon Pressler (1908) 47. Geffcken (1898) 15–16 hatte dagegen vermutet, dass der Titelheld hier nur in *speech in speech* die von anderen an ihn gerichteten Worte referiert (vgl. Plaut. *Aul.* fr. IV Lindsay).

εὕρηκα κἀγὼ τούτου τέχνην

εὕρηκα κ. N: εὑρηκὸς κ. **θ**: -κὼς κ. **η**: εὕρηκ' ἐγὼ Eren. Sym.	εὕρηκ' ἐγὼ B, Eren. Sym.: εὑρηκὸς κἀγὼ vel sim. Ammon.
Das Aktiv und Medium von *heurisko* („finden") hat eine unterschiedliche Bedeutung: Im Aktiv hat es die übliche Bedeutung, im Medium aber bezeichnet es das, was man sich selbst verschafft. Menander im *Dyskolos:* Gefunden habend auch ich davon ein Kunst †	Zum Teufel mit Dir! Er hat dich beschimpft? Vielleicht hast du tölpelhaft gefragt? Manche Leute verstehen solche Dinge nicht zu tun. **Ich habe das zu einer Kunst gemacht.** Ich diene nämlich unzähligen Leuten in der Stadt und störe ihre Nachbarn und bekomme Gegenstände von allen. Wer um etwas bittet, muss nämlich schmeichlerisch sein. Ein Älterer öffnet die Tür: Sofort nenne ich ihn Vater und Papa. Eine alte Frau: Mutter. Wenn eine Frau mittleren Alters, dann nenne ich sie Priesterin. Wenn ein jüngerer Sklave, Bester. Ihr aber sollt euch aufhängen. Was für eine Unbildung! „lieber Sklave, Sklave!" Unsinniges Geschwätz! Ich: „Komm heraus, Väterchen, ich will dich."

Meineke (1823) 53 (der das erste Wort in der Form εὑρηκῶς druckt) bemerkt: „Mutilum et luxatum fragm. frustra sit qui ad metri rationem revocare instituat". Seither sind zahlreiche Versuche unternommen worden. Meineke (1841) 109 vermutet, dass εὑρηκὸς aus εὕρηκα korrumpiert ist und schlägt τουτουὶ anstelle von τούτου vor, womit sich ein Text εὕρηκα κἀγὼ τουτουὶ τέχνην ergibt, Blaydes (1896) 203 denkt an εὑρίσκομαι δ' ἔγωγε τήνδε τὴν (oder τοιαύτην) τέχνην, Kaibel *ap.* Körte (1953) 54 schlägt εὕρηχ' ὅσα κἀγὼ τουτουὶ ⟨ζηλῶν⟩ τέχνην vor, wogegen Körte bemerkt, dass τουτουὶ bei Menander nur in Bezug auf Personen verwendet wird, die auf der Bühne anwesend sind, und stattdessen εὕρηχ' ὅσα κἀγὼ ⟨παραλαβὼν⟩ τούτου τέχνην. Interessant ist Körtes inhaltliche Vermutung, dass hier ein Koch spricht, der sich rühmt, die von seinem Lehrer übernommene Kunst selbst erweitert zu haben.[35] Richtig ist das insofern, als hier tatsächlich ein Koch in seiner üblichen prahlerischen Art spricht. Wofür er sich aber hier rühmt, ist nicht seine Kochkunst, sondern die Art, wie er selbst mit Personen spricht, von denen er Kochgeräte ausleihen will.

Was nun die Textgestalt betrifft, sind sämtliche Versuche hier unnnötig kompliziert (und gehen meist von der Annahme aus, dass das Zitat ursprünglich einen ganzen Vers umfasste und dann verkürzt überliefert ist). Aber der Fehler ist hier nicht durch Verkürzung entstanden, sondern vielleicht dadurch, dass zunächst ευρηκα zu ευρηκος o. ä. korrumpiert, dann über der Zeile als Korrektur κα geschrieben wurde, und dieses schließlich irrtümlich als Hinweis aufgefasst wurde, dass ἐγὼ zu κἀγὼ korri-

35 Geffcken (1898) 16 denkt dagegen an einen Sklaven (unter Hinweis auf Ter. *Andr.* 468).

giert werden sollte. Am nächsten kommt dieser Lösung Meineke (1841) 109, der bereits an die erste Person εὕρηκα denkt, dann aber zur Herstellung des Metrums nicht das auf -κα folgende κἀ- in Frage stellt, sondern ein deiktisches iota einfügt, das hier (wie später Körte erkannt hat) nicht passt. Hier wäre es durchaus möglich gewesen, auf die richtige Lösung zu kommen, wenn man den Weg der Fehlergenese geahnt und sich nicht gescheut hätte, aus einem scheinbar komplizierteren Text mit Krasis einen einfacheren ohne Krasis herzustellen. Und aus dem Apparat der Ammonios-Edition von Nickau (1966) 52 geht jetzt hervor, dass sich das richtige εὕρηκ' ἐγὼ tatsächlich auch in indirekter Überlieferung findet (in dem Herennius Philo zugeschriebenen *De diversis verborum significationibus* [vgl. jetzt Palmieri (1988) 168] und in der noch unveröffentlichten Synagoge des Symeon); zu einem ähnlichen Fall vgl. oben zu **Nr. 6**.

[Nr. 12] Men. fr. 126 Körte = 139 Kock (Antiatt. α 115 Valente)	Men. *Dysk.* 159 Sprecher: Knemon (Monolog)
α 115 ἀνδριάς· καὶ ἐπὶ γραφῆς (ἐπιγραφή cod.). Πλάτων Πολιτείᾳ (420c), Μένανδρος Δυσκόλῳ.	εἶτ' οὐ μακάριος ἦν ὁ Περσεὺς κατὰ δύο τρόπους ἐκεῖνος, ὅτι πετηνὸς ἐγένετο κοὐδενὶ συνήντα τῶν βαδιζόντων χαμαί, εἶθ' ὅτι τοιοῦτο κτῆμ' ἐκέκτηθ' ᾧ λίθους ἅπαντας ἐπόει τοὺς ἐνοχλοῦντας; ὅπερ ἐμοὶ νυνὶ γένοιτ'· οὐδὲν γὰρ ἀφθονώτερον λιθίνων γένοιτ' ἂν **ἀνδριάντων** πανταχοῦ.
andrias („Statue"): Auch in Bezug auf ein Gemälde. Platon im *Staat* (420c), Menander im *Dyskolos*.	Dann ist jener Perseus nicht aus zwei Gründen glückselig: weil er geflügelt war und keinem der Leute begegnete, die auf der Erde laufen, und dann, weil er eine solche Sache besaß, mit der er alle, die störten, zu Steinen machen konnte. Das möge mir nun zuteil werden. Nichts wäre überall so häufig wie steinerne **Standbilder**.

Ein weiteres Beispiel (neben **Nr. 6**) dafür, dass es manchmal besser sein kann, den Zitatkontext zu ignorieren, und ein besonders spektakuläres Beispiel für die Bestätigung einer auf den ersten Blick ganz unsicheren Hypothese durch den Papyrus. Denn schon Otto Ribbeck, der die Bauernbriefe 13–16 allein aufgrund der Zitate aus dem *Dyskolos* richtig mit diesem Stück in Verbindung brachte (vgl. oben S. 190), vermutet einen Zusammenhang mit Ael. *Epist.* 14,12–14, wo Knemon von Perseus' Gorgonenhaupt spricht, mit dem er alle, die ihm begegneten, versteinern konnte: „Zu den Worten οὗπερ οὖν εἴ μοί τις εὐμοιρία κατατυχεῖν ἐγένετο, οὐδὲν ἂν ἦν ἀφθονώτερον λιθίνων ἀνδριάντων stimmt es gut, dass auch aus dem Dyskolos des Menander das Wort ἀνδριάς angeführt wird" (Ribbeck (1885) 13 Anm. 1). Gewagt war diese Hypothese nicht nur, weil sie sich auf ein einzelnes Wort stützte, sondern vor allem auch, weil aus dem Zitatkontext hervorzugehen scheint, dass Menander im *Dyskolos* das Wort ἀνδριάς gerade nicht in Bezug auf eine Statue, sondern zur Bezeichnung eines Gemäldes verwendete.[36]

Durch den Papyrus wird nun bestätigt, dass der ganze Abschnitt über Perseus bei Aelian tatsächlich auf einem Monolog des Knemon im *Dyskolos* beruht, in dem auch das Wort ἀνδριάς (im Plural ἀνδριάντων in Vers 159) stand. Wenn sich der Antiattizist auf diese Stelle bezog, dann lag hier in Bezug auf den *Dyskolos* entweder ein einfacher Irrtum vor, oder der Eintrag selbst ist korrupt und/oder stärker verkürzt überliefert.

[Nr. *13] Men. fr. 677 Körte = 898 Kock (Choerob. in Theodos. II 330,5–7 Hilg.)	Men. *Dysk.* 691 Sprecher: Gorgias (zu Knemon)
ἐκ τούτου λοιπὸν τοῦ ἔομαι τὸ δεύτερον πρόσωπον γίνεται κοινῶς μὲν ἔῃ διὰ τοῦ η καὶ ι, ὥσπερ βούλῃ, ἀττικῶς δὲ ἔει διὰ τῆς ει διφθόγγου, ὥσπερ βούλει, ὡς παρὰ Μενάνδρῳ· βούλει τι, Κνήμων; εἰπέ μοι	(G.) **βούλει τι, Κνήμων; εἰπέ μοι.** (K.) τί [δεῖ λέγειν;] φαυλῶς ἔχω. (G.) θάρρει. (K.) τεθάρ[ρηκ᾽· οὐκέτι] ὑμῖν ἐνοχλήσει τὸν ἐπίλοιπον γὰ[ρ χρόνον] Κνήμων. (G.) τοιοῦτόν ἐστ᾽ ἐρημία κ[ακόν]. ὁρᾷς; ἀκαρὴς νῦν παραπόλωλας ἀρτίως. τηρούμενον δὴ τηλικοῦτον τῷ βίῳ ἤδη καταζῆν δεῖ. (K.) χαλεπῶς μὲν οἶδ᾽ ὅτι ἔχω· κάλεσον δέ, Γοργία, τὴν μητέρα. (G.) ὡς ἔνι μάλιστα. τὰ κακὰ παιδεύειν μόνα ἐπίσταθ᾽ ἡμᾶς, ὡς ἔοικε.
Aus diesem *eomai* wird die zweite Person in der Koine *eei* (mit Eta und iota), im Attischen aber *eei* (mit dem Diphthong *ei*), wie *boulei* („du willst"), wie bei Menander: Willst du etwas, Knemon? Sag (es) mir	(G.) **Willst du etwas, Knemon? Sag es mir.** (K.) Was soll ich sagen? Es geht mir schlecht. (G.) Fasse Mut. (K.) Ich habe Mut gefasst. Nicht mehr wird euch in Zukunft Knemon stören. (G.) Ein solches Übel ist die Einsamkeit. Siehst du? Gerade bist du um ein Haar zugrunde gegangen. Du sollst in deinem Alter schon unter Aufsicht dein restliches Leben verbringen. (K.) Ich weiß, dass es mir schlecht geht. Aber ruf, Gorgias, die Mutter. (G.) So schnell wie möglich. Das Unglück allein versteht uns zu erziehen, wie es scheint.

Das ohne Komödientitel überlieferte Fragment wurde zuerst von Ribbeck (1885) 12 mit dem *Dyskolos* in Verbindung gebracht (und vgl. Körte (1953) 213). Dafür spricht, dass der Name Knemon bei Menander nur für den Titelhelden des *Dyskolos* (dessen Name, wie wir gesehen haben, schon vor der Entdeckung des Papyrus aus den Testimonien

36 Explizit gegen Ribbecks Vermutung wendet sich Geffcken (1898) 9 Anm. 2 (der selbst ebd. 16 vermutet, dass das Gemälde in einem Vergleich genannt wurde).

richtig erschlossen wurde) bezeugt ist. Über den Kontext erlaubt das kurze Zitat, das sowohl an den Anfang als auch ans Ende eines Trimeters passt, kaum Rückschlüsse, abgesehen davon, dass hier offenbar jemand Knemon fragt, ob er ihm behilflich sein kann (wobei sich allerdings kaum sagen lässt, ob er das wirklich so meint). Entsprechend dem auch aus anderen Zeugnissen erschließbaren Charakter des Knemon hätte man vermuten können, dass dieser auf das Angebot eher unwirsch reagiert.

Erst der Papyrus zeigt, dass hier ein Rest eines wichtigen Moments der Handlung vorliegt, nämlich der Szene, in der Knemon nach seinem Brunnensturz zum ersten Mal wieder auf der Bühne erscheint: Er ist – vielleicht mit Hilfe des Ekkyklema[37] – auf einer Liege sichtbar, und bei ihm steht Gorgias, der ihn mit diesen Worten fragt, ob er etwas braucht. Und der Papyrus zeigt auch, dass ein weiterer Vers aus derselben Szene bereits bekannt war, ohne dass man aber jemals eine Zuweisung an den *Dyskolos* oder sogar einen Zusammenhang mit **Nr. 13** vermutet hätte. Es handelt sich um Men. fr. 686a Körte (= 835 Kock) (unten **Nr.** ****16**), das nur vier Verse später ebenfalls von Gorgias an Knemon gerichtet wird (Men. *Dysk.* 695 ὁρᾷς; ἀκαρὴς νῦν παραπόλωλας ἀρτίως).

[Nr. **14] Men. fr. 250,8–11 Körte = 301,8–11 Kock (Stob. 3,22,19, Περὶ ὑπεροψίας)	Men. *Dysk.* 284–287 Sprecher: Gorgias (zu Sostratos)
	εἶναι νομίζω πᾶσιν ἀνθρώποις ἐγὼ
	τοῖς τ' εὐτυχοῦσιν τοῖς τε πράττουσιν κακῶς
	πέρας τι τούτου καὶ μεταλλαγήν τινα·
	καὶ τῷ μὲν εὐτυχοῦντι μεχρὶ τούτου μένειν
Μενάνδρου·	τὰ πράγματ' εὐθενοῦντ' ἀεὶ τὰ τοῦ βίου,
	ὅσον ἂν χρόνον φέρειν δύνηται τὴν τύχην
τἀργύριον εἶναι, μειράκιον, σοι φαίνεται	μηδὲν ποήσας ἄδικον· εἰς δὲ τοῦθ' ὅταν
οὐ τῶν ἀναγκαίων καθ' ἡμέραν μόνον	ἔλθῃ προαχθεὶς τοῖς ἀγαθοῖς, ἐνταῦθά που
τιμὴν παρασχεῖν δυνατόν, ἄρτων, ἀλφίτων,	τὴν μεταβολὴν τὴν εἰς τὸ χεῖρον λαμβάνειν·
ὄξους, ἐλαίου, μείζονος ⟨δ'⟩ ἄλλου τινος·	τοῖς δ' ἐνδεῶς πράττουσιν, ἂν μηδὲν κακὸν
ἀθανασίας δ' οὐκ ἔστιν, οὐδ' ἂν συναγαγῇς	ποιῶσιν ἀποροῦντες, φέρωσι δ' εὐγενῶς
τὰ Ταντάλου τάλαντ' ἐκεῖνα λεγόμενα·	τὸν δαίμον', εἰς πίστιν ποτ' ἐλθόντας χρόνῳ,
ἀλλ' ἂν ἀποθάνῃς, ταῦτα καταλείψεις τισίν.	βελτίον' εἶναι μερίδα προσδοκᾶν τινα.
τί οὖν λέγω; μήτ' αὐτὸς εἰ σφόδρ' εὐπορεῖς,	**τί οὖν λέγω; μήτ' αὐτὸς εἰ σφόδρ' εὐπορεῖς,**
πίστευε τούτῳ, μήτε τῶν πτωχῶν πάλιν	**πίστευε τούτῳ, μήτε τῶν πτωχῶν πάλιν**
ἡμῶν καταφρόνει, τοῦ δέ γ' εὐτυχεῖν ἀεὶ	**ἡμῶν καταφρόνει, τοῦ διευτυχεῖν δ' ἀεὶ**
πάρεχε σεαυτὸν τοῖς ὁρῶσιν ἄξιον.	**πάρεχε σεαυτὸν τοῖς ὁρῶσιν ἄξιον.**
8 μήτ' Meineke: μηδ' cod. **10** τοῦ δέ γ' εὐτυχεῖν Gesner: τοῦδ' εὐτυχεῖν δ' cod. **11** σεαυτὸν Gesner: σαυτὸν cod. ὁρῶσιν cod. (def. Hense): τοῖσιν ἔργοις Herwerden: τοῖς τρόποισιν Meineke	**284** μήτ' B: μήδ' Stob. (correxerat Meineke) **286** τοῦ διευτυχεῖν δ' B: τοῦδ' εὐτυχεῖν δ' Stob. (τοῦ δέ γ' εὐτυχεῖν Gesner) σεαυτὸν Gesner: σαυτὸν B, Stob.

37 Vgl. Sandbach (1973) 239–241, Jacques (2000) 93.

Von Menander: Das Geld scheint dir, junger Mann, nicht nur die täglich notwendigen Dinge kaufen zu können, Brote, Gerstenschrot, Essig, Öl, sondern etwas anderes größeres. Unsterblichkeit aber kann es nicht, selbst wenn du jene sprichwörtlichen Talente des Tantalos zusammenbringst; sondern du wirst sterben und sie jemandem hinterlassen. **Was also sage ich? Weder traue, wenn du selbst reich bist, diesem, noch verachte wiederum uns Bettler, und erweise Dich für die, die dich sehen, immer deines Glücks als würdig.**	Ich glaube, dass es für alle Menschen, die Glücklichen und die Unglücklichen, eine Grenze davon und einen Umschwung gibt. Und dass dem Glücklichen die Dinge des Lebens immer so lange florieren, wie er das Glück tragen kann, ohne ein Unrecht zu tun, wenn er aber dazu kommt, verleitet durch das Glück, er die Verwandlung zum Schlechteren erlebt. Und dass die Mangel Leidenden, wenn sie in ihrem Mangel kein Unrecht begehen, sondern das Schicksal mit Würde tragen, wenn sie irgendwann mit der Zeit Vertrauen finden, ein besseres Los erwarten dürfen. **Was also sage ich? Weder traue, wenn du selbst reich bist, diesem, noch verachte wiederum uns Bettler, und erweise Dich für die, die dich sehen, immer deines fortwährenden Glücks als würdig.**

Ein besonders beunruhigender Fall einer Fehlzuweisung. Bei Stob. 3,22,19 schließen an sieben Verse aus Menanders *Kybernētai* (fr. 218 K.-A.) direkt vier Verse aus dem *Dyskolos* an (284–287). Die Verse fügen sich dort auch inhaltlich gut ein (was sicherlich erleichtert wird dadurch, dass mit dem resümierenden τί οὖν λέγω; in Vers 284 ohnehin ein neuer Abschnitt in der Argumentation beginnt) und die Zugehörigkeit des ganzen Zitats zu den *Kybernētai* ist vor der Entdeckung des *Dyskolos*-Papyrus nie in Frage gestellt worden. Wahrscheinlich sind hier in Stobaios' Sektion über den Hochmut (oder einem früheren Zeitpunkt der Tradition, auf der diese beruht) einfach zwei ursprünglich getrennte Zitate zum Thema durch den Ausfall einer Autorenangabe zu einem Zitat verschmolzen, was umso leichter möglich war, als hier überhaupt nur Menander als Autor, und nicht der Stücktitel genannt wird (die Zuweisung von Vers 1–7 an die *Kybernetai* beruht auf einem erneuten Zitat von Vers 5–7 mit Stücktitel bei Stob. 4,51,8, in einer Sektion Περὶ θανάτου, καὶ ὡς εἴη ἄφυκτος). Natürlich kann aber auch nicht völlig ausgeschlossen werden, dass Menander dieselben Verse in mehreren Stücken verwendete.

Im vorletzten Vers hat erst der Papyrus gezeigt, dass eine allgemein akzeptierte alte Korrektur, Gesners τοῦ δέ γ' εὐτυχεῖν ἀεί anstelle des überlieferten (unmetrischen) τοῦδ' εὐτυχεῖν δ' ἀεί, falsch war. Wie sich nun zeigt, war Gesners Vorschlag nicht nur an sich problematisch (neben der Normalisierung einer gerade in der späteren Komödie häufigeren Postposition von δέ musste auch ein inhaltlich unnötiges γε eingefügt werden), sondern nicht einmal die ökonomischste Möglichkeit, einen metrisch korrekten Text herzustellen (tatsächlich fehlte nur ein einziges ι). Auch auf das Kompositum διευτυχεῖν hätte man hier durchaus kommen können (vgl. besonders Men. fr. 602,3 K.-A. διευτυχῶν ἀεί).[38]

[Nr. **15] Men. fr. 671 Körte = 750 Kock (Choerob. in Theodos. vol. I p. 259,16–22 Hilg.)	Men. *Dysk.* 505–507 (?) Sprecher: Knemon (zu Sikon)
φασὶ δέ τινες ὅτι οὐχ εὕρηται τὸ ἅλς τὸ ἀρσενικὸν αὐτὸ καθ' ἑαυτό, ἀλλὰ πάντως μετὰ τοῦ χονδρός. ... ψευδὲς δὲ τοῦτο, ὡς μαρτυρεῖ ... ὁ Μένανδρος· οὐκ ἔχω ⟨γὰρ⟩ οὔθ' ἅλας οὔτ' ὄξος οὔτ' ὀρίγανον 1 γὰρ suppl. Meineke	**οὐκ ἔχω** οὔτε χυτρό[γ]αυλον οὔτε πέλεκυν **οὔθ' ἅλας** **οὔτ' ὄξος** οὔτ' ἄλλ' οὐδέν, ἀλλ' εἴρηχ' ἁπλῶς μὴ προσιέναι μοι πᾶσι τοῖς ἐν τῷ τόπῳ
Es sagen aber einige, dass *hals* („Salz") im Maskulinum nicht allein vorkommt, sondern nur in Verbindung mit *chondros* („grobkörnig"). ... Aber das ist falsch, wie Menander ... bezeugt: ⟨Denn⟩ ich habe weder Salz noch Essig noch Oregano	**ich habe** weder einen Topf noch eine Axt **noch Salz noch Essig** noch etwas anderes, sondern habe allen im Ort gesagt, nicht zu mir zu kommen – ganz einfach!

Kassel/Austin (1998) 434 identifizieren das Zitat mit Men. *Dysk.* 505–507. Wenn das zutrifft, dann zeigt sich hier, dass das von Meineke (1841) 323 *metri causa* eingefügte γάρ nicht richtig, und die Lücke hier tatsächlich länger ist als von Meineke angenommen. Ein entscheidender Unterschied ist allerdings, dass im Zitat am Ende οὔτ' ὀρίγανον, im Papyrus bei Men. *Dysk.* 507 dagegen οὔτ' ἄλλ' οὐδέν steht, und es ist ebenso gut möglich, dass es sich hier (wie Handley 1965, 223 vermutet, und vgl. Sandbach (1973) 215 und Arnott (1979) 264) um zwei ähnliche Stellen aus verschiedenen Stücken handelt. Dafür spricht auch, dass mit Alex. fr. 179,3–4 (**οὐκ ἔχων** δὲ τυγχάνω / **οὐκ ὄξος**, οὐκ ἄνηθον, **οὐκ ὀρίγανον**, / οὐ θρῖον, οὐκ ἔλαιον, οὐκ ἀμυγδάλας, / οὐ σκόροδον, οὐ σίραιον, οὐχὶ γήθυον, / οὐ βολβόν, οὐ πῦρ, οὐ κύμινον, **οὐχ ἅλας**, / etc.) noch eine weitere ähnliche Stelle überliefert ist (der Sprecher ist dort ein Koch, was auch hier möglich wäre).

[Nr. **16] Men. fr. 686a Körte = 835 Kock (Et. gen. α 305,1–3 = Et. magn. α 620,1–2 Lasserre-Livadaras)	Men. *Dysk.* 695 (vgl. **Nr. *13**) Sprecher: Gorgias (zu Knemon)
ἀκαρής· ὁ ἐλάχιστος καιρός. ἐτίθεσαν δὲ κυρίως ἐπὶ οἱουδήποτε ἐλαχίστου. Μένανδρος· ὁρᾷς; ἀκαρὴς ⟨γὰρ⟩ παραπόλωλας ἀρτίως	 **ὁρᾷς; ἀκαρὴς νῦν παραπόλωλας ἀρτίως**

38 Vgl. auch Apollod. fr. 2,2 K.-A. Hinzu kommen jetzt aus den Papyrusfragmenten noch Men. *Asp.* 25 und *Dysk.* 486.

ἀκαρὲς Klaus γὰρ suppl. Meineke	νῦν B, om. Et.
akares: Der kleinste Moment. Man verwendete es in eigentlichem Sinn in Bezug auf jedes beliebige Geringe. Menander: Siehst du? Gerade bist du um ein Haar zugrunde gegangen.	**Siehst du? Gerade bist du um ein Haar zugrunde gegangen.**

Zu diesem Fragment vgl. oben zu **Nr. *13**. Auch hier wird das von Meineke (1823) 259 zur Vervollständigung des Metrums vorgeschlagene ⟨γὰρ⟩ durch den Papyrus widerlegt, doch ist zumindest die Position und Länge der Lücke richtig erkannt worden.

[Nr. **17] Men. fr. 820 Körte = 910 Kock (Hesych. α 3118 Latte-Cunnigham)	Men. *Dysk.* 849 Sprecher: Gorgias (zu Kallippides)
ἀλλὰ χρή· ἔξεστιν, ἀντὶ τοῦ ἔστω. Μένανδρος.	(K.) τὴν μητέρα ἤδη σὺ δεῦρο τήν τ' ἀδελφὴν μετάγαγε πρὸς τὰς γυναῖκας τὰς παρ' ἡμῖν. (G.) **ἀλλὰ χρή**.
alla chre („aber das ist nötig"): Es ist möglich, anstelle von „so sei es!". Menander	(K.) die Mutter schon bringe du hierher und die Schwester zu den Frauen bei uns. (G.) **Das ist auch nötig.**

Der Eintrag des Hesychios bezieht sich vielleicht auf Men. Dysk. 849 (auch wenn natürlich nicht ausgeschlossen werden kann, dass die Wendung ἀλλὰ χρή von Menander in derselben Weise auch noch in anderen Stücken verwendet wurde. Vgl. Handley (1965) 112. 280, Sandbach (1973) 263.

[Nr. **18] Men. fr. 866 Körte = 1027 Kock (Cramer Anecd. Ox. IV 273)	Men. *Dysk.* 472 Sprecher: Getas (im Gespräch mit Knemon)
γίνεται δὲ τὰ ὑποκοριστικὰ ἢ διὰ γελοῖον ... ἢ δι' ἀναγκαιότητα (-τατα cod.), ὡς ἐὰν ὁ αἰτῇ τις σμικρύνῃ, ἵνα μὴ μεγάλην ποιήσῃ τὴν χάριν· ᾧ κέχρηνται οἱ κωμικοί, ὡς ἔχει τὸ παρὰ Μενάνδρῳ λεβήτιον.	(G.) τοιγαροῦν προσελήλυθ' οὐ χρέος σ' ἀπαιτῶν οὐδ' ἔχων κλητῆρας, ἀλλ' αἰτησόμενος **λεβήτιον**. (K.) λεβήτιον; (G.) λεβήτιον. (...) 473 λεβοιτιον bis B, corr. ed. princ.
Deminutive aber entstehen entweder wegen des Lächerlichen ... oder wegen der Notwendigkeit, so wie wenn jemand das, um was er bittet, verkleinert, um den Gefallen nicht groß erscheinen zu lassen; das verwenden die Komödiendichter, z. B. das *lebetion* („Kesselchen") bei Menander	(G.) Deswegen bin ich zu Dir gekommen, nicht um Schulden einzutreiben oder mit Zeugen, sondern um darum zu bitten, ein **Kesselchen** ausleihen zu dürfen. (K.) Ein Kesselchen? (G.) Ja, ein Kesselchen. (...)

Dass sich der Grammatiker hier auf die Stelle aus dem *Dyskolos* bezieht, erscheint umso plausibler, als seine Erklärung auf den ersten Blick sehr gut zu der Menanderstelle passt (vgl. besonders ὃ αἰτῇ τις ~ αἰτησόμενος). Allerdings trifft (wie Handley (1965) 217–218 bemerkt) in diesem Fall die von ihm gegebene Erklärung der Deminutivform[39] wahrscheinlich nicht zu, da Getas denselben (fehlenden) Gegenstand schon kurz zuvor als λεβήτιον bezeichnet hat, ohne dass ein ähnlicher Grund für die Verwendung eines Deminutivs erkennbar wäre (456 τὸ λεβήτιον, φῄς, ἐπιλέλη[σθ]ε;).[40]

[Nr. **19] Men. Epitr. fr. 11 Körte = Men. fr. 616 Kock (Schol. Arist. p. 301 Dind.)	Men. *Dysk.* 968–969, *Misum.* 465–466, *Sik.* 422–423
παρα τὸ κωμικόν· ἡ δ' εὐπάτειρα φιλόγελώς τε παρθένος Νίκη μεθ' ἡμῶν εὐμενὴς ἕποιτ' ἀεί.	 **ἡ δ' εὐπάτειρα φιλόγελώς τε παρθένος** **Νίκη μεθ' ἡμῶν εὐμενὴς ἕποιτ' ἀεί.**
nach den Worten aus der Komödie: Aber die wohlgeborene und lachfreudige Jungfrau Nike begleite uns immer mit Wohlwollen.	 **Aber die wohlgeborene und lachfreudige Jungfrau** **Nike begleite uns immer mit Wohlwollen.**

Die versuchsweise Zuweisung dieser Verse an die *Epitrepontes* in der Edition von Körte (1938) 45 beruht auf der Vermutung von Wilamowitz-Moellendorff (1916) 66 Anm. 1, dass der Besitzer des Menandercodex von Aphroditopolis Dioskoras, der den zweiten Vers selbst in einem Gedicht verwendete, diesen aus seiner eigenen Menanderhandschrift entnahm (die mindestens sechs Stücke enthielt, darunter *Heros*, *Epitrepontes*, *Perikeiromene*, *Samia* und die *Fabula incerta*). Wilamowitz trifft keine Entscheidung darüber, aus welcher Komödie der Vers stammt, und nennt auch bereits die Möglichkeit, dass Menander dieselben Schlussverse mehrfach verwendet haben könnte (dass die Verse am Ende von jeder beliebigen Komödie am Ende stehen konnten, bemerkt auch Körte). Durch Papyri ist inzwischen bekannt geworden, dass Menander sie tatsächlich am Schluss von mindestens vier seiner Komödien verwendete (*Dysk.* 968–969, *Misum.* 465–466, *Sik.* 422–423, fr. 908,7–8); und vgl. das Ende der *Apokleiomene* des Poseidippos (fr. 6).

39 Vgl. dazu Mnesim. fr. 3 mit Mastellari (2020) 362–364.

40 Vgl. aber Sandbach (1973) 209: „Getas ... may be quoting the maids, who wish to minimize their carelessness".

[Nr. **20] Com. adesp. fr. 816 Kock (Procop. Epist. 82)	Men. *Dysk.* 52 (vgl. oben **Nr. 6**). Sprecher: Chaireas (zu Sostratos)
σὺ δὲ τὸ τάχος οἶμαι θαυμάζων ταχὺ τὸ τῆς κωμῳδίας ἐρεῖς	
Du aber wirst die Schnelligkeit bewundern und schnell das Wort aus der Komödie sagen	

Eine zuvor unverständlich gebliebene[41] Anspielung auf die Komödie in einem Brief des Prokopios von Gaza lässt sich jetzt plausibel mit einer Stelle des *Dyskolos* in Verbindung bringen (und tatsächlich wäre das auch schon vor der Entdeckung des Papyrus möglich gewesen, da die betreffende Stelle auch in indirekter Überlieferung erhalten ist, vgl. **Nr. 6**). Nach Prokopios' Worten muss es sich um eine Wendung aus einer noch in der Spätantike gelesenen Komödie handeln, mit der Verwunderung darüber ausgedrückt werden kann, wie schnell jemand handelt oder wie schnell etwas geschieht. Der Ausruf ὡς ταχύ erfüllt die Voraussetzung genau, und in Prokopios' Text selbst lässt sich ταχύ als weiterer Hinweis in diese Richtung sehen. Dort wird entweder (wie auch im *Dyskolos*) ταχύ adverbial verwendet („du wirst *rasch* das aus der Komödie sagen") und damit mit dem Ausdruck, auf den hier Bezug genommen wird, gespielt, oder ταχύ ist eine Art Zitat: „du wirst ταχύ, das aus der Komödie, sagen" (in letzterem Fall wäre allerdings ὡς ταχύ anstelle von ταχύ noch besser).

4 Die Position der Zitate aus indirekter Überlieferung im *Dyskolos*

In der folgenden Übersicht sind alle Zitate aus indirekter Überlieferung nach ihrer tatsächlichen Position im vollständigen Stück geordnet.

erster Akt (1–232)
Men. *Dysk.* 1–3: **Nr. 1**
Men. *Dysk.* 50–53: **Nr. 6**
Men. *Dysk.* 52: **Nr. **20**
Men. *Dysk.* 159: **Nr. 12**
zweiter Akt (233–426)
Men. *Dysk.* 239–240: **Nr. 8**
Men. *Dysk.* 284–287: **Nr. **14**
dritter Akt (427–619)
Men. *Dysk.* 433–434: **Nr. 7**
Men. *Dysk.* 447–453: **Nr. 3**

41 Vgl. Kock (1888) 552: „non intellego: neque enim quicquam sequitur quod comoediae esse possit."

Men. *Dysk.* 472: **Nr. **18**
Men. *Dysk.* 489: **Nr. 11**
Men. *Dysk.* 505–507: **Nr. **15**
vierter Akt (620–783)
Men. *Dysk.* 644–646: **Nr. 4**
Men. *Dysk.* 691: **Nr. *13**
Men. *Dysk.* 695: **Nr. **16**
fünfter Akt (784–969)
Men. *Dysk.* 797–812: **Nr. 2**
Men. *Dysk.* 849: **Nr. **17**
Men. *Dysk.* 860–863: **Nr. 5**
Men. *Dysk.* 968–969: **Nr. **19**

Dabei fällt zunächst auf, dass sich die Zitate relativ gleichmäßig über das ganze Stück verteilen (4 stammen aus dem ersten, 2 aus dem zweiten, 5 aus dem dritten, 3 aus dem vierten, und 4 aus dem fünften Akt). Interessant ist dabei, dass gerade – wenn auch vielleicht nur zufällig – einige durchaus markante Momente des Stücks erhalten sind: der Anfang des Prologs und des ganzen Stücks überhaupt (**Nr. 1**), der Anfang der ersten Szene nach dem Prolog (**Nr. 6**), der Moment, in dem der verletzte Knemon nach seinem Sturz in den Brunnen zu sehen ist (**Nr. *13**), und die beiden letzten Verse des Stücks (**Nr. **19**). Allerdings ist das jeweils erst mit Hilfe des Papyrus erkannt worden.

Auffällig – und charakteristisch für die indirekte Überlieferung überhaupt – ist darüber hinaus das fast völlige Fehlen von Sprecherwechseln innerhalb der Zitate (nur in **Nr. 6** gab es innerhalb des zitierten Texts einen Sprecherwechsel, doch ist dieser in der überlieferten Form des Zitats verloren gegangen). Häufiger fällt dagegen der Anfang oder das Ende eines Zitats mit dem Anfang oder Ende der Worte eines Sprechers im Original zusammen: **Nr. 1** (Anfang); **Nr. 2** (Anfang und Ende); **Nr. 6** (Anfang); **Nr. 7** (Ende); **Nr. *13** (Anfang und Ende); **Nr. **14** (Ende); **Nr. **15** (Anfang); **Nr. **17** (Anfang und Ende); **Nr. **19** (Ende). Nicht wenige Fragmente stammen aber auch aus der Mitte längerer Reden (**Nr. 3. 4. 5. 8. 11. **16**). Der dialogische Charakter von Menanders Stücken geht somit in den Zitaten weitgehend verloren, auch wenn einige Fragmente noch deutliche Hinweise auf eine Gesprächssituation mit mindestens zwei Personen enthalten (**Nr. 2. 6. 8. *13**).

Und schließlich ergeben sich auch einige – vor der Entdeckung des Papyrus ungeahnte – Nachbarschaften von Fragmenten. So beziehen sich **Nr. 6** und **Nr. **20** wahrscheinlich sogar auf dieselben Verse, und **Nr. **16** folgt nur vier Verse nach **Nr. *13**.

Die Interessen der Zitatträger führen dazu, dass Opfer und Kulinarisches (durch Athenaios) sowie allgemeinere Reflexionen (durch Stobaios) überrepräsentiert sind. Allerdings entsteht in diesem Fall kein grob verfälschtes Bild von dem Inhalt des Stücks, auch wenn einige wesentliche Elemente (wie Knemons Brunnensturz) aus den Zitaten nicht mehr erkennbar sind.

Alle Zitate beziehen sich auf Abschnitte im iambischen Trimeter, die trochäischen Tetrameter in Vers 708–783 und die iambischen Tetrameter in Vers 880–958 finden in den Zitaten keinen Niederschlag.

5 Beobachtungen zu den Zitatkontexten

Für die Zuweisung von Zitaten aus indirekter Überlieferung an eine bestimmte Komödie (oder zumindest einen bestimmten Dichter) sind wir hauptsächlich auf die Angaben im Zitatkontext angewiesen. Aber gerade diese Angaben sind nicht immer zuverlässig, da es hier nicht nur zu Textkorruption, sondern auch zu einfachen Verwechslungen kommen kann. Zwei der in Körtes Edition dem *Dyskolos* zugewiesenen Fragmente werden diesem Stück von den Zeugen wohl nur irrtümlich zugewiesen (**Nr. 9** und **Nr. 10**), während umgekehrt vier Verse, die durch den Papyrus für den *Dyskolos* gesichert sind, sich in der indirekten Überlieferung als Teil eines Zitats aus den *Kybernetai* finden (**Nr. **14**). In zwei der drei Fälle (**Nr. 9** und **Nr. 10**) finden sich aber auch schon in der indirekten Überlieferung alternative Zuschreibungen, durch die man zumindest mit der *Möglichkeit* rechnen musste, dass die Zuweisung an den *Dyskolos* falsch ist; in derartigen Fällen ist also besondere Vorsicht vonnöten, insbesondere wenn die Fragmente – wie im Fall von **Nr. 10** – dann auch weiterreichende Auswirkungen auf die Rekonstruktion des Inhalts des Stück haben. Dass **Nr. **14** zum *Dyskolos* gehört, hätte man dagegen ohne den Papyrus nicht erraten können; allerdings sind hier die Folgen für die Rekonstruktion der *Kybernetai* gravierender als für die des *Dyskolos*.

Zum Verständnis und zur Kontextualisierung der Fragmente innerhalb des Stücks liefern die Zitatkontexte dagegen kaum wertvolle Informationen. Eine Ausnahme ist **Nr.** 7, wo der Zitatkontext den im Fragment genannten Gott als Pan identifiziert und zugleich nahelegt, dass hier Frauen zum Heiligtum des Pan gehen (allerdings passt dann μετὰ κραυγῆς nicht genau auf die Stelle des *Dyskolos*, wo vom Aulosspiel die Rede ist). Umgekehrt sind aber die Hinweise in den Zitatkontexten nicht selten auch irreführend. In **Nr. 6** hat man aus dem Zitatkontext falsch erschlossen, dass Menander εὐθύς mit dem Genitiv zur Angabe einer Richtung verwendet (mit gravierenden Auswirkungen auf die Versuche, das korrupte Fragment zu korrigieren). In **Nr. 12** wird für den *Dyskolos* die Verwendung von ἀνδριάς in Bezug auf ein Gemälde bezeugt, während es dort tatsächlich – wie üblich – eine Statue bezeichnet. In **Nr. **18** ist die vom Zitatkontext gegebene Deutung der Deminutivform wahrscheinlich unzutreffend (so plausibel sie auch auf den ersten Blick erscheinen mag).

Was die Eingrenzung der Zitate betrifft, so lässt sich eine klare Tendenz zur Aufnahme vollständiger syntaktischer Einheiten erkennen (Vollständigkeit des Metrums ist demgegenüber eher zweitrangig, wie **Nr. 1**, **Nr. 3**, **Nr. 4**, **Nr. 5**, **Nr.** 7, **Nr. 8**, **Nr. 10**, **Nr. 11** zeigen). Der Zitatausschnitt ist in der Regel gut nachvollziehbar und sinnvoll gewählt (in **Nr. 1** hätte das Zitat schon nach Vers 2 Φυλήν enden können, doch wird es hier noch um einen Vers bis Φυλασίων fortsetzt, was neben dem Namen des Demos die Aufnahme des Demotikons ermöglicht). Innerhalb des gewählten Zitatausschnitts ist der Text in der Regel ungekürzt, allerdings ist in **Nr. 6** ein ganzer (für die Belange des zitierenden Autors verzichtbarer) Vers ausgelassen worden.

6 Beobachtungen zur Textgestalt

In der Textkonstitution sind durch den Papyrus einige ältere Korrekturen bestätigt worden. Zugleich zeigt sich aber auch, dass hier noch längst nicht alles getan worden ist, was möglich gewesen wäre, und in einigen Fällen (besonders **Nr. 5**, **Nr. 11**, **Nr. **14**) sind tatsächlich einfachere und bessere Lösungen übersehen worden. An einer anderen Stelle hat sich zur Füllung einer kurzen Lücke ein (ursprünglich nur *exempli gratia* gemachter) Vorschlag durchgesetzt, der sich jetzt durch den Papyrus als falsch erwiesen hat (**Nr. **16**). Die größten Auswirkungen auf die Rekonstruktion des Inhalts des *Dyskolos* hätte aber sicherlich eine korrekte (oder annähernd korrekte) Wiederherstellung von Menanders Wortlaut in **Nr. 6** gehabt (die – wenn man hier einmal den Zitatkontext beiseitegelassen hätte – durchaus möglich gewesen wäre).

Von entscheidender Bedeutung sind hier natürlich auch die zur Verfügung stehenden Editionen der Zitatträger. In **Nr. 6** und **Nr. 11** wäre man mit der Ammonios-Edition von Nickau (1966) vielleicht auch ohne den Papyrus einen entscheidenden Schritt weitergekommen.

7 Beobachtungen zur Interpretation und Kontextualisierung

Die schwierigste (und zugleich wichtigste) Aufgabe bei der Untersuchung von nur in Zitaten aus indirekter Überlieferung erhaltenen Komödien ist aber die Interpretation der Fragmente selbst. Hier erweisen sich insbesondere die Versuche, die von einer vorab formulierten Hypothese ausgehen (wie z. B. die Abhängigkeit von Plautus' *Aulularia* von Menanders *Dyskolos*[42] oder eine grundsätzliche Ähnlichkeit der beiden Stücke[43]) als problematisch und führen oft zu Fehlinterpretationen. Auch bei dem Versuch, die einzelnen Fragmente mit dem Komödientitel in Verbindung zu bringen, muss (wie besonders **Nr. 2** zeigt) mit großer Vorsicht vorgegangen werden.

Grundsätzlich sollte jedem Versuch einer Rekonstruktion (also einer Zusammenfügung der aus dem Titel und den einzelnen Fragmenten zu gewinnenden Hinweise)

---

42 Vgl. oben Anm. 4.

43 So Webster (1950) 147–148.

immer zunächst eine sorgfältige Interpretation und Rekontextualisierung der einzelnen Fragmente vorausgehen. Unter Rekontextualisierung verstehe ich dabei den Versuch, aus dem Text des Fragments eine möglichst genaue Vorstellung von dem Kontext zu gewinnen, in dem es in dem verlorenen Stück gestanden haben könnte. Von entscheidender Bedeutung sind dabei die „losen Enden", also alle Elemente, die an etwas anschließen oder etwas voraussetzen, das nicht direkt im Text des Fragments erhalten ist.

Zu den wichtigsten Zielen einer Rekontextualisierung gehören (1) die Identifizierung (und/oder Charakterisierung) der beteiligten Personen (Sprecher, Angesprochener, weitere anwesende oder erwähnte Personen), (2) die Interpretation der pragmatischen Funktion der erhaltenen Äußerungen, und (3) die Ermittlung des Handlungszusammenhangs und die Platzierung des Fragments innerhalb der Komödie.

Am schwierigsten (wenn nicht ganz unmöglich) ist meist die Ermittlung des Handlungszusammenhangs, für den man oft nur noch allgemeine (den Konventionen der Gattung entsprechende) Erwartungen formulieren kann. Er sollte daher möglichst erst nach den anderen Punkten in den Blick genommen werden; jedenfalls liefert das hier vorgestellte Material genügend Beispiele dafür, wie eine mit diesem Aspekt beginnende Interpretation in die Irre gehen kann.

Höher ist die Trefferquote bei der Identifizierung der beteiligten Personen. So wurde in **Nr. 1** richtig Pan als Sprecher eines göttlichen Prologs identifiziert, und in **Nr. 2** ein junger Mann, **Nr. 3** wurde meist richtig dem δύσκολος, und **Nr. 4** ebenso richtig einem Koch zugewiesen, und selbst für **Nr. 11** denkt Körte bereits richtig an einen Koch als Sprecher. Die Annahme, dass in **Nr. 2** der δύσκολος angesprochen wird, erweist sich dagegen als ebenso falsch wie Ribbecks Zuweisung von **Nr. 5** an einen Sklaven. Derartige falsche Zuweisungen beruhen oft auf einer Verbindung mit anderen Elementen der Evidenz (z. B. dem Titel), einzelnen (aber im Detail oft nicht exakt vergleichbaren) Parallelen und einer falschen Einschätzung der pragmatischen Funktion der erhaltenen Aussage.

Der letztgenannte Punkt ist von besonderer Bedeutung, und hier sind bei der Untersuchung der Fragmente wohl auch noch die größten Fortschritte zu erwarten. Dabei geht es oft auch gerade um die Frage, in welchem Verhältnis eine Äußerung zu dem Element der Handlung steht, auf das sie Bezug nimmt. Wie leicht man dabei zu (zumindest teilweise vermeidbaren) Fehleinschätzungen gelangt, lässt sich gut beobachten z. B. an **Nr. 4** und **Nr. 5** (beide wurden als Drohung bzw. Ermunterung in Bezug auf etwas Zukünftiges gedeutet, während tatsächlich jeweils in einem Monolog über das reflektiert wird, was gerade geschehen ist) sowie **Nr.** 7 (das keine Rechtfertigung für den Lärm ist, sondern Teil einer Aufforderung, Lärm zu machen).

Wenn man nun von der Rekontextualisierung den nächsten Schritt macht und eine Rekonstruktion versucht,[44] dann erweisen sich besonders Fälle von kumulativer

44 Umfassendere Rekonstruktionsversuche unternehmen besonders Ribbeck (1885) 11–21, Geffcken (1898) 1–16, Pack (1935) und Webster (1950) 147–148.

Evidenz, bei der verschiedene Elemente in dieselbe Richtung weisen, als vielversprechend. So lässt sich beispielsweise aus **Nr. 1**, **Nr. 3** und **Nr.** 7 erschließen, dass auf der Bühne ein Heiligtum des Pan und der Nymphen zu sehen war und wahrscheinlich Pan selbst den Prolog sprach. Auch der von Otto Ribbeck erkannte Bezug von Aelians Bauernbriefen 13–16 auf den *Dyskolos* ist ein gutes Beispiel für kumulative Evidenz.

Verknüpfungen mit dem Titel können insbesondere dann sinnvoll sein, wenn das Fragment selbst Hinweise enthält, die eine solche Verbindung nahelegen (so z. B. in **Nr. 3**; ein warnendes Beispiel ist dagegen **Nr. 2**).

Verkettungen von aufeinander aufbauenden Hypothesen sind dagegen weniger erfolgversprechend, da sich mit jedem Schritt natürlich die Wahrscheinlichkeit reduziert, am Ende ein richtiges Ergebnis zu erhalten (das lässt sich hier gut beobachten an der Rolle, den der aus **Nr. 2** erschlossene Sohn des δύσκολος bei der Interpretation verschiedener anderer Fragmente gespielt hat). Die Frage nach den Konsequenzen einer Hypothese (oder verschiedener alternativer Hypothesen) bleibt aber ein wichtiges Mittel, um deren Plausibilität zu überprüfen (so z. B. im Fall von **Nr. 2**, wo die Annahme, dass hier der δύσκολος selbst von dessen Sohn angesprochen wird, weiterreichende Konsequenzen für die Handlungskonstellation des Stücks und die Charakterisierung des Titelhelden hat, oder im Fall von **Nr. 10**, wo sich die Frage stellt, wie ein nächtlicher Auftritt in einem Prolog zu dem ländlichen Schauplatz des *Dyskolos* passt).

8 Eine ideale Rekonstruktion auf der Grundlage der Fragmente und Testimonien

Auf der Grundlage des bisher Gesagten können wir nun zum Schluss noch den Versuch einer idealen Rekonstruktion des *Dyskolos* auf der Grundlage der in Körtes Edition angedruckten Fragmente wagen. Diese könnte ungefähr die folgende Form haben:

Der Titelheld des Stücks war ein Menschenfeind, der wahrscheinlich den Namen Knemon hatte (Choric. *Apol. mim.* 73 p. 360,20–61,2 Foerster); das wird zusätzlich gestützt durch einige auffällige Übereinstimmungen zwischen Aelians Bauernbriefen 13–16, in denen ebenfalls ein Menschenfeind mit dem Namen Knemon im Mittelpunkt steht, und den Fragmenten des *Dyskolos*. Da der Name Knemon sonst in der Komödie nicht bezeugt ist, kann vielleicht auch **Nr. 13**, wo ein Knemon angesprochen wird, diesem Stück zugewiesen werden.

Aus **Nr. 1**, das aus einem göttlichen Prolog stammt, erfahren wir, dass der Schauplatz des Stücks im attischen Demos Phyle angesiedelt war und auf der Bühne ein Nymphaion zu sehen war. Der Sprecher, der nach seinen eigenen Worten aus dem Nymphaion kommt, könnte Pan sein (vgl. **Nr.** 7). Da aller Wahrscheinlichkeit nach auch Knemon selbst eines der Häuser auf der Bühne (bzw., wenn es nur ein Haus gab, *das* Haus auf der Bühne) bewohnt haben dürfte (und ein abgelegener Demos wie Phyle passt gut zu einem Menschenfeind), lebte er offenbar in unmittelbarer Nachbarschaft.

Naheliegend ist dann, dass Knemon auch der Sprecher von **Nr. 3** ist, der sich in scharfen Worten über die Opfernden äußert und dabei vor allem ihren Egoismus anprangert.

Ein wichtiger Hinweis auf die Handlung ergibt sich – wenn der Text hier richtig korrigiert ist – aus dem stärker korrupten **Nr. 6**, das aus einer expositorischen Szene zu stammen scheint: Der im Fragment Angesprochene (vermutlich ein junger Mann) hat sich am Schauplatz des Stücks (ἐνθένδε) auf den ersten Blick in eine Bürgerstrochter (παῖδ' ἐλευθέραν) verliebt, die er dort gesehen hat. Aus ἀπῆλθες lässt sich erschließen, dass der Verliebte wahrscheinlich nicht in einem der auf der Bühne sichtbaren Häuser wohnt. Er könnte z. B. als Besucher des Panheiligtums dorthin gekommen sein. Das Mädchen könnte dagegen gut in einem der Häuser auf der Bühne wohnen. Sollte es sich um die Tochter des δύσκολος selbst handeln (für dessen Alter sich aber nur dann ein direkter Hinweis ergibt, wenn dieser in **Nr. 2** angesprochen wird [s. u.]), dann hatte eine solche Konstellation sicherlich einiges Potenzial für eine Komödienhandlung um einen misanthropischen Charakter (**Nr. 13** könnte dann zu einem der Versuche des jungen Mannes gehören, mit Knemon Kontakt aufzunehmen).

Dann stellt sich allerdings auch die Frage, wie in eine solche Handlungskonstellation **Nr. 2** passt, das sich am einfachsten als an den eigenen Vater gerichtete Rede eines jungen Mannes deuten lässt (vgl. die Anrede mit ὦ πάτερ in Vers 6 und mit πάτερ in Vers 10), der – vielleicht im Zusammenhang mit einer geplanten Heirat – die finanziellen Sorgen des offenbar wohlhabenden Vaters zu zerstreuen versucht. Hatte der δύσκολος also (auch) einen Sohn, oder spricht der verliebte Mann hier zu seinem eigenen Vater? Erschwert wird eine Entscheidung auch dadurch, dass bei Menander ältere Männer, mit denen der Sprecher nicht verwandt ist, respektvoll mit πάτερ angesprochen werden können. Für den Titelhelden als Adressaten spricht hier, dass die Figur des δύσκολος auch in einigen anderen Zeugnissen mit Habgier verbunden wird (vgl. besonders Mnesim. fr. 3). In diesem Fall war er selbst wohlhabend (dass er gerade in Phyle wohnte, ist dann mit seinem misanthropischen Charakter zu erklären).

Während dieses Fragment wohl in einen späteren Moment der Handlung gehört, passt **Nr. 10**, wenn es richtig als Teil einer nächtlichen Szene mit einem schlaflosen Charakter gedeutet wird, am besten in eine expositorische Szene zu Beginn des Stücks. Allerdings stellt sich die Frage, wie eine solche Nachtszene zu dem ländlichen Schauplatz des *Dyskolos* passt (und wie sich **Nr. 6** und **Nr. 10** beide am Anfang desselben Stücks unterbringen lassen). Da ein Teil des Fragments in anderen Zeugnissen dem *Misumenos* zugewiesen wird, kann hier aber auch eine irrtümliche Zuschreibung an den *Dyskolos* nicht ausgeschlossen werden.

Nr. 5 lässt sich als an den Verliebten gerichtete Aufmunterung oder als Teil eines Monologs des Verliebten lesen, nachdem dieser seine Ziele erreicht hat. Die Verse passen in so gut wie jede Komödienhandlung; der Sprecher oder Angesprochene könnte hier der aus **Nr. 6** bekannte Verliebte sein. In **Nr. 8** werden möglicherweise Bedenken geäußert, mit dem δύσκολος durch Heirat eine verwandtschaftliche Beziehung einzugehen.

Als Charaktere lassen sich vielleicht noch ein Sklave namens Daos (**Nr. 8**, mit Körtes Korrektur) und sicher ein Koch (**Nr. 4**) gewinnen, der auch ein passender Sprecher für

Nr. 11 wäre (aber ebenso gut könnte man hier z. B. an einen Parasiten denken). Ob der Koch hier für ein Opfermahl oder eine Hochzeitsfeier anwesend ist, muss offenbleiben.

Ob **Nr. 9**, das in anderen Quellen der *Hymnis* zugeschrieben wird, aus dem *Dyskolos* stammt, ist unklar. Es ließe sich aber leicht mit einem schwierigen Charakter in Verbindung bringen, bei dem sich die Nachbarn nicht trauen, um alltägliche Dinge wie Feuer oder ein Kochgefäß zu bitten.

Eine solche Rekonstruktion entfernt sich ziemlich weit von den tatsächlich vor 1958 angestellten Versuchen,[45] und vielleicht ist sie zu optimistisch (die zu Beginn dieses Beitrags erwähnten Probleme bei derartigen Gedankenexperimenten gelten natürlich auch hier). Sie ist nur möglich mit großer Sorgfalt bei der Interpretation und Kontextualisierung der einzelnen Fragmente und besonderer Vorsicht beim Umgang mit offenen Fragen und unsicheren Schlüssen, nicht zuletzt auch bei den Fragmenten, deren Zuschreibung zum *Dyskolos* angesichts der Überlieferungslage zweifelhaft war. Viel hängt hier besonders an einer korrekten Textkonstitution und Interpretation von **Nr. 6**, wie sie vor 1958 nicht ansatzweise gelungen ist, aber spätestens auf der Grundlage der Ammonios-Edition von Nickau (1966) durchaus möglich wäre.

Aber auch so bleiben offene Alternativen (**Nr. 2** und **Nr. 5**), fehlerhafte Kontextualisierungen (**Nr. 8**, **Nr. 13**, und vgl. auch **Nr. 2**), und vor allem Lücken: So bleibt etwa das zentrale Ereignis der Handlung, Knemons Brunnensturz, ganz unbekannt (trotz **Nr. 13**, das tatsächlich in diesen Kontext gehört), und auch eine wichtige Nebenfigur wie Gorgias, der Halbbruder von Knemons Tochter, fehlt hier ganz. Ebenso unklar bleibt, welche Rolle das Heiligtum des Pan und die dort stattfindenden Opfer (**Nr. 3**) in der Handlung spielen.

Interessante weitere Spekulationen hätten Aelians Bauernbriefe ermöglicht, doch ließ sich hier kaum entscheiden, welche Elemente dort direkt auf den *Dyskolos* zurückgehen, und welche nicht. Die Möglichkeit, dass der bei Aelian mit Knemon in einem Briefwechsel stehende Kallippides der reiche Vater des verliebten jungen Mannes sein könnte, wäre vor der Entdeckung des Papyrus sicherlich als ganz unsichere Spekulation zurückgewiesen worden.

9 Ausblick

Inwieweit sich die hier am Beispiel des *Dyskolos* gemachten Beobachtungen auch auf andere Stücke übertragen lassen, wäre noch genauer zu überprüfen, nicht zuletzt auch durch eine ähnliche Untersuchung auch der übrigen teilweise auf Papyrus erhaltenen Stücke. Im Fall des *Dyskolos* ist die Auswahl der Fragmente für eine Rekonstruktion sicherlich besonders günstig, da sie sich gleichmäßig auf das ganze Stück verteilen und einige wichtigere Momente der Handlung zumindest streifen. Wie schwer die Rekon-

45 Vgl. oben Anm. 44.

textualisierung der Fragmente aber auch in einem solchen Fall ist, zeigen nicht nur einzelne der hier vorgestellten Zitate, sondern vielleicht noch mehr die Schwierigkeiten bei der Interpretation selbst der viel besser überlieferten Komödien mit Papyrusfragmenten. Menanders subtile Kunst entzieht sich immer wieder den Erwartungen und Klischees, und jeder neue Papyrusfund kann hier neue Überraschungen bringen. In jedem Fall aber verdienen auch die kleinsten seiner Fragmente aus indirekter Überlieferung eine sorgfältige Untersuchung, bei der die Grenzen und Möglichkeiten der Rekontextualisierung und Rekonstruktion immer wieder neu ausgelotet werden müssen, und das immer in dem Bewusstsein, dass schon morgen ein neuer Papyrus auftauchen kann, der die Fragmente zu einfachen Zitaten macht – und unsere eigenen (mehr oder weniger glücklichen) Hypothesen zu lehrreichem Anschauungsmaterial für kommende Generationen von Fragmentforschern.

Literaturverzeichnis

Arnott (1979): W. G. Arnott, *Menander*. Edited with an English Translation. I. Aspis to Epitrepontes, Cambridge, Mass./London.

Barrett (1964): W. S. Barrett, *Euripides. Hippolytos.* Edited with Introduction and Commentary, Oxford.

Bonnet (1909): Max Bonnet, „Smikrines – Euclio – Harpagon", in: *Mélanges offerts à Louis Havet*, Paris, 17–37.

Carugno (1948): Guido Carugno, „Il misantropo nelle *Epistole rustiche* di Eliano (13–16)", *Giornale italiano di filologia* 1, 110–113.

Dickey (1996): Eleanor Dickey, *Greek Forms of Address*, Oxford.

Dover (2000): Kenneth Dover, „Foreword: Frogments", in: D. Harvey/J. Wilkins (Hgg.), *The Rivals of Aristophanes*, London, xvii–xix.

Geffcken (1898): Johannes Geffcken, *Studien zu Menander*, Wissenschaftliche Beilage zum Jahresbericht des Wilhelm-Gymnasiums in Hamburg. Ostern 1898, Hamburg.

Ginelli/Lupi (2021): Francesco Ginelli/Francesco Lupi, „Introduction", in: Dies. (Hgg.), *The Continuity of Classical Literature through Fragmentary Traditions*, Berlin/Boston, 1–17.

Guida (2004): Augusto Guida, „Convertire il dyskolos: da Menandro a Eliano (con un'appendice su Giuliano)", in: Guido Bastianini/Angelo Casanova (Hgg.), *Menandro: cent'anni di papiri.* Atti del convegno internazionale di studi, Firenze, 12–13 Giugno 2003, Firenze, 165–184.

Handley (1965): E. W. Handley, *The Dyskolos of Menander*, London.

Jacques (2000): Jean-Marie Jacques, „La Comédie Nouvell a-t-elle utilisé l'eccyclème?", Pallas 54, 89–102.

Kassel/Austin (1998): Rudolf Kassel/Colin Austin, *Poetae Comic Graeci*. Vol. VI 2. Menander, Berolini/Novae Eboraci.

Kock (1888): *Comicorum Atticorum Fragmenta*. Edidit Theodorus Kock. Volumen III, Lipsiae.

Körte (1938): *Menandri quae supersunt*. Pars prior. Reliquiae in papyris et membranis vetustissimis servatae. Tertium edidit Alfredus Koerte, Lipsiae.

Körte (1953): *Menandri quae supersunt*. Pars altera. Reliquiae apud scriptores servatae. Edidit Alfredus Koerte. Opus postremum retractavit, addenda ad utramque partem adiecit Andreas Thierfelder, Lipsiae (^{2}1959).

Krieger (1914): August Krieger, *De Aululariae Plautinae exemplari Graeco*, Gissae.

Legrand (1902): Philippe-Ernest Legrand, „Pour l'histoire de la comédie nouvelle", *REG* 15, 357–378.

Leo (1898): Friedrich Leo, Rez. Geffcken 1898, *Deutsche Litteraturzeitung* 19, 348–349.

Martin (1958): V. Martin, *Papyrus Bodmer IV. Ménandre:* Le Dyscolos, Cologny-Genève.
Mastellari (2020): Virginia Mastellari, *Calliade – Mnesimaco*. Introduzione, Traduzione e Commento (Fragmenta Comica 16.5), Göttingen.
Meineke (1823): *Menandri et Philemonis Reliquiae.* Edidit Augustus Meineke, Berolini.
Meineke (1841): *Fragmenta Comicorum Graecorum*. Collegit ed disposuit Augustus Meineke. Volumen IV, Berolini.
Meineke (1847): *Fragmenta Comicorum Graecorum*. Collegit et disposuit Augustus Meineke. Editio minor, Berolini.
Millis (2020): Benjamin W. Millis, „Fragments of Menander in Stobaeus", in: Anna Lamari/Franco Montanari/Anna Novokhatko (Hgg.), *Fragmentation in Ancient Greek Drama*, Berlin/Boston, 647–661.
Nesselrath (1990): Heinz-Günther Nesselrath, *Die attische Mittlere Komödie*, Berlin/New York.
Nickau (1966): *Ammonii qui dicitur liber De Adfinium Vocabulorum Differentia.* Edidit Klaus Nickau, Lipsiae.
Olson (2015): S. Douglas Olson, „Athenaeus' Aristophanes and the Problem of Reconstructing Lost Comedies", in: Stylianos Chronopoulos/Christian Orth (Hgg.), *Fragmente einer Geschichte der griechischen Komödie/Fragmentary History of Greek Comedy*, Mainz, 35–65.
Orth (2017): Christian Orth, „Von der Komödie zum Fragment – und wieder zurück? Überlegungen zu 2500 Jahren Überlieferung und Forschung", in: B. Zimmermann (Hg.), *2500 Jahre Komödie*, Heidelberg, 9–42.
Pack (1935): Roger A. Pack, „On the Plot of Menander's Dyscolus", CPh 30, 151–160.
Palmieri (1988): Vincenzo Palmieri, *Herennius Philo. De diversis verborum significationibus*. Testo critico, introduzione, commentario e indici, Napoli.
Porson (1812): *Ricardi Porsoni Adversaria*. Notae et Emendationes in Poetas Graecos. Ex schedis manuscriptis Porsoni ... deprompserunt et ordinarunt nec non indicibus instruxerunt Jacobus Henricus Monk/ Carolus Jacobus Blomfield, Cantabrigiae.
Pressler (1908): Edmund Pressler, *De Plauti Aulularia*, Lipsiae.
Ribbeck (1885): Otto Ribbeck, *Agroikos*. Eine ethologische Studie, Leipzig.
Sandbach (1973): *Menander. A Commentary*. By A. W. Gomme and F. H. Sandbach, Oxford 1973.
Thyresson (1964): Inga Lisa Thyresson, „Quatre lettres de Claude Élien inspirées par le Dyscolos de Ménandre", Eranos 62, 7–35.
Webster (1950): T. B. L. Webster, *Studies in Menander*, Manchester ([2]1960).
Weil (1906): Henri Weil, „Papyrus récemment découverts" [Rez. Grenfell/Hunt, The Hibeh Papyri Part I, London 1906], *Journal des Savants* 1906, 513–520.
Wilamowitz-Moellendorff (1899): Ulrich von Wilamowitz-Moellendorff, „Der Landmann des Menandros", *Neue Jahrbücher für das Klassische Altertum* 3, 513–531.
Wilamowitz-Moellendorff (1905): Ulrich von Wilamowitz-Moellendorff, „Lesefrüchte", *Hermes* 40, 161–176.
Wilamowitz-Moellendorff (1916): Ulrich von Wilamowitz-Moellendorff, „Die Samia des Menandros", SB Berlin 1916, 66–86.

IV Von der Theorie zur Praxis: Fragmente sammeln und edieren

Monica Berti

Digital Canons and Catalogs of Fragmentary Literature

1 Authors and Works in Ancient Libraries and Catalogs

When the Ptolemies founded the Library at Alexandria in the third century BC, one of the first needs was to collect and arrange all the books in the inhabited world.[1] In spite of contradictory figures mentioned by ancient authors about the storage of the Alexandrian collections, the result of this effort was the beginning of a monumental philological work that produced commentaries, lexica, excerpts and library catalogs. Still surviving sources preserve traces of this work and the fragments of the *Pinakes* of Callimachus are traditionally considered the remains of a pioneering catalog of ancient literature.[2]

Modern scholars have been looking for these traces in order to reconstruct methods and contributions of ancient philologists and obtain information about Classical authors and works. Collecting references to ancient works means first of all to explore and analyze the language used by ancient authors when citing and referring to other authors and works, and secondly to translate and convert the expressions of this language into canons, catalogs, and indices.[3] This investigation has also allowed scholars to discover and extract traces of lost authors and works, beginning an editorial practice that is part of what we call fragmentary literature and that has been producing countless collections of printed critical editions of lost intellectuals.[4]

Catalogs and indices of authors and works are the result of this philological analysis, but their entries are mostly in Latin or in modern languages and only an analytical and separate reading of the passages collected in these resources provides an insight into the language used by ancient authors to express bibliographic citations, such as references to other authors and to titles and descriptions of other works. Even if linguistic annotations of ancient Greek and Latin are growing, we still miss collections and annotations of entities pertaining to authors and works extracted from ancient sources

1 *Aristeae Ep.* 9.

2 Berti/Costa (2010) and Berti (2016) with bibliography.

3 Broggiato (2014), Nicolai (2013), Nicolai (2014), Matijašić (2018) and Montanari (2020). See now also Davies/Harris (2019), 62–70 and 93–98, and Marzo Magno (2020), 10–14 on the role of Aldus Manutius in the history of canon formation and indexing of Classical works.

4 Most (1997) and Most (2009).

Note: This paper and the results described in it are published thanks to the generous support of the Deutsche Forschungsgemeinaschaft (project nr. 434173983).

https://doi.org/10.1515/9783111508788-009

in order to improve our reading and understanding of the language of ancient bibliographic citations in textual sources.[5]

As far as fragmentary authors are concerned, in the last decades scholars have shown the importance of the context for analyzing fragments of lost authors and works.[6] The digital environment allows to expand this possibility by visualizing fragments inside their context of transmission and identify linguistic elements that belong to the quoting and the quoted text. By elements I mean linguistic expressions used to refer to the name of the fragmentary author, to the title or to the description of the content of the fragmentary work, and to the verbs that are used to introduce the actual fragment. This kind of activity means to identify and annotate the language of bibliographic references within our extant sources, moving therefore the focus from the fragment to what surrounds it in the preserving context.[7]A straightforward example is the following passage of Athenaeus' *Deipnosophists*:[8]

> Διονύσιος δ' ὁ Σάμιος ἐν ἕκτῳ περὶ τοῦ Κύκλου τὸ αὐτὸ οἴεται εἶναι κισσύβιον καὶ κυμβίον· φησὶ γὰρ ὡς Ὀδυσσεὺς πληρώσας κυμβίον ἀκράτου ὤρεξε τῷ Κύκλωπι. οὐκ ἔστι δὲ μικρὸν τὸ διδόμενον αὐτῷ κισσύβιον παρ' Ὁμήρῳ· οὐ γὰρ ἂν τρὶς πιὼν μέγιστος ὢν τὸ σῶμα ταχέως ἂν ὑπὸ τῆς μέθης κατηνέχθη.

Within this text, it is possible to identify two bibliographic citations and two fragments deriving from a lost work of Dionysius of Samos (FGrHist 15 F 4b = BNJ 15 F4b) and from the *Odyssey* of Homer (9.346). Homer is simply cited with his name and we can compare the citation to the still extant text of the *Odyssey*, but the reference to Dionysius is structured in more elements, which include the ethnicon (ὁ Σάμιος), the book division (ἐν ἕκτῳ), and the work title (περὶ τοῦ Κύκλου).[9] The language used to express these citations is generally hidden in catalogs and indices, where author names and work titles are translated into Latin or modern languages. Also, in the same catalogs and indices

5 Berti (2019b), Berti (2023).

6 Schepens (1997), Berti (2012), Berti (2013) and O'Meara (2017).

7 Berti (2018), Berti (2019a), and Berti (2021a). The practice of annotating written texts is attested since the Middle Ages and evidenced by manuscripts and printed editions. In the field of information technology applied to the humanities, the goal of annotating texts is similar to handwritten and printed documents, but methods and outcomes are different because they structure and expand data and because resulting information is meant not only to be read by human beings but also by the machine. For an introduction to the use of the term *annotation* in scholarly editions and research including the digital environment, see Nantke/Schlupkothen (2020).

8 Ath., *Deipn.* 11.63: "Dionysius of Samos in Book VI of *On the Cycle* believes that a *kissubion* is identical to a *kumbion*; because he says that after Odysseus filled a *kumbion* of unmixed wine, he offered it to the Cyclops. The *kissubion* offered to the Cyclops in Homer cannot be a small vessel; because (if it were), he would not have become drunk so quickly after having had three drinks, given how large he is." The translation is by S. Douglas Olson in his Loeb edition of the *Deipnosophists*: Olson (2006–2012).

9 On Homeric citations in the *Deipnosophists*, see Berti *et al.* (2016b).

fragmentary works are not mentioned, but their fragments are collected behind the label *fragmenta*.[10]

This paper presents a new project that is producing a catalog based on the extraction, analysis, and annotation of Greek references to authors and works including fragmentary ones. Combining methods of Digital Philology and Computational Linguistics, the project is producing a structured collection of lemmatized and annotated named entities related to ancient Greek authors and works, such as names of authors and titles/descriptions of works with variants and ambiguities in the original contextual language. Annotations allow to visualize these references in their original context offering new and dynamic text-based tools that are not available in existing indices and catalogs. This project offers new results about the language of ancient Greek bibliographic citations by documenting them with an immediate, full, and complete contextual analysis of their occurrences.[11]

As far as the specific domain of fragmentary literature is concerned, this project is producing data that will help scholars obtain an advanced insight in the ancient practice of quoting other authors and works. At the same time, the project is producing a new model of digital editions of fragmentary texts, where the perspective is focused more on the context that preserves the fragment than on the isolated fragment.[12]

2 Digital Libraries and Catalogs of Ancient Greek Authors and Works

As it happened in Alexandria in the third century BC, also today digital libraries need to collect, arrange, and catalog a huge amount of data about authors and works. As far as

10 In the case of Dionysius of Samos, the *index scriptorum* of the edition of the *Deipnosophists* by Kaibel (1887–1890) preserves the Greek forms of the ethnicon and the work title, while the editions of Canfora (2001) and Olson (2006–2012) have Italian and English forms or just references to editions of the fragment. The online TLG *Canon* preserves the text of the fragment with other Dionysius' fragments under the label *fragmenta* (tlg2354.002). The same form is used in the *Perseus Catalog* (urn:cts:greekLit:tlg2354.tlg002). Also the name of the author is preserved in different forms in scholarship, as shown by the metadata of the *Perseus Catalog*: Dionysius Samius, Dionigi di Samo, Dionysios Mythograph, Dionysios der Kyklograph, Dionysios von Samos, Dionysius Cyclographus, Dionysius Historicus, Dionysius ho Kyklographos, and Dionysius of Samos. Today the author is considered a different man from Dionysius of Rhodes (FGrHist 511), but in past editions fragments were grouped under the heading *Dionysius Rhodius sive Samius* (FHG II, 9–11). On the problems of dealing with homonymous authors, see now Zaccaria (2020).

11 Berti (2019b) and Berti (2021b), Berti (2023).

12 A description of different models of digital editions of fragmentary texts is beyond the scope of this paper, but is now available in Berti (2021a).

ancient Greek literature is concerned, the TLG *Canon of Greek Authors and Works* and the *Perseus Catalog* are the two digital reference resources.[13]

The TLG *Canon* is the first project that has addressed the problem of providing unique identifiers of Greek authors and works collected in its corpus with metadata about literary activity, geographical location, chronology of Greek authors, and about editions, transmission, and genres of Greek works.[14] Since the beginning, the TLG has also addressed the problem of identifying lost authors. The rationale for including them in the TLG *Canon* depended – and still depends – on printed collections of fragments, where fragmentary authors may be represented by quotations (*fragmenta*), by references to their literary production and activity (*testimonia*), or only by titles. In the CD-ROMs of the TLG, work titles were accompanied by codes identifying the means of transmission of texts, and the codes Q and NQ were used for *quotation* and *no quotation*, standing for direct and indirect quotations and for testimonia and titles.[15] This criterion is still reflected in the web-version of the TLG, where there are no more codes for indicating the means of transmission of texts, but the field *Work Title* includes the forms *fragmentum*, *testimonium*, and *titulus*. Examples are the *fragmenta* of the comic author Aristophanes (tlg0019.012-018), the *testimonia* of the fragmentary historian Acusilaus (tlg0392.001 and 003), and the *tituli* of the fragmentary comic author Alexis (tlg0402.004).[16]

The problem is that the TLG requires a subscription and does not allow to link its *Canon* entries to words and expressions used in the TLG corpus for bibliographic citations. For example, it is not possible to link metadata about the *Anabasis* of Xenophon (tlg0032.006) with the expression Ξενοφῶν ἐν πρώτῳ Ἀναβάσεως of Ath., *Deipn.* 9.43.

The *Perseus Catalog* provides systematic catalog access to at least one open access edition of every Greek and Latin author from antiquity to around 600 CE.[17] It is based on the *Functional Requirements for Bibliographic Records* entity-relationship model (FRBR) and on the *Canonical Text Services Protocol* (CTS) with the related *CITE Architec-*

13 For Latin literature, a catalog is now available as part of the *Digital Latin Library* (DLL): see Huskey (2019).

14 Berkowitz/Squitier (1990), xi–liv, Pantelia (2022) xi–xxxvii.

15 Ibid. xxv–xxvi. Other codes were Cod(ex), Pap(yrus), and Epigr(aph) for manuscript tradition, papyri, and inscriptions.

16 TLG authors are assigned four-digit numbers, while each TLG discrete work is assigned a three-digit number. In the examples mentioned in this text, multiple numbers correspond to multiple editions. The *fragmenta* of Aristophanes are from seven editions and the *testimonia* of Acusilaus from two editions. In the past, TLG fragmentary works (i. e., works not to be found in an independent text edition) had numbers with an x replacing the first of the three digits in the work number (e.g., the fragments of Erasistratus quoted by Galen were identified as tlg0690.x01, where tlg0690 is the identifier of Erasistratus): see Berkowitz/Squitier (1990), xxii.

17 Babeu (2019) and Babeu/Dilley (2021).

ture (Collections, Indices, Texts and Extensions), which have been implemented by the Harvard's *Center for Hellenic Studies* for the *Homer Multitext Project*.[18]

The CTS protocol provides unique identifiers for authors, works, and editions allowing scholars to cite and retrieve passages of text at different levels of granularity. For example, Thucydides' *History of the Peloponnesian War* in the *Perseus Catalog* is identified as urn:cts:greekLit:tlg0003.tlg001. The first words of the first book of Thucydides' work in the 1942 edition by Jones and Powell are retrieved and cited as urn:cts:greekLit:tlg0003.tlg001.perseus-grc2:1.1.1@Θουκυδίδης[1]-@Ἀθηναίων[1]. In this case tlg0003 is the textgroup identifier for Thucydides, author 0003 in the TLG *Canon*; tlg001 is the work identifier for the *History of the Peloponnesian War* assigned by the TLG; perseus-grc2 is the version identifier for the 1942 Oxford edition by Jones and Powell assigned by the *Perseus Catalog*; finally, @Θουκυδίδης[1]-@Ἀθηναίων[1] is the substring of the CTS URN that identifies the span of text from the first occurrence of the word Θουκυδίδης to the first occurrence of the word Ἀθηναίων in Thuc. 1.1 according to the edition of Jones and Powell.[19]

What we miss is a complete collection of CTS and CITE URNs extracted from ancient Greek sources to identify entities and expressions of references to authors and works.[20] For example, the word forms Ἀριστοφάνης and Νεφέλαις can be extracted from the text of Ath., *Deipn.* 2.68 and linked to the *Perseus Catalog*, where the comic poet Aristophanes is identified as urn:cite:perseus:author.202 (= tlg0019) and his comedy *Clouds* is identified as urn:cts:greekLit:tlg0019.tlg003 (= tlg0019.003).[21]

On the other side, there are entities that still need proper identifiers like fragmentary authors and works. For example, the fragmentary Atthidographer Philochorus is identified as urn:cite:perseus:author.1097 (= tlg0583), but his work *Atthis* (Ἀτθίς: cf. Φιλόχορος ἐν δευτέρᾳ Ἀτθίδος in Ath., *Deipn.* 11.92) is still generically cataloged under the traditional label *fragmenta* (urn:cts:greekLit:tlg0583.tlg002), which also includes titles and descriptions of other lost works of Philochorus attested in ancient sources (cf. BNJ 328). As it will be shown in the following paragraphs, digital technologies allow to go beyond the generic term *fragmentum* and show the variety of titles and descriptions used in ancient times to refer to works that are now lost.

18 Blackwell/Smith (2019).

19 The *Perseus Catalog* makes use of work identifiers from three classical canons: the TLG, the *Packard Humanities Institute* (PHI), and the *Stoa Consortium* list of Latin authors: see Babeu (2019), 55.

20 Berti *et al.* (2016b).

21 On the use of CITE URNs for authors in the *Perseus Catalog*, see Babeu (2019).

3 Named Entity Recognition and Annotation of Ancient Greek Authors and Works

Named Entity Recognition (NER) is a task of information extraction that aims at finding mentions of named entities in the text and classify their types into categories corresponding to proper names and quantities of interest, such as people, places, organizations, time expressions, monetary amounts, percentages, *etc.* NER is a relatively mature technology in Natural Language Processing (NLP) and its goal is to extract semantic content from texts by acquiring structured data from unstructured information.[22]

NER is now generating a great interest to scholars working in the digital humanities, as it is demonstrated by the implementation of web-based platforms for the annotation of historical documents like *Perseids* and *Recogito*.[23] Moreover, infrastructure software projects like ANNIS and INCEpTION, that are not associated with any single annotation project, are also used in the digital humanities and for historical languages.[24]

As far as Classical languages are concerned, experiments have been done for Latin and NER is in the agenda of the *Classical Language Toolkit* (CLTK).[25] *Recogito* provides automatic NER tagging for historical documents using Stanford CoreNLP, but is still limited to English, French, German and Spanish with beta support for Latin NER. As for authority lists of named entities in ancient Greek, we dispose of preliminary and partial data in the online *Lexicon of Greek Personal Names* (LGPN), in the gazetteer *Pleiades*, in the beta version of *Trismegistos People* and in the project *Standards for Networking Ancient Prosopographies* (SNAP:DRGN).[26]

These projects demonstrate that NER for historical data is challenging due to its nature, but that it also plays a key role in document comprehension processes and that merits special attention in the context of both Classical Philology and NLP. What we miss is a structured knowledge resource about ancient Greek authors and works with word forms in the original language, corresponding lemmata, contextual annotations, coreferences and relations accompanied by a deep analysis of the language of bibliographic citations in textual sources.

Given the lack of ancient Greek data for entities about bibliographic citations, today it is possible to adopt methods of Named Entity Recognition (NER) for extracting and annotating each occurrence of ancient Greek named entities about authors and works, such as names of authors and titles or descriptions of works with variants and ambiguities in the original contextual language. Annotations can be generated and released

22 For an overview, see Nouvel *et al.* (2016), 153–156, and Li *et al.* (2020).

23 Almas/Berti (2013), Simon *et al.* (2017), and Barker *et al.* (2020).

24 Krause/Zeldes (2016), Zeldes/Schröder (2016), Klie *et al.* (2018) and Berti (2019b). On annotations in scholarly editions and research, see also now Nantke/Schlupkothen (2020).

25 Erdmann *et al.* (2016) and Burns (2019).

26 Elliott/Gillies (2009), Broux/Depauw (2015), and Bodard *et al.* (2017).

according to standards of Computational Linguistics and Linked Ancient World Data (LAWD) in order to guarantee data sustainability and portability.[27]

4 The Digital Athenaeus Project

To accomplish such a result, I have begun the work with the *Deipnosophists* of Athenaeus of Naucratis, which is a well-known rich collection of citations of Greek authors and works.[28] Annotations are currently expanded to the *Lexicon of the Ten Orators* of Harpocration and the *Suda* lexicon, in order to increase the number of annotated entities about bibliographic citations and in particular about references to fragmentary authors.[29]

The work has extracted annotations from the *Deipnosophists* as part of the *Digital Athenaeus* project.[30] The goal is not to produce a new critical edition of the *Deipnosophists*, but to provide scholars with experimental tools for accessing the text of Athenaeus and getting information about citations preserved in it with a critical selection, production, analysis, interpretation and annotation of digital data about ancient authors and works.[31]

The reason for choosing the *Deipnosphists* is due to its importance as a rich collection of quotations and text reuses of ancient Greek authors who belong to many different literary genres.[32] This work offers the opportunity to experiment with a new way of representing fragmentary texts inside their context of transmission, which is the main concern when collecting evidence about reused authors and works. Textual fragments

27 On LAWD, see Cayless (2019).
28 Braund/Wilkins (2000), Lenfant (2007), and Jacob (2020).
29 Dickey (2007), 90–91 and 94. On the fragments of lost authors in the *Suda*, see Zecchini (1999) and Vanotti (2010). Beside the *Suda Online Project*, on which see Mahoney (2009), there are also ongoing projects for the translation of Harpocration and Photius: https://dcthree.github.io/harpokration/ and https://dcthree.github.io/photios/ (seen 26.09.2023) developed by the *Duke Collaboratory for Classics Computing* (DC3). The experimental catalog of authors and works cited by Harpocration in his *Lexicon* is available at https://www.lagl.org/tools/harpocration/ (seen 26.09.2023).
30 See Berti *et al.* (2016a) and Berti (2021a) for a detailed description of the *Digital Athenaeus*, which is accessible at http://www.digitalathenaeus.org (seen 26.09.2023) with the DOI 10.5281/zenodo.4626488.
31 Many bibliographic resources today discuss the meaning of *digital edition*: see, for example, Sahle (2013), Apollon *et al.* (2014), Pierazzo (2015), Sahle (2016) and Magnani (2018).
32 Berti *et al.* (2016b), 122–123. The expression *text reuse* is taken from the digital humanities where it broadly refers to many different projects, whose goal is to detect reuses of the same text in other texts. In the case of Classical literature, text reuse can be used to refer to quotations of still extant texts, where it is possible to compare the reuse with the original text from which the reuse itself derives (as in the example of Homer quoted by Athenaeus in the Greek text quoted at the beginning of this paper). For a discussion of the current use of the expression *text reuse* and for bibliography on text reuse detection projects, see Berti (2021a), section 2.3.1.

are a form of hypertext and a digital environment permits to annotate and visualize them as reuses within their context.[33] This possibility allows to go beyond the limits of printed editions, where extended chunks of texts conserving *fragmenta* of other texts are extracted, decontextualized, and reprinted in other editions.[34]

The *Digital Athenaeus* provides an inventory of authors and works cited by Athenaeus and implements a data model for identifying, analyzing, and citing uniquely instances of text reuse in the *Deipnosophists*. This means extracting and annotating a wide variety of elements that pertain to text reuse, such as names of quoted authors, titles and descriptions of quoted works, *verba dicendi* and in general the language of the text reuse itself.

The *index scriptorum* of the edition of the *Deipnosophists* by Georg Kaibel (1887–1890) lists 809 entries and the index of authors of the edition of the *Deipnosophists* by Luciano Canfora (2001) lists 897 entries. In order to estimate a proportion of the number of authors cited by Athenaeus, the TLG online includes ca. 1,700 authors for the period of time between the eigth century BC and the third century CE, and a total of ca. 3,800 authors up to the twentieth century including *varia* and *incerta*. Moreover, citations in Athenaeus are precise and structured because they contain references to author names (often with additional elements about geographical provenance, literary activity, and homonymy), work titles with variants, volume numbers, and distinction among different editions of the same work. All these characteristics make the *Deipnosophists* a reference resource for exploring the language used by ancient authors to refer to other authors and works.

NER has been performed on the Teubner text of the *Deipnosophists* (ed. Kaibel), which includes 264,750 tokens distributed in 15 books for a total of 1,328 paragraphs and 21,460 sentences.[35] Capitalized words have been extracted and non-relevant entities have been removed.[36] As a result, ca. 23,000 named entities have been identified, which means inflected forms of single NEs corresponding to 8,435 unique forms and 4,470 lemmata. I have then lemmatized these entities to query them in external

33 On textual fragments as hypertexts, see ibid., section 2.2.

34 Berti (2018), Berti (2019a), and Berti (2021a).

35 The term *token* in this case refers to each unit in the text identified as a sequence of characters by locating the word boundaries. The edition by Kaibel (1887–1890) is still a reference resource for the *Deipnosophists* and has been used also because is free of copyright and accessible in an XML format. Future work will be expanded also to the ongoing new Teubner edition by S. Douglas Olson when data will be accessible: cf. Berti (2022).

36 Modern editions of ancient Greek sources generally capitalize words corresponding to proper names and words after a full stop. In the Teubner edition of the *Deipnosophists* by Kaibel (1887–1890) only the first word of the first paragraph of each book has been capitalized for a total of 15 occurrences, while beginning words of other paragraphs are typed in lower case unless they are proper names. Sometimes Kaibel prints content-related words entirely in capital letters and they have been identified and removed. See Nouvel *et al.* (2016), 28 and 80 on the use of capitalization as a method for extracting proper names.

resources for a first disambiguation. The lemmatization has been performed by querying *Morpheus* and the *LemmatizedAncientGreekXML*.[37] Manual corrections have been performed using *Logeion* and the online TLG. Annotations of personal and geographical names have been generated by querying lemmata in the online *Lexicon of Greek Personal Names* (LGPN) and in *Pleiades*.[38] Missing entities have been manually annotated.

As far as the annotations are concerned, I have adopted tags used in Computational Linguistics for labelling generic named entitity types: LOC, LOCderiv, ORG, ORGderiv, OTH, PER, PERderiv.[39] Missing lemmata have been manually added providing a rich set of new lemmatized named entities that are still missing in the above mentioned resources.[40] Data is stored in an SQL database, whose entries can be publicly interrogated in the *Named Entities Digger* and in the *Named Entities Concordance* of the *Digital Athenaeus* project.[41]

For obtaining this result, preliminary work has been done to produce stable CTS URNs that preserve and convert into a machine readable format the two traditional citation systems of the *Deipnosophists* based on the editions of Isaac Casaubon and Georg Kaibel.[42] Also, parallel experiments have been done to produce digital versions of printed *indices scriptorum* of the *Deipnosophists* and automatically align their entries with the Greek text for automatic annotation and disambiguation of names of authors cited by Athenaeus.[43]

37 On these resources, see Celano (2019). In general, on current available resources for performing lemmatization of ancient Greek, see Vatri/McGillivray (2020).

38 For percentages, see Berti (2019b).

39 PER and PERderiv for personal names and derivatives (gods, persons, personifications, authors, etc.); LOC and LOCderiv for geographical names and derivatives (cities, regions, islands, mountains, rivers, etc.); ORG and ORGderiv for festivals and Panhellenic games; OTH for works, months, constellations, currencies, languages, groups, etc.

40 Berti (2019b).

41 The *Named Entities Digger* allows to search inflected forms and lemmata by typing Ancient Greek in Unicode or by using ASCII transliteration. Query results display lemmata and inflected forms with CTS URNs and with links to external resources that provide information about their meaning and function. The *Named Entities Concordance* is a tool for finding concordances of single named entities in the Greek text of the *Deipnosophists*. Outputs visualize each occurrence in the immediate context with CTS URNs, automatic lemmatization, named entity classes, and TLG morphological analysis. See Berti (2021a) for a detailed description of these resources that are publicly available at http://www.digitalathenaeus.org/ (seen 26.09.2023).

42 See Berti *et al.* (2016b) and Berti (2021a). The Kaibel citation system is more precise and stable in a digital environment, which is also the reason why I use it in this paper. For a converter into Casaubon citations, see the online *Digital Athenaeus* project (*Casaubon-Kaibel Reference Converter*).

43 These resources are available in the online *Digital Athenaeus* project. For a detailed description, see Berti (2021a).

5 Annotations of Fragmentary Authors and Works

Pre-annotated data generated with NER techniques have been uploaded in INCEpTION for disambiguation and extraction of information about authors and works cited by Athenaeus in the *Deipnosophists*.[44]

Annotations have not been performed with a traditional sequential reading approach, but by extracting entities corresponding to authors and works and by annotating them according to their function in the context.[45] This method allows to focus on the language of bibliographic references. For example, the extraction of the occurrences of the word forms of the name Ἀριστοφάνης in the *Deipnosophists* allows us to focus on the citations of three homonymous authors: the comic poet (tlg0019), the historian from Boeotia (tlg1196), and the Byzantine grammarian (tlg0644).

The result of these annotations is now available in a catalog as part of the *Digital Athenaeus* project.[46] The digital visualization of these citations in their context allows to see when and how authors are cited and if they are accompanied by expressions referring to their literary activity (γραμματικός, κωμικός, *etc.*) and by titles and descriptions of their works. For example, the form Πλοῦτος in the *Deipnosophists* is not only the title of a comedy by Aristophanes that Athenaeus distinguishes between a first and a second edition, but also the title of works by Epicharmus and Nicostratus.[47]

In order to show the kind of work that I have been describing so far, I will use the example of the references to the name Theopompus in the *Deipnosophists*. The personal name Θεόπομπος occurs in the text of Athenaeus for a total of 99 occurrences corresponding to different word forms: 90 occurrences of Θεόπομπος, 6 occurrences of Θεοπόμπου, 2 occurrences of Θεόπομπον and 1 occurrence of Θεοπόμπῳ.[48] These forms are accompanied 5 times by the ethnicon Χῖος, 1 time by the ethnicon Κολοφώνιος, and 4 times by the four literary epithets ἱστοριογράφος, κωμικός, κωμῳδιοποιός and ἐποποιός.[49] Figure 1 shows a screenshot with the first occurrences

44 INCEpTION is a DFG supported semantic annotation web-based platform useful for various kinds of annotation tasks on written text: see Klie *et al.* (2018) and Berti (2019b).

45 Three annotation layers are used in INCEpTION to visualize pre-annotated data and generate new annotations corresponding to real entities: *Named entity* and *Lemma* are INCEpTION built-in layers, while *Catalog* is a custom layer created for annotating authors and works in the *Deipnosophists*.

46 The catalog is accessible at https://www.digitalathenaeus.org/tools/Catalog/ (seen 26.09.2023).

47 See Ath., *Deipn.* 6.28 (= PCG, fr. 31) and 52 (PCG, fr. 23).

48 Θεόπομπος: 1.42, 1.47, 1.61, 2.18, 2.23, 2.35, 2.62, 2.77, 2.78, 3.12, 3.23, 4.25 (2x), 4.31, 4.46, 4.58, 4.61, 4.62, 4.81, 4.82, 5.52, 5.58, 6.18, 6.20 (2x), 6.55 (2x), 6.60, 6.61, 6.65 (2x), 6.76 (2x), 6.77, 6.85, 6.88 (2x), 6.101 (2x), 6.102, 6.109, 7.65, 7.124, 9.5, 9.16, 9.32, 9.60, 9.63, 10.20, 10.46, 10.47 (2x), 10.60 (2x), 10.63, 11.34, 11.41, 11.51, 11.66, 11.70 (2x), 11.104, 11.118, 12.14, 12.31, 12.32 (2x), 12.41, 12.42, 12.44 (2x), 12.51, 12.61, 13.32, 13.50, 13.67, 13.68, 13.83 (2x), 13.89, 14.4, 14.6, 14.24, 14.60, 14.62, 14.67, 14.74 (2x), 15.40, 15.60. Θεοπόμπου: 2.76, 3.29, 7.80, 10.2, 12.43, 15.18. Θεόπομπον: 10.8, 11.63. Θεοπόμπῳ: 15.60.

49 ὁ Χῖος: 1.61, 3.29, 6.18, 9.32, 11.118. ὁ Κολοφώνιος: 4.81. ὁ ἱστοριογράφος: 10.2. ὁ κωμικός: 6.85. ὁ κωμῳδιοποιός: 14.60. ἐποποιός: 4.81.

of the word forms of the lemma Θεόπομπος in the *Named Entities Concordance* of the *Digital Athenaeus* project.

Lemma: **Θεόπομπος [Theopompos]**
lemma in LOGEION

Inflected form: **Θεόπομπον [Theopompon]** - search in Kaibel
inflected form in TLG
Named Entity Class: PER

10 . 8 [	καὶ αὐτὸς ἦν πολυφάγος προειρήκαμεν, παραθέμενοι	Θεόπομπον	ἱστοροῦντα ἐν τῇ πέμπτῃ καὶ τριακοστῇ	]
11 . 63 [	Θυατειρηνὸς τὸ χωρὶς ὠτίων ποτήριον ὠνομακέναι	Θεόπομπον	ἐν Μήδῳ Φιλήμων Φάσματι· ἐπεὶ δ'	]

Inflected form: **Θεόπομπος [Theopompos]** - search in Kaibel
inflected form in TLG
Named Entity Class: PER

1 . 42 [	γυναικῶν ἀνακείμενοι ὑπὸ τῷ αὐτῷ ἱματίῳ.	Θεόπομπος:	ἐπίνομεν μετὰ ταῦτα ...... κατακείμενοι μαλακώτατ'	]
1 . 47 [	ταῖς ἕξεσι τῶν πινόντων πλεῖστον χρόνον.	Θεόπομπος	δέ φησι παρὰ Χίοις πρώτοις γενέσθαι	]
1 . 61 [	ὅτι ὁ	Θεόπομπος	ὁ Χῖος τὴν ἄμπελον ἱστορεῖ εὑρεθῆναι	]
2 . 18 [	ἐκδιδούσης εἰς αὐτὸν κρήνης τινὸς πικρᾶς.	Θεόπομπος	δέ φησι περὶ τὸν Ἐριγῶνα ποταμὸν	]
2 . 23 [	καθάπερ καὶ τὸν Φρύγα Μίδαν φησὶ	Θεόπομπος,	ὅτε ἑλεῖν τὸν Σιληνὸν ὑπὸ μέθης	]
2 . 35 [	δ' αὐτομάτοισιν τὰ μιμαίκυλ' ἐφύετο πολλά.	Θεόπομπος:	τρώγουσι μύρτα καὶ πέπονα μιμαίκυλα. Κράτης:	]
2 . 62 [	διὰ τοῦ φ ἀσφάραγον ὀνομάζει. καὶ	Θεόπομπος:	κἄπειτ' ἰδὼν ἀσφάραγον ἐν θάμνῳ τινί.	]
2 . 77 [	καὶ παρ' Αἰσχύλῳ: διαβρέχεις τἀρτύματα. καὶ	Θεόπομπος	δέ φησι· πολλοὶ μὲν ἀρτυμάτων μέδιμνοι,	]
2 . 78 [	σφύρ' ᾠδεῖ μᾶλλον ἢ σικυὸς πέπων.	Θεόπομπος:	μαλθακωτέρα πέπονος σικυοῦ μοι γέγονε. Φαινίας:	]
3 . 12 [	αὐτὴν τὴν δίφορον συκῆν κάτω. ὁ	Θεόπομπος	δὲ ἐν τῇ πεντηκοστῇ τετάρτῃ τῶν	]
3 . 23 [	τὰ δὲ φαυλότεροι φαυλίων μήλων. καὶ	Θεόπομπος	ἐν Θησεῖ Ἀνδροτίων δ' ἐν τῷ	]
4 . 25 [	ἐφευρίσκουσί τινα καινὴν ἡδονὴν ἀργυρίου πλῆθος.	Θεόπομπος	δ' ἐν τῇ τριακοστῇ καὶ πέμπτῃ	]
4 . 25 [	ὡς ταχέως ἀπολούμενος. ὁ δ' αὐτὸς	Θεόπομπος	ἐν τῇ τεσσαρεσκαιδεκάτῃ τῶν Φιλιππικῶν ὅταν,	]
4 . 31 [	πατέρων ἐπὶ λίθων καθήμενοι γυμνοὶ συνδειπνοῦσιν.	Θεόπομπος	δ' ἐν τῇ ἕκτῃ καὶ τεσσαρακοστῇ	]
4 . 46 [		(Θεόπομπος	οὖν ἐν ε' Φιλιππικῶν φησι· τὸ	]
4 . 58 [	τι τἀλλότρι' ἐσθίειν ἐστὶ γλυκύ. καὶ	Θεόπομπος	δ' ἐν Ὀδυσσεῖ ἔφη· Εὐριπίδου τἄρ'	]

Fig. 1: *Named Entities Concordance* (*Digital Athenaeus*). First occurrences of the word forms of the lemma Θεόπομπος.

These forms of the name Θεόπομπος correspond to three different fragmentary authors, who can be identified thanks to the citation language or to other contextual elements: the historian Theopompus of Chius with 69 occurrences, the comic poet Theopompus with 27 occurrences, and the epic poet Theopompus of Colophon with 1 occurrence.[50]

---

50 Theopompus of Chius (tlg0566): 1.47, 1.61, 2.18, 2.23, 2.77, 3.12, 3.29, 4.25 (2x), 4.31, 4.46, 4.61, 4.62, 5.52, 5.58, 6.18, 6.20 (2x), 6.55 (2x), 6.60, 6.61, 6.65 (2x), 6.76 (2x), 6.77, 6.88 (2x), 6.101 (2x), 6.102, 6.109, 9.32, 9.63, 10.2, 10.8, 10.46, 10.47 (2x), 10.60 (2x), 10.63, 11.34, 11.51, 11.118, 12.14, 12.31, 12.32 (2x), 12.41, 12.42, 12.43, 12.44 (2x), 12.51, 12.61, 13.32, 13.50, 13.67, 13.68, 13.83 (2x), 13.89, 14.6, 14.24, 14.62 (2x), 14.74, 15.18. Theopompus (tlg0513): 1.42, 2.35, 2.62, 2.78, 3.23, 4.58, 4.82, 6.85, 7.65, 7.80, 7.124, 9.5, 9.16, 9.60, 10.20, 11.41, 11.63, 11.66, 11.70 (2x), 11.104, 14.60, 14.67, 14.74, 15.40, 15.60 (2x). Theopompus of Colophon (tlg1726): 4.81. It's also interesting to mention the *verba dicendi* that introduce these authors. Theopompus of Chius: γράφω (4.62, 6.77, 6.102, 10.46, 10.47, 14.74), διαλέγω (10.63), ἐκτίθημι (6.101), ἱστορέω (1.61, 5.52, 6.20, 6.55, 6.77, 6.88, 6.109, 10.8, 10.46, 10.47, 10.60, 11.34, 12.44, 12.51, 13.32, 13.68), καταλέγω (10.47), λέγω (6.20, 6.60, 6.101, 10.60, 12.42), μνημονεύω (14.62) and φημί (1.47, 2.18, 2.23, 2.77, 3.12, 4.25, 4.31, 4.46, 6.18, 6.55, 6.61, 6.65, 6.76, 6.101, 9.32, 9.63, 10.60, 10.63, 11.51, 11.118, 12.14, 12.31, 12.32, 12.41, 12.42, 12.44, 12.61, 13.50, 13.67, 13.83, 14.6, 14.24, 12.43). Theopompus the comic poet: λέγω (7.65, 15.60), μνημονεύω (11.41, 15.40, 15.60), ὀνομάζω (11.63) and φημί (4.58, 6.85, 11.104, 14.60, 14.67). Theopompus of Colophon: μνημονεύω (4.81).

Moreover, there is one Theopompus pipe-player and the name also appears in the title of a fragmentary oration of Lysias.[51]

In 66 cases the name Θεόπομπος is accompanied by references to titles or descriptions of works: 44 for the historian Theopompus of Chius, 21 for the comic poet Theopompus, and 1 for the epic poet Theopompus of Colophon. Moreover, in 7 cases Theompus of Chius is accompanied by references to book divisions without the title of the relevant work.[52] Finally, in 20 and 6 cases respectively, the names of the historian and of the comic poet are cited without any references to the titles or descriptions of their works.[53]

As for work titles, there are different expressions in the text of the *Deipnosophists* that are listed below under each relevant author:

Theopompus of Chius: *History of Greece* (Ἑλληνικά: 6.61, 6.102, 9.32, 12.61, 14.74, 15.18), *History of Philip* (Ἱστορία: 10.46; Ἱστορίαι: 3.12, 4.25, 4.62, 6.55, 6.60, 6.76, 6.88, 6.101, 9.63, 10.46, 10.47, 10.63, 12.14, 12.31, 13.89, 14.24; Φιλιππικαὶ ἱστορίαι: 12.41; Φιλιππικά: 4.25, 4.31, 4.46, 4.61, 5.52, 6.20, 6.76, 6.101, 6.109, 11.51, 12.32, 12.42, 12.44, 14.62, 14.74), *Advice for Alexander* (αἱ πρὸς Ἀλέξανδρον συμβουλαί: 6.18), *Letter to Alexander* (ἡ πρὸς Ἀλέξανδρον ἐπιστολή: 13.67), *On the Chian Letter* (τὰ περὶ τῆς Χίας ἐπιστολῆς: 13.50), *Against Plato's School* (τὸ κατὰ τῆς Πλάτωνος διατριβῆς: 11.118), *On the Money Plundered from Delphi* (τὸ περὶ τῶν συληθέντων ἐκ Δελφῶν Χρημάτων: 13.83; τὸ σύγγραμα περὶ τῶν ἐκ Δελφῶν συληθέντων Χρημάτων: 12.43).[54]

Theopompus the comic poet: *Admetus* (Ἄδμητος: 15.40), *Aphrodite* (Ἀφροδίτη: 7.124), *Althaea* (Ἀλθαία: 11.104), *Callaeschrus* (Κάλλαισχρος: 7.65, 9.60, 10.20), *Female Soldiers* (στρατιώτιδες: 11.66), *Hedonist* (Ἡδυχάρης: 7.80), *The Mede* (Μῆδος: 11.63), *Nemea* (Νεμέα: 11.41), *Odysseus* (Ὀδυσσεύς: 4.58), *Pamphile* (Παμφίλη: 11.70), *Peace* (Εἰρήνη: 9.5, 9.16, 14.67, 15.60), *Penelope* (Πηνελόπη: 4.82, 14.74), *Phineus* (Φινεύς: 14.60), *Sirens* (Σειρῆνες: 9.60), *Theseus* (Θησεύς (3.23).[55]

Theopompus of Colophon: *The Little Chariot* (ἁρμάτιον: 4.81).[56]

51 Theopompus the αὐλητής: 14.4. The name Theopompus in the title κατὰ Θεοπόμπου αἰκία by Lysias: 2.76 (= Lys. fr. 42 Thalheim).

52 The forms are: ἐν τῇ πέμπτῃ καὶ τριακοστῇ (10.8), ἐν τῇ τριακοστῇ (6.65), ἐν μὲν τῇ ἐνάτῃ καὶ τεσσαρακοστῇ (6.77), ἐν τῇ δευτέρᾳ καὶ εἰκοστῇ (10.60), ἐν δὲ τῇ πεντηκοστῇ (10.60), ἐν τῇ πρώτῃ καὶ εἰκοστῇ (12.44) and ἐν τῇ τεσσαρακοστῇ (12.51).

53 The historian Theopompus of Chius: 1.47, 1.61, 2.18, 2.23, 2.77, 3.29, 5.58, 6.20, 6.55, 6.65, 6.88, 9.32, 10.2, 10.47, 11.34, 12.32, 13.32, 13.68, 13.83, 14.6. The comic poet: 1.42, 2.35, 2.62, 2.78, 6.85, 15.60.

54 BNJ 115 = FGrHist 115. The BNJ includes also another author Theopompus not cited by Athenaeus: BNJ 21 = FGrHist 21. On the titles of the works of Theopompus of Chius in Athenaeus, see Chávez Reino/Ottone (2007), 142–146, and Castelli (2020), 263–273. For a list of orations of Theopompus of Chius in a library catalog from Rhodes, see now Canali De Rossi (2021), vol. 1 p. 79 and vol. 2 nr. 178.

55 PCG VII, 708–749. The fragments of Theopompus are being edited by Farmer (2022) for the publication of the fourteenth volume of the series *Kommentierung der Fragmente der griechischen Komödie* (KomFrag).

56 SH, 365–366.

The examples of the three homonymous authors Theopompus and the language used by Athenaeus to refer to them show interesting aspects to extract information for a text-based catalog of authors and works. The first aspect is represented by the lemmatization of the named entities. In this case, questions arise from titles and descriptions of works of the three authors. The occurrences mentioned above show that proper nouns, common nouns, adjectives and periphrases are used to cite these works. Some of these titles are already ingested in dictionaries of ancient Greek as, for example, τὰ Ἑλληνικά and Φιλιππικαὶ ἱστορίαι in the LSJ, but other forms are missing.[57]

In a linguistically annotated corpus of ancient Greek, it is possible to annotate both the lemma and its function in the context, exporting both values in a new-born digital authority list. More complex is the case of periphrases used to cite authors and describe the content of a work. In this case, single entities are lemmatized and the entire textual expression corresponding to the author, to the title, or to the description of the work content is annotated in a separate layer for catalog entities.[58]

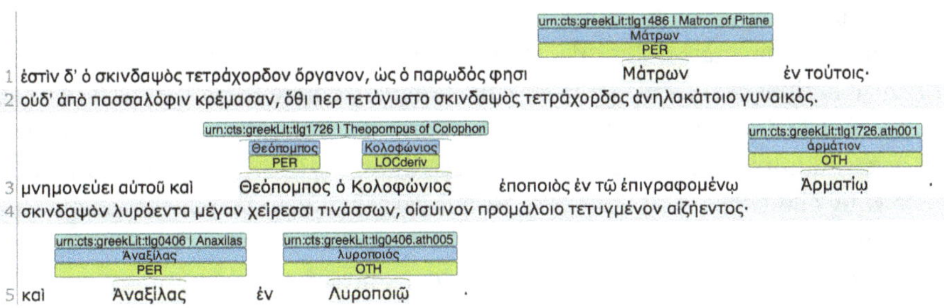

Fig. 2: INCEpTION 0.19.0. *Catalog* layer (Ath. *Deipn.* 4.81).

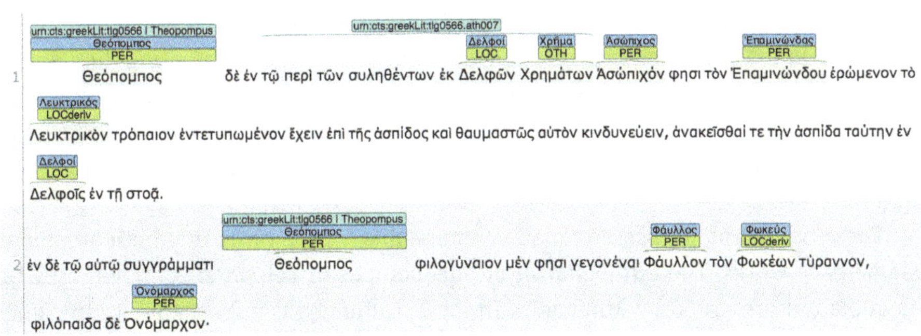

Fig. 3: INCEpTION 0.19.0. *Catalog* layer (Ath. *Deipn.* 13.83).

57 Both forms are registered as work titles under the LSJ lemmata Ἑλληνικός and Φιλιππικός.

58 For a description of the layers used in INCEpTION to annotate the *Deipnosophists*, see Berti (2019b) and Berti (2021a).

Figures 2 and 3 show the examples of the works *Little Chariot* of Theopompus of Colophon (*Deipn.* 4.81) and *On the Goods Plumbered from Delphi* of Theompompus of Chius (*Deipn.* 13.83). In the first case, the form Ἀρματίῳ is lemmatized as ἀρμάτιον and annotated as the title of a work of Theopompus of Colophon, allowing to extract the lemma into external dictionaries and catalogs. As for the form τῷ περὶ τῶν συνηλθέντων ἐκ Δελφῶν Χρημάτων, only the two named entities Δελφῶν and Χρημάτων are lemmatized, while the entire expression is annotated as a work of Theopompus of Chius that can be exported into an external catalog. The same method is used to annotate the name of Theopompus of Colophon, which is constituted by two separate named entities (Θεόπομπος|PER and Κολοφώνιος|LOCderiv) that together represent a real entity corresponding to the ancient author.

As visible in Figs. 2 and 3, only generic NE classes have been used to annotate the text of the *Deipnosophists*. This means, for example, that the forms Ἀρματίῳ and Χρημάτων are annotated with the label OTH, given that in the edition of the *Deipnosophists* by Kaibel both forms are capitalized because part of a work title, even if in Greek they are common nouns.

In order to annotate author names and work titles, I have not created subclasses of named entities, but a custom layer called *Catalog* where these entities are annotated with CTS URNs expressed according to the *CITE Architecture*. In the case of the three authors named Theopompus, three different CTS URNs allow to identify them with embedded TLG numbers: urn:cts:greekLit:tlg0513 for the comic poet Theopompus, urn:cts:greekLit:tlg0566 for the historian Theopompus of Chius, and urn:cts:greekLit:tlg1726 for the epic poet Theopompus of Colophon.

As far as work titles are concerned, the TLG three-digit numbers have been experimentally substituted with the string ath###. The reason is due to the fact that TLG three-digit numbers are associated with the editions of the texts published in the corpus of the TLG.[59] I use the string ath### to express the fact that I am annotating the text of Athenaeus and, in theory, the editions used by the Naucratites when composing the *Deipnosophists*.[60] The CTS URNs urn:cts:greekLit:tlg1726.ath001 and urn:cts:greekLit:tlg0566.ath007 are used to identify the *Little Chariot* of Theopompus of Colophon and *On the Goods Plumbered from Delphi* of Theopompus of Chius in the text of Athenaeus (Kaibel edition).[61]

These two examples present another interesting aspect, given that both are about fragmentary works. The *Little Chariot* of Theopompus of Colophon is known only by the quotation preserved by Athenaeus. In the TLG the text is published with the label

59 TLG numbers are assigned to differentiate editions of the same work, as for example 0085.002 and 0085.012 for the two editions of Aeschylus' *Persians* by Murray and Page.

60 Cf. Berti *et al.* (2016b). This method has a computational and philological purpose, but it's certainly not a way to bypass the complex questions concerning the sources used by Athenaeus.

61 Three-digit numbers in the string ath### are created in a sequential way, but they don't necessarily correspond to a sequence in the text of the *Deipnosophists*. Cf. Berkowitz/Squitier (1990), xxii.

fragmentum in a duplicate copy with two identification numbers corresponding to the two editions by Powell (tlg1726.001) and by Lloyd-Jones and Parsons (tlg1726.002).[62] The work *On the Goods Plumbered from Delphi* of Theopompus of Chius is known by two quotations preserved by Athenaeus (13.83 and 12.43).[63] In this case, the texts of both quotations are published in the TLG as part of the FGrHist (115 FF 247 and 249) under the label *fragmenta* with the collective identification number tlg.0566.002, which is used to refer to the entire group of Theopompus' fragments published according to the edition of Felix Jacoby.[64]

The web-based platform INCEpTION allows also to ingest data from the Wikidata knowledge base, which acts as central storage for the structured data of its Wikimedia sister projects including Wikipedia, Wikivoyage, Wiktionary, Wikisource, and others.[65] In Figs. 2 and 3, the labels *Theopompus of Colophon* and *Theopompus* in the *Catalog* layer are a visualization of the Wikidata labels of the two respective authors. As of today, three Wikidata item identifiers exist for the three authors named Theopompus: Q4318 for Theopompus of Chius, Q11951545 for Theopompus of Colophon, and Q3983959 for the comic poet Theopompus. These entries embed TLG numbers and other metadata.[66]

Moreover, the annotations produced in INCEpTION can be exported and aligned to other CTS URNs that identify the span of text in the Kaibel edition of the *Deipnosophists*. For example, the string τῷ περὶ τῶν συνηλθέντων ἐκ Δελφῶν Χρημάτων used in 13.83 to refer to a work of Theopompus of Chius is not only annotated as urn:cts:greekLit:tlg0566.ath007, which represents the bibliographic identifier, but is also aligned with urn:cts:greekLit:tlg0008.tlg001.perseus-grc2:13.83@τῷ[1]-χρημάτων[1], which identifies the corresponding string of text in the Teubner edition of the *Deipnosophists* by Kaibel.

The same happens for Ἀρματίῳ, which is annotated as urn:cts:greekLit:tlg1726.ath001 and aligned with urn:cts:greekLit:tlg0008.tlg001.perseus-grc2:4.81@ἀρματίῳ[1]. Together with the data in the two other layers for named entities and lemmata, this constitutes the basis for a digital text-based catalog, which allows to collect and represent the language of ancient Greek citations as they occur in literary texts according to different editions.

62 Powell (1925), 28; SH, 365. In the *Perseus Catalog*, Theopompus of Colophon is not yet present.

63 In 12.43 the form is slightly different (περὶ τῶν ἐκ Δελφῶν συληθέντων Χρημάτων), but annotated with the same identifier as in 13.83.

64 In the *Perseus Catalog*, the edition level is represented by the FHG with the CTS URNs urn:cts:greekLit:tlg0566.tlg002.opp-grc1 and urn:cts:greekLit:tlg0566.tlg002.opp-lat1, which identify the Greek text and the Latin translation of the FHG respectively.

65 Wikidata is accessible at https://www.wikidata.org (seen 23.09.2023). On its knowledge base, see Vrandečić/Krötzsch (2014).

66 Wikidata item identifiers are useful for entity disambiguation. In the case of author names in the *Deipnosophists*, for example, it is possible to disambiguate authors who still miss TLG or other unique identifiers, like Pylades (Πυλάδης) in 1.37 (author of a lost treatise on dancing).

These examples show not only the complexity of philological citations in ancient sources, but also the stratification of data that we have to deal with in printed and digital environments. Current methods of Computational Linguistics and Digital Philology allow to represent the first needs we have to solve today. In the case of a text-based catalog of ancient Greek literature, the first need is to annotate word forms and lemmatize them, given that these resources are still missing in digital collections that mostly still depend on the digitization of printed dictionaries, catalogs, and indices where this kind of information is not ingested. The second need is to provide stable identifiers to connect the occurrences of references to authors and works in the text with metadata that are being collected in digital libraries. Further needs will be represented by the alignment of the annotations in different editions of the same ancient work and by the inclusion of variants in the manuscript tradition and of conjectures in scholarly commentaries.[67]

In conclusion, this project offers two main contributions to the field of fragmentary literature: 1) the implementation of a still missing digital catalog of fragmentary authors and works according to the latest Linked Open Data standards; 2) the creation of new data based on the linguistic annotation of ancient Greek sources. This data, which is missing in printed editions, is essential for our understanding of the language of ancient bibliographic citations and therefore for the reconstruction of ancient libraries and for the future interpretation of further examples of fragments and text reuses.

List of Abbreviations

BNJ	Ian Worthington (ed.), *Brill's New Jacoby*, Leiden 2006–.
FGrHist	Felix Jacoby (ed.), *Die Fragmente der Griechischen Historiker*, I–III, Leiden 1923–1958.
FHG	Karl Müller (ed.), *Fragmenta Historicorum Graecorum*, Paris 1841–1870.
LSJ	Henry G. Liddell, Robert Scott, and Henry S. Jones (eds.), *A Greek-English Lexicon*, Ninth Edition, Oxford 1940.
PCG	Rudolf Kassel and Colin Austin (eds.), *Poetae Comici Graeci* (PCG), I–VIII, Berlin/New York 1983–.
SH	Hugh Lloyd-Jones and Peter Parsons (eds.), *Supplementum Hellenisticum*, Berlin/New York 1983. DOI: 10.1515/9783110837766.
TLG	*Thesaurus Linguae Graecae*. http://stephanus.tlg.uci.edu (seen 26.09.2023)

67 In the case of the *Deipnosophists*, future work will also include the annotations of NEs in the margins of the manuscript *Marcianus Graecus* 447. An example is the reference to the historian Theopompus of Chius in the note ἐκ τῶν Θεοπόμπου περὶ Θεοκρίτου in *Marc. Gr.* fol. 80r (*Deipn.* 6.18 = FGrHist 115 F 252): see Cipolla (2015), 67.

Bibliography

Almas/Berti (2013): Bridget Almas and Monica Berti, "Perseids Collaborative Platform for Annotating Text Re-Uses of Fragmentary Authors", in: *DH-Case 2013. Collaborative Annotations in Shared Environments: metadata, vocabularies and techniques in the Digital Humanities*. Florence, September 10, 2013, ACM Publication. DOI: 10.1145/2517978.2517986.

Apollon *et al.* (2014): Daniel Apollon, Claire Bélisle, and Philippe Régnier (eds.), *Digital Critical Editions*, Urbana/Chicago/Springfield.

Babeu (2019): Alison Babeu, "The Perseus Catalog: of FRBR, Finding Aids, Linked Data, and Open Greek and Latin", in: Monica Berti (ed.). *Digital Classical Philology. Ancient Greek and Latin in the Digital Revolution*, Berlin/Boston, 53–72. DOI: 10.1515/9783110599572-005.

Babeu/Dilley (2021): Alison Babeu and Paul Dilley, "Linked Open Data for Greek and Latin Authors and Works", in: Sarah E. Bond, Paul Dilley, and Ryan Horne (eds.), *Linked Open Data for the Ancient Mediterranean: Structures, Practices, Prospects*, ISAW Papers 20. http://hdl.handle.net/2333.1/b2rbp8wh (seen 26.09.2023)

Barker *et al.* (2020): Elton Barker, Anna Foka, and Kyriaki Konstantinidou, "Coding for the Many, Transforming Knowledge for All: Annotating Digital Documents", in: *PMLA/Publications of the Modern Language Association of America* 135.1, 195–202. DOI:10.1632/pmla.2020.135.1.195.

Berkowitz/Squitier (1990): Luci Berkowitz and Karl A. Squitier (eds.), *Thesaurus Linguae Graecae. Canon of Greek Authors and Works*, Third Edition, New York and Oxford.

Berti (2012): Monica Berti, "Citazioni e dinamiche testuali. L'intertestualità e la storiografia greca frammentaria", in: Virgilio Costa (ed.), *Tradizione e trasmissione degli storici greci frammentari II*, Tivoli (Roma), 439–458.

Berti (2013): Monica Berti, "Collecting Quotations by Topic: Degrees of Preservation and Transtextual Relations among Genres", in: *Ancient Society* 43, 269–288. DOI: 10.2143/AS.43.0.2992614.

Berti (2016): Monica Berti, "Greek and Roman Libraries in the Hellenistic Age", in: Sidnie White Crawford and Cecilia Wassen (eds.), *The Dead Sea Scrolls at Qumran and the Concept of a Library*, Leiden/Boston, 31–54. DOI: 10.1163/9789004305069_005.

Berti (2018): Monica Berti, "Annotating Text Reuse within the Context: the Leipzig Open Fragmentary Texts Series (LOFTS)", in: Ute Tischer, Alexandra Forts, and Ursula Gärtner (eds.), *Text, Kontext, Kontextualisierung. Moderne Kontextkonzepte und antike Literatur*, Hildesheim, Zürich, and New York, 223–234.

Berti (2019a): Monica Berti, "Historical Fragmentary Texts in the Digital Age", in: Monica Berti (ed.), *Digital Classical Philology. Ancient Greek and Latin in the Digital Revolution*, Berlin and Boston, 257–276. DOI: 10.1515/9783110599572-015.

Berti (2019b): Monica Berti, "Named Entity Annotation for Ancient Greek with INCEpTION", in: Kiril Simov and Maria Eskevich (eds.), *Proceedings of CLARIN Annual Conference 2019*, Leipzig, 1–4.

Berti (2021a): Monica Berti, *Digital Editions of Historical Fragmentary Texts*, Digital Classics Books 5, Heidelberg. DOI: 10.11588/propylaeum.898.

Berti (2021b): Monica Berti, "Per un catalogo annotato della letteratura greca antica", in: Federico Boschetti, Angelo Mario Del Grosso, and Enrica Salvatori (eds.), *AIUCD 2021 – DH per la società: eguaglianza, partecipazione, diritti e valori nell'era digitale. Raccolta degli abstract estesi della 10a conferenza nazionale*, Pisa, 440–443.

Berti (2022): Monica Berti, "Review of S. Douglas Olson, ed., Athenaeus Naucratites. *Deipnosophistae*. Vol. III.A–B, Libri VIII–XI (epitome), (2 vols.), Berlin/Boston: De Gruyter, 2020. S. Douglas Olson, ed., Athenaeus Naucratites. *Deipnosophistae*. Vol. IV.A–B, Libri XII–XV. (epitome), (2 vols.), Berlin/Boston: De Gruyter, 2019", in: *Exemplaria Classica* 26, 311–313. DOI: 10.33776/ec.v26.

Berti (2023): Monica Berti, "Named Entity Recognition for a Text-Based Catalog of Ancient Greek Authors and Works", in: Anne Baillot, Walter Scholger, Toma Tasovac, Georg Vogeler (eds.), *Digital Humanities 2023: Book of Abstracts*, Graz 2023, 557–558. DOI: 10.5281/zenodo.8108058.

Berti/Costa (2010): Monica Berti and Virgilio Costa, *La Biblioteca di Alessandria. Storia di un paradiso perduto*, Tivoli (Roma).

Berti *et al.* (2016a): Monica Berti, Bridget Almas, Gregory R. Crane, "The Leipzig Open Fragmentary Texts Series (LOFTS)", in: Neil Bernstein and Neil Coffee (eds.), *Digital Methods and Classical Studies*, DHQ Themed Issue 10.2. http://www.digitalhumanities.org/dhq/vol/10/2/000245/000245.html (seen 26.09.2023)

Berti *et al.* (2016b): Monica Berti, Christopher W. Blackwell, Mary Daniels, Samantha Strickland, Kimbell Vincent-Dobbins, "Documenting Homeric Text-Reuse in the *Deipnosophistae* of Athenaeus of Naucratis", in: Gabriel Bodard, Yanne Broux, and Ségolène Tarte (eds.), *Digital Approaches and the Ancient World*, BICS Themed Issue 59.2, London 121–139. DOI: 10.1111/j.2041-5370.2016.12042.x.

Blackwell/Smith (2019): Christopher W. Blackwell and Neel Smith, "The CITE Architecture: a Conceptual and Practical Overview", in: Monica Berti (ed.), *Digital Classical Philology. Ancient Greek and Latin in the Digital Revolution*, Berlin/Boston, 73–93. DOI: 10.1515/9783110599572-006.

Bodard *et al.* (2017): Gabriel Bodard, Hugh Cayless, Mark Depauw, Leif Isaksen, Faith Lawrence, Sebastian Rahtz, "Standards for Networking Ancient Person Data: Digital Approaches to Problems in Prosopographical Space", *Digital Classics Online*, 3.2, 28–43. DOI: 10.11588/dco.2017.0.37975.

Braund/Wilkins (2000): David Braund and John Wilkins (eds.), *Athenaeus and his World. Reading Greek Culture in the Roman Empire*. Exeter.

Broggiato (2014): Maria Broggiato, "Beyond the Canon: Hellenistic Scholars and Their Texts", in: Giulio Colesanti and Manuela Giordano (eds.), *Submerged Literature in Ancient Greek Culture. An Introduction*, Berlin/Boston, 46–60. DOI: 10.1515/9783110334081.46.

Broux/Depauw (2015): Yanne Broux and Mark Depauw, "Developing Onomastic Gazetteers and Prosopographies for the Ancient World through Named Entity Recognition and Graph Visualization: Some Examples from Trismegistos People", in: Luca M. Aiello and Daniel McFarland (eds.), *Social Informatics. SocInfo 2014. Lecture Notes in Computer Science*, vol. 8852, Cham, 304–313. DOI: 10.1007/978-3-319-15168-7_38.

Burns (2019): Patrick J. Burns, "Building a Text Analysis Pipeline for Classical Languages", in: Monica Berti (ed.), *Digital Classical Philology. Ancient Greek and Latin in the Digital Revolution*, Berlin and Boston, 159–176. DOI: 10.1515/9783110599572-010.

Canali De Rossi (2021): Filippo Canali De Rossi (ed.), *Le iscrizioni degli antichi autori greci e latini*, I–III, Roma 2021.

Canfora (2001): Luciano Canfora (ed.), *Ateneo. I deipnosofisti. I dotti a banchetto*, I–IV, Roma.

Castelli (2020): Emanuele Castelli, *La nascita del titolo nella letteratura greca. Dall'epica arcaica alla prosa di età classica*, Berlin and Boston. DOI: 10.1515/9783110703740.

Cayless (2019): Hugh A. Cayless, "Sustaining Linked Ancient World Data", in: Monica Berti (ed.), *Digital Classical Philology. Ancient Greek and Latin in the Digital Revolution*, Berlin and Boston, 35–50. DOI: 10.1515/9783110599572-004.

Celano (2019): Giuseppe G.A. Celano, "The Dependency Treebanks for Ancient Greek and Latin", in: Monica Berti (ed.), *Digital Classical Philology. Ancient Greek and Latin in the Digital Revolution*, Berlin/Boston, 279–298. DOI: 10.1515/9783110599572-016.

Chávez Reino/Ottone (2007): Antonio L. Chávez Reino and Gabriella Ottone, "Les fragments de Théopompe chez Athénée: un aperçu général, in: Dominique Lenfant (ed.), *Athénée et les fragments d'historiens*. Paris, 139–174.

Cipolla (2015): Paolo Cipolla (ed.), *Marginalia in Athenaeum. Lemmi, scoli e note di lettura del codice Marc. Gr. 447 dei* Deipnosofisti, Amsterdam.

Davies/Harris (2019): Martin Davies and Neil Harris, *Aldo Manuzio. L'uomo, l'editore, il mito*, Roma.

Dickey (2007): Eleanor Dickey, *Ancient Greek Scholarship. A Guide to Finding, Reading, and Understanding Scholia, Commentaries, Lexica, and Grammatical Trestises, from Their Beginnings to the Byzantine Period*. Oxford and New York.

Elliott/Gillies (2009): Tom Elliott and Sean Gillies, "Digital Geography and Classics", in: *Digital Humanities Quarterly* 2009.3.1. http://www.digitalhumanities.org/dhq/vol/3/1/000031/000031.html (seen 26.09.2023)

Farmer (2022): Matthew C. Farmer (ed.), *FrC 14 Theopompos. Introduction, Translation, Commentary,* Fragmenta Comica Band 014, Göttingen.

Erdmann *et al.* (2016): Alexander Erdmann, Christopher Brown, Brian Joseph, Mark Janse, Petra Ajaka, Micha Elsner, Marie-Catherine de Marneffe, "Challenges and Solutions for Latin Named Entity Recognition", in: *Proceedings of the Workshop on Language Technology Resources and Tools for Digital Humanities (LT4DH)*, Osaka, 85–93. http://aclweb.org/anthology/W16-4012 (seen 27.07.2021)

Huskey (2019): Samuel J. Huskey, "The Digital Latin Library: Cataloging and Publishing Critical Editions of Latin Texts". in: Monica Berti (ed.), *Digital Classical Philology. Ancient Greek and Latin in the Digital Revolution*, Berlin/Boston, 19–34. DOI: 10.1515/9783110599572-003.

Jacob (2020): Christian Jacob, *Faut-il prendere les* Deipnosophistes *au sérieux?*, Paris.

Kaibel (1887–1890): Georg Kaibel (ed.), *Athenaei Naucratitae Dipnosophistarum Libri XV*, I–III, Leipzig.

Klie *et al.* (2018): Jan-Christoph Klie, Michael Bugert, Beto Boullosa, Richard Eckart de Castilho, Iryna Gurevych, "The INCEpTION Platform: Machine-Assisted and Knowledge-Oriented Interactive Annotation", in: *Proceedings of System Demonstrations of the 27th International Conference on Computational Linguistics (COLING 2018)*, Santa Fe, New Mexico, USA. https://www.aclweb.org/anthology/C18-2002 (seen 26.09.2023)

Krause/Zeldes (2016): Thomas Krause and Amir Zeldes, "ANNIS3: A new architecture for generic corpus query and visualization", in: *Digital Scholarship in the Humanities* 31.1, 118–139. DOI: 10.1093/llc/fqu057.

Lenfant (2007): Dominique Lenfant (ed.), *Athénée et les fragments d'historiens.* Paris.

Li *et al.* (2020): Jing Li, Aixin Sun, Jianglei Han, Chenliang Li, "A Survey on Deep Learning for Named Entity Recognition", in: *IEEE Transactions on Knowledge and Data Engineering*. DOI: arxiv.org/abs/1812.09449.

Magnani (2018): Massimo Magnani, "The Other Side of the River Digital Editions of Ancient Greek Texts Involving Papyrus Witnesses", in: Nicola Reggiani (ed.), *Digital Papyrology II*, Berlin/Boston, 87–102. DOI: 10.1515/9783110547450-005.

Mahoney (2009): Anne Mahoney, "Tachypaedia Byzantina: The Suda On Line as Collaborative Encyclopedia", in: *Digital Humanities Quarterly* 3.1. http://www.digitalhumanities.org/dhq/vol/3/1/000025/000025.html (seen 26.09.2023)

Marzo Magno (2020): Alessandro Marzo Magno, *L'inventore dei libri. Aldo Manuzio, Venezia e il suo tempo.* Bari.

Matijašić (2018): Ivan Matijašić, *Shaping the Canons of Ancient Greek Historiography*, Berlin and Boston. DOI: 10.1515/9783110476279.

Montanari (2020): Franco Montanari (ed.), *History of Ancient Greek Scholarship*, Leiden. DOI: 10.1163/9789004430570.

Most (1997): Glenn W. Most, *Collecting Fragments. Fragmente sammeln.* Göttingen.

Most (2009): Glenn W. Most, "On Fragments", in William Tronzo (ed.). *The Fragment. An Incomplete History.* Los Angeles, 9–20.

Nantke/Schlupkothen (2020): Julia Nantke and Frederik Schlupkothen (eds.), *Annotations in Scholarly Editions and Research*, Berlin and Boston. DOI: 10.1515/9783110689112.

Nicolai (2013): Roberto Nicolai, "I paradossi del canone", in: Monica Berti and Virgilio Costa (eds.), *Ritorno ad Alessandria. Storiografia antica e cultura bibliotecaria: tracce di una relazione perduta.* Tivoli (Roma), 27–40.

Nicolai (2014): Roberto Nicolai, "The Canon and Its Boundaries", in: Giulio Colesanti and Manuela Giordano (eds.), *Submerged Literature in Ancient Greek Culture. An Introduction*, Berlin/Boston, 33–45. DOI: 10.1515/9783110334081.33.

Nouvel *et al.* (2016): Damien Nouvel, Maud Ehrmann, and Sophie Rosset, *Named Entities for Computational Linguistics*. London/Hoboken, NJ.

O'Meara (2017): Dominic J. O'Meara, "Tracking the Sources of the Fragments of Heraclitus in Stobaeus' *Anthology*", in: Enrica Fantino, Ulrike Muss, Charlotte Schubert, Kurt Sier (eds.), *Heraklit im Kontext*, Berlin/Boston, 439–449. DOI: 10.1515/9783110421323-020.

Olson (2006–2012): S. Douglas Olson (ed.), *Athenaeus. The Learned Banqueters*, I–VIII, Cambridge, MA.

Pantelia (2022): Maria C. Pantelia, *Thesaurus Linguae Graecae. A Bibliographic Guide to the Canon of Greek Authors and Works*, Oakland, CA.

Pierazzo (2015): Elena Pierazzo, *Digital Scholarly Editing. Theories, Models and Methods*. Farnham.

Powell (1925): Iohannes U. Powell (ed.), *Collectanea Alexandrina*. Oxford 1925.

Sahle (2013): Patrick Sahle, *Digitale Editionsformen. Zum Umgang mit der Überlieferung unter den Bedingungen des Medienwandels*, 1–3, Norderstedt.

Sahle (2016): Patrick Sahle, "What Is a Scholarly Digital Edition?", in: Matthew James Driscoll and Elena Pierazzo (eds.), *Digital Scholarly Editing: Theories and Practices*, Cambridge, 19–39. DOI: 10.11647/OBP.0095.02.

Schepens (1997): Guido Schepens, "Jacoby's *FGrHist*: Problems, Methods, Prospects", in: Glenn W. Most (ed.), *Collecting Fragments. Fragmente Sammeln*, Göttingen, 144–172.

Simon *et al.* (2017): Rainer Simon, Elton Barker, Leif Isaksen, Pau de Soto Cañamares, "Linked Data Annotation Without the Pointy Brackets: Introducing Recogito 2", in: *Journal of Map & Geography Libraries* 13:1, 111–132. DOI: 10.1080/15420353.2017.1307303.

Vrandečić/Krötzsch (2014). Denny Vrandečić and Markus Krötzsch, "Wikidata: a free collaborative knowledgebase", in: *Communications of the ACM* 57.10, 78–85. DOI: 10.1145/2629489.

Vanotti (2010): Gabriella Vanotti (ed.), *Il lessico* Suda *e gli storici greci in frammenti*, Tivoli (Roma).

Vatri/McGillivray 2020: Alessandro Vatri and Barbara McGillivray, "Lemmatization for Ancient Greek", in: *Journal of Greek Linguistics* 20.2, 179–196. DOI: 10.1163/15699846-02002001.

Zaccaria (2020): Pietro Zaccaria, "Distinguishing Homonymous Writers, Detecting Spurious Works: Demetrius of Magnesia's *On Poets* and Authors with the Same Name", in: Roberta Berardi, Martina Filosa, and Davide Massimo (eds.), *Defining Authorship, Debating Authenticity*, Berlin/Boston, 67–84. DOI: 10.1515/9783110684629-005.

Zecchini (1999): Giuseppe Zecchini (ed.), *Il lessico* Suda *e la memoria del passato a Bisanzio*, Bari.

Zeldes/Schröder (2016): Amir Zeldes and Charoline T. Schröder, "An NLP Pipeline for Coptic", in: *Proceedings of the 10th SIGHUM Workshop on Language Technology for Cultural Heritage, Social Sciences, and Humanities*, Berlin, 146–155. DOI: 10.18653/v1/W16-2119.

Victor Gysembergh

Ein fragmentiertes Weltbild: die Fragmente der vorptolemäischen Astronomen am Beispiel des Eudoxos von Knidos

Die Werke des Klaudios Ptolemaios haben die wichtigsten Schriften früherer Astronomen aus der direkten handschriftlichen Überlieferung verdrängt. Aus diesem Grund würde – trotz der vielen damit verbundenen Schwierigkeiten – eine Fragmentsammlung samt Übersetzung und Kommentar der vorptolemäischen Astronomen einen qualitativen Sprung in der wissenschaftsgeschichtlichen Forschung ermöglichen, ebenso wie einst die Fragmente der Vorsokratiker (H. Diels) und die Fragmente der griechischen Historiker (F. Jacoby) im Bereich der Philosophiegeschichte bzw. der Historiographie zu völlig neuen Forschungsfragen, -methoden und -ergebnissen führten. Im vorliegenden Beitrag sollen einige methodische Probleme umrissen werden, die sich bei einem solchen Vorhaben neben dem schieren Umfang des Materials und der Vielfalt der Quellsprachen stellen würden.

Der vorliegende Beitrag problematisiert insbesondere die Schwierigkeiten der Fragmentauswahl und -ordnung am Beispiel der astronomischen Fragmente des Eudoxos von Knidos.[1] Eudoxos war als ‚Universalgelehrter' des 4. Jh. v. u. Z. unter anderem in den Bereichen der Philosophie, der Mathematik, der Sternkunde (ohne eindeutige Unterscheidung zwischen Astronomie und Astrologie), der Medizin und der Gesetzgebung tätig. Ruhm erlangte er insbesondere im astronomischen Bereich durch seine Beschreibung der Fixsterne, seine erstmalige Bestimmung der geographischen Breite Griechenlands und seine Theorie der homozentrischen Planetensphären, sowie als Mathematiker durch seine Proportionenlehre und seine Exhaustionsmethode; ferner war er schon in der Antike als Vermittler astralen Wissens aus dem Nahen Osten bekannt. Heutzutage ist seine vielfältige Tätigkeit durch nicht weniger als 800 Stellen aus mehr als 170 späteren (antiken und byzantinischen) Werken dokumentiert.

Als Lösung der zuvor genannten Probleme der Fragmentauswahl und -ordnung bei einem noch größeren Textkorpus, wie z. B. die Fragmente der vorptolemäischen Astro-

1 Zu Eudoxos von Knidos s. den einzigen bisher gemachten Versuch einer vollständigen Fragmentsammlung, Lasserre (1966); als Gesamtbetrachtungen seines vielfältigen Werkes sind nur Enzyklopädie-Artikeln zu nennen, darunter insbesondere Hultsch (1907), Huxley (1981) und Schneider (2000). Eine neue Fragmentsammlung mit Übersetzung und eingehendem Kommentar soll in Kürze (2024) vom Verfasser in der Collection des Universités de France (sog. Budé-Sammlung) publiziert werden.

Anmerkung: Der vorliegende Aufsatz ist im Anfangsstadium meiner Reflexion entstanden. So wirft er mehr Fragen auf, als er beantwortet. Für Kritik und Anregungen danke ich den Teilnehmer*innen der Tagung, den Bandherausgeber*innen und dem anonymen Gutachter. Für Unvollkommenheiten bleibe ich allein verantwortlich.

https://doi.org/10.1515/9783111508788-010

nomen, wird eine elektronische Edition in Aussicht gestellt. Die Relevanz von elektronischen Textkorpora für die Erstellung sehr umfangreicher Fragmentsammlungen reicht jedoch weit über den Bereich der antiken Astronomie hinaus.

1 Ist das ein Fragment?

Als Erstes stellt sich die Frage, welche Textstellen in eine Fragmentsammlung aufzunehmen sind. Als ‚Fragment' sei hier jede Textstelle verstanden, die glaubwürdige Informationen über Leben und Werk eines anderen Schriftstellers, inklusive seine Rezeptionsgeschichte, enthält. Durch die zunehmende Digitalisierung von Textkorpora wird es immer einfacher, einschlägiges Material zu sammeln. Die Entscheidung hingegen, ob eine bestimmte Textstelle letztendlich in die Fragmentsammlung gehört, bleibt aber beim Herausgeber, und hängt wesentlich davon ab, wie die Beziehung der Textstelle mit dem erwähnten oder bloß angedeuteten Autor beurteilt wird.

Nicht so sehr die Fälle von Pseudepigraphie sind problematisch, denn sie lassen sich durch Zuordnung in die Kategorien ‚Spuria' (oder ‚Dubia', wenn der pseudepigraphische Charakter nicht feststeht) lösen.[2] In die Kategorie der ‚Dubia' gehören ferner die Textstellen, in denen die Identität des fragmentarisch überlieferten Autors zweifelhaft ist, entweder weil der Text möglicherweise korrupt ist, oder weil es sich denkbar um einen Homonym handelt (z. B. die weniger berühmten, jedoch auch fragmentarisch überlieferten Autoren Eudoxos von Kyzikos, Eudoxos von Rhodos und Eudoxos von Sizilien). Auch bei unumstrittenen Fragmenten ergeben sich jedoch immer wieder Grenzfälle, die für schwierige editorische Entscheidungen sorgen.

So bildet die folgende, in bisherigen Untersuchungen der Fragmente des Eudoxos von Knidos unbeachtete *subscriptio* zu Macrobius, *Comm. In Somn. Scipionis* I ein Beispiel für einen solchen Grenzfall:

> *Aurelius Memmius Symmachus v.c. emendabam vel distinguebam meum Ravennae cum Macrobio Plotino Eudoxio v.c.*
>
> Ich, Aurelius Memmius Symmachus, Konsular, korrigierte und interpunktierte mein Exemplar in Ravenna zusammen mit Macrobius Plotinus Eudoxius, Konsular.

Es gelang Averill Cameron, den Stammbaum von Macrobius Plotinus Eudoxius, eines Gelehrten, der im späten 5. Jh. n. u. Z. lebte, zu rekonstruieren; dabei konnte er nachweisen, dass dieser der Enkel des Macrobius Ambrosius Theodosius, des Autors des *Commentarium in Somnium Scipionis*, war, sowie der Sohn des Widmungsempfängers Macrobius Plotinus Eustathius[3]. Auf diesem Ergebnis aufbauend lässt sich hinzufügen, dass im Kontext einer stark ausgeprägten neuplatonischen Familientradition der Name

2 Dazu s. Wöhrle (2017).

3 Vgl. Cameron (1966), ders. (2011) 235–239.

Eudoxius, den der Enkel an dritter Stelle trug, mit Sicherheit eine Hommage an den akademienahen Wissenschaftler und Philosoph des 4. Jh.s v. u. Z. Eudoxos von Knidos sein sollte.[4] Für den Herausgeber der Fragmente des Eudoxos stellt sich dementsprechend die Frage, ob diese *subscriptio* in die Sammlung aufgenommen werden soll. Sie liefert nämlich wertvolle Auskünfte über das Nachleben des Eudoxos in Rom im 5. Jh. n. u. Z., stellt aber einen sehr ungewöhnlichen Quellentyp dar. Entscheidet er sich für die Aufnahme der *subscriptio*, muss der konsequente Herausgeber aber damit rechnen, weiteres prosopographisches Material aufnehmen zu müssen, wenn andere Individuen den Namen Eudoxos tragen und dieser möglicherweise als Anspielung auf Eudoxos von Knidos aufgefasst werden kann.

In diesem Einzelfall stellt sich die Frage, ob die *subscriptio* als ‚Testimonium' zur Rezeption von Eudoxos' Leben und Werk oder als „Dubium" oder gar nicht aufzunehmen ist. Aber müsste der Editor dann nicht auch alle Bezeugungen dieses Mannes aufnehmen? Als Nächstes aber müsste derselbe Herausgeber vielleicht auch die Grußformel in Symmachus' Brief VIII, 3 aufnehmen, weil der Adressat (auch in IX 2 erwähnt) Eudoxius genannt wird und, dem Kontext nach, wahrscheinlich auch Neuplatoniker war. Aber wurde auch ihm sein Name als absichtliche Anspielung auf Eudoxos von Knidos gegeben? Dies entzieht sich unserer Kenntnis. Wenn sich kein objektives Kriterium finden lässt, sollte es genügen, in Einleitung oder Kommentar eine mögliche Rezeption durch die Namensgebung zu erwähnen.

2 Fragmente klassifizieren, Fragmente ordnen?

Steht die Identität des fragmentarisch überlieferten Autors fest, d. h., sind Textkorruption und Honomymie ausgeschlossen, so wird der Quellenwert der jeweiligen Stelle hauptsächlich durch die Arbeitsweise und Absichten des primären Autors (engl. ‚*cover text*') bestimmt.[5] Zu welchen Quellen hat er im Allgemeinen Zugang, und wie benutzt er üblicherweise seine Quellen? Und durch welche Absichten wird die jeweilige Textstelle geprägt? Dies sind zwar Interpretationsfragen, die oft einer eingehenden philologischen Untersuchung in der Form eines philologischen Kommentars bedürfen. Nichtsdestotrotz sollte der Quellenwert einer gegebenen Textstelle nicht nur im Kommentar, sondern auch in der Textedition selbst zum Vorschein kommen.

Eine reichhaltige Forschungsliteratur diskutiert die verschiedenen Möglichkeiten, Fragmente im Rahmen einer Textedition zu ordnen und zu klassifizieren. In der editorischen Praxis wird meistens eine Zweiteilung der einschlägigen Textstellen und Bilder

4 Als Beispiele neuplatonischen Interesses an Eudoxos von Knidos s. die anonyme Chrestomathie zu Strabons *Geographika*, XIV, 30 und XVII, 21 Radt (zum neuplatonischen Ursprung dieser Chrestomathie vgl. Marcotte (2014)), und Asklepios von Tralleis, *Kommentar zu Aristoteles' Metaphysik*, S. 86 Hayduck.
5 Zum Begriff ‚Cover-Text' vgl. insbesondere Schepens (1997) 167, Fn. 66.

in ‚Testimonia' und ‚Fragmente' zugrunde gelegt, die der Opposition zwischen ‚Leben' und ‚Werk' entspricht: Diese Zweiteilung hat den Vorteil, dass keine Überschneidungen zwischen ‚Testimonia' (Quellen hauptsächlich biographischen und bibliographischen Inhalts) und ‚Fragmenten' (Quellen zu Form, Inhalt und/oder Gliederung des Werkes) entstehen; ferner kommt sie dem verständlichen, und oft berechtigten Bestreben der Editoren entgegen, die fragmentarisch überlieferten Werke zu rekonstruieren. Sie besagt aber wenig über den konkreten Quellenwert einzelner Stellen.

In Hinblick auf den Quellenwert lassen sich zwar feiner differenzierte Typologien ausarbeiten, etwa folgendermaßen:

1. Stellen aus (vermeintlich) direkter Überlieferung
   a. Papyrologisch
   b. Epigraphisch
   c. Handschriftlich (im Falle von Werken, die in der handschriftlichen Tradition dem fragmentarisch überlieferten Autor explizit zugeschrieben werden, aber durch spätere Überarbeitung geprägt sind, z. B. die Eudoxus zugeschriebenen astrologischen Omencompendien)
2. Stellen aus (evtl. mehrfach) indirekter Überlieferung, d. h. aus literarisch überlieferten Werken, die sich auf den fragmentarisch überlieferten Autor beziehen
   a. Wörtliche Zitate
   b. Paraphrasen
   c. ‚Anonyme Hinweise'

Eine solche Typologie ermöglicht jedoch auch keinen unmittelbaren Schluss auf den jeweiligen Quellenwert und liefert somit auch kein zufriedenstellendes Ordnungsprinzip. Anders gesagt bietet beinahe jede Stelle einen Einzelfall. So können z. B. gewisse Papyri apokryphes Material überliefern; als Paradebeispiel sei die sog. *Ars Eudoxi* genannt, ein astronomischer Papyrus aus dem 2. Jh. v. u. Z., der zwar als Akrostichon die Zuschreibung Εὐδόξου τέχνη trägt, dessen Inhalt aber vielmehr einem Schultext mit nur entfernter Beziehung zu Eudoxos entspricht.[6] Vor einfachen wie vor komplizierten Quellenlagen sollte im Allgemeinen stets eine zweispurige Zielsetzung verfolgt werden: Einerseits gilt es Inhalte, Methoden, Kontexte und Fragestellungen, mit denen der untersuchte Autor sich auseinandersetzte, zu rekonstruieren, andererseits dem Nachleben seiner Persönlichkeit und der Rezeption seines Werkes durch die Jahrhunderte nachzuspüren. So lassen sich in der *Ars Eudoxi* trotzdem Reflexe eudoxischen Gedankenguts identifizieren, während die Tatsache, dass ein solcher Papyrus noch lange nach seinem Schreiben im Serapis-Heiligtum in Memphis (Ägypten) aufbewahrt wurde, zu sehr interessanten Schlussfolgerungen über die Rezeption von Eudoxos' Werk führen kann.

6 Für diesen Text vgl. Blass (1887).

In einer Buchedition der Fragmente der vorptolemäischen Astronomen wäre es angesichts der außergewöhnlichen Vielfalt an Quellen wohl angebracht, einige knappe Seiten über die Typologie zu schreiben, aber vor allem wäre im Kommentar zu den jeweiligen Stellen sowohl die Verlässlichkeit der gegebenen Informationen zu ermitteln als auch der Kontext und die Absichten des jeweiligen Autors in einer rezeptionsgeschichtlichen Perspektive zu erfassen. In einer elektronischen Fragmentsammlung wäre es ferner möglich und notwendig, sehr differenzierte Angaben zum Quellenwert jeder Stelle, oder gar jedes einzelnen Wortes als Sprungmarken („Labels") einzuarbeiten, z. B. in Form einer quantitativen Skala von eins bis fünf, zehn oder zwanzig – wobei es erwünschenswert wäre, jede solche Bewertung in einem Kommentar zu rechtfertigen. Dabei darf aber nicht der Eindruck entstehen, dass eine solche Quellenbewertung rein objektiv ist: wie bei jeder historischen Interpretation kommt hier die Subjektivität des Editors mit ins Spiel, aber es ist nicht unnütz, wenn der Editor, der sich eingehend mit jeder Stelle befasst hat, ein genaues Urteil zum jeweiligen Quellenwert auf knapper und übersichtlicher Weise darlegt. So wäre es für den Endbenutzer, d. h. den Leser, möglich, einzelne Teile der Sammlung aufzurufen, indem er verschiedene Kriterien wie inhaltlicher Schwerpunkt, Rekonstruktionswert und rezeptionsgeschichtliche Motive kombiniert. Auf dieser Weise könnten z. B. alle Fragmente, die auf einen ägyptischen Tempelkontext, oder auf eine Schultradition, hinweisen, aufgerufen werden; bei Eudoxos wären es jeweils schon mehrere Dutzende. Eine ähnliche Möglichkeit ist in der Buchform nicht gegeben, weil sie zu einer untragbaren Vermehrung der Indices führen würde.

3 Eine angemessene Infrastruktur elektronischer Textkorpora

Ferner müsste eine Reihe von grundsätzlichen Fragen bei der Planung einer Sammlung der Fragmente der vorptolemäischen Astronomen geklärt werden, z. B.:

- Definition der Astronomie: Diese Frage stellte sich analog für die Fragmente der griechischen Geographen, die Friedrich Gisinger im Band V von Jacobys Fragmenten der griechischen Historiker sammeln sollte. Nach Gisingers Ansicht sollten z. B. alle Homerpassagen geographischen Inhalts inbegriffen sein, dies wurde jedoch von Felix Jacoby und seinem Nachfolger Herbert Bloch strikt abgelehnt.[7] Im Falle der Astronomen können nur Autoren oder Autorengruppen (z. B. ‚Pythagoreer') gemeint sein, die einen Schwerpunkt auf die rationale Erforschung des Himmels setzten. Nebenfächer wie Meteorologie und astronomische Geographie können jedoch auch relevant sein.

7 Vgl. Brillante (2018) 223–225.

- Beziehung zu den Fragmenten aus anderen Tätigkeitsbereichen des gleichen Autors: Es ist nämlich notwendig, die Tätigkeit eines Autors als Ganzes zu betrachten; viele Autoren, wie Eudoxos und Hipparch, waren in zahlreichen Bereichen tätig, die oft eng miteinander zusammenhängen. Wenn Fragmenten nicht aufgenommen werden, sollte zumindest klargestellt werden, ob und inwiefern sie für das Verhältnis zwischen Astronomie und anderen Wissensbereichen relevant sein können.
- Einbeziehung von archäologischem Material. Bildfragmente können ebenso aufschlussreich sein wie Textfragmente: so z. B. das Trierer Anaximander-Mosaik, das Budapester Eudoxos-Relief und die Hipparch-Münzen.[8] Fragmente im wörtlichen Sinne (von astronomischen Gegenständen wie Sonnenuhren usw.) können auch relevant sein. Ein so komplexes Erzeugnis der antiken Astronomie wie der Mechanismus von Antikythera wäre idealerweise als 3D-Bildgebung samt Texteditionen darzustellen.[9]
- Linguistische Grenzen: Babylonische, ägyptische und aramäische Texte sind mögliche Vorläufer der vorptolemäischen Astronomie oder aber stehen in einem gemeinsamen Kontext mit griechisch-römischen Autoren. Sanskritische Texte sind z. B. als indirekte Zeugnisse für unsere Kenntnis der hellenistischen Astronomie unersetzlich, darüber hinaus können Reflexe der vorptolemäischen Astronomie gegebenenfalls auch aus späteren Texten etwa in altsyrischer, hebräischer, und arabischer Sprache zurückgewonnen werden.[10]

Diese und ähnliche Fragen, die sich in verschiedenen Formen bei jeder Fragmentsammlung stellen, könnten in der Zukunft durch eine angemessene Architektur elektronischer Textkorpora viel flexibler gelöst werden. Es ist ein wichtiges Desiderat für das 21. Jh., dass elektronische Textkorpora die unmittelbare Mitarbeit von Texteditoren, parallel zu oder anstelle von Bucheditionen, zulassen. So könnten Fragmente-Editoren auf den teils schon sehr fortgeschrittenen Korpora von Primärtexten (wie z. B. der TLG) aufbauen.

Dazu bräuchten sie zum einen die Möglichkeit, in den von ihnen als Testimonien und Fragmenten ausgewählten Textstellen ihre eigenen kritischen Apparate zu erstellen. Im Rahmen von Fragmenteditionen spiegeln kritische Apparate nicht die ganze Vielfalt von handschriftlich bezeugten Varianten wider, sondern nur diejenigen Varianten und Konjekturen, die für Rekonstruktion und Rezeptionsgeschichte relevant sind. Die Auswahl der signifikanten Varianten und Konjekturen ist also in der Endanalyse eine Ermessensfrage, die von jedem Editor anders beantwortet werden mag. Auch die Auswahl der aufzunehmenden Fragmente hängt von den verschiedenen Voraussetzun-

8 Vgl. Wöhrle (2018), Blanck (1999) und Špiljewski (1985).

9 Eine umfassende Untersuchung des Gegenstands bietet Jones (2017).

10 Vgl. u. a. Pingree (1997).

gen der jeweiligen Editoren ab. So erscheint es äußerst wünschenswert, dass, aufbauend auf einem vollständigen Korpus der direkt überlieferten Texte, mehrere Editoren ihre eigene Auswahl von Textstellen und Textvarianten dem Publikum zu bieten vermögen.

Ferner wäre es ein Leichtes, in der Infrastruktur künftiger Textkorpora eine Kategorie „Quellenautor" vorzusehen: So könnte man beispielsweise jedes Wort eines Anaximander-Fragments in dieser Kategorie mit dem Verweis *Anaximander* versehen; man sollte auch Subkategorien einführen können, wie z. B. unter Eudoxos etwa *Eudoxos(T), Eudoxos(F/Astronomie), Eudoxos(F/Mathematik), Eudoxos?, Eudoxos(Spuria)* usw.; ähnlich auch Fragmentnummern.

Solche Labels müssten nicht unbedingt für den jeweiligen Texteditor sichtbar sein; vielmehr könnten an der Oberfläche der jeweiligen Textkorpora benutzerfreundliche Eingabemöglichkeiten eingerichtet werden. Idealerweise müsste die Infrastruktur der Korpora korpusübergreifend standardisiert sein, weil viele fragmentarisch überlieferte Autoren über Fach- und Sprachgrenzen hinaus vertreten sind. Diese Möglichkeit lässt sich leicht konzipieren, ihre praktische Umsetzung würde aber vielleicht einige Überzeugungsarbeit erfordern. Der Gewinn für die Fragmentforschung insgesamt wäre jedoch außerordentlich, und eine auf diesen Zweck hin gerichtete internationale Kooperation scheint daher äußerst wünschenswert.

Wie dem auch sei, eine die Bedürfnisse der Fragmentphilologie berücksichtigende (Weiter-)Entwicklung elektronischer Korpora würde es ermöglichen, Fragmentsammlungen viel arbeits- und kosteneffektiver zu erstellen – und nicht zuletzt auch flexibler, indem man unschwer zu einem gegebenen Autor etwa auch mehrere Sammlungen eingeben könnte, z. B. eine *editio maior* mit allen erhaltenen Textzeugen der vorsokratischen oder vorplatonischen Philosophen neben mehreren, auf verschiedene Zielsetzungen zugeschnittenen Auswahleditionen.[11]

4 Die Vielfalt der vorptolemäischen Sternkunde am Beispiel des Eudoxos von Knidos

Ein erhoffter Gewinn der ‚Fragmente der vorptolemäischen Astronomen' wäre es, die erstaunliche Vielfalt der vorptolemäischen Astronomie herauszuarbeiten. Dies sei abschließend an zwei Fragmenten des Eudoxos von Knidos exemplarisch dargestellt. Beide Fragmente wurden nämlich von Wissenschaftshistorikern kaum beachtet, obwohl sie unbestreitbar zum Bereich der antiken Sternkunde gehören. Zwar hat diese Nichtbeachtung damit zu tun, dass beide Fragmente am Rande der mathematisch-astronomischen Tradition stehen, die heutzutage im Zentrum der herrschenden Erzäh-

11 Vgl. Gysembergh (2017).

lungen über antike Wissenschaft steht. Ihre Vernachlässigung kommt aber nicht zuletzt daher, dass sie für Nichtphilologen als wissenschaftshistorische Quellen schwer find- und nutzbar sind.

Plinius, *Naturgeschichte* II, xlix, 130 (Eudoxos F 146 Lasserre)

Omnium quidem, si libeat observare minimos ambitus, redire easdem vices quadriennio exacto Eudoxus putat, non ventorum modo, verum et reliquarum tempestatum magna ex parte ; et est principium lustri eius semper intercalario anno Caniculae ortu.

Alle Winde, wenn man die kleinsten Perioden beobachten will, kehren nach Eudoxos' Meinung nach vier Jahren in die gleiche Reihenfolge zurück, und nicht nur die Winde, sondern auch ein großer Teil der anderen atmosphärischen Störungen. Dieses Leuchten beginnt immer in einem Zwischenjahr mit dem Aufgang der Hitzewelle.

Diese Nachricht über einen vierjährigen Windzyklus des Eudoxos blieb bis vor Kurzem unerklärt. Sie lässt sich aber mit einem astrologischen Text in Zusammenhang bringen, der in der handschriftlichen Überlieferung zwar dem Eudoxos namentlich zugeschrieben wird, dessen Zuweisung und Datum aber meistens angezweifelt werden (so z. B. von Lasserre in seinem Kommentar a. O.).[12] Im Text CCAG VII, 181–187 bieten nämlich die Sirius-Omina einen Windzyklus, der folgendermaßen läuft: Wenn der Mond sich beim Aufgang von Sirius im Widder befindet, so wird im Jahr, der mit diesem Aufgang anfängt, der Wind Euros herrschen (183, 5–6); wenn er sich zum selben Zeitpunkt im Stier befindet, so wird in diesem Jahr der Wind Borras herrschen; usw. Der Übersichtlichkeit halber lässt sich der fragliche Zyklus am besten tabellarisch darstellen:

♈ Euros ♉ Borras ♊ Lips ♋ Borras
♌ Borras ♍ Notos ♎ Lips ♏ Borras
♐ Euros ♑ Borras ♒ Lips ♓ Borras

Auch wenn diese Systematik keinen einfachen vierjährigen Windzyklus ergibt, besteht ein unbestreitbarer Zusammenhang zwischen Plinius' Bericht und den Eudoxos zugeschriebenen Sirius-Omina: Am wahrscheinlichsten lässt sich die Beziehung zwischen beiden Texten als das Ergebnis einer durch Plinius oder seine Quelle vorgenommenen Vereinfachung einer komplexeren Windsystematik erklären. Damit stellt sich heraus, dass der Inhalt des astrologischen Textes wenigstens auf die Antike, genauer gesagt auf die Zeit vor Plinius zurückgeht (obschon der früheste bekannte Textvertreter erst aus dem 14. Jh. stammt). So gewinnt auch die handschriftliche Zuschreibung der Omensammlung an Eudoxos große Glaubhaftigkeit, auch wenn die Sammlung durchaus auch spätere Einschübe beinhalten mag. Mit dieser Zuschreibung gewinnt man dementsprechend auch den Einblick in eine sonst unbekannte Facette der naturwissenschaftlichen Tätigkeit des Eudoxos, welche, als systematisches Aufspüren nach regelmäßigen Bezie-

12 Vgl. Gysembergh (2019).

hungen zwischen Himmelserscheinungen und den Verhältnissen bzw. Ereignissen auf Erden, eine gewisse Ähnlichkeit mit der babylonischen Sternkunde aufweist.[13]

Die Vielfältigkeit von Eudoxos' wissenschaftlicher Arbeit kommt auch im folgenden Fall nur durch das Zusammenbringen fragmentarisch überlieferter und scheinbar isolierter Zeugnisse zum Vorschein:

Plutarch, *De Iside et Osiride* 30, 363A

Φαίνονται δὲ καὶ οἱ Πυθαγορικοὶ τὸν Τυφῶνα δαιμονικὴν ἡγούμενοι δύναμιν· λέγουσι γὰρ ἐν ἀρτίῳ μέτρῳ <τῷ> ἕκτῳ καὶ πεντηκοστῷ γεγονέναι Τυφῶνα· (...) τὴν δὲ <τοῦ> ἐκκαιπεντηκονταγωνίου Τυφῶνος, ὡς Εὔδοξος ἱστόρηκεν.

Auch die Pythagoräer halten Typhon eindeutig für eine dämonische Macht, denn sie sagen, dass er an einem geraden Maß, dem 56., geboren wurde; (...) und dass der Winkel des 56-seitigen Vielecks zu Typhon gehört, wie Eudoxos berichtet hat.

Plutarch, *De Iside et Osiride* 44, 368F

Εἰσὶ δέ τινες οἱ τὸ σκίασμα τῆς γῆς, εἰς ὃ τὴν σελήνην ὀλισθάνουσαν ἐκλείπειν νομίζουσι, Τυφῶνα καλοῦντες.

Es gibt einige, die den Schatten der Erde, in den der Mond ihrer Meinung nach fällt und dadurch verfinstert wird, Typhon nennen.

Die Erklärung der rätselhaften Textstelle Plutarchs über eine Verbindung zwischen dem Gott Typhon und dem 56-Eck ist erstaunlicherweise der archäoastronomischen Forschung um das jungsteinzeitliche Bauwerk Stonehenge zu verdanken! In einem 1966 erschienenen Aufsatz wies G. S. Hawkins nämlich nach, dass der aus 56 Gruben bestehende Kreis der sog. „Aubrey Holes" dazu dienen konnte, Mond- und Sonnenfinsternisse im Voraus zu berechnen.[14] G. de Santillana brachte die Plutarch-Stelle anschließend mit dieser Berechnungsmöglichkeit in Verbindung.[15] Später entwickelte F. Hoyle eine Reihe effizienterer Berechnungsverfahren, die anhand eines 56-Ecks die Vorhersage aller Mond- und Sonnenfinsternisse ermöglichen (ohne jedoch ihren jeweiligen Sichtbarkeitsbereich zu ermitteln).[16] In letzter Zeit wurde eine einfache, mit Pfählen und Seilen durchführbare Konstruktion des 56-Ecks vorgeschlagen.[17]

Es wäre spekulativ, die Methoden der Vorhersage von Finsternissen bei den Pythagoreern und Eudoxos genauer rekonstruieren zu wollen, indem man mehr behaupten würde, als dass sie auf Berechnungsmöglichkeiten anhand des 56-Ecks beruhten. Fest steht jedenfalls, dass Plutarch dem Eudoxosschüler Helikon von Kyzikos die Vorhersage der Sonnenfinsternis des 12. Mai 361 v. u. Z. zuschreibt (Plut. *Dion* 19, 6).

13 Über die babylonische Sternkunde aus diesem Blickwinkel vgl. Maul (2013) 237–275.

14 Hawkins (1964).

15 Giorgio de Santillana *apud* Hawkins (1965) 407–408. Ob die „Aubrey Holes" tatsächlich die Funktion der Vorausberechnung von Finsternissen hatten, ist für die Interpretation der Plutarch-Stelle unwichtig.

16 Hoyle (1966).

17 Johnson u. Pimpinelli (2008).

Eudoxos von Knidos ist als Astronom hauptsächlich für seine Lehre der homozentrischen Sphären bekannt, die als frühestes bezeugtes geometrisches Modell der Planetenbewegungen eine epochale Wende in der Astronomiegeschichte markiert. Nichtsdestotrotz gilt es, die Vielfalt des Werkes einzelner Astronomen herauszuarbeiten. Dies ist nur durch eingehende Untersuchung jedes einzelnen Textzeugnisses möglich. Eine vollständige Edition der ‚Fragmente der vorptolemäischen Astronomen' ist dafür die notwendige Vorarbeit. Der vorliegende Beitrag hat versucht zu zeigen, inwiefern die mit einer solchen Edition verbundenen, schwierigen methodischen Fragen der Fragmentauswahl und -ordnung durch die Ausarbeitung einer angemessenen Infrastruktur für elektronische Fragmentsammlungen besser gelöst werden können. Eine solche Infrastruktur steht zurzeit zwar nicht zur Verfügung, sie wäre aber in allen Bereichen der Altertumswissenschaften, die mit fragmentarisch überlieferten Autoren arbeiten, äußerst wertvoll.

Literaturverzeichnis

Blanck (1999): Horst Blanck, „Zum Anaximander-Relief im Museo Nazionale Romano", in: H. von Stauben (Hg.), *Antike Porträts. Zum Gedächtnis von Helga von Heintze*, Möhnesee, 47–51.

Blass (1887): Friedrich Blass, „Eudoxi ars astronomica qualis in charta aegyptiaca superset", in: *Diei natalis nonagesimi... Guilelmi I, Germanorum imperatoris ... faustissima sollemnia*, Kiel, 3–25 (Neudruck in: *Zeitschrift für Papyrologie und Epigraphik* 115, 1997, 79–101).

Brillante (2018): Sergio Brillante, „Una monografia inedita di Friedrich Gisinger: Die Periegetische Form in der Antike", *FuturoClassico* 4, 211–226.

Cameron (1966): Alan Cameron, „The Date and Identity of Macrobius", *Journal of Roman Studies* 56, 25–38.

Cameron (2011): Alan Cameron, *The Last Pagans of Rome*, Oxford.

Gysembergh (2017): Victor Gysembergh, „Rez. zu A. Laks und G. W. Most, Les débuts de la philosophie", *Revue des études grecques* 130, 310–312.

Hawkins (1964): Gerald Hawkins, „Stonehenge: a Neolithic Computer", *Nature* 202, 1258–1261.

Hawkins (1965): Gerald Hawkins, „Sun, Moon, Men and Stones", *American Scientist* 53, 391–408.

Hoyle (1966): Fred Hoyle, „Stonehenge – an Eclipse Predictor", *Nature* 211, 454–456.

Hultsch (1907): Friedrich Hultsch, „Eudoxos von Knidos", in: August Friedrich Pauly und Georg Wissowa (Hgg.), *Real-Encyclopädie der classischen Altertumswissenschaft*, Bd. V/1, Sp. 929–950.

Huxley (1981): George Leonard Huxley, „Eudoxus of Cnidus", in: Charles Coulston Gillispie (Hg.), *Dictionary of Scientific Biography*, Bd. 4, New York, 465–467.

Johnson u. Pimpinelli (2008): Anthony Johnson u. Alberto Pimpinelli, „Pegs and Ropes: Geometry at Stonehenge", Nature Precedings, https://doi.org/10.1038/npre.2008.2153.1

Jones (2017): Alexander Jones, *A Portable Cosmos. Revealing the Antikythera Mechanism, Scientific Wonder of the Ancient World*, New York.

Lasserre (1966): François Lasserre, *Die Fragmente des Eudoxos von Knidos*, Berlin.

Marcotte (2014): „Priscien de Lydie, la géographie et les origines de la "Collection philosophique"", *Journal des Savants*, 2014, 165–203.

Maul (2013): Stefan M. Maul, *Die Wahrsagekunst im alten Orient*, München.

Pingree (1997): David Pingree, *From Astral Omens to Astrology. From Babylon to Bīkāner*, Rom.

Schepens (1997): Guido Schepens, „Jacoby's *FGrHist.*: Problems, Methods, Prospects“, in: Glenn W. Most (Hg.), *Collecting Fragments – Fragmente sammeln*, Göttingen, 144–172.

Schneider (2000): Jean-Pierre Schneider, „Eudoxe de Cnide“, in: R. Goulet (Hg.), *Dictionnaire des philosophes antiques*, Bd. 3, 293–302.

Špiljewski (1985): Aleksei Nikolajewič Špiljewski, „Hipparch in der antiken Numismatik“ (Гиппарх в античной нумизматике), Вестник древней истории 173, 161–169.

Wöhrle (2017): Georg Wöhrle, „Gefälschtes“ im Diels/Kranz, in: Wolfgang Kofler und Anna Novokhatko (Hgg.), *Verleugnete Rezeption. Fälschungen antiker Texte*, Pontes VII, Freiburg.

Wöhrle (2018): Georg Wöhrle, „Anaximander, Patrokles, oder vielleicht Eudoxos? Resümee einer Deutungsgeschichte des sogenannten Trierer Anaximander-Mosaiks vor dem Hintergrund der biographischen, doxographischen und archäologischen Zeugnisse“, *Philologia classica* 13, 200–212.

Anastasia V. Pavlova

Literary Criticism in the 4th century BC. The Complete Edition of Fragments: Chances and Challenges

Embracing works of Plato and Aristotle, the Late Classical period of the Greek culture was truly fundamental to shaping the theory of literature, general poetics and literary criticism. Plato, in his dialogues, often refers to questions of language and literature but, although he sharply criticizes and explicitly bans poetry from his state model for its imitative nature, his general attitude to literature remains ambiguous and has been a contentious research issue for many years.[1] It is Aristotle's *Poetics* that was the first approach to conceptualize literature as a phenomenon.[2]

However, Plato and Aristotle were not the only ones to have discussed these topics. Many other contemporary authors followed suit, but we know them only fragmentarily, that is through quotations and other types of references in surviving works of later Greek and Latin authors. The surviving 'fragments' and scattered 'testimonies' (as classical scholars traditionally call these texts-within-texts to distinguish less direct types of reference to the lost work and/or the authors of such works from direct quotations) have never been studied on their own and are yet to be organized and systematized. A comprehensive edition of fragments from this period will help reconstruct the intellectual background which informed Plato's and Aristotle's mindset while reviving forgotten or less-known authors and concepts. This, in turn, will expand our understanding of Greek thinking, which was heavily influenced by the *Poetics* and, centuries later, paved the way to the modern theory of literature through the works of Italian humanists.

Completing this piece of the puzzle was the main driving force behind the new edition *Literary Criticism in the 4th cent. BC. The Complete Edition of Fragments*, aiming for a complete commented edition of fourth-century BC Greek fragments on poetics and literary criticism. Authors include representatives of various philosophy and thought schools, such as Cynics, Platonics, Peripatetics, as well as historians sharing a common interest in history and theory of literature. This article provides information about the chances and challenges of the upcoming edition: its chronological boundaries and the

1 On Plato's attitude to poetry, see, e.g., Greene (1918), Vicaire (1960), Destrée/Herrmann (2011).
2 On Aristotle's *Poetics*, see, e.g., Bywater (1909); Carroll (1895); Pozdnev (2010); Tarán/Gutas (2012); Vahlen (1914).

Note: The edition is being prepared by Prof. M. Pozdnev and Dr. A. Pavlova of St Petersburg State University and supported by the Russian Foundation for Basic Research (RFBR) as part of the call for Young Scientist Research Proposals (research project No. 19-312-90026).

https://doi.org/10.1515/9783111508788-011

notion of *Critici Minores*, fragment selection and arrangement criteria, structure of the publication, principles of commenting and translation, as well as about the sources.

Chronological Scope

Determining boundaries of a complex historical process is always challenging since the chronological timeline most often does not match cultural timelines. This is especially true for scientific or aesthetic thinking as they rarely see breakthrough developments.

On the other hand, research also often aims to close knowledge gaps not covered by well-systematized studies and publications, which was the main reasoning behind this edition: the first and only attempt to compile a collection of fragments representing theory of literature and philosophy of art at their initial development stage was G. Lanata's edition[3], which however only examines the period from Homer to Socrates.

The fourth century BC, as a chronological period, is not covered by a comprehensive edition either, despite being of huge importance: a century of philosophical schools, it witnessed a transition from the age of the sophists, when scientific and literary critical thought was driven by single scientists, to an institutionalized research model, which started with the foundation of the Alexandrian Library.

Based on this, this research focuses on the period between 399 BC, marked by the execution of Socrates (which roughly corresponds to the end of the time of the ancient sophists), and the reign of Ptolemy II Philadelphus when the Great Alexandrian Library was established.

Circle of Authors

As noted above, chronological boundaries are often indicative while life and work of some authors selected may extend beyond the chosen time scope, requiring additional selection criteria.

Included in this edition are authors who were mainly active in Athens and did not yet belong to Alexandrian philology, meaning that their main works were most likely written before the Alexandrian library was established. The scope is further limited by focusing on the post-Socrates generation: for instance, despite belonging to the fifth century BC chronologically, authors such as Antisthenes or Alcidamas are well in line with the fourth-century BC literary mindset. Duris of Samos and Lynceus of Samos, on the other hand, are examples of younger authors that are included based on shared views and their closeness to the Peripatetic tradition. This definition excludes sophists

3 Lanata (2021), republished from 1963.

and Socrates' contemporaries, as well as all "Homeric professors of the age of the Sophists" like Metrodorus of Lampsacus, Stesimbrotos of Thasos and Glaucon of Teos, as N. Richardson calls them.[4] Not in scope of the edition are also fifth-century BC pioneers of biographical, musical and esthetical writing, such as Glaucus of Rhegium, Damon or representatives of the Pythagorean school.

This approach inevitably invokes discussions as the final decision is often a judgement call. An example of this kind is Isocrates, a prominent theoretician of artistic prose, who chronologically belongs to the fourth century BC. Deciding on Isocrates' fragments was a challenge: after initially moving forward to include his fragments in the edition, it became evident that it would be impossible to confine ourselves to fragments from Isocrates' lost writings. These are not his lost works but first of all his surviving speeches where Isocrates talks a lot about the value of the word (primarily written word). Including such passages into the scope, however, also proved problematic: first, there are too many, which significantly increases the publication volume and makes Isocrates' works comparable in number with all the others combined. Secondly, and more importantly, these Isocrates' speeches have survived in full, so the passages must not be considered together with those that have survived out of context, in the secondary tradition.

Ultimately, I have decided to methodologically limit the edition scope to fragments that provide insights into the context in which the largest monuments of Greek literary and aesthetic thought were created, primarily Aristotle's *Poetics*. This means that the edition does not directly focus on and does not include fragments from Isocrates' or Alcidamas' speeches, *The Rhetoric to Alexander* attributed to Anaximenes of Lampsacus[5] or the treatise *On Style* but only mentions them and uses for comparison where appropriate. At the same time, it includes and analyzes individual fragments of Alcidamas, Anaximenes and Demetrius that contain testimonies or critical remarks. Indeed, Isocrates' theoretical reasoning is a separate research issue which has already enjoyed considerable attention but concerns history and theory of eloquence rather than literature and literary criticism.[6] Therefore, his fragments are not included in the edition scope, although detailed information on Isocrates' role in the literary thought of the fourth century BC along with references to scientific literature is provided.

The chosen approach to the scope of the edition led to the notion of *Critici Minores* which is used to refer to the following authors: Antisthenes, a Cynic philosopher, Antimachus of Colophon, poet and grammarian, rhetoricians Alcidamas and Zoilus of Amphipolis, historians Philochorus of Athens, Menaechmus of Sicyon, Ephorus of Cyme, Anaximenes of Lampsacus as well as Peripatetic philosophers and historians: Heraclides of Pontus, Aristoxenus of Tarentum, Theophrastus, Chamaeleon, Praxiph-

4 Richardson (2006). The identity of Glaucon, who is mentioned in Plato's *Ion* (530c7–d3) as one of Homer's commentators, is debatable. In this regard, I share M. Pozdnev's opinion that this refers to Glaucon of Teos (see Pozdnev (2017) 9–26).

5 For more on the *Rhetoric to Alexander*, see Chiron (2007).

6 On Isocrates as a theorist, see Hudson Williams (1949); Pfeiffer (1968) 49–50; Ford (2002) 235–240.

anes, Dicearchus, Phaenias of Eresus, Demetrius of Phalerum. Despite chronologically pertaining to the next century, Duris of Samos and Lyncaeus of Samos are also treated as *Critici Minores* due to their close ties with the peripatetic school: their texts clearly demonstrate that they, to a large extent, were following the previous historical and literary tradition.

Fragment Selection and Arrangement

When selecting fragments, I have limited the scope to specific literature-related topics as well as general elaborations on aesthetics and art psychology. Chosen for the edition were fragments which relate to literature in the broadest sense and contain not only critical and evaluative statements but also biographical information about poets, historical and theoretical information about genres, explanations of difficult passages, textual remarks or aesthetic arguments. Additionally, the scope encompasses fragments from essays on literature, fragments containing other biographical information like anecdotes as well as fragments that attribute, athetize or correct various texts. Also embraced are all fragments containing evaluative judgements or opinions on literary genres, individual works and aesthetic principles.

Fragments dealing with Homer and Homeric poems were treated separately owing to their large number: they include facts about the life of Homer, solutions to Homeric questions, comments on poems, and side stories of Homeric characters that complement the main narrative.

Fragments relating to language, explanations of difficult words, proverbs, etc. also presented a significant difficulty. After a thorough analysis, only those providing a literary reference or a history-based reasoning were included into the scope.

With a topic-based approach to fragment selection and arrangement, challenging borderline cases are inevitable: fragments often refer to closely related arts or to different aspects of creativity at once, requiring an *ad hoc* evaluation of whether literary issues were the main content of the fragment. This is the case with fragments on rhetorical theory: for the most part, they are excluded from the scope unless they characterize the style of an author. Excluded also are fragments on music and dance (mostly attributed to Aristoxenus) with the exception of where music or dance is associated with literature or where the author elaborates on the impact of art in general. Besides, out of the scope are fragments relating to Greek holidays and games unless they are specifically discussing musical, poetic or theatrical competitions, as well as fragments on the history of philosophical schools and teachings, except for where philosophers' writings are discussed and evaluated in terms of style. For instance, in F48 Mirhady, Dicaearchus points out that *Phaedrus* is the earliest of Plato's dialogues since it deals with a problem of the youth and the very manner of writing is "vulgar" (φορτικός), using a stylistic argument to establish chronology, which calls for including this piece into the edition.

The examples provided above demonstrate that all selected fragments are quite heterogeneous and therefore require systematization. To establish a concise edition structure, fragments were divided into 5 groups: 1. *Text Interpretation*, 2. *History of Literature*, 3. *Literary Theory & Aesthetics*, 4. *Literary Criticism* and 5. *Text Criticism & Grammar*.

1. *Text Interpretation* deals with fragments and testimonies of authors who interpret poetical texts, either by trying to explain obscurities and inconsistences in the text by referring to the text itself and its inner logic or by providing a critical or historical argument. This includes Antimachus of Colophon, Antisthenes, Heraclides of Pontus, Praxiphanes, Dicearchus, Chamaeleon of Heraclea, Aristoxenus, Phaenias of Eresus, and Duris of Samos. Most of the authors focus on Homer's poems, which probably suggests that addressing Homeric issues sees a revival in the fourth century BC.[7] Authors tend to combine traditional critical arguments (e.g. citing an immoral depiction of gods or plot implausibility) with new approaches to explain inconsistencies, like providing a rationale based on allegorical understanding, turning to history, looking into language-related issues etc. For instance, this can be observed in a fragment by Heraclides of Pontus (Heracl. Pont. F99 Schütr.) where he elaborates on why the *Iliad* calls Crete a "hundred-citied" island (ἑκατόμπολιν; *Il.* 2. 649) while the *Odyssey* mentions that Cretans live in ninety cities (*Od.* 19, 174).[8] To explain this, Heraclides narrates how Idomeneus returned from the Trojan War and recounts follow-up events on Crete: ten cities are said to have been destroyed after Idomeneus returned to Crete because Leucus, son of Talas, captured them in Idomeneus' absence and started a war with him. According to Heraclides, this explains why the *Iliad* refers to Crete as a "hundred-citied" but, by the time of the *Odyssey*, only ninety of them remain – a story most probably invented by Heraclides himself as no similar testimonies could be identified[9], except for potentially related passages in Lycophron's *Alexandra* (Lycophr. *Alex.* 1214–1225) as related by Strabo (Strab. 10. 4. 15) who, however, refutes this version. Another example is the Antisthenes' solution to a classic[10] Homeric question of the Nestor's Cup in the *Iliad*

7 Another explanation might be that there were the secondary authors who were interested in that topic and focused on these works when quoting these "fragments" in later centuries; but even in that case, it is still important to bear in mind that the works of the fourth-century BC authors apparently offered rich material.

8 This inconsistency was the subject of significant attention from ancient commentators providing numerous explanations in the *Scholia*. Some of them can be found in Aristotle's Ἀπορρήματα Ὁμηρικά (see Gigon 370 = Rose 129).

9 On the Homeric question of the number of Cretan cities, see Pavlova (2020).

10 This Homeric question has been addressed by Stesimbrotus of Thasos and Glaucon. Stesimbrotus' solution, as handed down by Porphyry and subsequent *Scholia* (FGrHist 107 F23), focuses on Nestor's strength: since Nestor only grew stronger over the years, the Cup episode demonstrates that he lived a long life. Glaucon handles the issue in a hyper-realistic way, opining that Nestor knew how to take the cup properly for easy lifting (see Richardson (2006) 79).

(*11.* 636–637) that explains why no one but Nestor was able to lift it. For Antisthenes, Homer did not directly mean Nestor was not physically able to do so, but rather implied that he was able to drink wine without getting drunk (Antisth. F 191 Prince), thus taking the allegorical approach to interpretation.

2. The *History of Literature* section covers history of genres, biographical details, etiological explanations, accounts of theatre stagings and poetry contests. A trend that can be observed here is the "biographing" of ancient legendary or semi-legendary poets like Orpheus, Phemius or Demodocus: commentators provide them with a story of their lives, emphasizing their birthplace, origin and teachers, highlighting the continuity of the poetic tradition and tracing it up to the present times. This creates a consistent historical and literary narrative where every poet of the past has its appropriate place. A prime example of this sort is a fragment from Demetrius of Phalerum, taken from the *Iliad Scholia* (Demetr. Phaler. F144 SOD): Demetrius identifies the *aoidos* who was left with Clytemnestra by Agamemnon as Demodocus of Lacon, then he specifies Perimedes of Argos as his teacher and even lists a number of other *aoidoi* Perimedes has taught. Turning to the legendary tradition might have been important for Demetrius as, according to Athenaeus, he was the one who reintroduced rhapsodist contests in Athens (Athen. 14. 12. 620b), which needed to be part of this continuity.

Some fragments technically contain an interpretation of a literary work but use it only to represent a poet's biography. Such fragments were also classified as biographical. It is worth noting that history- and literature-related works of the fourth century BC expand their scope far beyond the traditional genres, now also focusing on drama, lyrical poetry and its varieties. The so-called biographical approach emerges around the same time among Peripatetics, most notably in works of Chamaeleon of Heraclea, which is more geared towards constructing the poet's biography rather than explaining his texts.

3. Fragments listed under *Literary Theory & Aesthetics* discuss the notion of literature, its genres and specifics as well as feelings and emotions it triggers. Some of the fragments also deal with other types of arts, particularly with music (e.g. Aristoxenus' opinions on music theory). They contain broad arguments on form, content and strengths of a literary work or an artwork in general, like a fragment by Zoilus of Amphipolis called Ὁμηρομάστιξ where he questions the *Odyssey*'s account of the battle with Cicones (*Od.* 9. 60). Zoilus challenges the fact that exactly six people were killed on each ship as a result of the battle and argues that fiction must be convincing (χρὴ δὲ τὰ πλάσματα πιθανὰ εἶναι; FGrHist 71. 19).[11]

The *Poetics* serves as a good comparison source for Theophrastus' fragments included into the edition. In one of them, possibly taken from a treatise *On Comedy*

11 This, in turn, resembles Aristotle's elaborations in the *Poetics* on what is possible and believable (e.g., see Arist. *Poet.* 1454a33–36).

(Περὶ κωμῳδίας), Theophrastus uses the legend about citizens of Tiryns who could not stop laughing to reflect on the origins of laughter, considering it one of the πάθη (Theophr. F709 Fortenbaugh), very much like fear and pity mentioned by Aristotle in his elaborations on tragedy (see, e.g., Arist. *Poet.* 1449b27; 1452b36–53a1). Grammarian Diomedes recounts the definition proposed by Theophrastus. According to him, tragedy is "a sudden change to the fate of a heroic character" (τραγῳδία ἐστὶν ἡρωικῆς τύχης περίστασις; Theophr. F70), which correlates to Aristotle's argument on tragedy plots: ἡρωικός aligns with Aristotle's σπουδαῖος, while περίστασις aligns with μεταβολή. In both cases, authors mean that a tragedy depicts a man of honor in circumstances when his life changes for the worse (cf. *Poet.* 1453a6–17).

4. *Literary Criticism* includes individual judgments about the merits and faults of specific authors or works. Most of the fragments containing actual criticisms, i. e., appraisals of a literary work, are dealing with Homer's poems, like almost all the fragments of the above-mentioned Zoilus of Amphipolis. Zoilus looked for contradictions in Homer's poems, but did not try to explain them in any way (even in cases where a more careful reading of the text would remove this contradiction altogether). Sometimes, his remarks are hyper-realistic in nature (e.g., Zoilus thinks that the fire sent by Athena in Book V of the *Iliad* should have burned Diomedes; FGrHist 71. 7), while sometimes he finds contradictions in the author's fiction (for instance, dislikes Achilles not using his immortal horses in the battle with Scamander; FGrHist 71. 12) or makes isolated remarks on vocabulary and grammar (e.g. claims that Homer's usage of plural instead of singular in the verse δῷσι πόλιν Τροΐην (*Il.* I. 129) is erroneous, thus pretending to not understand a rare form that is common in formulaic verses; FGrHist 71. 6). As far as surviving fragments show, Zoilus did not have a consistent critical standpoint, nor did he offer any interpretations or help to clarify the text in his remarks, suggesting that his criticism was mainly rhetorical for the sake of criticism.[12]

Some of the critical passages included and commented on in the edition discuss prose and are therefore of extraordinary interest. For example, Duris of Samos (FGrHist 76 F1) criticizes historians Ephorus and Theopompus for the fact that their writings lack the historical "picture" (μίμεσις) and the "pleasure of reading" (ἡδονὴ ἐν τῷ φράσαι), possibly suggesting that the standard of historical writing was as high as for poetry at the time.

5. The last section, *Text Criticism & Grammar,* includes "textological" fragments and grammatical remarks. Although these are Alexandrian philologists who are primarily credited with developing textual criticism as a method, fourth-century BC authors also address poetological questions, proposing corrections to the text in order to explain

12 For a discussion on several notable fragments by Zoilus, see Pavlova (2019). In this paper, Zoilus' criticism is contrasted with Chapter 25 of *Poetics* where Aristotle elaborates on critics who incorrectly interpret the text, treating it as a poet's error.

obscure passages or to improve the meaning. Antimachus of Colophon is the most prominent fourth-century BC critic of this type. His Homer-related fragments mostly deal with discrepancies in the poems, either by establishing new circumstances (in which case they are placed into the *Interpretation* section) or by proposing a correction that is necessary to make the text more grammatically sound or give it a better meaning. For instance, Antimachus suggests reading κατὰ δαῖτα rather than ἐπὶ (or μετὰ) δαῖτα in *Il.*1.424–425 (Antimach. F168 Matthews; Antimachus' reading is commonly accepted) and οἰνοχόει instead of ᾠνοχόει in *Il.*1.598 (Antimach. F169 Matthews). He also controversially[13] introduces νόημα instead of the νεοίη hapax in *Il.*23.604 (F176 Matthews) and replaces the cryptic ἀμιχθαλόεσσα referring to Lemnos in *Il.* 24.754 with μιχθαλόεσσα, although the scholion does not provide full clarity on how Antimachus understands its meaning (F179 Matthews). Numerous *scholia* contain indications of how a specific verse in Homer was read by Antimachus, which leads many researchers to suggest that Antimachus had his own edition of Homer, possibly the only pre-Alexandrian edition of Homer, according to R. Pfeiffer.[14] However, as Pfeiffer himself agrees, such indications in the scholia do not include Antimachus' reasoning and hence do not allow reconstructing his method. There is no reason to believe that Antimachus compared different versions of the text, chose the best readings, and suggested any corrections himself. At least, as R. Pfeiffer notes, his version of the text is not really διόρθωσις. [15]

The Sources of the Fragments

Fragments in the upcoming edition were chosen from one or several existing editions, prioritizing the most recent or the most authoritative for every author. As straightforward as it may seem, this approach does present certain challenges. Firstly, some authors were published long ago or never had a proper edition at all. Secondly, if several editions were present for the author, publishers often diverged in determining fragment boundaries, restored the text differently or disagreed on if a particular fragment belonged to that author. On top of this, the underlying sources, such as Athenaeus' *Deipnosophistai* or *Scholia* to the *Iliad*, have been republished relatively recently, meaning that fragment texts required verification before being included into the edition.

For most of the surviving fragments of ancient historians, Jacoby's *Die Fragmente der griechischen Historiker* (FGrHist) along with *Brill's New Jacoby*,[16] its extended and augmented version, remain the most relevant (and in some cases the only) editions

13 Matthews (1996) 385.

14 Pfeiffer (1968) 94.

15 Pfeiffer, *ibid.*

16 Unlike Jacoby's FGrHist, BNJ1 does not include critical apparatus although does provide useful commentaries on text and content.

available. This is true for Zoilus of Amphipolis (FGrHist 71), Menaechmus of Sicyon (FGrHist 131), Duris of Samos (FGrHist 76), Philochorus of Athens (FGrHist 328) and Ephorus of Cyme (FGrHist 70). For some of the authors, complete individual editions exist but are over a century old: the only commented edition of Zoilus of Amphipolis was published in 1895 as part of U. Friedlaender's dissertation[17] and was subsequently included into K. Müller's and F. Jacoby's edition. In 2007, a new edition of fragments of the atthidographer Philochorus was published,[18] however it does not cover some of the literature-related fragments as they did not belong to *Atthides*, making the corresponding chapter in Jacoby the most comprehensive collection of Philochorus. In contrast, historian and poet Lyncaeus of Samos, brother of Duris, never had any complete editions at all: his poems (i. e. fragment of *Centaurus*) were included into R. Kassel's and C. Austin's *Poetae Comici Graeci*,[19] whereas prosaic fragments were collected and commented only in 2000 in an article by A. Dalby.[20]

Where applicable, multiple editions were used for comparison to follow a consistent approach and provide a solid foundation for the analysis. For instance, although the most recent edition of Antisthenes' fragments was compiled by S. Prince, the classical edition by F. Caizzi[21] has been used as well. Prince's edition includes translations along with an exhaustive commentary and numerous parallels, which is a clear merit of the edition but can sometimes distract from original texts by Antisthenes. Caizzi's commentary, on the other hand, is extremely concise but very informative. Similarly, for several Alcidamas' fragments included, G. Avezzù's standard edition was used along with the newer J.W. Muir's edition.[22]

Available editions often exhibit textual differences and, in some cases, draw fragment boundaries differently. To provide an example, the most recent source for Antimachus of Colophon is the annotated edition of W. Matthews, which, however, diverges from the classical edition of B. Wyss for poetological fragments, requiring the usage of both editions where appropriate.[23]

Works of fourth-century BC Peripatetics were extensively published in mid-twentieth century by Wehrli in ten parts of his *Die Schule des Aristoteles. Texte und Kommentare* that featured Aristoxenus, Demetrius of Phalerum, Dicaearchus, Heraclides of Pontus, Phaenias of Eresus and Chamaeleon.[24] Starting from the 1980s, Rutgers University Studies in Classical Humanities (RUSCH) republished nearly all philosophers from Wehrli's edition, including Demetrius of Phalerum, Dicaearchus, Heraclides of Pontus,

17 Friedlaender (1895).
18 Costa (2007).
19 Kassel/Austin (1986) 616–617.
20 Dalby (2000) 383–394.
21 Caizzi (1966); Prince (2015).
22 Avezzù (1982), Muir (2001).
23 Wyss (1936); Matthews (1996).
24 Wehrli (1944–1959).

Praxifanes of Mytilene, Phaenias of Eresus and Chamaeleon.[25] This revised edition also includes articles on each of the authors, however Wehrli's series still remains very relevant thanks to a streamlined organization of volumes, all containing a short but insightful commentary for every fragment. A comprehensive commented edition of Theophrastus' was published as part of the *Philosophia Antiqua: A Series of Studies in Ancient Philosophy* by W. Fortenbaugh *et al.*[26]

For this edition, over 350 texts were collected. It should be noted that the edition does not make the classic distinction between fragments and testimonies, that is, unlike some standard editions, such as Jacoby. For the most part, texts included in the publication are treated as 'fragments' that convey words or thoughts.

Edition Structure and Commentary

The edition is structured into five sections, reflecting the five thematic groups detailed above: "Text Interpretation", "History of Literature", "Literary Theory & Aesthetics", "Literary Criticism" and "Text Criticism & Grammar". Each section opens with a short introduction to outline the main selection criteria and summarize general observations. Within each section, fragments are numbered starting from 1. Authors are sorted in alphabetical order since their relative chronology is not entirely clear.

The decision on the extent and scope of supporting information has always been a contentious issue. Alone the underlying fragment editions demonstrate a broad range of approaches to commentary: it can be extremely concise, as exemplified by F. Wehrli, or detailed enough to be divided into several rubrics, as in the Antisthenes' edition by S. Prince.

Fragments in the upcoming edition will be accompanied by a translation and commentary, as well as an apparatus for the Greek text to account for possible version discrepancies, if applicable. The commentary will be held as concise as possible and serve to contextualize the fragment, briefly characterize its source, provide links to parallels or similar fragments in other authors, and describe any text-related specifics.

Working on the commentary has already helped uncover additional details or even potentially reattribute fragments. For instance, Heraclides' critique of the Telemachus' speech from the 2nd book of the *Odyssey*, traditionally seen as part of the *Solutions of Homeric Problems* (Heracl. Pont. F102 Schütr.), is more likely to be taken from Hera-

---

25 The RUSCH series includes fragments of Demetrius of Phalerum (Stork *et al.* (2018)), Dicaearchus (Mirhady (2001)), Heraclides of Pontus (Schütrumpf (2008)) with a separate volume including articles on Heraclides (Fortenbaugh *et al.* (2009)), Phaenias of Eresus (Engels (2015)), Praxiphanes (Matelli (2012)) and Chamaeleon (Martano (2012)), along with a collection of essays dedicated to Aristoxenus (Huffman (2011)).

26 Fortenbaugh *et al.* (1993). Rhetoric and poetological fragments can be found in Part 2 of the edition. For a detailed commentary on them, see Fortenbaugh (2005).

clides' nonextant rhetorical treatise *On Eloquence, or Protagoras* (Περὶ τοῦ ῥητορεύειν ἢ Πρωταγόρας).[27]

Impact

The new edition helps understand the development of literary critical thought of that time. One of the most significant insights gained from editing these fragments is that it was the fourth century when literature history as we know it was actually born. Critics turned to individual genres and poets, historians shifted their focus from Homer, Hesiod and the most prominent Greek lyric authors to second-tier poets, poets of the distant past as well as modern poets. Drama came into the spotlight while tragedy, comedy and satire drama also received their share of critical attention. As a result, a whole historical and literary narrative emerged, covering multiple eras and finding a place on the timeline for several known poets.

Interpretation of literary works, primarily Homer's poems, continued to be a relevant topic, with history-, philosophy- or language-related arguments widely used for critical analysis. This focus shift turned literature into a truly independent field of study: for the first time ever, scholars like Chamaeleon of Heraclea approached literature and its history as the main object of their research, completely separating literature-related issues from history and philosophy. Poetological fragments of the fourth century BC and their comparison with writings of Plato and Aristotle offer insights into the world and the mindset that pioneered the philological science, which was later institutionalized by Alexandrian scholars.

Bibliography

Avezzù (1982): Guido Avezzù (ed., transl.), *Alcidamante. Orazioni e frammenti*, Roma.

Bywater (1990): Ingram Bywater (ed.), *Aristotle on the Art of Poetry. A Revised Text with Critical Introduction, Translation and Commentary*, Oxford.

Caizzi (1966): Fernanda Decleva Caizzi (ed.), *Antisthenis fragmenta*, Varese/Milano.

Carroll (1896): Mitchell Carroll, *Aristotle's Poetics, C. XXV: In the Light of the Homeric Scholia*, Baltimore.

Chiron (2007): Pierre Chiron, "The Rhetoric to Alexander", in: Ian Worthington (ed.), *A companion to Greek rhetoric*, Hoboken, 90–106.

Costa (2007): Virgilio Costa (ed.), *Filocoro di Atene*, Vol. 1: Testimonianze e frammenti dell'Atthis, Tivoli.

Dalby (2000): Andrew Dalby, "Lynceus and the Anecdotists", in: David Braund and John Wilkins (eds.), *Athenaeus and his world: reading Greek culture in the Roman Empire*, Exeter, 372–394.

Destrée/Herrmann (2011): Pierre Destrée and Fritz-Gregor Herrmann (eds.), *Plato and the Poets*, Leiden.

27 See Pavlova (2021).

Engels (2015): Johannes Engels (ed.), "Phaenias of Eresus: The Sources, Text and Translation", in: Oliver Hellmann and David Mirhady (eds.), *Phaenias of Eresus: Text, Translation, and Discussion*, New Brunswick/London.

Ford (2002): Andrew Ford, *Origins of Criticism*, Princeton/Oxford.

Fortenbaugh *et al.* (2009): William Fortenbaugh, Elizabeth E. Pender and Eckart Schütrumpf (eds.), *Heraclides of Pontus: discussion*, New York.

Friedlaender (1895): Ulrich Friedlaender, *De Zoilo aliisque Homeri Obtrectatoribus: Dissertatio inauguralis*, Königsberg.

Fortenbaugh *et al.* (1993): William Fortenbaugh, Pamela Huby, Robert Sharples and Dimitri Gutas (eds.), *Theophrastus of Eresus: sources for his life, writings, thought and influence.* Pt. 1–2, Leiden/New York/Köln.

Fortenbaugh (2005): William Fortenbaugh (ed.), *Theophrastus of Eresus: sources for his life, writings, thought and influence. Commentary.* Vol. 8: Sources of Rhetoric and Poetics, Leiden/Boston.

Greene (1918): William Chase Greene, "Plato's View of Poetry", *Harvard Studies in Classical Philology* 29, 1–75.

Hudson Williams (1949): H. Ll. Hudson Williams, "Isocrates and Recitations", *Classical Quarterly* 43, 65–69.

Huffman (2011): Carl A. Huffman (ed.), *Aristoxenus of Tarentum. Discussion*, New Brunswick.

Jacoby (1923–1958): Felix Jacoby (ed.), *Die Fragmente der griechischen Historiker*, Teil 1–4, Leiden.

Kassel/Austin (1986): Rudolf Kassel and Colin Austin (eds.), *Poetae Comici Graeci, Vol. 5: Damoxenus Magnes*, Berolini, Novi Eboraci.

Lanata (2021): Giuliana Lanata (ed.), *Poetica pre-Platonica: testimonianze e frammenti*, Roma.

Martano (2012): Andrea Martano, "Chamaeleon of Heraclea Pontica. The Sources, Text and Translation", in: Andrea Martano, Elisabetta Matelli and David Mirhady (eds.), *Praxiphanes of Mytilene and Chamaeleon of Eraclea*, New Brunswick, 157–337.

Matelli (2012): Elisabetta Matelli, "Praxiphanes of Mytilene (called 'of Rhodes'): The Sources, Text and Translation", in: Andrea Martano, Elisabetta Matelli and David Mirhady (eds.), *Praxiphanes of Mytilene and Chamaeleon of Eraclea*, New Brunswick, 1–156.

Matthews (1996): Victor J. Matthews (ed.), *Antimachus of Colophon. Text and Commentary*, Leiden.

Mirhady (2001): David C. Mirhady, "Dicaearchus of Messana. The Sources, Text and Translation", in: William W. Fortenbaugh and Eckart Schütrumpf (eds.), *Dicaearchus of Messana. Text, Translation, and Discussion*, New Brunswick, 1–142.

Muir (2001): J. V. Muir (ed., transl.), *Alcidamas. The Works and Fragments*, London.

Pavlova (2019): Anastasia Pavlova, "Arist. Poet. 1461b1–3: a broad hint at Zoilus?", in: *Philologia Classica* 2019, 14(1), 149–154.

Pavlova (2020): Anastasia Pavlova, "Heraclides of Pontus and the Idomeneus Myth", in: *Philologia Classica*, 15(1), 47–53.

Pfeiffer (1968): Rudolf Pfeiffer, *History of Classical Scholarship from the Beginnings to the End of the Hellenistic Age*, Oxford.

Pozdnev (2017): Mikhail Pozdnev, „Glaukon von Teos und die Anfänge des wissenschaftlichen Denkens", in: Christian Vassallo (ed.), *Physiologia. Topics in Presocratic Philosophy and its Reception in Antiquity*, Trier, 9–26.

Pozdnev (2010): Mikhail Pozdnev, *Psychology of Art. Aristotle's Doctrine*, Moscow/St. Petersburg.

Prince (2015): Susan Prince (ed.), *Antisthenes of Athens: Texts, Translations, and Commentary*, Ann Arbor.

Richardson (2006): Nicholas J. Richardson, "Homeric Professors in the Age of the Sophists", in: Andrew Laird (ed.), *Oxford Readings in Ancient Literary Criticism*, Oxford.

Schorn (2012): Stefan Schorn, "Chamaeleon: Biography and Literature Peri tou deina", in: Andrea Martano, Elisabetta Matelli and David Mirhady (ed.), *Praxiphanes of Mytilene and Chamaeleon of Eraclea*, New Brunswick, 411–444.

Schütrumpf (2008): Eckart Schütrumpf (ed.), *Heraclides of Pontus. Texts and Translations*, New Brunswick.

Stork *et al.* (2018): Peter Stork, Jan Max van Ophuijsen and Tiziano Dorandi, “Demetrius of Phalerum: the sources, text and translation”, in: William W. Fortenbaugh and Eckart Schütrumpf (eds.), *Demetrius of Phalerum: Text, Translation and Discussion*, 1–310.

Tarán/Gutas (2012): Leonardo Tarán and Dimitri Gutas, *Aristotle: Poetics, editio maior of the Greek text with historical introductions and philological commentaries*. (Mnemosyne Supplements 338), Leiden/Boston.

Vahlen (1914): Johannes Vahlen, *Beiträge zu Aristoteles' Poetik*, Leipzig/Berlin.

Vicaire (1960): Paul Vicaire, *Platon critique littéraire* (Collection: Études et commentaires, 34), Paris.

Wehrli (1944–1959): Fritz Wehrli (ed.), *Die Schule des Aristoteles: [Heft 1] Dikaiarchos, [Heft 2] Aristoxenos, [Heft 4] Demetrios von Phaleron, [Heft 7] Herakleides Pontikos, [Heft 9] Phainias von Eresos. Chamaileon. Praxiphanes. Texte und Kommentar*, Basel.

Wyss (1936): Bernhard Wyss (ed.), *Antimachi Colophonii reliquiae*, Berlin.

V Von der Praxis zur Deutung: Fragmente kontextualisieren und interpretieren

Anna Novokhatko

Das Mosaik der frühen literaturkritischen Studien

Da die Teilbereiche des Wissens ihre eigenen Objekte und Konzepte enthalten, benötigt jede neue Disziplin ein Fachvokabular oder eine ‚Spezialsprache', mit der die relevanten Konzepte bezeichnet und diskutiert werden können.[1] Wenn sich bereits vor der alexandrinischen Zeit eine Urform der Philologie und der Textforschung herausgebildet hat, dann sind ein spezielles ‚philologisches' Vokabular, Methoden und Werkzeuge, mit denen die Gelehrten arbeiteten, sowie der theoretische wissenschaftliche Diskurs – die Art und Weise, wie Wissen konstituiert wird, im foucaultschen Sinn – selbst, der größtenteils in Fragmenten erhalten geblieben ist, der beste Beweis dafür.[2]

Die Unterscheidung zwischen Rhetorik und Literaturkritik, Literaturkritik und Textkritik, Textkritik und grammatikalischen Studien war im klassischen Griechenland selten eindeutig. In diesem Beitrag werde ich einige Fragmente aus der klassischen Periode betrachten, die zum Erbe der Gelehrsamkeit im vor-alexandrinischen Griechenland gehören. Ich möchte zeigen, dass diese Fragmente – hauptsächlich von Gorgias und Demokrit, aber auch von anderen Intellektuellen – die Idee einer wachsenden und zunehmenden Theorie in diesem Cluster der ‚proto-philologischen' Studien unterstützen.[3] Wie ich im Folgenden zeigen werde, spielen dabei die Fragmente und das fragmentarische Erbe eine besondere Rolle, da es – gerade für das 5. Jahrhundert v. Chr. – nur wenige erhaltene Prosatexte gibt, die sich mit rhetorischen und literaturkritischen Fragen beschäftigen. Einige für die spätere Literatur- und Rhetoriktheorie relevante Themen werden bereits im fünften Jahrhundert eingehend reflektiert. Die Fragmentanalyse ist daher eine unabdingbare Voraussetzung für das Studium der frühen Literaturkritik.

---

1 Zur Methodik der Annäherung an die Begriffe und die ‚Fachsprache' im Allgemeinen, vgl. Reformatskij (1961), Reformatskij (1968), Rey (1979), Hoffmann (1985), Fluck (1996); Hoffmann, Kalverkämper und Wiegand (1998); Cabré (1999), Leichik (2014), Humbley, Budin, und Laurén (2018).

2 Zu den Tendenzen des voralexandrinischen Gelehrtendiskurses siehe Novokhatko (2015) und Novokhatko (2020b).

3 Die Fragmente von Gorgias und Demokrit werden hier immer nach den Angaben in Diels-Kranz (DK) und in Laks-Most (LM) zitiert. DK = *Die Fragmente der Vorsokratiker*, hrsg. von W. Diels und W. Kranz. 3 Bände. Zürich 2005 (unveränderter Nachdruck der 6. Auflage 1952); LM = *Early Greek Philosophy*, ed. and transl. by A. Laks and G. W. Most. 9 vols. LOEB, Cambridge, Mass., London, England. 2016.

https://doi.org/10.1515/9783111508788-012

1 Das Fachvokabular und epistemologische Ansätze

Das Fachvokabular, das in all diesen Bereichen verwendet wird, gehört im Allgemeinen zur Disziplin des Umgangs mit literarischen Texten (dem Ort der Interaktion zwischen Sprache und einer mehrdimensionalen und sich verändernden Realität). Wenn diese Konvention akzeptiert wird, dann „we should talk about vocabularies, understood as the collection of particular uses of the [...] language and its varieties, pronunciation, morphology and syntax, which are all part of the common language".[4]

In der deskriptiven Linguistik werden diese Wortschätze als ‚Fachsprachen' oder ‚Sprachen für besondere Zwecke' bezeichnet. Es ist vielleicht übertrieben zu behaupten, dass es in den Gelehrtenkreisen des voralexandrinischen Griechenlands eine Fachsprache gab, aber bestimmte Tendenzen dazu und bestimmte Wortgruppen dienten als Vorbereitung für die von den alexandrinischen und pergamenischen Philologen verwendeten Fachsprachen.

Die Sprache wird insbesondere auf fünf grundlegenden Ebenen beschrieben: phonologisch, morphologisch, lexikalisch, syntaktisch und auf der Ebene des Diskurses.[5] Spezialisierte Sprachen bauen ihre neuen Wörter und ihre wachsende Terminologie auf einer dieser Ebenen auf, indem sie zum Beispiel Morpheme oder neue syntaktische Strukturen verwenden, um neue Wortgruppen zu bilden.

Allerdings gelten hier einige Vorbehalte hinsichtlich der Übertragung moderner Terminologietheorien.[6] In der Tat gibt es nur eine sehr begrenzte Anzahl von Disziplinen, für die der Begriff Fachsprache verwendet werden kann. Es gibt Belege dafür, dass es in einigen Bereichen, wie Medizin, Mathematik oder Recht, bereits im klassischen Griechenland Fachsprachen gab.[7] Um einige elementare Beispiele zu nennen, die Lexeme κυλοιδιάω („ein blaues Auge haben"), φλύκταινα („Blase"), τετράγωνος („Quadrat"), σφαῖρα („Kugel"), ἀπολογέομαι („sich verteidigen"), δρύφακτος („Hofgeländer oder vergitterte Trennwand") zeigen die Entstehung einer aus der Alltagssprache übernommenen Fachsprache für eine Sprechergruppe an. Aufgrund des Verlustes und des bruchstückhaften Überlebens zahlreicher Texte aus dem 5. Jahrhundert v. Chr. ist es schwierig, eine eindeutige Aussage über die Entstehung dieser Fachsprachen zu treffen. Es genügt zu sagen, dass die Menschen zumindest im 5. Jahrhundert v. Chr. von ihrer Existenz wussten.

---

4 Cabré (1999) 62. Vgl. auch Quemada (1978).

5 Cabré (1999) 56. Im Russischen ist der Begriff „Sprachen für besondere Zwecke" (языки для специальных целей) festgelegt, vgl. Leichik (2014) 76–88; Hoffmann, Kalverkämper und Wiegand (1998), Humbley, Budin, und Laurén (2018).

6 Leichik (2014) 225–237.

7 Siehe Willi (2003) 70–95 für Listen von ‚Begriffen' für die Rechtssprache (72–79), die medizinische Sprache (79–87) und die Literaturkritik (87–94). Siehe auch Wenskus (1998) und Schironi (2010) 353 mit einer nützlichen Liste von weiterführender Literatur.

Die Sprache der Mathematik ist von Natur aus prägnant. Sie ist leichter zu definieren als die Sprache der Rhetorik oder die Metasprache der Text- und Literaturkritik. Höchstwahrscheinlich führte die sophistische Ausbildung in Rhetorik und Textinterpretation zu einem spezifischen Vokabular im Bereich der Sprach- und Textstudien, da sich die zukünftigen Redner mit Sprache und literarischen Texten befassten und sich in Fachkreisen etablierten.

Wörter in bestimmten Kontexten sollten daher mit bestimmten Bedeutungen versehen werden, die sich von den Bedeutungen unterscheiden, die dieselben Wörter in anderen Kontexten und in der Alltagssprache haben. Zum Beispiel gibt es in der Berufssprache eines Schriftstellers viele Wörter wie ἀλοκίζειν („Furchen ziehen", also, „schreiben, zeichnen"), ἐξαλείφειν („auslöschen"), χάρτης („Papyrus oder eine daraus hergestellte Rolle"), und πτυχαὶ βύβλων/γραμμάτων („Tafeln, Schreibtafeln"), die zum speziellen Wortschatz der Schrift und der zunehmenden Schriftlichkeit gehören, die eng mit der Philologie verbunden ist. Das macht sie aber nicht unbedingt alle zu ‚Fachbegriffen'.[8] Andere Menschen, die nicht mit Schreiben und Lesen zu tun hatten, verwendeten sicherlich viele dieser Wörter in ihrem Alltag. Dieser Wortschatz und das semantische Feld des Schreibens und Lesens, zu dem er gehörte, wuchsen im 5. Jahrhundert v. Chr. mit der zunehmenden Bedeutung des Schreibens und Lesens selbst, aber nur sehr wenige von ihnen waren ‚Begriffe' im eigentlichen Sinne, und aufgrund des spärlich überlieferten Materials ist es schwierig nachzuweisen, welche Wörter tatsächlich von einer begrenzten Gruppe von Personen verwendet wurden, die sich auf dieselben beruflichen Interessen konzentrierten, und welche weiter verbreitet waren.

Unter Berücksichtigung dieser Einschränkungen kann man sich vorstellen, dass das wachsende Interesse am literarischen Text und an der Analyse der Sprache dazu führte, dass neue Konzepte und Phänomene, die in der sich entwickelnden Disziplin entdeckt wurden, benannt werden mussten, wie zum Beispiel verschiedene Gattungs- und metrische Begriffe in der Literaturkritik (z. B. διθύραμβος, δρᾶμα, ἴαμβος, ἐνόπλιος, δάκτυλος, ἀνάπαιστος), Redestimmungen (z. B. εὐχωλή („Wunsch"), ἐρώτησις („Frage"), ἀπόκρισις („Antwort"), ἐντολή („Gebot")) und Geschlecht der Substantive in Grammatik und Sprachwissenschaft (ἄρρενα („männlich"), θήλεα („weiblich"), σκεύη („sachlich")), Begriffe wie Emendation, Attribution und Athetik, Prosodie oder Zeichensetzung in der Textkritik (wie etwa ἐμποιέω („einfügen"), διορθόω („korrigieren, überarbeiten"), λύω („eine Schwierigkeit lösen"), διαστίζω („durch ein Zeichen unterscheiden"), παράσημον („Randnotiz, Randmarke").[9] Hier wurden verschiedene Mechanismen zur Erweiterung des Wortschatzes und zur Bildung neuer Wörter beschrieben: Ableitung durch Hinzufügen eines Affixes zu einem bestehenden Wortstamm; Umkehrung der Ableitung oder Inversion durch Entfernen eines Affixes; Verbindung oder Aneinanderreihung zweier

---

8 Zum (technischen) Wortschatz der Schrift im vorklassischen und klassischen Griechisch vgl. Novokhatko (2020a).

9 Über den besonderen Wortschatz in der griechischen Grammatik und Rhetorik, vgl. Funke (1998).

bestehender Wörter; Lehnwörter durch Entlehnung aus einer anderen Sprache; Onomatopoesie durch Bildung eines Wortes durch Nachahmung des Lautes, den es erzeugen soll; Reduplikation durch Wiederholung eines Wortes oder Lautes. Auch Irrtümer, Rechtschreibfehler, Hörfehler und Ähnliches tragen zur Bildung neuer Wörter bei.

Schließlich kann sich keine Disziplin ohne einen methodologischen und epistemologischen Rahmen etablieren. Mit anderen Worten: Wissenschaftler können nicht arbeiten, ohne sich der Methoden und Werkzeuge bewusst zu sein, mit denen sie arbeiten. Auf einer noch allgemeineren Ebene kann sich die philologische Forschung nicht etablieren, ohne diese Fragen zu stellen. Im Laufe des 5. und 4. Jahrhunderts v. Chr. entwickelten sich kritische Begriffe, Konzepte und Vokabeln in rasantem Tempo. Literaturkritik, Textinterpretation, Textkritik, Textredaktion, grammatische Studien, etymologische, semantische und glottogonische Studien, Gattungs-, Dialekt- und Metrumanalysen sind Beispiele für das wachsende Interesse an der Erschließung von Texten im voralexandrinischen Griechenland. Die Gelehrten beschäftigten sich mit der Frage, was ein literarischer Text ist, mit der Bedeutung der Textanalyse und -korrektur und mit dem kreativen Prozess im Allgemeinen. In der zweiten Hälfte des 4. Jahrhunderts hatte die Wissenschaft bereits bestimmte methodische und erkenntnistheoretische Ansätze für diese „im Entstehen begriffene Disziplin“ entwickelt.[10]

Eine selbstreflexive methodische Grundlage, die Schlüsselbegriffe und -vokabular umfasste, war nicht nur für die wissenschaftliche Forschung wichtig. Vielmehr ist es wichtig zu verstehen, dass die Gelehrten, die den homerischen Text oder beispielsweise die Metrik studierten, im selben Umfeld lebten wie Architekten, Geometer, Mathematiker, Ärzte, Philosophen, Mediziner und Musiktheoretiker, und die Idee des ‚Sophisten‘ setzte voraus, dass viele von ihnen gleichzeitig Experten auf verschiedenen Gebieten waren. Sowohl die Auswirkungen und Ursachen von Phänomenen als auch mathematische und abstrakte wissenschaftliche Probleme wurden gleichzeitig untersucht. In der Tat wurden Untersuchung und Forschung zu Schlüsselbegriffen, ja sogar zu einer Mode.[11] So wurden Danaus, Prometheus, Kadmos und Palamedes, die alle mit Entdeckung und Entwicklung in Verbindung gebracht wurden, als Hauptfiguren in dramatischen Stücken und Reden dargestellt.[12]

---

10 Zum Begriff der Disziplin, siehe Zetzel (2018) 5–11 und Moore (2020) 317–319. Zum Verhältnis der alexandrinischen Philologie zu den aristotelischen „Disziplinen“ siehe auch Pfeiffer (1968) 65–84.

11 Sassi (2018) 57–63; Moore (2020) 127–156.

12 Eur. fr. 578, 3–5 und besonders fr. 910 TrGF, Gorg. 82B 11a30; [Aesch.] *PV* 460–461; Hecat. *FGrH* 1 fr. 20; Hdt. 5, 58–61; vgl. Platthy 1968, 86. Zu den Quellen über die Erfindung der Schrift, siehe Ceccarelli (2013) 357–364. Vgl. M. Victor. *Ars gram.* 1.4.95–96.

2 Affektlehre

Ich werde mich nun einigen konkreten Beispielen aus fragmentarischen Texten zuwenden, die die Argumentation der lebhaften Diskussion über Literaturkritik ab dem fünften Jahrhundert unterstützen. Ein fruchtbares und bedeutendes Thema, beispielsweise, das seinen Ursprung in den Gattungsunterscheidungen hat, bezieht sich auf die Affekte im literarischen Text und die psychologischen Folgen für den Rezipienten dieser Affekte.

Gorgias gilt einhellig als eine der Schlüsselfiguren der Affektanalyse. Nach Platon war das Hauptziel des Gorgias die Stärkung der rhetorischen Bildung, und er schuf einen neuen Prosastil als Teil seines rhetorischen Programms.[13] Das Problem des formalistischen Nebeneinanders von Prosa und Poesie (τὴν ποίησιν ἅπασαν καὶ νομίζω καὶ ὀνομάζω λόγον ἔχοντα μέτρον) wird im Kontext der Aufführung und damit der Wirkung auf das Publikum in der Lobrede auf Helena diskutiert (δεῖ δὲ καὶ δόξηι δεῖξαι τοῖς ἀκούουσι, DK82 B11, 9 = LM Gorg. D24, 9).[14] Die Wirkung auf das Publikum, d. h. die Ästhetik der Rezeption, ist für Gorgias zentral. Über die Zuhörer kommen ängstliches Schaudern (φρίκη περίφοβος) und tränenreiches Mitleid (ἔλεος πολύδακρυς) und der willkommene Schmerz der Sehnsucht (πόθος φιλοπενθής, vgl. dazu auch Arist. *Rhet.* 1370b 22–32). Durch die Rede erfährt die Seele des Zuhörers ihre eigene Reaktion auf das Gute und Schlechte, das anderen Menschen und ihren Angelegenheiten widerfährt.[15]

Diese Stelle in Gorgias, zusammen mit der Erwähnung von Mitleid und Furcht (DK82 B11, 8 = LM Gorg. D24, 8), wird gewöhnlich als Vorläufer der Tragödienanalyse des Aristoteles interpretiert, nicht nur in der Betrachtung der Kunst als zielgerichtete Illusion, sondern auch in der Definition ihres Endes als eine Art Katharsis (δύναται γὰρ καὶ φόβον παῦσαι καὶ λύπην ἀφελεῖν καὶ χαρὰν ἐνεργάσασθαι καὶ ἔλεον ἐπαυξῆσαι, DK82 B11, 8 = LM Gorg. D24, 8).[16] Auch hier ist es wichtig zu betonen, dass es das poetische Material ist, das den Gegenstand der Analyse des Gorgias bildet. Die Poesie hat eine emotionale Wirkung, indem sie Erschütterung (φρίκη), Mitleid (ἔλεος) und Sehnsucht (πόθος) hervorruft, und Poesie bedeutet für Gorgias Logos mit dem Zusatz von Metrum.

13 Pl. *Menex.* 95c; *Grg.* 459b–c. Cole (1991) 146–152 vertrat eine radikal andere Auffassung: Gorgias habe in seinen eigenen Schriften nie behauptet, er habe jemals Rhetorik gelehrt, und das Bild, das wir von ihm haben, stamme von Platon. Obwohl das Argument und die Diskussion fruchtbar sind, habe ich einige Probleme damit. Unsere Informationen und Quellen über sophistische Aktivitäten stammen größtenteils aus Platons Dialogen, und wenn wir also die darin enthaltenen Informationen über Gorgias in Frage stellen, sollten auch andere Texte über Protagoras und Prodicus in Frage gestellt werden. Siehe mehr in Ford (2002) 172–175.

14 Sowohl Gorgias' *Lobrede auf Helena* als auch *Palamedes* sind streng genommen keine Fragmente, sondern erhaltene Reden. Sie sind jedoch traditionell im Fragmentkorpus überliefert und veröffentlicht worden. S. dazu Schollmeyer (2021) 136–141.

15 Segal (1962), besonders 120–127; Schollmeyer (2021) 227–240.

16 Pohlenz (1920) 167–173; Belfiore (1992) 219–220, 226–229; LaCourse Munteanu (2012) 39–40.

Der Logos übernimmt diese emotionale Wirkung, und durch die Reden (διὰ τῶν λόγων) erleidet die Seele ihr eigenes Leiden (ἴδιόν τι πάθημα ἔπαθεν ἡ ψυχή, DK82 B11, 9 = LM Gorg. D24, 9).[17]

Die folgende Passage kann dies erhellen und ist wichtig für die Terminologie der publikumsorientierten Kritik und der Rezeptionsästhetik. Menschen können Überzeugungen über Dinge produzieren, indem sie eine Täuschung bilden, fährt Gorgias fort (πείθουσι δὲ ψευδῆ λόγον πλάσαντες, DK82 B11, 11 = LM Gorg. D24, 11). Darüber hinaus hat der Glaube, wenn er dem Logos hinzugefügt wird, die Fähigkeit, dem Geist jedes beliebige Bild einzuprägen, das der Sprecher wünscht (DK82 B11, 13 = LM Gorg. D24, 13). Hier reflektiert Gorgias wahrscheinlich sowohl zeitgenössische medizinische Diskurse über die Natur der menschlichen Emotionen als auch die Darstellungen von Empfindungen durch Naturphilosophen wie Empedokles.[18] Gorgias' *Helena* teilt die atomistische Sicht der Sprache als unsichtbaren (ἀφανεστάτωι), aber materiellen Körper (σμικροτάτωι σώματι, DK82 B11, 8 = LM Gorg. D24, 8). Daraus folgt, dass der Logos leiblich ist, als etwas, das bearbeitet und geformt werden kann (ἐτυπώσατο, DK82 B11, 13 = LM Gorg. D24, 13). Dies erinnert wiederum an Gorgias' wissenschaftlichen Hintergrund und seine gewisse Nähe zu dem Atomisten Demokrit. In seiner berühmten Theorie des Sehens hatte Demokrit wohl argumentiert, dass die Luft zwischen unseren Augen und dem gesehenen Gegenstand (τὸν ἀέρα τὸν μεταξὺ τῆς ὄψεως καὶ τοῦ ὁρωμένου) von dem Gegenstand und dem Seher (τυποῦσθαι συστελλόμενον) gebildet wird, und so entsteht ein fester Eindruck (τοιαύτην εἶναι τὴν ἐντύπωσιν) (DK 68 A135 = LM Atom. D64, D65, D66, D67, D69, D134, D147, D157, D158, D159a). Wie Ford argumentiert, wird das Konzept der verbalen Überredung zu einem „process explicable in physicalist terms".[19]

Auf die gleiche Weise brachten Komödiendichter Reden in der verkörperten, materialisierten Form auf die Bühne. Epicharm verfasste eine Komödie mit dem Titel *Logos kai Logina*, und Aristophanes brachte in seinen *Wolken* bekanntlich zwei verkörperte *Logoi* auf die Bühne, damit sie wie zwei Figuren miteinander debattieren konnten. Die Komödie unterstützte somit den Prozess der ‚Verleiblichung' der Ideen und der Sprache.

Gorgias bringt auch einen wichtigen theoretischen Aspekt in die Theaterwissenschaft im Allgemeinen ein, der schon oft behandelt wurde. In Bezug auf die Täuschung unterscheidet er zwischen dem Autor, der täuscht, und dem Zuschauer, der getäuscht wird, was wiederum eine auf den Autor und eine auf den Leser ausgerichtete Kritik

17 Halliwell (2011) 274–277.

18 Ford (2002) 174–177. Buchheim (1985) 425 leitet Gorgias' Idee der verbalen Chemie von Empedokles ab. Zu dieser Metapher, siehe Segal (1962) 142; Schollmeyer (2021) 283–288.

19 Ford (2002) 175. Zu dem Lemma τυποῦσθαι, das sowohl Demokrits Darstellung der Vision als auch Gorgias' Darstellung der Sprache gemeinsam ist, siehe Ford (2002) 171–172. Vgl. auch Platons Verwendung des Bildes „Stempel" in Pl. *Rep.* 377b–c und Jaeger (1954) 286.

zulässt.[20] Wichtig ist dabei nicht nur, dass Gorgias das Theaterstück generell als Täuschung begreift und damit eine gewisse Distanz zwischen dem Erzähler und dem Erzählten wahrnimmt, sondern dass ihm das Theaterstück als Fiktion und Konvention erscheint und er damit eine wichtige Grundlage für zukünftige literaturtheoretische Debatten über Fiktionalität legt.

Im Buch 1 der *Rhetorik* kritisiert Aristoteles die Theorie des Gorgias und anderer Vorgänger der Rhetorik, weil sie die künstlerische Funktion der Affekte ignorieren und die Rolle der Emotionen mechanisch auf die bloße Manipulation der Entscheidungen des Richters vor Gericht reduzieren. Die homerische Dichtung wird herangezogen, um die verschiedenen Stufen der Beziehung zwischen Gefühl und Sprache zu analysieren. Homerische Passagen, die in *Rhet.* 1, 11 und 2, 2–3 im Zusammenhang mit dem Thema „Vergnügen" zitiert werden, sind für den Redner nützlich und zeigen gemischte Gefühle in Aristoteles' Argumentation. In *Rhet.* 1, 11 zitiert Aristoteles dreimal Homer im Zusammenhang mit zwei gemischten Gefühlen: Klage (ein schmerzliches Gefühl, das sich mit angenehmen Erinnerungen mischt) und Zorn (ein schmerzliches Gefühl als Reaktion auf eine empfundene Kränkung oder Ungerechtigkeit, gemischt mit einer angenehmen Erwartung).[21]

Ein Beispiel für eine von Aristoteles diskutierte Beschwerde ist *Rhet.* 1, 11, 1370b25–29, die *Il.* 23, 108 Ὣς φάτο, τοῖσι δὲ πᾶσιν ὑφ' ἵμερον ὦρσε γόοιο („so sprach er und erregte in ihnen allen den Wunsch zu weinen"). Hier stellt er Achilles dar, der zu seinen Kameraden spricht, während er um den toten Patroklos trauert. Derselbe Vers findet sich in *Od.* 4, 183 mit Menelaos, der sich an Helena wendet, und Telemachos, der um den verlorenen Odysseus trauert. Aristoteles sagt, Homer habe diese Zeile gut komponiert, weil die Klage Elemente des Schmerzes und der Freude enthält; Sehnsucht (ἵμερος) impliziert Freude, während Jammer/Wehklagen (γόος) Schmerz impliziert. Die Klagepassagen bei Homer waren in der Antike Gegenstand von Diskussionen und Debatten, insbesondere darüber, ob der Ausdruck der Klage angemessen war. Porphyr hatte die Ansichten dreier früher Kritiker zur Klage des Achilles dargestellt: Platon (Rep. 3, 387d–388d), Zoilos von Amphipolis (FGrHist 71, fr. 11) und der hellenistische Grammatiker des 1. Jahrhunderts v. Chr. Zenodorus (Porph. *Hom. Quest. Il.* 18, 22 = A *Il.* 18, 22–35). Von den dreien sind die ersten beiden für mich hier aus chronologischen Gründen interessant. Platon war bekannterweise insbesondere der Meinung, dass die homerischen Passagen über die Klage gestrichen werden sollten, weil sie für den anständigen Menschen nicht angemessen seien, und Zoilos – eine signifikante fragmentarische Quelle der voralexandrinischen Kritik – beschäftigte sich mit den Affekten bei Homer.[22]

Emotionen werden in literarischen Texten dargestellt, und daher waren wesentliche psychologische Beobachtungen zu fiktiven Charakteren bei den Gelehrten ein

20 Zu Gorgias' Behandlung von (literarischer) Täuschung, siehe Sier (2000), Karadimas (2008), Ioli (2013) 277–281, Schollmeyer (2021) 30–37. Vgl. Verdenius (1981).

21 Vgl. Pl. *Phlb.* 47c–48b mit Verweis auf *Il.* 18, 108–109.

22 Mayhew (2019) 77–78; Novokhatko (2020c) 114; Fogagnolo (2022) 121–136.

Thema der Analyse. Platons Zeitgenosse Zoilos kritisierte Widersprüche im Ablauf der Handlung (εἰκὸς γὰρ ἦν) in den homerischen Gedichten und interessierte sich für die Affekte der homerischen Figuren. Er kritisiert die beunruhigende Beschreibung des Verhaltens von Priamos. Obwohl es sich nicht um eine Affektanalyse handelte, interessierte sich Zoilos für die psychologische Stimmung, die die Figur und den Charakter an den Tag legte. Es erscheint nicht glaubwürdig (δοκεῖ γὰρ οὐ πιθανόν), dass Priamos bei Nacht in den Hafen gehen wollte und nicht vorher die Ehre erwies und ein Signal gab; und dass er noch der Aufmerksamkeit der Nachtwachen entging und in die Hütte des Achilles eindrang und sich darin aufhielt, als sie so befestigt war. Und es ist sehr neu (καινότατον δὲ καὶ τὸ πεῖσαι τὸν ἄγριον καὶ λόγοις θέλξαι τὸ θηρίον), einen so Wilden zu überreden und mit Worten zu bezaubern ... Es ist nicht überzeugend (ἀπίθανον), dass der alte Mann es wagte, um das zu bitten, was er brauchte (τὸ τολμῆσαι τὸν γέροντα παρρησιάσασθαι τὴν δέησιν, Zoil. FGrHist 71 fr. 17 = BNJ 71 fr. 17 = Eustath. Ad Iliad. 4, 970 (ad *Il.* 24, 652)). Zoilos analysiert die inneren Regungen der fiktiven Figuren, sich auf diese oder jene Weise zu verhalten. Der „Wunsch" (ἐθελῆσαι) des Priamos erscheint ihm nicht überzeugend (οὐ πιθανόν). Das andere wichtige Kriterium war das der Neuartigkeit. Das Überzeugen (τὸ πεῖσαι) und Betören mit Worten (λόγοις θέλξαι) wird vom Kritiker als „sehr neuartig" (καινότατον) bezeichnet. Schließlich ist auch die Kühnheit (τὸ τολμῆσαι) Priams, nach dem zu fragen, was er brauchte, „nicht überzeugend"(ἀπίθανον). Diese fragmentarisch überlieferte psychologische Analyse sollte im breiteren aristotelischen Kontext betrachtet werden.

Ähnliche psychologische Beobachtungen machte Theophrastos' Schüler und Freund Praxiphanes von Mytilene, der sich mit einer Vielzahl von Themen befasste: Gedichte, die Zahlen in Platons *Timaios* 17a, ergänzende Partikel, Literaturkritik und seltene Wörter; er bot auch eine Interpretation von Sophokles an und schrieb einen Kommentar zur *Odyssee* 11, 163–203 (Odysseus spricht mit seiner Mutter in der Unterwelt).[23] So zitiert ein anonymer Kommentar zur *Ilias* die Beobachtungen des Praxiphanes zu dieser Stelle. „Denn er (Praxiphanes) wundert sich, dass Odysseus, nachdem er tröstend zu seiner Mutter gesprochen hat (παρη[γ]ορικῶς ὡμειληκότα τῇ μητρὶ), am Ende nach Telemachos und Penelope fragt, da er in Wahrheit am liebsten hören wollte, was mit ihnen in seiner Abwesenheit geschehen ist (ἐπειδήπερ ὡς ἔνι μάλιστα [ἀκοῦσαι θέλει τὰ συμβάντα ἐν τῇ ἀ]πουσίᾳ). Er sagt, Antikleia sei die Klügste gewesen und habe die Sache sofort aufgegriffen" (Praxiphan. fr. 25 Matelli = Comm. Il. 2.763 (POxy. 8.1086, 11–18, S. 60 Nr. 6 Matelli)).[24]

Praxiphanes kommentiert hier sowohl Homers narratologische Technik als auch die psychologische Motivation der Figuren. Odysseus schiebt die wichtigste Frage bis zum Schluss auf und erzeugt so ein Gefühl der Spannung, während seine Mutter mit der

23 Frs. 22–31 Matelli. Zu Praxiphanes' Tätigkeit auch fr. 31 Matelli über das Syntagma ἱστορεῖ Πραξιφάνης („Praxiphanes stellt eine Untersuchung an").

24 Matelli (2012) 554–555.

Beantwortung seiner letzten Frage beginnt. In demselben anonymen Kommentar soll Aristarchos behauptet haben, dass die umgekehrte Reihenfolge (δεύτερον πρ]ότερον, l. 18) allgemein charakteristisch für den homerischen Stil sei. Aber Praxiphanes hat hier bereits nicht nur den Ablauf der Erzählung erklärt, sondern auch die Gefühlslage der homerischen Figuren, wie der intelligenten Mutter (συνετωτάτη), die die unausgesprochenen Wünsche ihres Sohnes spürt. Sie macht sich daher sofort auf den Weg, um seine wahren Anliegen zu beantworten (εὐθὺς περὶ αὐτὰ κατα]γίνεται).

Kurzum, die Rezeptionsästhetik ist eine der frühesten Formen kritischen Denkens, und die frühesten literaturkritischen Fragmente tragen Spuren von Debatten über Affekttheorie sowohl in Bezug auf literarische Texte, wie im Fall von Zoilos, als auch auf Kunstprosa im Allgemeinen, wie im Gorgias.

3 Poetologische Auseinandersetzungen

Es zeigt sich deutlich, dass die Fragmente den facettenreichen und vielschichtigen Prozess der Konstruktion des gelehrten Diskurses, der sich in verschiedenen literarischen Texten niederschlug, beleuchten. Parallel zu den aufblühenden Rhetorik- und Stilstudien entwickelten sich Textstudien und die am close-reading orientierte Erklärung epischer Verse, wie sie etwa in den Fragmenten des Antimachos überliefert sind.[25] Epitheta, Metaphern und syntaktische Konstruktionen wurden bewertet und kritisiert. Metrum, Gattung, Textstruktur und stilistische Terminologie suchten ihren Platz zwischen anderen Fachsprachen und kristallisierten sich in schriftlichen Fachtraktaten heraus. Auch wenn das antagonistische Modell ausschlaggebend war und viele Begriffe in der Poetik nach der binären Struktur von Gegensätzen formuliert wurden, wie erhabener versus schlichter Stil (Aischylos versus Euripides in Aristophanes' *Fröschen*), oder bäuerisch versus urban (Strepsiades and Phedippides/Sokrates in Aristophanes' *Wolken*), macht das den Gesamteindruck alles andere als einfach und eindeutig. Im Gegenteil: Das Bild der verstreuten Mosaiksteine macht den frühgriechischen Diskurs der Literaturkritik bunt und komplex.

Die spärlich erhaltenen Fragmente aus Demokrits Werk über die Analyse von Gedichten zeigen, dass Demokrit sich auf exegetische Werkzeuge konzentrierte.[26] So scheint Demokrit die Stelle in Il. 7, 390 ‚kommentiert' zu haben, wo der trojanische

25 Zu Antimachos' homerischen Textstudien siehe Antimachos fr. 165–188 Matthews (vierundzwanzig Fragmente). Matthews (1996) 46–51, 373–403. West (2001) 52–54 und 84 legt nahe, dass Antimachos' Ausgabe der *Ilias*, die in den Scholien als seine persönliche Ausgabe zitiert wird, in Wirklichkeit bedeutet, dass er diese Ausgabe besaß. Antimachos mag an ihr gearbeitet haben, aber er hatte den Text nicht unbedingt als διορθωτής „bearbeitet". Diese (ursprünglich rhapsodische?) Ausgabe erreichte dann die Bibliothek von Alexandria. Die Wahrheit ist, dass die Belege spärlich sind und wir einfach nicht wissen, um welche Art von Ausgabe es sich handelte. Siehe auch Gostoli (2006) 123–125 und Pontani (2011) 33.
26 Zur Homer-Exegese des Demokrit siehe auch Fronmüller (1901) und Philippson (1929) 167–175.

Herold Idaeus eine Rede über Paris vor den Achäern hält: „Oh, er wäre besser vorher umgekommen!“ (ὡς πρὶν ὤφελλ’ ἀπολέσθαι, DK 68 B23 = LM Atom. D222). Idaeus‘ Aufgabe ist es, zu erklären, dass Paris bereit ist, die Schätze der Achäer, die er mit dem Schiff nach Troja gebracht hatte, zurückzugeben. In der Mitte seiner Botschaft ruft er aus, dass Paris sterben muss, bevor dies geschehen kann. Der Scholiast erklärt den größeren Zusammenhang des Problems. Entweder richtet der Herold diese Bemerkung an die Griechen (εἴτε καὶ τοῖς Ἕλλησιν εἰς ἐπήκοον λέγει ὁ κῆρυξ), damit sie sich mit den Trojanern arrangieren (πρὸς τὸ συγγνωμονεῖν τοῖς ἄλλοις Τρωσὶν), die inzwischen auch auf Paris zornig geworden sind, zuzustimmen, oder er spricht es zu sich selbst und leise (εἴτε καθ‘ ἑαυτὸν καὶ ἠρέμα). Und hier fügt der Scholiast hinzu: „wie Demokrit denkt“ (ὡς Δημόκριτος ἀξιοῖ). Demokrit war der Meinung, dass es unpassend (ἀπρεπές) gewesen wäre, wenn der Herold dies offen (τὸ φανερῶς λέγεσθαι) gesagt hätte, und dass es deshalb auf beiden Seiten unterstrichen werden sollte (ἀμφότερα προστικτέον). Wie in dem Fragment DK 68 B22 (= LM Atom. D195) über das angebliche Adjektiv μελανόστου anstelle von μέλανος τοῦ in *Il.* 21, 252, ist es offensichtlich, dass Demokrit einen schriftlichen Text kommentiert hat. Außerdem hatte Demokrit darüber spekuliert, wie Affekte in der Poesie (der homerische Ausruf ist ein emotionaler Akt) mit dem Akt des Schreibens verbunden werden können und wie Intonation und Emotion in einer schriftlichen Form unterstrichen werden können. Wenn die ganze Passage zu Demokrits ἀξιοῖ ἀπρεπὲς ἡγησάμενος gehört, dann könnte die Vokabel ἀμφότερα προστικτέον demokritisch sein. Dies wäre dann eine der frühesten Überlegungen zur Zeichensetzung gewesen.[27]

Demokrit kommentierte auch die *Odyssee*. Im 12. Buch der *Odyssee* erzählt Kirke dem Odysseus von der Unmöglichkeit, dass ein Schiff die wandernden Felsen passiert (Planctae, V. 61: Πλαγκτὰς δή τοι τάς γε θεοὶ μάκαρες καλέουσι). Weder Vögel könnten diesen Weg passieren, noch die scheuen Tauben (πέλειαι τρήρωνες), die dem Zeus Ambrosia bringen (ταί τ‘ ἀμβροσίην Διὶ πατρὶ φέρουσιν, *Od.* 12, 59–63). Eustathius erklärt, dass es Menschen gibt, die Zeus allegorisch als die Sonne interpretieren (Δία μὲν νοῦσι τὸν ἥλιον), und er meint wahrscheinlich Platon, denn er zitiert Platons *Phaedrus* 246e4–5. Ambrosia bedeutet hier (in der *Odyssee*) die feuchten Dämpfe (ἀμβροσίαν δὲ τὰς ἀτμίδας), durch welche die Sonne genährt wird (αἷς ὁ ἥλιος τρέφεται), wie auch Demokrit meint (καθὰ δοξάζει καὶ Δημόκριτος, DK68 B25 = LM Atom. D224). Eustathius beruft sich kurz auf Aristoteles und behauptet, dieser habe diese Stelle allegorisch interpretiert (Ἀριστοτέλης δέ φασιν ἀλληγορικῶς). Es ist jedoch wahrscheinlich, dass sowohl Demokrit als auch Aristoteles diese Stelle meteorologisch und naturalistisch (φυσικῶς) verstanden haben.[28] Auch hier war Demokrits genaue Lektüre des homerischen Textes

27 Für die Idee, dass Demokrit hier dem epischen Text dramatische Affekte zuschreibt, siehe Fronmüller (1901) 49–66.

28 Zu Aristoteles’ mythischer und wissenschaftlicher, aber kaum allegorischer Interpretation dieser homerischen Passage in Aristoteles‘ *Homerischen Problemen* siehe Mayhew (2019) 177–187.

von Bedeutung, da der homerische Text untersucht und auf zeitgenössische wissenschaftliche Theorien angewendet wurde.[29]

In seinem Kommentar zur Odyssee 15 berichtet Eustathius, dass die Mutter des Schweinehirten Eumaios je nach Überlieferung unterschiedliche Namen hatte. Demokrit nannte sie Penia („Armut"), und das ist alles, was wir hier über Demokrits Lesart des homerischen Textes erfahren (Eust. *Od.* 15, 376ff. S. 1784 = DK68 B24 = LM Atom. D223). Es sind verschiedene Versuche unternommen worden, Demokrits Interpretation eine Allegorie zuzuschreiben, aber der Zitierkontext des Fragments reicht definitiv nicht aus, um zwischen einer literarischen und einer allegorischen Interpretation zu unterscheiden.[30]

Bei zwei Gelegenheiten führt Demokrit poetologische Argumente zur Inspiration an, die im Rahmen der archaischen Tradition über das göttliche und menschliche Potenzial im schöpferischen Akt zu lesen sind. Homer, so behauptete Demokrit, war mit einer göttlich wirkenden Natur ausgestattet (φύσεως λαχὼν θεαζούσης), und er baute ein Gebäude aus allerlei Versen (ἐπέων κόσμον ἐτεκτήνατο παντοίων', DK 68 B21= LM Atom. D221).[31] Der Textträger von Dion Chrysostomos erklärt den Kontext des Demokrit-Zitats. Es steht am Anfang von Dions Abhandlung über Homer, die mit „Demokrit sagt folgendes über Homer" ('Ο μὲν Δημόκριτος περὶ Ὁμήρου φησὶν οὕτως) beginnt. Weiter erklärt Dion, dass es ohne eine heilige und göttliche Natur unmöglich gewesen wäre (ἄνευ θείας καὶ δαιμονίας φύσεως), um so schöne und kluge Verse hervorzubringen (οὕτως καλὰ καὶ σοφὰ ἔπη ἐργάσασθαι, Dio 53, 1).

Die Worte „Natur" (φύσις) und „Schönheit/Ordnung/Exzellenz" (κόσμος) sind bemerkenswert.[32] Φύσις, die schöpferische Kraft eines Dichters, ist ein Schlüsselwort der Naturphilosophie, das den gesamten Hintergrund, der in der zweiten Hälfte des 5. Jahrhunderts v. Chr. verfassten Werke über die Natur trägt. κόσμος als „schöne Gestaltung" ist ein Schlüsselwort bei Homer und in der archaischen Poetik. Bei Demokrit kann es vielleicht als „ein zusammenhängendes und verständliches, wenn auch zweifellos ornamentales Ganzes" beschrieben werden.[33]

Demokrits Fragment spiegelt Xenophons zeitgenössischen (oder vielleicht etwas späteren) Bericht über Sokrates wider. Sokrates wollte nicht nur vermeiden, über die Natur des Universums (τῶν πάντων φύσεως) zu diskutieren, über die die meisten Menschen so viel reden (ᾗπερ τῶν ἄλλων οἱ πλεῖστοι), sondern auch vermeiden, zu untersuchen, auf welche Weise „die sogenannte Ordnung durch die Sophisten" funktioniert (ὅπως ὁ καλούμενος ὑπὸ τῶν σοφιστῶν κόσμος ἔχει), und auf welchen Prinzipien himm-

---

29 Domaradzki (2019) 7–8; Laks und Most (2016) 258–259.

30 Morgan (2000) 99–100; Richardson (2006) 204, F. 68; Domaradzki (2019) 9.

31 Über ἐτεκτήνατο und die aktuelle Bildsprache des Tischlerhandwerks in der Literaturkritik, vgl. Nünlist (1998) 98–107. Vgl. Pind. *Pyth.* 3, 113: ἐξ ἐπέων κελαδεννῶν, τέκτονες οἷα σοφοί, *Nem.* 3, 4–5: μελιγαρύων τέκτονες κώμων νεανίαι; Cratin. fr. 70 PCG: τέκτονες εὐπαλάμων ὕμνων.

32 Ford (2002) 169–170.

33 Ford (2002) 170.

lische Erscheinungen stattfinden (τίσιν ἀνάγκαις ἕκασται γίγνεται τῶν οὐρανίων). Sokrates fügte hinzu, dass diejenigen, die sich mit solchen Fragen beschäftigen, dumm seien (τοὺς φροντίζοντας τὰ τοιαῦτα μωραίνοντας ἀπεδείκνυε, Xen. *Mem.* 1, 1, 11).[34] Demokrit und Xenophon sprechen über sehr unterschiedliche Dinge, aber Demokrit verwendet ein zum Zeitgeist gehörendes Vokabular, um die poetische Kreativität zu beschreiben, und Xenophon wiederum liefert einen Metadiskurs über dieses Vokabular, in dem er die Gründe für die Kritik des Sokrates daran darlegt.

Das zweite Fragment, das sich mit poetologischen Fragen beschäftigt, ist DK 68 B18 = LM Atom. D217): Was immer ein Dichter (ποιητὴς δὲ ἅσσα μὲν ἂν γράφηι) mit Inspiration und göttlichem Atem (μετ' ἐνθουσιασμοῦ καὶ ἱεροῦ πνεύματος) schreibt, ist sehr schön (καλὰ κάρτα ἐστίν).[35] Das Fragment bezeugt die erste Verwendung des Substantivs ἐνθουσιασμός im Griechischen, aber das Konzept der göttlichen Inspiration ist, wie bereits erwähnt, viel älter.[36] Dieser Diskurs und dieses Vokabular sind paradigmatisch in Platons Dialogen zu finden, etwa im *Ion*, wo Sokrates behauptet, dass der Dichter als Instrument der Gottheit handelt. Während er die Metapher des Magneten erklärt, behauptet Sokrates, dass die Menschen von der Muse inspiriert werden (Μοῦσα ἐνθέους μὲν ποιεῖ αὐτή), und dann wurde durch diese Inspirierten (διὰ δὲ τῶν ἐνθέων τούτων) die Inspiration an andere weitergegeben (ἄλλων ἐνθουσιαζόντων), und es bildete sich eine Kette. Trotz alledem sangen gute epische Dichter ihre schönen Gedichte nicht wegen der Kunst (οὐκ ἐκ τέχνης), sondern als inspiriert und besessen (ἀλλ' ἔνθεοι ὄντες καὶ κατεχόμενοι, Pl. *Ion* 533e).[37]

Auch im *Phaidros* wird behauptet, dass es eine Besessenheit und einen Wahnsinn (κατοκωχή τε καὶ μανία) gibt, die von den Musen ausgehen. Dieser Wahnsinn fängt eine sanfte und unschuldige Seele ein, erweckt sie und inspiriert sie zu Liedern und anderen Dichtungen (ἐγείρουσα καὶ ἐκβακχεύουσα κατά τε ᾠδὰς καὶ κατὰ τὴν ἄλλην ποίησιν). Wer aber zu den poetischen Pforten der Musen (Μουσῶν ἐπὶ ποιητικὰς θύρας ἀφίκηται) kommt, ohne den Wahnsinn (ἄνευ μανίας), in der festen Überzeugung, dass er allein durch Können ein guter Dichter sein wird (ἐκ τέχνης ἱκανὸς ποιητὴς ἐσόμενος), erreicht er sein Ziel. Sowohl seine eigene Dichtung als auch die eines jeden vernünftigen Menschen würde von der Dichtung der inspirierten Verrückten (ἡ τοῦ σωφρονοῦντος ἠφανίσθη) in den Schatten gestellt (ἡ ποίησις ὑπὸ τῆς τῶν μαινομένων, Pl. *Phdr.* 245a).

Im 5. Jahrhundert v. Chr., mit der zunehmenden Verbreitung des ekstatischen Dionysos-Kults in ganz Griechenland und der damit einhergehenden Popularität der Gattungen Dithyrambos und Tragödie, wird die dionysische Besessenheit auf der Bühne aufgeführt. Das Bild eines Dichters, der von göttlicher Macht inspiriert und in einen

34 Dreßler (2014) 313–314. Zu Anaxagoras als Zielscheibe des Sokrates in Xenophons Passage, siehe Moore (2020) 162–163.

35 Ford (2002) 168–169.

36 Harriott (1969) 78–91.

37 Siehe auch Pl. *Ion* 534a–536d. Vgl. Ferrari (1989) 92–99; Murray (1996) 6–12, 112–115; Ferroni und Macé, (2018) 77–98. Siehe auch Capuccino (2011).

Zustand der Ekstase versetzt wird, findet weite Verbreitung.[38] Der Dithyrambos, den Aristoteles als orgiastisch und emotional charakterisiert (ὀργιαστικὰ καὶ παθητικά, Arist. *Pol.* 8, 1342b3), wird in archaischen und klassischen Texten mehrfach beschrieben. Eine frühe Parallele ist das Fragment des Archilochos (ca. 640 v. Chr.), in dem der Dichter selbstreferentiell behauptet, zu wissen (οἶδα), wie man „das schöne Lied des Herrn Dionysos" (Διωνύσου ἄνακτος καλὸν ἐξάρξαι μέλος) zu leiten, wenn sein „Geist vom Wein überwältigt ist" (οἴνωι συγκεραυνωθεὶς φρένας, fr. 120 West). Dieser mit Dionysos assoziierte Geisteszustand schafft eine geeignete Bedingung für poetisches Handeln. Die sizilianische und altattische Komödie bietet eine Reihe von Parallelen zur dionysischen Inspiration. Epicharm sagt in seiner Komödie *Philoktetes*, dass es keinen Dithyrambos geben kann, wenn nur Wasser getrunken wird (ὄκχ' ὕδωρ πίῃις, Epich. fr. 131 PCG). Kratinos verbindet das Trinken von Wein expliziter mit poetischer Kreativität und behauptet, dass ein Wassertrinker nichts Kluges hervorbringen kann (ὕδωρ δὲ πίνων οὐδὲν ἂν τέκοι σοφόν, Cratin. fr. 203, 2 PCG).[39]

Die letzte wichtige Parallele zu Demokrits poetologischen Fragmenten ist Platons *Apologie des Sokrates*. Hier behauptet Sokrates, dass die Dichter ihre Gedichte nicht dank ihres Könnens (οὐ σοφίᾳ ποιοῖεν ἃ ποιοῖεν), sondern durch eine Art von Natur und unter Inspiration (φύσει τινὶ καὶ ἐνθουσιάζοντες) verfassen, wie die Wahrsager und Propheten (Pl. *Apol.* 22c).

Die Entsprechung des Vokabulars der poetischen Inspiration wie μετ' ἐνθουσιασμοῦ καὶ ἱεροῦ πνεύματος und φύσεως λαχὼν θεαζούσης bei Demokrit und ἐνθουσιάζοντες und ἄλλων ἐνθουσιαζόντων, aber auch ἔνθεοι ὄντες καὶ κατεχόμενοι, κατοκωχή τε καὶ μανία, ἐκβακχεύουσα und φύσει τινὶ bei Platon ist auffällig. Der Unterschied liegt in der Verwendung des Verbs, das die Tätigkeit des Dichters bezeichnet. Platon verwendet in Bezug auf Dichter durchgehend das Verb ποιεῖν, während Demokrit in dieser einzigen erhaltenen Passage, in der er ausdrücklich beschreibt, was ein Dichter tut, γράφειν (ποιητὴς δὲ ἅσσα μὲν ἂν γράφηι) verwendet. Die Belege reichen nicht aus, um daraus einen sicheren Schluss zu ziehen, aber Demokrits Beziehung zum poetischen Text in seiner schriftlichen Form ist offensichtlich. Der Dichter-Musiker ist ein Schriftsteller (DK 68 B18 = LM Atom. D217), und die Interpunktion von emotionalen Aussagen innerhalb eines epischen Textes ist erforderlich (DK 68 B23 = LM Atom. D222).

Die erhaltenen Fragmente von Demokrit sind kurz und aufgrund des fehlenden Kontextes können wir nicht sicher sein, ob sie mit seiner Atomtheorie und seinen wissenschaftlichen Studien in Verbindung stehen. Der göttliche Atem und die göttliche Inspiration (μετ' ἐνθουσιασμοῦ καὶ ἱεροῦ πνεύματος) sowie eine göttlich wirkende Natur (φύσεως θεαζούσης) zeichnen jedoch ein Argument in den anhaltenden Debatten über das Wesen und die Prinzipien des poetischen Aktes nach.

---

38 Tigerstedt (1970).

39 Bakola (2010) 17, 56–57. Zur Metapher des Trinkens, siehe Biles (2011) 138–146. Zur Metapher des Gebärens siehe Leitao (2012) 124–125.

Aristoteles bezeichnet Demokrit an einer Stelle als Wissenschaftler, da Homer von ihm für wissenschaftliche Zwecke verwendet wurde. Demokrit glaubte, dass Seele und Geist einfach dasselbe seien (ἁπλῶς ταὐτὸν ψυχὴν καὶ νοῦν), argumentiert Aristoteles, denn die Wahrheit sei das, was sie zu sein scheint (τὸ γὰρ ἀληθὲς εἶναι τὸ φαινόμενον). Homer komponiere schön (καλῶς ποιῆσαι), dass Hektor „andersdenkend lag" (ὁ Ἕκτωρ κεῖτ' ἀλλοφρονέων). Homer verwendet den Geist nicht als eine bestimmte Kraft für die Wahrheit (ὡς δυνάμει τινὶ περὶ τὴν ἀλήθειαν), sondern stellt Seele und Geist als dasselbe dar (DK 68 A101 = LM Atom. D130, D133). Demokrit (bzw. Aristoteles) zitiert hier Verse, die im Standardtext der Ilias nicht vorkommen: Ἀλλοφρονέων kommt in *Il.* 23, 698 und bezieht sich auf den verwundeten Euryalos, während die Beschreibung des verwundeten Hektors in *Il.* 22, 361 zeigt, wie seine Seele seine Sprache verlässt (ψυχὴ δ' ἐκ ῥεθέων πταμένη Ἄϊδόσδε βεβήκει, „seine Seele, die von seinen Gliedern fliegt, ist zum Hades gegangen"). In *Il.* 14, 438–439, als Hektor von Ajax verwundet wird, wird er als τὼ δέ οἱ ὄσσε νὺξ ἐκάλυψε μέλαινα beschrieben („und schwarze Nacht schloss seine beiden Augen") und dann später als Ἕκτορα δ' ἐν πεδίῳ ἴδε κείμενον („und er sah Hektor in der Ebene liegen", *Il.* 15, 9). Das Verb κεῖσθαι wird dann in Bezug auf Hektor verwendet, allerdings ohne ἀλλοφρονέων.

Höchstwahrscheinlich hat Aristoteles Homer und nicht Demokrit zitiert, denn in seiner *Metaphysik* 3 bezieht er sich auf den „andersdenkenden" Hektor, der an der Wunde leidet, mit demselben Verb κεῖσθαι (ὅτι ἐποίησε τὸν Ἕκτορα, ὡς ἐξέστη ὑπὸ τῆς πληγῆς, κεῖσθαι ἀλλοφρονέοντα (Arist. *Met.* 3, 5, 1009b28–30). Wenn Demokrit Homer zitiert hat, dann müssen wir annehmen, dass es eine andere Textfassung der Ilias gab, in der das Adjektiv ἀλλοφρονέων auf den verwundeten Hektor bezogen wurde. In diesem Fall hatten sowohl Demokrit als auch Aristoteles Zugang zu dieser Version des Textes. Wenn wir hingegen annehmen, dass es sich um einen Irrtum oder ein Zitat aus dem Gedächtnis handelt, dann hat Aristoteles den Fehler begangen, denn er zitiert diese Stelle zweimal auf die gleiche Weise. Es ist nicht wahrscheinlich, dass sowohl Demokrit als auch Aristoteles unabhängig voneinander einen so seltenen Fehler aus dem Gedächtnis gemacht haben.[40] Dennoch ist es ein homerisches Adjektiv, das zur Veranschaulichung des wissenschaftlichen Gleichgewichts von Seele und Geist verwendet wird, wobei das Verb ἀλλοφρονέω gleichzeitig „an andere Dinge denken" und „sinnlos sein" bedeutet.[41]

Schließlich sollen hier noch zwei wissenschaftliche Allegorien erwähnt werden, da in den klassischen Texten häufig wissenschaftliche und literarische Diskurse vermischt wurden. Demokrit identifizierte insbesondere Athena mit dem Denken (φρόνησις νομίζεται) und etymologisierte ihr gemeinsames Epitheton Τριτογένεια. Zwei Quellen

---

40 Zu dem erschütterten Hektor, der in der Metaphysik des Aristoteles, die im Kontext eines naturphilosophischen Diskurses über die Erkenntnis steht, ein „anders Denkender" ist, siehe Tor (2017) 190–192.

41 Vgl. Domaradzki (2019) 8–9, der allerdings das Problem des Doppelzitats des Verses durch Aristoteles ignoriert und lediglich feststellt: „We may rather safely assume that Democritus and/or Aristotle quoted the poet from memory".

umschreiben diese Etymologie mit anderen Worten, aber mit einem ähnlichen Sinn, so dass der ursprüngliche Gedanke Demokrits offensichtlich ist. Aus dem Denken werden drei Dinge geboren (γίνεται δὲ ἐκ τοῦ φρονεῖν τρία ταῦτα), erklärte Demokrit, gute Überlegung (βουλεύεσθαι καλῶς / εὖ λογίζεσθαι), ohne Fehler zu sprechen (λέγειν ἀναμαρτήτως/εὖ λέγειν) und das Richtige zu tun (πράττειν ἃ δεῖ, DK 68 B2 = LM Atom. D293a, D293b). Τριτογένεια kommt in verschiedenen epischen Texten vor, und Demokrits Etymologisierung kann daher nicht auf einen bestimmten literarischen Text bezogen werden, sondern auf seine Behandlung des epischen Wortschatzes *in toto*.[42]

Zusammen mit den überlieferten Titeln und einigen Zeugnissen reichen Demokrits Fragmente aus, um zu dem Schluss zu kommen, dass der Name Demokrit als Metonym für die Gelehrsamkeit des 5. Jahrhunderts v. Chr. dienen könnte. Wie das Gebräu in einem Kessel, vermischten und vermengten sich die wissenschaftlichen Diskurse in Demokrits Werk. Demokrit schrieb über Mathematik, Natur und Naturwissenschaften, Ethik, aber auch über Poetik und Sprache.

Die wechselseitige Abhängigkeit seiner Behandlung jeder dieser Proto-Disziplinen ist offenkundig. Der göttliche Atem und die göttliche Inspiration sowie die Natur, die durch das Göttliche wirkt, werden verwendet, um eine Argumentation über das Wesen und die Prinzipien des poetischen Aktes nachzuzeichnen (DK 68 B18 = LM Atom. D217 und DK 68 B21 = LM Atom. D221). Aus diesem Grund sind die Begriffe φύσις und κόσμος, die in DK 68 B21 = LM Atom. D221 nebeneinanderstehen, von Bedeutung. Sie verdeutlichen die Wechselwirkung zwischen wissenschaftlichen und archaischen poetischen Diskursen. Und Demokrits Verbindung des poetischen Akts mit dem Akt des Schreibens (DK 68 B18 = LM Atom. D217 und DK 68 B23 = LM Atom. D222) zeugt von einem Ansatz, der sich am Gelehrten orientiert.

Die Fragmente, die Demokrits poetologische Überlegungen enthalten, sind daher von größter Bedeutung. Themen wie poetische Inspiration, Textinterpretation und Allegorese zeigen Demokrits bewusste Selbstzugehörigkeit zur antiken Tradition der Poetik einerseits und die innovative kritische Auseinandersetzung mit dem sophistischen Geist andererseits. Die literaturkritischen Fragmente Demokrits stellen eine entscheidende Brücke zwischen dem archaischen kritischen Denken und Platons literarischem Engagement dar.

42 Vgl. Τριτογένεια in *Il.* 4, 515; 8, 39; 22, 183; *Od.* 3, 378; *Hymn. Hom. Min.* 4; Hes. *Theog.* 895; [*Scut.*]197. Zum Etymologisieren als Interpretationstechnik siehe Domaradzki (2019) 10–11.

4 Der literaturkritische Diskurs im 5. Jahrhundert v. Chr.

Im späten 5. Jahrhundert v. Chr. erlebte der kritische Diskurs eine Blütezeit, was sich an verschiedenen Gattungen ablesen lässt. Eine Figur sticht heraus und sollte gesondert betrachtet werden. Demokrit schrieb eine Reihe von literarisch-poetisch-musikalischen Abhandlungen, von denen nur einige wenige Titel erhalten sind. Die Titel entsprechen jedoch den Schlüsselwörtern der zeitgenössischen wissenschaftlichen Diskurse. Die Liste umfasst Werke über Poesie wie *Über die Poesie* (Περὶ ποιήσιος), *Über die Schönheit der Verse* (Περὶ καλλοσύνης ἐπέων), *Über den Gesang* (Περὶ ἀοιδῆς), Werke über Musik und Sprachstruktur wie *Über Rhythmus und Harmonie* (Περὶ ῥυθμῶν καὶ ἁρμονίης), *Über Redewendungen* (Περὶ ῥημάτων), *Über gut und schlecht klingende Buchstaben* (Περὶ εὐφώνων καὶ δυσφώνων γραμμμάτων), und schließlich einige lexikographische Titel wie *Lexikon* (Ὀνομαστικῶν (βιβλίον), DK 68 A33 = LM Atom. D2b). Die Titel zeigen, dass Textinterpretation, Literaturkritik und linguistische Studien ein wesentliches Element in Demokrits Gelehrsamkeit waren.[43]

Von Bedeutung sowohl für Demokrits Homerische Studien als auch für die wachsende Theorie der Literaturkritik ist auch der Titel *Über Homer* oder *Über die Korrektheit der Diktion und veraltete Wörter* (Περὶ Ὁμήρου ἢ ὀρθοεπείης καὶ γλωσσέων, DK 68 A33 = LM Atom. D2b). Der Titel suggeriert eine Unterscheidung zwischen korrektem Sprachgebrauch und archaischem Vokabular, und das bedarf einer Erklärung. Wenn der Titel stimmt und Demokrit diese Abhandlung tatsächlich geschrieben hat, muss es sich um eine Art homerisch-attisches Wörterbuch handeln, vielleicht eines der Proto-Wörterbücher aus dem fünften Jahrhundert v. Chr., die als Quelle für die scholia minora oder die sogenannten D[idymos]-Scholia verwendet wurden. Solche Wörterbücher erklärten homerische Ausdrücke und übersetzten sie ins zeitgenössische Attische.[44] Das Wort γλῶττα/ γλῶσσα taucht in einem viel diskutierten Fragment 233 PCG aus Aristophanes‘ *Daitales* (427 v. Chr.) auf; der Dialog könnte zu einem Agon gehören, und die Sprecher sind ein Vater und ein Sohn, die homerische/epische und solonische/ gerichtliche Begriffe diskutieren.[45] Der Vater fragt: „Und nun sag uns wiederum home-

43 Siehe Brancacci (2007) im Detail und Grintser (2017) 23–27. Zu Demokrits Werken an der Schnittstelle zwischen Sprachphilosophie und Proto-Linguistik siehe Willi (2023).

44 Latacz (2000) 3–4; Pfeiffer (1968) 41–42 und 78–79; Novokhatko (2020b) 58–59. Es gibt mehrere Beispiele für solche homerisch-attischen Studien, in denen Homer zitiert und interpretiert wird und homerische Wörter systematisch durch attische ersetzt werden (Pl. *Gorg.* 485d, Xen. *Mem.* 1.2.58–59, Aeschin. 1 (*Timarchos*) *passim*; Ford (1999)). Vgl. Plat. *Resp.* 3, 393d–394e: eine Parapharase von *Il.* 1.12–42. Zur Bedeutung der frühen Homerstudien für die Entwicklung der Scholia minora, siehe Henrichs (1971), besonders 99–101.

45 Zu diesem Fragment siehe Montanari (2011) und Novokhatko (2017), Chepel (2022). Siehe auch Cassio (1977) 75–77; Olson (2007) 163–164; Perrone (2020) 346–347. Zum Fragment im Kontext der glossographischen Tradition siehe Pontani (2011) 32 und 117–126.

rische *Glossen*, was bedeutet *korymba*?" (πρὸς ταύτας δ' αὖ λέξον Ὁμήρου γλώττας, τί καλοῦσι κόρυμβα; Ar. fr. 233, 1 PCG). κόρυμβος (Plural sowohl κόρυμβοι als auch κόρυμβα) ist eine Hapax bei Homer (*Il.* 9.241), und kommt einmal bei Aischylos (Aesch. *Pers.* 411) und einmal bei Euripides (Eur. *IA* 258) vor. Die Verwendung des Syntagmas Ὁμήρου γλώττας ist von entscheidender Bedeutung, da der Begriff γλῶττα etwa zur Zeit der Aufführung der *Daitales* erstmals in diesem Sinne verwendet worden sein muss. Fast hundert Jahre später wird die Verwendung des Begriffs γλῶττα von Aristoteles diskutiert.[46] Für Aristoteles, der sich auf eine Tradition stützte, die schon vor ihm bestanden haben muss, gehört γλῶττα zu den Werkzeugen eines Dichters und ist neben den für den Dithyrambos typischen zusammengesetzten Wörtern und den Metaphern für den Jambus eines der wichtigsten lexikalischen und stilistischen Kriterien der epischen (heroischen) Dichtung. Aristoteles zieht die für den heroischen Stil typischen Wörter, γλῶτται, den üblichen Wörtern, κύρια, vor (Arist. *Poet.* 1459a9–10, 1461a10, *Rhet.* 3, 1406b3, 1404b28). Wenn der Titel Περὶ Ὁμήρου ἢ ὀρθοεπείης καὶ γλωσσέων tatsächlich von Demokrit stammt, ist dies ein wichtiges Zeugnis dafür, dass, erstens, dass der Begriff offensichtlich zum literaturkritischen Vokabular gehörte und von Anfang an auf die epischen Wörter angewandt wurde, und zweitens, dass Demokrit intensiv an den zeitgenössischen, weithin bekannten Homeristudien beteiligt war.

Es gibt noch weitere Beispiele dafür, dass die Homer-Kritik populär war, sodass sie auch auf der Theaterbühne ihren Platz fand. Einem kurzen Fragment zufolge, scheint Kratinos sich über Homer (Ὁμήρου κωμῳδηθέντος ὑπὸ Κρατίνου) lustig gemacht zu haben, weil er die Antwortformel τὸν/τὴν δ' ἀπαμειβόμενος („ und er antwortete ihm/ihr" wiederhole (διὰ τὸ πλεονάσαι), Cratin. incert. fr. 355 PCG = Porphyr ap. Euseb. *Praep. Ev.* 10.3.21).[47] Dies sollte als weiterer Beweis dafür dienen, dass Reden über die Homer-Kritik so populär waren, dass ein Publikum einen Witz über den homerischen Pleonasmus hätte verstehen müssen. Ob Kratinos die homerische Kritik selbst oder einen bestimmten homerischen Kritiker parodierte, oder ob es sich um seine eigene Beobachtung des homerischen Stils handelte, sei dahingestellt. Selbst wenn man davon ausgeht, dass es sich um einen eigenen Witz von Kratinos handelte, schrieb er eindeutig innerhalb eines Soziums, das an einem solchen Thema interessiert war und es zu schätzen wusste. In dieser Hinsicht fallen Demokrit, Kratinos und Aristophanes in denselben Diskurs, der Ende des fünften Jahrhunderts v. Chr. in Athen an Stärke gewann und der wesentlich zur Entwicklung der Literaturtheorie beitrug.

Im selben Sinne gehörte auch der Naturphilosoph Diogenes von Apollonia aus dem 5. Jahrhundert v. Chr. zum literaturkritischen Diskurs. Er vertrat die Ansicht, dass die Luft die einzige Quelle allen Seins sei und als Urkraft intelligent sei, während andere Stoffe durch Kondensation und Verdünnung aus ihr hervorgehen. Er soll

46 Siehe Lucas (1968) 204.

47 Olson u. Seaberg (2018) 151. Zur markierten Bedeutung von ἀμείβεσθαι in der performativen archaischen Dichtung als „to take turns", siehe Collins (2004) 169–175. Zur räumlichen Dimension von formelhaften Zeilen, die Reden einleiten und abschließen, siehe Zanker (2019) 105–106.

Homer (ἐπαι[νεῖ] τὸν Ὅμηρον) dafür gelobt haben, dass er nicht in mythischer Weise (διειλεγμένον), sondern der Wahrheit gemäß (ο[ὐ] μυθικ[ῶς] ἀλλ' ἀληθῶς) über das Göttliche geredet habe. Er behauptet angeblich, dass Homer die Luft für Zeus selbst hält (τὸν ἀέρα γὰρ αὐτὸν Δία νομίζειν φησίν), wenn er sagt, dass Zeus alles weiß (ἐπειδὴ πᾶν εἰδέναι τὸν Δία λέγει, DK64 A8 = LM Diog. R14, R17, R19).

Diogenes' πᾶν εἰδέναι τὸν Δία könnte einen Wortwitz enthalten, denn Δία bedeutet sowohl „Zeus" als auch „durch und durch". Da Zeus alles weiß, muss er wie die Luft (τὸν ἀέρα) sein, die alles durchdringt. Der Hinweis auf Homer, der sagt (λέγει), dass Zeus alles weiß, könnte auf *Il.* 24, 88: Ζεὺς ἄφθιτα μήδεα εἰδώς oder auf *Od.* 20, 75: ὁ γάρ τ' ἐῢ οἶδεν ἅπαντα zurückgehen. Außerdem wird Zeus bei Homer und Hesiod immer wieder als „Wolkensammler" (νεφεληγερέτα) bezeichnet, und Empedokles soll sich in gleicher Weise auf die Luft bezogen haben (ἀέρα ... νεφεληγερέτην, DK31 B148 = LM Emp. D20, DK31 B149 = LM Emp. D143, DK31 B150 = LM Emp. D196). Die wissenschaftliche Lektüre epischer Verse ist ein deutliches Beispiel für die Überschneidung von Gedankensphären. Worte aus dem Epos gehen in den wissenschaftlichen Diskurs und in die Literaturwissenschaft gleichermaßen ein, wobei das Epos und andere Texte für ihre Beschreibungen der Welt und der Sprache herangezogen werden.

Es lässt sich feststellen, dass das frühklassische Denken über Sprache und Literatur eine ganze Reihe von Phänomenen umfasst, darunter archaische Poetik und Selbstreferenzialität, frühe Überlegungen zur Sprache, Allegorie als Interpretationsinstrument, Orakel und Textexegese, die Fixierung des homerischen Epos, die Proto-Klassifizierung von Gattungen und die Selbstidentifikation der Gattung sowie die Etablierung der Grammatik als Disziplin. Die meisten Quellen sind in Fragmenten überliefert und liegen heute in Form von Mosaiksteinen vor. Die umsichtige und sorgfältige Kontextualisierung und schließlich die sorgfältige Rekonstruktion der Fragmente ermöglicht weitere Überlegungen zur Rolle verschiedener sozialer Institutionen und zum kulturellen Kontext der Orte, an denen die Rhetoriktheorien und Literaturkritik entwickelt wurden, und führt zu einer ganz besonderen Sicht auf den Sprachgebrauch und die Text- und Literaturwissenschaft im archaischen und klassischen Griechenland.

Die zumeist fragmentarischen Belege, die bis ins späte 6. Jahrhundert v. Chr. zurückreichen, unterstützen eine Betrachtung der sozialen Bedingungen und Voraussetzungen, die eine solche Gelehrsamkeit ermöglichten. Die erneute Lektüre des erhaltenen Korpus fragmentarischer literarischer Texte, die direkte oder indirekte Belege für das gelehrte Denken im vor-alexandrinischen Griechenland enthalten, hebt auch wichtige methodische Instrumente hervor, die für die Etablierung der Gelehrsamkeit unerlässlich waren.

Literaturverzeichnis

Bakola (2010): Emmanuela Bakola, *Cratinus and the art of comedy*, Oxford.

Belfiore (1992): Elizabeth Belfiore, *Tragic Pleasures: Aristotle on Plot and Emotion*, Princeton.

Biles (2011): Zachary P. Biles, *Aristophanes and the poetics of competition*, Cambridge.

Brancacci (2007): Aldo Brancacci, „Democritus' *Mousika*", in: Aldo Brancacci u. Pierre-Marie Morel (Hgg.), *Democritus: Science, the Arts, and the Care of the Soul*, Leiden/Boston, 181–205.

Buchheim (1985): Thomas Buchheim, „Maler, Sprachbildner. Zur Verwandtschaft des Gorgias mit Empedokles", *Hermes* 113, 417–429.

Cabré (1999): M. Teresa Cabré, *Terminology. Theory, methods and applications*, hrsg. v. Juan C. Sager, übers. v. Janet Ann DeCesaris, Amsterdam/Philadelphia.

Capuccino (2011): Carlotta Capuccino, „Plato's *Ion* and the Ethics Of Praise", in: Pierre Destrée und Fritz-Gregor Herrmann (Hgg.), *Plato and the Poets*, 63–92.

Cassio (1977): Albio Cesare Cassio, *Aristofane. Banchettanti [Daitales]. I frammenti* (ed.), Pisa.

Ceccarelli (2013): Paola Ceccarelli, *Ancient Greek letter writing: a cultural history (600 BC–150BC)*, Oxford.

Chepel (2022): Elena Yu. Chepel, „Were Homeric Glosses Part of School Education in Fifth-century Athens? New Interpretation of Aristophanes' *Daitales* fr. 233", *Philologia Classica* 17/2, 244–252.

Collins (2004): Derek Collins, *Master of the game. Competition and performance in Greek poetry*, Washington, D.C.

Domaradzki (2019): Mikolaj Domaradzki, „Democritus and Allegoresis", *The Classical Quarterly* 69/1, 1–12.

Dreßler (2014): Jan Dreßler, *Wortverdreher, Sonderlinge, Gottlose. Kritik und Philosophie und Rhetorik im klassischen Athen*, Berlin/Boston.

Ferrari (1989): Giovanni R. F. Ferrari, „Plato and poetry", in: George Alexander Kennedy (Hg.), *Classical Criticism*, Cambridge, 92–148.

Ferroni u. Macé (2018): Lorenzo Ferroni u. Arnaud Macé, *Platon, Ion*, Paris.

Fluck (1996): Hans-Rüdiger Fluck, *Fachsprachen. Einführung und Bibliographie*. 5., überarb. und erw. Aufl. Tübingen/Basel.

Fogagnolo (2022): Marta Fogagnolo, *Zoilus Amphipolitanus*. Supplementum Grammaticum Graecum, 6.

Ford (1999): Andrew Ford, „Reading Homer from the rostrum: poems and laws in Aeschines' Against Timarchos", in: Simon Goldhill u. Robin Osborne (Hgg.), *Performance culture and Athenian democracy*, 231–256, Cambridge.

Ford (2002): Andrew Ford, *The origins of criticism: literary culture and poetic theory in Classical Greece*, Princeton.

Fronmüller (1901): Wilhelm Fronmüller, *Demokrit, seine Homer-Studien und Ansichten*. Diss., Erlangen.

Funke (1998): Hermann Funke, „Grammatik, Rhetorik und Dialektik (‚Trivium') und ihre Fachsprachen: eine Übersicht", in: Lothar Hoffmann, Hartwig Kalverkämper u. Herbert E. Wiegand (Hgg.), *Fachsprachen/ Languages for Special Purposes. Ein internationales Handbuch zur Fachsprachenforschung und Terminologiewissenschaft, 2. Halbband*, Berlin/New York, 2255–2260.

Gostoli (2006): Antonietta Gostoli, „Colofone tra epica buffa ed epica eroica", in: Massimo Vetta u. Carmine Catenacci (Hgg.), I luoghi e la poesia nella Grecia antica, Alessandria, 121–131.

Grintser (2017): Nikolai P. Grintser, „Литературная критика в V в. до н.э.: софисты и Демокрит", Vestnik drevney istorii (= Вестник древней истории) 77/1, 14–29.

Halliwell (2011): Stephen Halliwell, *Between ecstasy and truth: interpretations of Greek poetics from Homer to Longinus*, Oxford.

Harriott (1969): Rosemary Harriott, *Poetry and criticism before Plato*. London.

Henrichs (1971): Albert Henrichs, „Scholia Minora zu Homer I", *ZPE* 7, 97–149.

Hoffmann (1985): Hoffmann, Lothar, *Kommunikationsmittel Fachsprache: eine Einführung*. 2. Aufl., Tübingen.

Hoffmann, Kalverkämper u. Wiegand (1998): Lothar Hoffmann, Hartwig Kalverkämper u. Herbert E. Wiegand (Hgg.), *Fachsprachen/Languages for Special Purposes. Ein internationales Handbuch zur Fachsprachenforschung und Terminologiewissenschaft*, Berlin/New York.

Humbley, Budin u. Laurén (2018): John Humbley, Gerhard Budin u. Christer Laurén (Hgg.), *Languages for Special Purposes. An International Handbook*, Berlin/Boston.

Ioli (2013): Roberta Ioli (Hg.), *Gorgia. Testimonianze e frammenti. Introduzione, traduzione e commento*, Rom.

Jaeger (1954): Werner Jaeger, *Paideia. Die Formung des griechischen Menschen*. 2. Band. 2. Aufl, Berlin.

Karadimas (2008): Dimitrios Karadimas, *Eros and Rhetoric: From Gorgias to Plato*, Scripta minora Regiae Societatis Humaniorum Litterarum Lundensis (Lund).

LaCourse Munteanu (2012): Dana LaCourse Munteanu, *Tragic Pathos: Pity and Fear in Greek Philosophy and Tragedy*, Cambridge.

Laks u. Most (2016): André Laks u. Glenn Most, *Early Greek philosophy. Vol. 7: Later Ionian and Athenian thinkers. Part 2, ed. and transl.*, Cambridge (Mass.).

Latacz (2000): Joachim Latacz, „Einleitung: zur Homer-Kommentierung. Von den Anfängen bis zu diesem Kommentar", in: Joachim Latacz (Hg.), *Homers Ilias. Gesamtkommentar. Prolegomena*, München/Leipzig, 1–26.

Leichik (2014): V. M. Leichik, *Terminovedenie. Predmet, metodi, struktura*. 3. Aufl., Moskau.

Leitao (2012): D. D. Leitao, *The Pregnant Male as Myth and Metaphor in Classical Greek Literature*, New York/ Cambridge.

Lucas (1968): D. W. Lucas, *Aristotle, Poetics, intr., comm. and appendixes*, Oxford.

Matelli (2012): Elisabetta Matelli, „Praxiphanes, who is he?", in: Andrea Martano, Elisabetta Matelli u. David C. Mirhady (Hgg.), *Praxiphanes of Mytilene and Chamaeleon of Heraclea: text, translation, and discussion*, New Brunswick/London, 525–578.

Matthews (1996): Victor J. Matthews, *Antimachus of Colophon: text and comm*, Mnemosyne: supplements 155, Leiden.

Mayhew (2019): Robert Mayhew, *Aristotle's Lost Homeric Problems: Textual Studies*, Oxford.

Montanari (2011): Franco Montanari, Οι διαδρομές μιας ΓΛΩΤΤΑΣ: από τον Αριστοφάνη έως το Βυζάντιο, in: Th. Pappas u. A. G. Markantonatos (Hgg.), *Αττική κωμωδία, Πρόσωπα και προσεγγίσεις*, Athen, 317–325.

Moore (2020): Christopher Moore, *Calling Philosophers Names: On the Origin of a Discipline*, Princeton.

Morgan (2000): Kathryn Morgan, *Myth and Philosophy from the Presocratics to Plato*, Cambridge.

Murray (1996): Penelope Murray (Hg.), *Plato On Poetry: Ion, Republic 376e–398b, Republic 595–608b*, Cambridge.

Novokhatko (2015): Anna Novokhatko, „Greek scholarship from its beginnings to Alexandria", in Franco Montanari, Stephanos Matthaios u. Antonios Rengakos (Hgg.), *Brill's Companion to Ancient Greek Scholarship*, Leiden/Boston, 3–59.

Novokhatko (2017): Anna Novokhatko, „Discourse markers in a comic fragmentary dialogue", in: Felicia Logozzo u. Paolo Poccetti (Hgg.), *Ancient Greek Linguistics: New Approaches, Insights, Perspectives*, Berlin/ New York, 227–242.

Novokhatko (2020a): Anna Novokhatko, „The wetted sponge, the wretched rho, and other Greek evidence for scribal work", *Glotta* 96, 148–173.

Novokhatko (2020b): Anna Novokhatko, „The Origins and Growth of Scholarship in Pre-Hellenistic Greece", in: Franco Montanari (Hg.), *History of Ancient Greek Scholarship: From the Beginnings to the End of the Byzantine Age*, Leiden/Boston, 9–131.

Novokhatko (2020c): Anna Novokhatko, „Homeric hermeneutics on the way from Athens to Alexandria", in: Patrick Finglass, Antonios Rengakos u. Bernhard Zimmermann (Hgg.), *More than Homer Knew – Studies on Homer and His Ancient Commentators*, Berlin/Boston, 87–146.

Nünlist (1998): René Nünlist, *Poetologische Bildersprache in der frühgriechischen Dichtung*, Stuttgart/Leipzig.

Olson (2007): S. Douglas Olson, *Broken laughter: select fragments of Greek comedy*, Oxford.

Olson u. Seaberg (2018): S. Douglas Olson u. Ryan Seaberg, *Kratinos frr. 299–514. Transl. and comm.*, Göttingen.

Perrone (2020): Serena Perrone, Homer on the comic stage, in: Antonios Rengakos, Patrick Finglass u. Bernhard Zimmermann (Hgg.), *More than Homer Knew – Studies on Homer and His Ancient Commentators*, Berlin/Boston, 339–362.

Pfeiffer (1968): Rudolf Pfeiffer, *History of classical scholarship: from the beginnings to the end of the Hellenistic age*, Oxford.

Philippson (1929): Robert Philippson, „Democritea", *Hermes* 64, 167–183.

Platthy (1968): Jenö Platthy, *Sources on the earliest Greek libraries with the testimonia*, Amsterdam.

Pohlenz (1920): Max Pohlenz, „Die Anfänge der griechischen Poetik", NGG, 142–178.

Pontani (2011): Filippomaria Pontani, *Sguardi su Ulisse. La tradizione esegetica greca all' Odissea*, 2. Aufl., Rom.

Quemada (1978): Bernard Quemada, „Technique et langage: la formation des vocabulaires français des techniques", in: Bertrand Gille (Hg.), *Histoire des techniques. Encyclopédie de la Pléïade*, Paris, 1146–1240.

Reformatskij (1961): A. A. Reformatskij, „Chto takoe termin i terminologija", in: *Voprosi terminologii*, Moskau, 46–54.

Reformatskij (1968): A. A. Reformatskij, „Termin kak chlen lexicheskoj sistemy jazyka", in: S. K. Shaumjan (Hg.), *Problemi strukturnoj linguistiki*, Moskau, 102–125.

Rey (1979): Alain Rey, *La terminologie: noms et notions*, Paris.

Richardson (2006): Nicholas James Richardson, „Literary criticism in the exegetical scholia to the Iliad: a sketch", in: Andrew Laird (Hg.), *Ancient Literary Criticism*, Oxford, 176–210.

Sassi (2018): Maria Michaela Sassi, *The beginnings of philosophy in Greece. Transl. by M. Asuni*, Princeton.

Schironi (2010): Francesca Schironi, "Technical languages: science and medicine", in: Evert Jan Bakker (Hg.), *Blackwell's Companion to the Ancient Greek language*, Malden, (MA), 338–353.

Schollmeyer (2021): Jonas Schollmeyer, *Gorgias' „Lobrede auf Helena": literaturgeschichtliche Untersuchungen und Kommentar*, Berlin/Boston.

Segal (1962): Charles P. Segal, "Gorgias and the psychology of the Logos", *HSCP* 66, 99–155.

Sier (2000): Kurt Sier, „Gorgias über die Fiktionalität der Tragödie", in: Ekkehard Stärk u. Gregor Vogt-Spira (Hgg.), *Dramatische Wäldchen: Festschrift für Eckard Lefèvre zum 65. Geburtstag*, Hildesheim/Zürich/New York, 575–618.

Tigerstedt (1970): Eugène N. Tigerstedt, "Furor Poeticus: Poetic Inspiration in Greek Literature before Democritus and Plato", *Journal of the History of Ideas* 31/2, 163–178.

Tor (2017): Shaul Tor, *Mortal and divine in early Greek epistemology. A study of Hesiod, Xenophanes and Parmenides*, Cambridge.

Verdenius (1981): Willem Jacob Verdenius, „Gorgias' Doctrine of Deception", in: G. B. Kerferd (Hg.), *The Sophists and Their Legacy: Proceedings of the Fourth International Colloquium on Ancient Philosophy, Homburg*, Wiesbaden, 116–128.

Wenskus (1998): Otta Wenskus, „Reflexionen zu fachsprachlichen Phänomenen in der Antike und Spätantike", in: Lothar Hoffmann, Hartwig Kalverkämper u. Herbert E. Wiegand (Hgg.), *Fachsprachen/ Languages for Special Purposes. Ein internationales Handbuch zur Fachsprachenforschung und Terminologiewissenschaft*, 1. Halbband, Berlin/New York, 295–301.

West (2001): Martin L. West, *Studies in the text and transmission of the Iliad*, München/Leipzig.

Willi (2003): Andreas Willi, *The languages of Aristophanes: aspects of linguistic variation in classical Attic Greek*, Oxford.

Willi (2023): Andreas Willi „Demokrit und der Übergang von der Sprachphilosophie zur Sprachwissenschaft", in: C. Semenzato und L. Hartmann (Hgg.), *Von der Antike begeistert! Philologie, Philosophie, Religion und Politik durch drei Jahrtausende*, Basel, 79–92.

Zetzel (2018): James E. G. Zetzel, *Critics, Compilers, and Commentators. An Introduction to Roman Philology, 200 BCE–800 CE*, Oxford.

Christian Vassallo

Wie man philosophische Fragmente aus epigraphischen Quellen deutet: Diogenes von Oinoanda gegen die Vorsokratiker

1 Die „fragmentierte Welt“ des Diogenes von Oinoanda: Ein Beitrag zur vorsokratischen Überlieferung

Die Säulenhalle (Stoa), in deren Bereich die Inschrift von Oinoanda angebracht war, wurde 1884 entdeckt. Die ersten Fragmente (insgesamt 64) wurden bereits 1892 von G. Cousin[1] und dann 1897 von R. Heberdey und E. Kalinka veröffentlicht.[2] Nach den Ausgaben von J. William,[3] A. Grilli,[4] D. W. Chilton,[5] und A. Casanova,[6] wurde die aktuelle Referenzausgabe im Jahr 1993 von M. F. Smith publiziert.[7] In den folgenden Jahrzehnten und bis heute kamen eine große Anzahl neuer Fragmente ans Licht, die einen bedeutenden Beitrag zu unserer Kenntnis des Diogenes von Oinoanda geleistet haben.[8] Nach unserem derzeitigen Kenntnisstand ist die Inschrift von Oinoanda die längste der antiken Welt. Nach den Berechnungen von Smith erstreckte sie sich über eine Länge von ca. 80 Metern. Sie war ca. 3,25 Meter hoch und inhaltlich in fünf Gruppen von Schriften gegliedert: 1) Die erste Gruppe (der untere Teil der Inschrift, der auf einer unbeschrifteten Steinbasis ruhte) enthielt eine Epitome des Diogenes zur epikureischen Ethik; 2) die zweite Gruppe enthielt eine Epitome zur Physik: Diese liegt auf einer Steinschicht, die sich oberhalb einer der Ethik gewidmeten Steinschicht befindet, damit die Passanten zuerst die *Physik* lesen konnten (das entsprach dem epikureischen Prinzip der Zweckdienlichkeit der Physik mit Blick auf die Ethik, i. e. dem Ziel der Lust);[9] 3) in der dritten Gruppe findet man dagegen die Briefe, die Diogenes an seine Freunde und Sympathisanten (wie etwa Antipater und Dionysios) richtete, und außerdem einige (epikureische) Maximen, die wahrscheinlich von Diogenes selbst geschrieben wurden; 4) der vierten Gruppe gehören einige Briefe (wahrscheinlich) des Diogenes an sowie

1 Cousin (1892).
2 Heberdey u. Kalinka (1897).
3 William (1907).
4 Grilli (1960).
5 Chilton (1967).
6 Casanova (1984).
7 Smith (1993).
8 Vgl. z. B. die Berichte von Smith (2003) und (2020).
9 Siehe Smith (1993) 84–85 und 494.

https://doi.org/10.1515/9783111508788-013

womöglich ein Brief Epikurs an seine Mutter; 5) schließlich, in den drei obersten Teilen der Inschrift, gibt es eine Abhandlung des Diogenes über das Alter, die in achtzehnzeiligen Kolumnen eingraviert ist.[10]

Wie zahlreiche Studien bewiesen haben, bietet die Inschrift viele wichtige Zeugnisse für die Rekonstruktion der epikureischen Polemik gegen andere Philosophen. Die Frage der Kritik des Diogenes von Oinoanda gegen die Vorsokratiker betrifft größtenteils (wenngleich nicht ausschließlich) die Fragmente der untersten Blöcke der Inschrift, d. h. diejenigen, die die Epitomen des Diogenes über Ethik und Physik enthalten. Zweifellos ist das gesamte philosophische und doxographische Material grundlegend, um die vorsokratische Überlieferung im Epikureismus zu rekonstruieren. Wie wir sehen werden, ist es nicht einfach, die erhaltenen Fragmente in eine entsprechende Ordnung zu bringen. Dazu wären drei Wege methodologisch begehbar, nämlich: a) Die Untersuchung der jeweils beteiligten Vorsokratiker; b) die Analyse der Zeugnisse gemäß den thematischen Schichten der Inschrift; oder c) das Studium der Fragmente auf der Grundlage der polemischen Ziele des Diogenes. Im vorliegenden Beitrag verfolge ich der Einfachheit halber diesen letzten Ansatz, vor allem, da er die Verschmelzung von Autoren und Themen begünstigt, die oftmals sowohl dieselbe Schicht der Inschrift als auch einzelne Fragmente (bzw. zusammenhängende Sequenzen von Fragmenten) beinhalten. All diese Themen fassen die Gründe von Diogenes' Polemik gegen die Vorsokratiker zusammen. Doch sie zeigen auch, wie im Allgemeinen alle polemischen Stellen bei Diogenes niemals reiner Selbstzweck sind, sondern die Voraussetzung bilden für eine effektivere und korrektere Darstellung (und Verbreitung) des Epikureismus und seiner Wahrheit,[11] auch auf philanthropische und universalistische Weise.[12] Anders gesagt können die Abschnitte, die zur *Pars destruens* der Inschrift (von den Vorsokratikern bis zu den Stoikern) gehören, nie von ihrer *Pars construens* getrennt werden.[13]

Im Folgenden biete ich einen aktualisierten Katalog der vorsokratischen Zeugnisse, die durch die Inschrift überliefert sind:

I. Anaxagoras	Fr. 6, Kol. II.4–7; NF 142
II. Anaximenes	Fr. 6, Kol. II.1–2
III. Antiphon	Fr. 24
IV. Demokrit	Fr. 6, Koll. II.9–III.1; Fr. 7, Koll. II.2–III.2; Fr. 9, Kol. VI.3–14; Fr. 10, Koll. III.14–V.14; Fr. 24, Kol. I.1–7(?); Fr. 43, Koll. I.12–II.5; Fr. 54, Koll. II.3–III.14; Fr. 173, Kol. II.17–18(?)

10 Siehe Smith (1993) 76–108 (mit der Abbildung N. 6 nach S. 624); Clay (2007); Hammerstaedt (2011); ders. (2017) insb. 29–40 und Hammerstaedt u. Smith (2014).

11 Vgl. z. B. Fr. 6, Koll. II.2–10 und III.3–6 Smith.

12 Vgl. z. B. Fr. 2, Koll. II.4–III.2 und Fr. 3, Kol. II.7–VI.4 Smith.

13 Dazu Roskam (2017) 242.

(Fortsetzung)

V. Diagoras	Fr. 16
VI. Diogenes von Apollonia	Fr. 6, Koll. I.14–II.1
VII. Empedokles	Fr. 6, Kol. II.2–4; Fr. 41.3–5; Fr. 42, Koll. I.1 (?)–V.14; Fr. 100.5–7(?) *ap.* Smith (2000) 135; NF 142
VIII. Heraklit	Fr. 6, Kol. I.10; Fr. 6, Kol. III.9–14; NF 142.9–11
IX. Kritias	NF 126(?)
X. Orpheus (und die Orphiker)	Fr. 40.12–13
XI. Parmenides	NF 207, Kol. II(?)
XII. Protagoras	Fr. 16
XIII. Pythagoras (und die Pythagoreer)	Fr. 40.13–14; Fr. 41.3–5: Fr. 42, Kol. I.1–4(?)
XIV. Thales	Fr. 6, Kol. I.12–13
XV. Xenophanes	Fr. 66, Kol. I.10–III.1

Die vorliegende Studie könnte in fünf Bereiche geteilt werden, die jeweils auf die folgenden Punkte eingehen: 1) Die Vorlage der doxographischen Kataloge über die Vorsokratiker (und andere) bei Diogenes; 2) Diogenes über die monistischen vorsokratischen Lehren; 3) Diogenes über die orphisch-pythagoreische Überlieferung, die Physik und die „Dämonologie“ des Empedokles, sowie den Pluralismus des Anaxagoras; 4) Diogenes über die physikalischen, ethischen und epistemologischen Aspekte des Atomismus Demokrits; 5) Diogenes über die Sophisten und Diagoras von Melos. Aus Platzgründen werde ich mich nur auf die Punkte 1) und 4) konzentrieren, d. h. die doxographischen Kataloge und die anti-demokritische Polemik.[14] Jedoch gilt es zu bedenken, dass alle philosophischen Fragmente, die sich auf einen bestimmten Forschungsbereich beziehen, zugleich verschiedene andere Themen tangieren, d. h.: a) Das Thema der vorsokratischen Physik zugleich auch die Forschung über die Ursachen (Kritik des Monismus und Pluralismus); b) das Thema der Erkenntnis auch die Rolle der Sinneswahrnehmung (Kritik des sogenannten „Skeptizismus“ einiger Vorsokratiker); c) das Thema der Theologie auch dasjenige der Natur der Seele (Kritik des sogenannten „Atheismus“ und der Lehren über die Unsterblichkeit der Seele wie etwa die Metempsychose).

14 Eine systematische Analyse aller dieser Aspekte findet sich bei Vassallo (2021) 591–643.

2 Die Vorlage der doxographischen Kataloge über die Vorsokratiker (und andere) bei Diogenes

Ein recht interessanter Katalog vorsokratischer *Doxai* findet sich in Fr. 6 Smith der Oinoanda-Inschrift. Darin können wir die Namen des Heraklit (dreimal), Thales, Diogenes von Apollonia, Anaximenes, Empedokles, Anaxagoras und Demokrit lesen. Jeder dieser Vorsokratiker ist mit dem Hauptaspekt seiner Lehre der physikalischen Elemente verknüpft.[15] Dieses stilistische und doxographische Phänomen findet sich schon im Rahmen der Kritik der monistischen und pluralistischen Theorien im Buch XIV von Epikurs Περὶ φύσεως.[16] Es sollte dabei nicht übersehen werden, dass sowohl der Abschnitt in Buch XIV über die Elementenlehre anderer Philosophen als auch der parallele Abschnitt der Inschrift von Oinoanda ein gemeinsames Ziel verfolgen: Den Menschen Heilmittel (φάρμακα) gegen die schlimme Krankheit – und gar gegen die „Plage", wie Diogenes sagt – der Unwissenheit in Bezug auf die wahre Natur der Dinge zu bieten: οἱ πλεῖστο̣ι | καθάπερ ἐν λοιμῷ | τῇ περὶ τῶν πραγμάτων | ψευδοδοξίᾳ νοσοῦσι | κοινῶς (Fr. 3, Kol. IV.4–8). In diesem Zusammenhang hat G. Leone das Fr. 3, Koll. V.14–VI.2 Smith der Inschrift mit *PHerc.* 1148, Koll. XXIII–XXVI Leone in Beziehung gesetzt.[17] Diese Überlegung ist sicherlich richtig, auch wenn sie es meiner Meinung nach versäumt, die proklamierte Universalität der von Diogenes verbreiteten epikureischen Heilsbotschaft mit dem philosophischen Ziel, das von Epikur ursprünglich verfolgt wurde, auf eine Stufe zu stellen. Es erscheint kaum glaubhaft, dass Epikur darauf zielte, sein Denken in aller Öffentlichkeit darzustellen: Zumindest nicht im Sinne des Diogenes, der *durch seine Inschrift* die epikureische Philosophie zur allgemeinen Verfügung (ἐ̣ν κοινῷ[18]) stellte.[19] Dieser Versuch des Diogenes erscheint als Konsequenz einer Anpassung, die gewiss auch ein Ergebnis einer geschichtlichen Entwicklung des Epikureismus (welche natürlich die Lehre Epikurs kaum wesentlich verändern wollte) von einer „philosophischen Schule" zur echten „weltlichen Religion" darstellt.

Abgesehen von diesem Aspekt sowie den Parallelen zu *PHerc.* 1148[20] möchte ich mich auf die Ähnlichkeiten und die Unterschiede, die zwischen Fr. 6 Smith und erstens dem anti-vorsokratischen Abschnitt im ersten Buch von Lukrez' *De rerum natura* sowie zweitens dem Herkulanensischen Testimonium im vierten Buch von Philodems

15 Siehe Smith (1993) 442–443.

16 Siehe Smith (2003) 68–69.

17 Leone (2007) 236.

18 Fr. 3, Kol. V.14 Smith.

19 Vgl. Fr. 3, Koll. III.5–IV.3 Smith: εἰ μὲν | οὖν εἷς μόνον ^v^ ἢ δύ' ἢ | τρεῖς ^v^ ἢ τέτταρες ἢ | πέντε ^v^ ἢ ἓξ ^v^ ἢ ὅσους, | ἄνθρωπε, βούλει τῶν |[10] τοσούτων εἶναι πλείο|νας, μὴ πάνυ δὲ πολ|λούς, διέκειντο κα|κῶς, ^v^ κἂν καθ' ἕ[να - -] | καλούμενος [πάν]||[Col. IV]τα παρ' ἐμαυτὸν ἔπρατ|τον ε̣ἰ̣ς συμβουλίαν | τὴν ἀ̣ρ̣ίστην. Über den Zusammenhang zwischen antiken Texten und ihrer Materialität, siehe Ritter-Schmalz u. Schwitter (2019).

20 Vgl. *CPH* VII 34; XI 59; XIII 76; XV 89–90; XX 116, mit Komm. *ad loc.*

Abhandlung *Über die Rhetorik*, das über *PHerc.* 224, Fr. III Sudhaus überliefert ist – jeweils unter einem doxographischen Gesichtspunkt – konzentrieren.[21] Im Folgenden vergleiche ich diese Texte synoptisch. Für die Gründe, auf die ich gleich zu sprechen kommen werde, ziehe ich auch eine bekannte Liste von Prinzipien in Betracht, die in den *Academica* Ciceros überliefert werden.

Philod. *De rhet.* IV, *PHerc.* 224, Fr. III Sudhaus (= *CPH* IV 13)

Fr. III διαγενέσθαι τὸ ὕδ[ωρ· οὐ] | γὰρ ἂν κατ’ Ἀγ̣αξα[γόραν] | φ̣ήσαι τις ἀκολούθω[ς πάνθ’] | ὑπάρχειν ἐν παντ[ί, οὐδ’ ἂν] | κατὰ τὸν Χεῖον Μητ[ρόδωρον] | ὁμολογ̣ῴ̣η τῶι μὴ [εἰδέ]|ναι μηδ’ αὐτὸ τοῦ̣[το, οὐ]|δὲ κατὰ Παρμ̣‹ενίδην τε καὶ› {γενέσθαι} | Μέλισσον ἓν τὸ πᾶ[ν λέγον]|τας εἶναι καὶ διὰ τὸ̣ [τὰς] | αἰσ[θήσ]εις ψευδε[ῖς εἶναι | καὶ τὰ] πολλὰ [. . . . . | . . . . . .]των[. . . . . | . . . . .] απαντα [. . . . . . | . . . δό]ξαν απ̣[. . . . . . | . . . . .]αταπ̣[. . . . . | . . . . . .]ν μᾶλλο̣[ν . . . . . | . . . εἰ]δ`έναι´ τοῖ̣ς [. . . . . . .] | *desunt versus fere 9*

(...) dass [nach Thales(?)] das Wasser [in allen Dinge(?)] ist. Man könnte nämlich weder folgerichtig nach Anaxagoras sagen, dass [alles] in allem ist, noch nach Metrodor von Chios mit der Meinung einverstanden sein, dass man nicht einmal weiß, dass man nichts weiß, noch gemäß Parmenides und Melissos, die behaupteten, dass alles eines ist, auch weil die Sinneswahrnehmungen trügerisch seien dass viele (...) von (...) alle (...) Meinung (...) eher (...) kennen die (...)[22]

Cic. *Luc.* 37.118 Plasberg

Princeps Thales, unus e septem cui sex reliquos concessisse primas ferunt, ex aqua dixit constare omnia. At hoc Anaximandro populari et sodali suo non persuasit; is enim infinitatem naturae dixit esse e qua omnia gignerentur. Post eius auditor Anaximenes infinitum aera, sed ea quae ex eo orerentur definita; gigni autem terram, aquam, ignem, tum ex his omnia. Anaxagoras materiam infinitam, sed ex ea particulas similes inter se, minutas; eas primum confusas, postea in ordinem adductas mente divina. Xenophanes, paulo etiam antiquior, unum esse omnia neque id esse mutabile, et id esse deum, neque natum umquam et sempiternum, conglobata figura; Parmenides ignem qui moveat terram quae ab eo formetur; Leucippus plenum et inane; Democritus huic in hoc similis, uberior in ceteris; Empedocles haec pervolgata et nota quattuor; Heraclitus ignem; Melissus hoc quod esset infinitum et immutabile et fuisse semper et fore. Plato ex materia in se omnia recipiente mundum factum esse censet a deo sempiternum. Pythagorei ex numeris et mathematicorum initiis proficisci volunt omnia.

An erster Stelle steht Thales, einer der sieben Weisen, dem die übrigen sechs den ersten Rang eingeräumt haben sollen. Er hat behauptet, alles bestehe aus Wasser. Aber seinen Landsmann und Freund Anaximander konnte er davon nicht überzeugen; dieser behauptete nämlich, es sei die unbegrenzte Natur, aus der alles entstehe. Danach lehrte sein Schüler Anaximenes, es sei vielmehr die unbegrenzte Luft, doch was aus ihr entstehe, sei begrenzt. Es entstünden nämlich aus ihr Erde, Wasser und Feuer und aus diesen dann alles übrige. Anaxagoras hielt die Materie für unbegrenzt; aus ihr seien kleinste, unter sich gleiche Teile entstanden, und diese seien zuerst miteinander vermischt gewesen, später aber durch einen göttlichen Geist in eine bestimmte Ordnung gebracht worden. Xenophanes, der etwas älter an Jahren war, nahm an, alles sei eines und unveränderlich, und dieses sei Gott, ungeworden, immerwährend und von kugelförmiger Gestalt. Parmenides

21 Vgl. *CPH* IV 13, mit Komm. *ad loc.*

22 Alle Übersetzungen stammen vom Autor, sofern nicht anders angegeben.

lehrte, das Feuer sei die bewegende Kraft und die Erde werde durch das Feuer geformt. Leukippos nahm ein Volles und ein Leeres an; Demokrit stimmte darin mit ihm überein, war aber im übrigen differenzierter. Empedokles nahm die allgemein bekannten vier Elemente an. Für Heraklit war das Feuer der Urstoff. Melissos nahm an, was unbegrenzt und unveränderlich sei, sei immer gewesen und werde immer sein. Platon glaubt, aus der Materie, die alles in sich enthalte, sei die Welt von Gott als immerwährende geschaffen worden. Die Pythagoreer wiederum wollen alles aus Zahlen und mathematischen Prinzipien hervorgehen lassen.[23]

Lucr. 1.635–920 Deufert (ausgewählte Stellen)

Quapropter qui materiem rerum esse putarunt / ignem atque ex igni summam consistere solo, / magno opere a vera lapsi ratione videntur. / Heraclitus init quorum dux proelia primus, / clarus ob obscuram linguam magis inter inanis / quamde gravis inter Graios qui vera requirunt: / omnia enim stolidi magis admirantur amantque / inversis quae sub verbis latitantia cernunt, / veraque constituunt quae belle tangere possunt / auris et lepido quae sunt fucata sonore. / (...) / Quapropter qui materiem rerum esse putarunt / ignem atque ex igni summam consistere posse, / et qui principium gignundis aera rebus / constituere, aut umorem qui cumque putarunt / fingere res ipsum per se, terramve creare / omnia et in rerum naturas vertier omnis, / magno opere a vero longe derrasse videntur. / adde etiam qui conduplicant primordia rerum / aera iungentes igni terramque liquori, / et qui quattuor ex rebus posse omnia rentur / ex igni terra atque anima procrescere et imbri. / quorum Acragantinus cum primis Empedocles est, / (...) / Nunc et Anaxagorae scrutemur homoeomerian / quam Grai memorant nec nostra dicere lingua / concedit nobis patrii sermonis egestas; / sed tamen ipsam rem facilest exponere verbis. / (...)

Deshalb scheinen mir jene, die Feuer zum Grundstoff wählten / Und aus dem Feuer allein sich das Weltall dachten entstanden, / Ganz und gar von der Wahrheit Weg in die Irre zu gehen. / Diesen voran als erster begann Herakleitos das Treffen, / Dessen dunkele Sprache in griechischen Landen berühmt ist, / Mehr bei den Gecken jedoch als den ernsteren Forschern der Wahrheit. / Denn die Toren bewundern und lieben just alles am meinsten, / Was sie unter dem Mantel verschrobener Worte versteckt sehn, / Und sie halten für wahr, was hübsch um die Ohren sie kitzelt / Und was auf ist geschmückt mit dem Wohllaut witziger Rede. / (...) Jene mithin, die im Feuer den Grundstoff sämtlicher Dinge / Sehn und das Weltall lassen allein aus dem Feuer entstehen, / Ferner auch, die in der Luft den Urquell alles Entstehens / Setzen, und die in dem Wasser den einzigen Schöpfer erblicken, / Oder auch jene, die glauben, die Erde verheren zu müssen / Als Allmutter, die wechselnd in alle Naturen sich wandle, / Scheinen mir alle sich weit von dem richtigen Weg zu verirren. / Nimm nun noch jene hinzu, die Doppelprinzipien lehren, / Da sie Feuer der Luft und Erde dem Wasser gesellen, / Und nicht minder, die alles aus vier Elementen entstanden / Glauben, aus Feuer und Erde, dem luftigen Hauch und dem Feuchten. Ihnen schreitet voran Empedokles, Akragas' Sprößling, / (...). (...) Laßt uns jetzt auch betrachten, was sich Anaxagoras dachte / Unter Homoeomerie. Dies griechische Wort ist uns leider / Wiederzugeben versagt in unserer ärmlichen Sprache, / Aber die Sache vermag ich mit Worten dir leicht zu umschreiben. / (...) .[24]

23 Übersetz. von Ferdinand Broemser, Albert Stein und Olof Gigon in Straume-Zimmermann u. a. (2014[2]) 235 und 237.

24 Übersetz. von Hermann Diels in Diels u. a. (2013[3]) 57, 63 und 71.

Diog. Oen. Fr. 6, Koll. I.1–III.14 Smith

Col. I - - - τὰ δ]ẹ̀ | [πρῶτα σώματα, ἃ κ]α̣ὶ[25] στοι|[χεῖα προ]σαγορ̣[ε]ύεται, ἐξ ἀρ|[χῆς] μ̣ὲν ὑφεστηκότα | [καὶ ὄ]ντα ἄφθαρτα, γεννῶν|[τα δὲ] τὰ πράγματα, τίνα | [ἐστί]ν, π̣α̣ραθήσομεν προ|[διαλ]υ̣σάμενοι τὰς ἑτέ|[ρων] δ̣ό̣ξας. v Ἡράκλειτος | [μὲν] ο̣ὖ̣ν ὁ Ἐφέσιος πῦρ εἶ|[ναι σ]τ̣οιχεῖον εἶπεν, v Θα|[λῆς δ]ὲ ὁ Μειλήσ̣ι̣ος ὕδωρ, | [Διογέν]η̣ς̣ [δὲ ὁ] Ἀ̣πολλω| |Col. II νιάτης καὶ Ἀναξ̣ιμένης | ἀέρα, v Ἐνπεδοκλῆς δ’ ὁ Ἀ|κραγ‹αντεῖν›ος κ̣αὶ πῦρ καὶ ἀέρα | καὶ ὕδωρ καὶ γῆν, v Ἀνα|ξαγόρας δ’ ὁ Κλαζομένιος | τὰς ὁμοιομερείας ἑκάσ|του πράγματος, v οἱ δ’ ἀπὸ | τῆς Στοᾶς ὕλην καὶ θε|όν. v Δημόκριτος δὲ ὁ Ἀ|βδηρείτης εἶπε μὲν ἀτό|μους φύσεις, καλῶς γε ποι|ῶν· v ἐπεὶ δὲ περὶ αὐτῶν | ἐσφάλη τινά, ἐν ταῖς ἡ|μετέραις δόξαις ἐπισκε| |Col. III φθήσεται. v νυνεὶ δὲ̣ [τοῖς] | εἰρημένοις ἀνδρά[σιν ἐν]|καλέσομεν, v οὐ φιλο̣[νεί]|κω̣ πρὸς αὐτοὺς πά[θει] | χρώμενοι, τὴν δ’ ἀλ[ήθει]|αν σωθῆναι θέλον̣[τες], | καὶ Ἡρακλείτῳ̣ πρω̣̃[τον], | ἐπεὶ καὶ πρῶτος ἡμ[εῖν τέ]|τακται. vv κακῶς, Ἡρά[κλει]|τε, πῦρ εἶναι στοιχεῖ[ον λέ]|γεις· v οὔτε γὰρ ἄφθα[ρτόν] | ἐστιν, ἐπεὶ φθειρόμ[ενον] | ὁρῶμεν αὐτό, v οὔτε δύν̣[α]|ται γεννᾶν̣ τ̣ὰ̣ π̣ρ̣άγμ[ατα].

[Was die ersten Körper angeht, auch] Elemente genannt, die einerseits von Anfang an bestanden haben [und] unzerstörbar sind, und [andererseits] die Dinge erzeugen, werden wir erklären, was [sie sind], nachdem wir zuvor die Meinungen anderer widerlegt haben. So identifizierte Heraklit von Ephesos Feuer als Prinzip, Thales von Milet Wasser, Diogenes von Apollonia und Anaximenes Luft, Empedokles von Akragas Feuer, Luft, Wasser und Erde, Anaxagoras von Klazomenai die Homoiomerien jedes Dinges, und die Stoiker Materie und Gott. Demokrit von Abdera nannte sie unteilbare Natureigenschaften (Atome), was zwar angemessen ist; aber, da seine atomistische Auffassung jedoch in eigenen Aspekten falsch war, wird sie im Rahmen unserer Lehre kritisch betrachtet werden. Nun aber werden wir [den] oben genannten Menschen entgegnen, nicht aus reiner Streitlust ihnen gegenüber, sondern mit der Absicht der Wahrheit zu genügen; und zunächst werden wir uns mit Heraklit befassen, weil er als erster in unserer Liste erscheint. Du irrst dich, Heraklit, wenn Du sagst, dass Feuer ein Prinzip sei, denn weder ist es unzerstörbar – da wir sehen, dass es zestört wird – noch kann es Dinge erzeugen (...).

Wir können nicht *a priori* ausschließen, dass diese vier Kataloge auf eine gemeinsame Quelle zurückgehen. Was Philodem betrifft, erscheint sowohl eine Vermittlung durch peripatetische Quellen als auch eine durch Epikur selbst (oder auch durch Zenon von Sidon) plausibel. Natürlich konnte der Autor des Ur-Katalogs auch ein vor-aristotelischer Philosoph sein: Tatsächlich findet man solche doxographischen Paradigmata über die Prinzipienlehren der Vorsokratiker schon bei Platon, z. B. in der sogenannten „Autobiographie“ des *Phaidon* (96a ff.),[26] in der „Gigantomachie“ des *Sophistes* (242c ff.)[27] sowie im *Theaitetos* (180e). Es scheint mir recht bedeutsam zu sein, dass sich Platon in den beiden letzteren Fällen ausdrücklich auf den eleatischen Monismus bezieht: Im *Sophistes* auf Xenophanes, und im *Theaitetos* auf Parmenides und Melissos. Die Eleaten erscheinen jedoch nur in den oben erwähnten Katalogen Philodems und Ciceros. Dies kann kein Zufall sein.[28]

25 Corrado (2020) 274 hat hier die folgende Konjektur vorgeschlagen: ἃ δ]ẹ̀ | [ἄτομα σώματά τε κ]α̣ὶ κτλ.
26 Siehe Mansfeld (2000).
27 Siehe Mansfeld (1985) und (1986).
28 Siehe Capasso (1987b) 159–160.

Deswegen sollten wir an dieser Stelle – vor einer Analyse der einzelnen Hinweise auf die Vorsokratiker im Katalog des Diogenes – einige Bemerkungen über die Makrostruktur bzw. den Kontext der vier Testimonien anbringen. Die Liste Philodems scheint ein epistemologischer (und kein physikalischer) Exkurs zu sein: Dieser Exkurs befindet sich in einem Buch von Περὶ ῥητορικῆς, in dem Rhetorik und Philosophie mehrmals miteinander verglichen werden. Im *Lucullus* liefert eine entsprechende Liste bekannte Beispiele der Uneinigkeit zwischen den „Dogmatikern" im Bereich der Physik: Ciceros Passus zielt darauf ab, den neu-akademischen Skeptizismus zu verteidigen (auch hier überwiegt im Diskurs der epistemologische Aspekt). Allein bei Lukrez und Diogenes wird der Katalog von *Doxai* in einem physikalischen Diskurs kontextualisiert. Tatsächlich gehört das Fr. 6 Smith zur *Physik* des Diogenes. Interessant ist hierbei die Tatsache, dass die Testimonien von Lukrez und Diogenes auch mikrostrukturelle Ähnlichkeiten bieten. Die namenlose Liste von *Doxai* bei Lukrez (1.705–715) fasst die Anschauungen von Monisten und Pluralisten zusammen und dient als eine Art *Trait d'union* zwischen der anti-herakliteischen Kritik und derjenigen gegen Empedokles und Anaxagoras. Demgegenüber nennt die Liste des Diogenes in den Koll. I.10–III.9 die Vertreter der verschiedenen Lehren beim Namen. Außerdem deutet diese Liste auf eine tiefere Analyse aller in Frage gestellten Philosophen hin. Leider können wir nur einen geringen Teil von Diogenes' polemischen Argumenten lesen, da der wesentlichste Teil im verlorenen Abschnitt der Inschrift zwischen den Frr. 6 und 7 Smith enthalten war. Auf jeden Fall enthalten die überlieferten Teile der Tirade bedeutende Informationen über Heraklit (Fr. 6, Kol. III.9–14 Smith) und Demokrit (Fr. 7, Koll. II.2–III.2 Smith). Außerdem überliefert NF 142 – ein kürzlich veröffentlichtes Fragment – wahrscheinlich einen Teil der Kritik an den Pluralisten, welcher dem Abschnitt der Inschrift zwischen den Frr. 6 und 7 angehörte.

In diesem Zusammenhang ist es bedeutsam, dass sowohl Lukrez als auch Diogenes ihre anti-vorsokratische Polemik mit Heraklit begannen. Die Affinität ist nicht nur doxographischer, sondern auch lexikalischer Natur: Tatsächlich betonen beide Autoren mittels einer taktisch-militärischen Terminologie das Erfordernis, zuerst gegen Heraklit zu „kämpfen" (*Heraclitus init quorum dux proelia primus* ~ καὶ Ἡρακλείτῳ πρῶ[τον], | ἐπεὶ καὶ πρῶτος ἡμ[εῖν τέ] | τακται).[29] Dies ist ein weiterer Beweis dafür, dass die Physik Heraklits in der epikureischen Überlieferung als eine der gefährlichsten Lehren aus der Reihe der früheren Philosophen betrachtet wurde.[30] Bei Diogenes ist der Name Heraklits in einer Art Ringkomposition am Anfang und Ende der Liste von *Doxai* in Fr. 6 erwähnt:[31] Zuerst fasst Diogenes den herakliteischen Monismus im Bereich der Lehre des Feuers als des Hauptprinzips zusammen (Kol. I.10–12: Ἡράκλειτος | [μὲν] ọὖν ὁ Ἐφέσιος πῦρ εἶ | [ναι σ]ṭοιχεῖον εἶπεν); dann kündigt er an, wie bereits beschrie-

29 Das Wort τάσσω, das Diogenes hier verwendet, erinnert deutlich an die Worte *dux* und *proelia* bei Lukrez an.

30 Siehe Capasso (1987a) 100–101.

31 Nicht so bei Lukrez, wo Heraklit nur in 1.638 erwähnt ist.

ben, dass Heraklit die erste Zielscheibe dieses „Kampfes“ sein werde (Kol. III.7–9). Diogenes schickt voraus (Kol. III.3–6), dass die Motivation dieses „Kampfes“ (nicht nur gegen Heraklit) nicht vom Wunsch, um jeden Preis gegen die Gegner zu gewinnen (οὐ φιλο̣[νεί] | κῳ πρὸς αὐτοὺς πά[θει] | χρώμενοι), gespeist werde, sondern von der Wahrheitsliebe (τὴν δ' ἀλ[ήθει] | αν σωθῆναι θέλον̣[τες]).[32] Daher wendet sich Diogenes, mit Rückgriff auf einen *Du-Stil*, direkt an seine Gegner, wie dies die Vokative in Fr. 6, Kol. III.9–10 (gegen Heraklit) und Fr. 7, Kol. II.9–10 (gegen Demokrit) bestätigen.

Der einzig lesbare Teil der Inschrift, welcher der Kritik von Heraklits Monismus gewidmet ist, deutet auf eine wesentliche Affinität mit den anti-herakliteischen Argumenten bei Lukrez hin. Insbesondere zwei dieser Argumente finden sich am Ende von Fr. 6 (Kol. III.9–14). Trotz des im Vergleich zu Lukrez trockeneren Stils wendet Diogenes gegen Heraklit die ontologische Unfestigkeit des Feuers und seine Zeugungsunfähigkeit ein. Anders gesagt kann das Feuer kein ursprüngliches Element der Dinge sein: Einerseits, da es sich durch seine Verwandlung[33] zugleich selbst zerstört (οὔτε γὰρ ἄφθα[ρτόν] | ἐστιν, ἐπεὶ φθειρόμ[ενον] | ὁρῶμεν αὐτό) und damit gegen das Prinzip verstößt, nach dem „Was ist“ nicht auf Nichts reduziert werden kann;[34] andererseits, da die Verwandlung des Feuers die Verdichtung oder Verdünnung der Feuer-Teilchen erklärt, was jedoch nicht die Entstehung der Vielfältigkeit der Dinge (οὔτε δύν̣[α] | ται γεννᾶν̣ τ̣ὰ̣ π̣ράγμ[ατα]) rechtfertigt, da aus Feuer nichts Anderes als Feuer entstehen kann.[35]

Weitere Überlegungen können über denjenigen Abschnitt der Liste des Diogenes, der an die Milesier und Diogenes von Apollonia gerichtet ist, angestellt werden. Abgesehen von der Identifizierung des Ur-Elements des Thales mit Wasser (Kol. I.12–13 = Th 188 Wöhrle), die im Einklang mit aller peripatetischen Doxographie steht, ist es interessant, dass die *Doxa* über die Luft als Prinzip *gleichzeitig* dem Diogenes von Apollonia und dem Anaximenes zugeschrieben wird (Koll. I.14–II.2 = As 61 Wöhrle). In diesem Fragment lässt sich einerseits eine Umkehrung der logischen Reihenfolge Anaximenes/ Diogenes von Apollonia beobachten;[36] andererseits eine offensichtliche Zusammenführung der beiden Philosophen unter derselben Lehre (für die peripatetische Doxographie des 1. Jahrhunderts v. Chr., etwa bei Nikolaus von Damaskus, ist dies keinesfalls vorau-

32 Smith (1993) 443 verweist auf Phld. *De oec.*, *PHerc.* 1424, col. XXIII.23–32 Jensen. Hierzu siehe auch Leone (2007) 236–237.

33 Im Text gibt es keinen Hinweis auf die μεταβολή, doch fand sich dieser entweder implizit in der ersten Aporie oder explizit im verlorenen Teil der anti-herakliteischen Kritik, wie der Hinweis auf Heraklit in NF 142 bestätigt. Hierzu vgl. z. B. 22 B 36 DK (= Fr. 66 Marcovich), 22 B 67 DK (= Fr. 77 Marcovich), 22 B 76 DK (= Fr. 66 [e] Marcovich), 22 B 84a DK (= Fr. 56a Marcovich).

34 Vgl. Lucr. 1.665–671 Deufert.

35 Vgl. Lucr. 1.645–654 Deufert.

36 Zur Nachricht von Diogenes von Apollonia als Schüler des Anaximenes, die von Antisthenes von Rhodos (*FGrHist* 508 F 15 = Fr. 15 Giannattasio) *ap.* Diog. Laërt. 9.57 (= 64 A 1 DK = Test. 1a Laks) überliefert wird, siehe Giannattasio (1989) 68–72 und Laks (2008²) 247–251. Vgl. auch die Test. 7a–d Laks (= L&M VI.1, 28 R 14, 18–20 = *partim* 64 A 8 DK).

zusetzen[37]). Was jedoch betont werden muss, ist auch ein weiterer Aspekt. Die gleichzeitige Erwähnung des Diogenes von Apollonia und des Anaximenes ist sicherlich eine zusätzliche Information im Vergleich zur *Doxa* über die Luft bei Lukrez (1.707–711), bei dem kein Vorsokratiker namentlich genannt wird, nach dem typischen Stil Epikurs (*et qui principium gignundis aera rebus / constituere, … / magno opere a vero longe derrasse videntur*). Nach der Meinung von Leone würde das bestätigen, dass Epikur in Kol. XXVII Leone des 14. Buchs von Περὶ φύσεως seine Kritik gegen den auf dem Element der Luft gründenden Monismus sowohl an Anaximenes als auch Diogenes von Apollonia gerichtet hätte.[38]

Der kurze Bericht über die Pluralisten (Kol. II.2–7) enthält keine Neuerung in Bezug auf die peripatetische bzw. die theophrasteische Doxographie. Empedokles identifiziert die Prinzipien in den vier Elementen (Feuer, Luft, Wasser und Erde), Anaxagoras in den Homoiomerien.[39] Wie wir noch über das oben genannte NF 142 sagen werden, gibt es genug Belege, um eindeutige Parallelen zwischen der Behandlung der Pluralisten durch Diogenes sowie Lukrez zu erkennen (auch wenn das Testimonium des Lukrez umfangreicher ist). An dieser Stelle ist es jedoch interessanter zu beobachten, wie Diogenes zwischen die Pluralisten und Demokrit eine kurze Anspielung auf das oberste Prinzip der Stoiker, d. h. Gott, den jene materialistisch konzipiert hatten, ὕλην καὶ θε|όν (Kol. II.7–9), einfügt. Diese *Doxa* findet in den anderen obigen Listen keine direkten Parallelen. Jedoch gibt es im *Lucullus* unmittelbar auf Ciceros Liste folgend eine Kritik der Kosmologie und des Vorsehungsbegriffs der Stoiker.[40] Außerdem kann nicht ausgeschlossen werden – wie Smith vorschlägt –, dass Lukrez' Bezugnahme (1.641) auf die *stolidi*, die Heraklit und die sprichwörtliche Dunkelheit seiner Sprache bewundern, in der Tat als ein indirekter Angriff auf die *Stoici* (auf Lateinisch) und damit auf deren enorme Verwendung der herakliteischen Lehre gelten kann.[41] Was im Testimonium des Diogenes also als doxographische Anomalie erscheinen mag, erhält eine starke historisch-philosophische Dimension, da – wie Smith bemerkt – „the Stoics were the chief philosophical adversaries of the Epicureans in Diog.'s day, as in the time of Lucr., and he mentions them more than any other opponents except Democritus."[42]

Diogenes' Katalog endet mit Demokrit (Koll. II.9–III.1). Dagegen spricht Cicero in der doxographischen Liste des *Lucullus* auch über die Weltentstehung des platonischen *Timaios*: Tatsächlich liest man bei Cicero von der *Doxa* über den Demiurgen und die

37 *Ap.* Simpl. *in Phys.* 151.20 Diels (= 64 A 4 DK = Laks [2008^2] 51 = L&M VI.1, 28 R 7).

38 Leone (1984) 80. Siehe auch Philippson (1937) 471. Dagegen ist Smith (2003) 68–69 unsicher, ob beide Quellen auf einer doxographischen Ebene verglichen werden können.

39 Was Empedokles angeht, siehe Kingsley (1994).

40 Cic. *Luc.* 37.119 Plasberg. Das Thema wurde von Cicero in *De natura deorum* (1.14.36–15.41 Dyck) systematisch behandelt. Ein Paralleltext findet sich im Schlussteil von Philodems *De pietate* (*PHerc.* 1428, Koll. I–XV Henrichs). Hierzu Henrichs (1974).

41 Siehe Rouse u. Smith (1992^2) 53 Anm. *d* und Smith (1993) 442.

42 Smith (1993) 442–443. Zur anti-stoischen Kritik bei Diogenes verweise ich auf Gourinat (2017).

Gestaltung der Welt durch die Materie neben Melissos' Lehre vom unendlichen Sein sowie neben jener von der mathematischen Nummer der Pythagoreer. Das Thema fehlt gänzlich in Fr. 6 Smith, jedoch nicht in der Inschrift von Oinoanda. Dank der neuesten Ausgrabungen ist ein anderes Fragment der *Maximen*,[43] NF 155, ans Licht gekommen: In diesem Fragment heißt es zum einen, dass Platon zu Recht erkannte, dass die Welt einen Anfang habe (καλῶς Πλάτων | ὁμολογήσας γε|νητὸν εἶναι τὸν | κόσμον); zum anderen, dass er sich damit irrte, dass er die Welt für unzerstörbar hielt, auf der Grundlage der falschen Annahme, sie sei das Werk eines Demiurgen statt der einzigen Natur – wie die Epikureer glaubten (εἰ καὶ μὴ |[5] καλῶς ἐδημιούρ|γησεν αὐτόν, | τῇ φύσει δημι|ουργῷ μὴ χρη|σάμενο{ι}ς, [v] κα|[10]κῶς ἄφθαρτον | [vvv] εἶπεν).[44] Interessant ist hierbei die „stilistische" Verbindung zwischen dieser Stelle der Inschrift über Platon und jener über Demokrit im doxographischen Katalog von Fr. 6 Smith.[45] Auch hier zollt Diogenes Demokrit Anerkennung dafür, dass er in den Atomen die wahren Prinzipien der Natur identifiziert habe (εἶπε μὲν ἀτό|μους φύσεις, καλῶς γε ποι|ῶν). Doch, sagt er, Demokrit hätte geirrt, als er diesen Atomen einige (falsche) Eigenschaften zuschrieb (περὶ αὐτῶν | ἐσφάλη τινά). Deshalb kündigt er eine Kritik der Schwachpunkte des demokritischen Atomismus an: Dies ist eine Art argumentative „Prolexis", die meines Erachtens nicht nur auf die anti-demokritische Kritik in Fr. 7 Smith, sondern allgemeiner auf alle Stellen der Inschrift verweist, die Demokrit nach der philosophischen Perspektive Epikurs korrigieren. Dennoch ist es auch logisch anzunehmen, dass die besondere Behandlung Demokrits und die Anerkennung seines Status als des πρῶτος εὑρετὴς des Atomismus Beweis des erheblichen Respekts ihm gegenüber sind. Abgesehen von den polemischen Andeutungen findet gerade dieser Respekt seine Bestätigung in der epikureischen Tradition und vor allem in den Herkulanensischen Texten.[46]

3 Diogenes gegen Demokrit: Ausgewählte Beispiele (auch in Bezug auf die Herkulanensischen Quellen)

Zweifellos ist die Beziehung zwischen dem Epikureismus und den ersten Atomisten, insbesondere Demokrit, das komplizierteste Thema einer Analyse vorsokratischer

---

43 Die *Maximen* wurden fast sicher von Diogenes geschrieben, jedoch, wie Smith (1993) 533–534 und (2003) 117–118 behauptet, könnten sie aus einer epikureischen Quelle (auch abweichend von Epikur) stammen. Siehe auch Smith (1998) 156–157, 159, und (2000) 136.

44 Dieses Fragment bezieht grundlegende Probleme der Interpretation von Platons *Timaios* in der Antike mit ein: Insbesondere schreibt es den Epikureern dieselbe „wörtliche" Deutung von *Tim.* 28b–29b zu, die etwa auch von Aristoteles und den Mittelplatonikern Plutarch und Attikos vertreten wurde. Siehe u. a. Erler (2017) 52–59.

45 Hierzu Roskam (2017) 248–249.

46 Siehe Vassallo (2021) insbes. 60–76.

Zeugnisse in den epikureischen Texten. Dies wird auch durch die Fragmente der Inschrift von Oinoanda bestätigt. Abgesehen von der Respektsbekundung in Fr. 6 Smith (vgl. oben) ist Demokrit der am meisten erwähnte und (manchmal sogar indirekt) kritisierte Gegner des Diogenes. Im Folgenden will ich versuchen, zwei Hauptaspekte, aus denen sich die Kritik entwickelt, zu beschreiben: a) Die Beziehungen zwischen Physik und Ethik, gefolgt von der Polemik gegen den demokritischen Determinismus, die einen Vergleich sowohl mit Buch XXV von Epikurs Περὶ φύσεως (vgl. unten) als auch mit Lukrez-Testimonium über das atomische *clinamen* (2.216–293) ermöglichen; b) die Beziehungen zwischen Physik und Erkenntnislehre, inklusive einer Diskussion des sogenannten „Skeptizismus" Demokrits, der zwei Probleme umfasst: Einerseits die ontologische Struktur der Atome, die ihre Nachwirkungen auch im ethischen Bereich zeitigt; andererseits die Natur der *Eidola* und Träume, ein Thema, das konstante Verweise auf die Bücher II und XXXIV von Epikurs Περὶ φύσεως impliziert.

Aus Platzgründen werde ich hier nur auf das (physikalische und ethische) Problem der Notwendigkeit eingehen. Die anti-deterministische Polemik des Diogenes gegen Demokrit nimmt die allgemeinere Kritik an der Mantik und somit an den Doktrinen, die ein Schicksal annehmen (oder rechtfertigen), zum Anlass. In der *Ethik* wird dieses Thema in Fr. 49 Smith (in dem das Vergnügen diskutiert ist) indirekt behandelt: Tatsächlich entschied sich Diogenes am unteren Rand der Inschrift dafür, die *RS* XVI eingravieren zu lassen, in der Epikur sagt, dass das Glück keine Bedeutung für den Weisen habe, da der Weise allein der Vernunft die Herrschaft über die Ereignisse seines Lebens anvertraue.[47] Obwohl die Inschrift sehr lückenhaft ist, scheint die Kontroverse gegen die Wahrsagekunst das zentrale Thema der Epitome in den Frr. 52ff. Smith zu sein.[48] Sobald die Sinnlosigkeit der Wahrsagekunst nachgewiesen ist – so argumentiert Diogenes (gegen die Stoiker) –, wird es keinen Beweis geben, der das Schicksal rechtfertigen könne.[49] Genau in diesem Zusammenhang wird in Fr. 54 Smith auch Demokrit in Frage gestellt.[50]

> $^{\text{Col. II}}$ ἂν γạ̀[ρ] τῷ Δ̣ημọ|κρίτọυ τις χ[ρ]ήσηται |^{5} λόγῳ, μηδẹμ̣ίαν μὲν | ẹ̓λευθẹ́ραν̣ [φ]άσκων | ταῖς ἀτόμ[οι]ς κείνη|σιν εἶναι διạ̀ τὴν πρὸς | ἀλλήλας σύ̣[ν]κρουσιν |^{10} α̲ὐτῶν, ἔνθ̣ẹν δὲ φαί|νεσθαι κατ[η]ν̣ανκασ|μένως πά̣[ν]ṭα κεινεῖσ|θ̲αι, ^{v} φή[σομ]ẹν πρὸς | αὐτόν, ὡ̣[ς "οὐκ] οἶδας, ὅσ| |$^{\text{Col. III}}$τις ποτὲ εἶ, καὶ ἐλευθέ|ραν τιν̣ạ̀ ἐν ταῖς ἀτό|μ̲οις κείνησιν εἶναι, ἥ[ν] | Δημόκριτος μὲν οὐ|^{5}χ εὗρεν, Ἐπίκουρος δὲ | εἰς φῶς ἤγαγεν, παρεν|κλιτικὴν ὑπάρχουσαν̣, | ὡς ἐκ τῶν φαινομέ|ν̲ων δείκνυσιν;" ^{vv} τὸ δὲ |^{10} μ̣έγιστον· πιστευθεί|σης γὰρ εἱμαρμένης | αἴρεται π̣ᾶ̣σα νουθεσ̣[ί]|α καὶ ἐπιτείμησις καὶ | οὐ̣δ̣ὲ τοὺς πονηροὺς | [ἔξεστι δικαίως κολάζειν, ὡς οὐκ αἰτίους τῶν ἁμαρτημάτων ὄντας]

47 Βραχέα σοφῷ τύχη παρεμπίπτει, τὰ δὲ μέγιστα καὶ κυριώτατα ὁ λογισμὸς διῴκηκε καὶ κατὰ τὸν συνεχῆ χρόνον τοῦ βίου διοικεῖ καὶ διοικήσει.

48 Vgl. z. B. Fr. 52.1–2 Smith: μαντι|[κη - - -; Fr. 53.5 Smith: μαντι]κήν.

49 Fr. 54, Koll. I.14–II.3 Smith: [ὑπεξ̣ηρημέ]νης οὖν | | μαντικῆ̣ς [τ]ί̣ σημεῖ|ον εἱμαρμẹ́ν̣ης ἔστιν | ἄλλọ.

50 Fr. 54, Koll. II.3–III.14 Smith (= L&S II, 20 G = 68 A 50 DK).

> Wenn jemand die Lehre Demokrits anwendet und sagt, dass die Atome wegen ihrer gegenseitigen Kollisionen keine freie Bewegung hätten, und dass es daher scheint, dass sich alles aus der Notwendigkeit heraus bewege, werden wir ihm das Folgende entgegnen: «Weißt Du [nicht], wer auch immer Du bist, dass es auch eine freie Bewegung bei den Atomen gibt, die Demokrit nicht entdeckte, Epikur jedoch ans Licht brachte, – eine abweichende Bewegung, wie er auf der Grundlage der Phänomene beweist?» Doch der größte [Einwand] ist folgender: Wenn man an das Schicksal glaubt, wird jede Ermahnung und jede Strafe hinfällig, und auch die Bösen [können] nicht [richtig bestraft werden, da sie nicht verantwortlich für ihre Vergehen sind.]

Wie schon gesagt, findet das Zeugnis eine genaue Parallele in einem Passus des Buchs XXV von Epikurs Περὶ φύσεως (vgl. unten), obwohl – wie wir sehen werden – in den Überresten dieses Werks, die in den Herkulanensischen Papyri erhalten sind, kein Hinweis auf die παρέγκλισις, d. h. auf die Abweichung der Atome, enthalten ist.[51] Darüber hinaus kritisiert Epikur an dieser Stelle nur indirekt Demokrit. Tatsächlich spricht er über einen generischen τις, doch wird die Kritik gegen den Notwendigkeitsbegriff des ersten Atomismus ganz deutlich. Im Übrigen erwähnt Lukrez in der Parallel-Stelle des zweiten Buchs von *De rerum natura*[52] Demokrit nicht explizit, sondern deutet auf ihn mit einem generischen *aliquis*. In seinem Gedicht verbindet Lukrez dreimal den Namen Demokrits jeweils mit den höchsten Lobesworten, auch wenn bestimmte Aspekte seiner Lehre nicht geteilt werden.[53] Es ist daher glaubhaft, dass die indirekte Anspielung an Demokrit im polemischen Kontext von Buch II ein Beweis für eine Haltung des Respekts gegenüber Demokrit ist, welche die gesamte epikureische Tradition kennzeichnet. In diesem Fall trifft die Kritik das atomistische System Demokrits ins Herz, und vielleicht aus diesem Grund zieht der Dichter es vor, *formelle* Argumente, die nicht *ad hominem* gerichtet sind, zu verwenden. Was jedoch Diogenes anbelangt, so erwähnt dieser nicht nur Demokrit, sondern vergleicht dessen Lehre auch mit derjenigen Epikurs. Sein Anliegen ist einerseits zu zeigen, dass nur der epikureische Atomismus die Bewegung der Atome und die menschliche Freiheit miteinander vereinbar mache, andererseits (und in der Konsequenz), dass allein eine Physik, die auf einem nicht-deterministischen Atomismus basiere, im Bereich der Ethik richtige und unrichtige Handlungen sowie im Bereich der Epistemologie, die Unbegründbarkeit des Schicksalsbegriffs garantieren könne. Wie G. Roskam behauptet, ist das Fragment stilistisch durch „an argumentative economy that is only focused on essentials“ charakterisiert.[54] Dennoch reichen meines Erachtens die Informationen, die wir aus diesem Fragment herauslesen können, aus, um die bereits bekannte Darstellung der Beziehungen zwischen Demokrit und dem Epikureismus zu bereichern.

Eine etablierte doxographische Tradition identifiziert den Hauptunterschied zwischen den Atomen Demokrits und denjenigen Epikurs im Gewicht (βάρος): Insbe-

51 Siehe Vassallo (2021), Komm. *ad loc.*
52 Lucr. 2.216–293 Deufert.
53 Vgl. Lucr. 3.370–373; 3.1039–1041; 5.621–636 Deufert.
54 Roskam (2017) 248.

sondere hätte Demokrit den Atomen die Qualität des Gewichts verweigert und ihre Bewegung durch ihren gegenseitigen Zusammenstoß in der Unendlichkeit erklärt (κατ' ἀλληλοτυπίαν ἐν τῷ ἀπείρῳ); Epikur dagegen hätte die Bewegung der Atome durch den von ihrem Gewicht abhängigen Schub (τῇ τοῦ βάρους πληγῇ) erklärt.[55] Darüber hinaus sind Testimonien überliefert, die teilweise eine andere Version als die doxographische Vulgata bieten. Dies ist der Fall an zwei Stellen von Simplikios' Kommentar zur Abhandlung *Über den Himmel* des Aristoteles, in denen die Ausführungen zum Atomgewicht sowohl Demokrit als auch Epikur zugeschrieben werden.[56] Unter diesem Gesichtspunkt würde der Unterschied der beiden Atomismen darin liegen, dass nach Demokrit das unterschiedliche Gewicht der Atome ihre jeweils verschiedene Geschwindigkeit hervorbringt, während nach Epikur im Vakuum die (schweren als auch leichten) Atome dieselbe Geschwindigkeit haben (ἰσοταχεῖς).[57] Zweifellos folgt Lukrez dieser zweiten Version. Tatsächlich ist es nach Lukrez falsch zu glauben, dass die Atome aufeinandertreffen, da die schwersten (*graviora*) auf die leichteren fallen (*incidere ex supero levioribus*). Im unbeweglichen Vakuum müssen alle Atome, wenngleich mit unterschiedlichem Gewicht ausgestattet, mit gleicher Geschwindigkeit fallen (*aeque ponderibus non aequis concita ferri*): Deshalb muss ihre Begegnung durch eine (wenn auch minimale) Neigung ihres Weges nach unten erklärt werden (*paulum inclinare necessest / corpora*).[58] Obwohl das parallele Zeugnis von Diogenes viel kürzer ist, ist es nicht riskant anzunehmen, dass der explizite Verweis auf die Atomneigung (παρεν | κλιτικὴν ὑπάρχουσαν̣) dieselben Argumente wie Lukrez annimmt, nicht zuletzt dieses Argument, dass auch Demokrit – und die Demokriteer – den Atomen ein gewisses Gewicht zuschreiben.

Doch sind, wie bereits erwähnt, die physikalischen Aspekte des demokritischen Determinismus (und seine ethischen Folgen) nur ein Teil des Problems. Sowohl im Testimonium des Lukrez als auch in Fr. 54 Smith des Diogenes taucht die Frage des Schicksals auf. Ausdrücklich betrachtet Diogenes die Schicksals-Frage als das wichtigste Thema (τὸ δὲ | μέ̣γιστον), das sich aus seiner anti-demokritischen Kritik ergibt.[59] Der mechanistische Determinismus rechtfertigt offensichtlich das Schicksal und lässt jede ethische Entscheidung, die vom freien Willen abhängt, überflüssig erscheinen. Die

55 Aët. 1.3.16, M&R5, I, 205 = *DG* 285; 1.12.6, M&R5, I, 497 = *DG* 311 (= 68 A 47 [I–II] DK). Zusätzlich zu Diog. Laërt. 9.45 (= 68 A 1 DK) siehe die Testimonien, die in 68 A 47 [III–V], A 56 und A 66 DK gesammelt sind. Das Problem ist jedoch kompliziert: siehe u. a. Rist (1972) 167–168.

56 Simpl. *in Cael.* 569.5 Heiberg (= 68 A 61 DK; vgl. jedoch die umfangreicheren Exzerpte, die in Frr. 367–368 Luria in Erwägung gezogen sind).

57 Epicur. *Ep. Hdt.* 61 (= 68 A 61 [II] DK).

58 Lucr. 2.225–250 Deufert.

59 Fr. 54, Kol. III.10–14 Smith: πιστευθεί | σης γὰρ ε̣ἱμαρμένης | αἵρεται π̣ᾶ̣σα νουθεσ̣[ί] | α καὶ ἐπιτείμησις καὶ | οὐ̣δ̣ὲ τοὺς πονηροὺς | κτλ. ~ Lucr. 2.251–260 Deufert: *Denique si semper motus conectitur omnis / et vetere exoritur <motu> novus ordine certo, / nec declinando faciunt primordia motus / principium quoddam quod fati foedera rumpat, / ex infinito ne causam causa sequatur, / libera per terras unde haec animantibus exstat, / unde est haec, inquam, fatis avolsa voluntas, / per quam progredimur quo ducit quemque voluptas, / declinamus item motus nec tempore certo / nec regione loci certa, sed ubi ipsa tulit mens?*

Frage wurde an einigen berühmten Stellen bei Epikur erörtert: In einem *locus classicus* des *Briefes an Menoikeus*,[60] in der Vatikan-Sentenz 40,[61] und vor allem in Buch XXV von Περὶ φύσεως. Im Folgenden möchte ich mich kurz auf den Passus des Buchs XXV konzentrieren, welches sich mit diesem Problem befasst (in meinem *Corpus Praesocraticorum Herculanense* entspricht dieser Passus *CPH* XI 50). Auf diese Weise kann bewiesen werden, dass eine vergleichende Lesung der Herkulanensischen Texte sowie der Oinoanda-Inschrift, mit anderen Worten die Synergie zwischen der Geschichte der antiken Philosophie, der Papyrologie und der Epigraphie äußerst nützlich ist, um grundlegende Fragen, die mit der Beziehung zwischen Epikureismus und anderen philosophischen Schulen (in diesem Fall der antike Atomismus) zu tun haben, besser zu verstehen. Es folgt die betreffende herkulanensische Stelle (aus Gründen der Klarheit biete ich hier einen Text, der die Versionen der drei erhaltenen papyrologischen Kopien des Buchs kollationiert):[62]

> τ̣[..]..[.....(.)]..η.[(.)] ο̣υ̣[..]λλο̣ν̣[....(.)].ο.[(.)] κα̣[.....]γc̣[.......(.)]εcτ̣[.....].α̣[...... ....].ια̣[.........(.)]ηοτ[...].ο.[...(.)] μ̣ά̣λιστα ἀδιανοήτων. ἂν δέ τις τοῦτο μὴ παραβιάζηται μηδ̣ʼ αὖ ὃ ἐξελέγχει γε ἢ ὁ̣ εἰσφ̣έρει π̣ρ̣ᾶγμα ἐκτιθεῖ, φων[ὴ] (*v.l.* φωνεῖ) μόνον ἀμίβ̣ε̣ται (*v.l.* ἀμείβ̣ε̣ται), καθάπερ πάλαι θρυλῶ. ο̣ἱ̣ δʼ αἰτιολογήσαντες ἐξ ἀρχῆς ἱκανῶς καὶ ο̣ὐ̣μ̣ό̣ν̣[ο]ν̣ τ̣ῶν πρὸ [α]ὑτῶ[ν] πολὺ διενέγκαντες ἀλλὰ καὶ τῶν ὕστερον πολλαπλ[α]σίω̣ς ἔλαθο̣ν ἑαυτοῖς, καίπερ ἐν πολλο̣[ῖς] μεγάλ̣α κουφίσαντες, †εντο† τ[ὴ]ν ἀνάγκην καὶ †ταυτομεγ[.]ν† πάντα α̣[ἰτι]ᾶσθαι. ὁ δὴ λόγος αὐτὸς ὁ τοῦτο διδάσκων κατεάγνυτο καὶ ἐλάνθανεν τὸν ἄνδρα τοῖς ἔργοις πρὸς τὴν δόξαν συνκρού[ο]ντα, καὶ εἰ μ̣ὴ λήθη τις ἐπὶ τ̣ῶν ἔργων τῆς δόξης ἐνεγείνετο, συνεχῶς ἂν ἑαυτὸν ταράτ̣τοντα, ἧι δʼ ἐκράτει τὸ τῆς δό̣ξης, κἂν τοῖς ἐσχάτοις π̣ε̣ριπίπτοντα, ἧ̣[ι δὲ] μ̣ὴ ἐκράτει, στάσεως ἐμπιμπλάμενον διὰ τὴν ὑπεναντιότητα τῶν ἔργω̣ν καὶ τῆς δόξης. τούτων οὖν οὕτως ἐχόντων δεῖ κα̣ὶ περὶ οὗ̣ λέγω̣ν ἐξ ἀρχῆς εἰς τὸ ταῦτα παρεκκαθαίρειν ἀφ̣ι̣κ̣όμην ἀποδιδόναι μ[..]κ̣α̣κ̣[..]ενκ̣τη[...........(.)]ω̣[........] κ̣[..(.)]...κ[.................(.)]c̣[.....(.)] - - -

(...) besonders Unverständigen. Und wenn jemand dies nicht erzwingt und ebenfalls die Sache, die er gerade kritisiert oder einführt, nicht darlegt, liegt nur ein Stimmwechsel vor, gleichwie ich schon lange sage. Aber denjenigen, die von Anfang an ausreichende Erläuterungen der Ursachen gaben und sich nicht nur von ihren Vorgängern, sondern auch auf vielerlei Weise von ihren Nachfolgern unterschieden, entging, dass, obwohl sie in vielen Fragen Großes beitrugen, sie sich [widersprachen], indem sie behaupteten, dass Notwendigkeit und (...) die Ursache von Allen sind. Diese Lehre bricht in sich selbst zusammen und dies entging nicht dem Mann, der mit den Handlungen gegen seine Lehrmeinung verstößt, und – wenn er die Lehrmeinung beim Handeln nicht vergessen hätte – sich selbst beständig beunruhigt hätte; bald aber gewann die Handlungsvorgabe der Lehre die Oberhand, auch wenn er in äußerste Bedrängnisse kam, bald gewann sie nicht die Oberhand,

---

60 §§ 133–134 (= L&S II, 20 A).

61 = L&S II, 20 D. Abgesehen von Lukrez und Diogenes von Oinoanda sind die Testimonien, die in Frr. 280–281 Us. gesammelt werden, und vor allem Cic. *De fat.* 21–25 (= L&S II, 20 E), ebenda 37 (= L&S II, 20 H) sowie *Luc.* 30.97 (= fr. 376 Us. = L&S II, 20 I) zu berücksichtigen. Vgl. den Kommentar von L&S I, 107–112.

62 Epicur., *De nat.* XXV, *PHerc.* 1191, Cr. [= *Cornice*] 9, Pz. [= *Pezzo*] 2, Z. [= *Zone*] 3 (= -6 *inf.*) / *PHerc.* 1191, Cr. 8, Pz. 2, Z. 6 (= -5 *sup.*) + *PHerc.* 697, Cr. 4, Pz. 2, Z. 1 + *PHerc.* 1056, Cr. 7, Z. 4 Laursen (1997) 40–43 = Epicur. Fr. [34.30] Arr.^{2} (= Democr. 68 A 69 [II] DK = fr. 36a Luria [*partim*] = *CPH* XI 50).

> so dass er voll von innerem Zwiespalt war wegen der Widersprüchlichkeit der Handlungen und der Lehre. Weil sich diese Dinge so verhalten, ist es nötig, dass ich das, worüber ich am Anfang redend zur völligen Widerlegung dieser Dinge gelangt bin, wieder aufnehme (...)

Das Buch XXV von Περὶ φύσεως ist allgemein als der Text bekannt, in dem Epikur die Beziehung zwischen Freiheit und Determinismus diskutiert, und in dem er vor allem versucht, die Beziehung zwischen Geist und Körper im Sinne einer atomistischen Betrachtung der Realität zu deuten.[63] Das Buch ist in drei Kopien überliefert: *PHerc.* 454/1420/1056, *PHerc.* 419/459/1634/697 und *PHerc.* 1191.[64] Natürlich sollte das oben angeführte Zeugnis innerhalb einer breiteren Argumentationslinie kontextualisiert werden, die bereits in den vorherigen Kolumnen des Werkes beginnt.[65] Hier scheint Epikur diejenigen zu kritisieren, welche die menschliche Notwendigkeit als Ergebnis der ursprünglichen atomistischen Konstitution und der mechanistischen Notwendigkeit betrachten, die sich aus der Umgebung ergibt. Insbesondere deutet Sedley diese von Epikur kritisierte These als eine Art „causal determinism“ oder „mechanism“:[66] D. h., jedes (menschliche oder physikalische) Ereignis ist von vorherigen Ursachen vorherbestimmt, die seinen Prozess in jedem einzelnen Detail unfehlbar beherrschen. Andere Schüler, wenngleich mit (bisweilen deutlichen) Unterschieden, behaupten, dass Epikur hier gegen jede Form von „Fatalismus“ kämpfte. Insofern ist § 134 des *Briefes an Menoikeus* sehr lehrreich: Darin behauptet Epikur, es sei besser, an Mythen über die Götter als an das Schicksal der Naturphilosophen (τῇ τῶν φυσικῶν εἱμαρμένῃ) zu glauben.[67]

Wie auch im *Gnomologium Vaticanum* (*SV* 40) weist hier Epikur darauf hin, dass diejenigen, die behaupten, dass alles aus Notwendigkeit (κατ’ ἀνάγκην) geschehe, keine Möglichkeit haben, diejenigen zu kritisieren, die leugnen, dass alles aus Notwendigkeit geschehe (μὴ πάντα κατ’ ἀνάγκην γίνεσθαι): Tatsächlich behaupten sie implizit, dass dies selbst (d. h. die Tatsache, dass die Phänomene nicht aus Notwendigkeit geschehen) notwendigerweise geschehe (αὐτὸ γάρ τοῦτό φησι κατ’ ἀνάγκην γίνεσθαι). Daraus lässt sich ableiten, dass Epikur an die Existenz einer „Präkognition“ der Willensfreiheit glaubte. Doch längst nicht alle Wissenschaftler sind der Meinung, dass sich bei Epikur das Konzept der ‚Freiheit des Willens‘ finden lässt, und die vorliegende Untersuchung stellt auch nicht den Ort dar, um diesen Punkt zu vertiefen.

---

63 Siehe Laursen (1987) und Masi (2006) 26–33, 62–105.

64 Für die Bücher von Epikurs Περὶ φύσεως, die in mehreren Kopien überliefert wurden, verweise ich auf Dorandi (2015) insbes. 18–25.

65 D. h. ab *PHerc.* 1191, Cr. 8, Pz. 1, z. 5 (= -12 *sup.*) + *PHerc.* 697, Cr. 4, Pz. 1, Z. 1 + *PHerc.* 1056, Cr. 6, Z. 3, zu *PHerc.* 1191, Cr. 9, Pz. 2, Z. 2 (= -8 *inf.*) / Cr. 8, Pz. 2, Z. 4 (= -7 *sup.*) + *PHerc.* 697, Cr. 4, Pz. 1, Z. 4 + *PHerc.* 1056, Cr. 7, Z. 3 (= Laursen [1997] 32–40 = frs. [34.26–29] Arr.^{2} = test. 20 C 1–11 L&S).

66 Sedley (1983) 32.

67 Das Thema ist viel diskutiert worden: Siehe u. a. Annas (1992) 123–134, insbes. 131–133; Bobzien (2000) insbes. 298–306; O’Keefe (2005) 65–109, insbes. 81–96, dazu Atherton (2007). Zum *status quaestionis* siehe Masi (2006) 99–104.

Stattdessen lohnt es sich, auf einige Aspekte der oben zitierten Stelle des Buchs XXV von Περὶ φύσεως einzugehen, mit der Absicht, diese auf die epikureische Kritik an den Vorsokratikern zurückzubeziehen.[68] Epikur spricht über ọị δ' αἰτιολογήσαντες ἐξ ἀρχῆς ịκανῶς (ich zitiere den virtuell einheitlichen Text durch die Kollation der drei Kopien), d. h. „diejenigen, die von Anfang an ausreichende Erklärungen zu den Ursachen geliefert haben". Diese hätten philosophisch sowohl diejenigen übertroffen, die ihnen vorausgingen, als auch diejenigen, die danach kamen, doch sie begingen den Fehler, alles auf Notwendigkeit und *Schicksal* zu reduzieren.[69] Dass Epikur hier auf Demokrit anspielt, scheint durch den folgenden Verweis auf einen nicht näher spezifizierten ἀνήρ, wodurch sich der polemische Diskurs vom Plural in den Singular verschiebt, bestätigt zu werden. Wie Sedley behauptet, „there is a well established Epicurean use of ἀνήρ (or *vir*) in the sense 'great man'. Epicurus uses it of his philosophical predecessors, though not of contemporary opponents, and later Epicureans extended its application to the founders of the Epicurean school. Democritus appears as 'Democritus vir' both times that his views are cited by Lucretius [3.371; 5.622]. So the singular τὸν ἄνδρα appears to indicate that he now has Democritus principally in mind".[70] Zu diesen Beobachtungen könnten wir die Anekdote hinzufügen, nach welcher Demokrit die Entdeckung einer kausalen Erklärung (αἰτιολογία) der Macht über das gesamte Perserreich vorgezogen hätte (68 B 118 DK). Nach Demokrit ist die Rolle der Notwendigkeit in der Natur durch den kausalen Prozess der physikalischen Phänomene insbesondere durch die wirbelnde Bewegung der Atome, wissenschaftlich erklärt: Alles geschieht nach der Notwendigkeit (κατ' ἀνάγκην), doch diese Notwendigkeit gründet auf dem Wirbel, aus dem heraus alles entsteht (*τῆς δίνης αἰτίας οὔσης τῆς γενέσεως πάντων*: 68 A 1 DK *ap.* Diog. Laërt. 9.45).[71] Auf jeden Fall reichen alle diese Voraussetzungen nicht dazu aus, um die authentische Bedeutung und das polemische Ziel (oder die polemischen Ziele) des vorliegenden Herkulanensischen Zeugnisses mit Sicherheit festzustellen.[72]

Ein letztes wichtiges Element des oben erwähnten Herkulanensischen Passus (und im Allgemeinen des überlieferten Teils des Buchs XXV von Epikurs Περὶ φύσεως) ist die Abwesenheit des Wortes παρέγκλισις, d. h. die Abweichung der Atome: Bekanntlich wird

68 Die Stelle hat die Aufmerksamkeit vieler Wissenschaftlern erregt, angefangen mit Gomperz (1866a), (1879), und Goedeckemeyer (1897) insbes. 92–98. Hierüber ist die Bibliographie enorm. Siehe z. B. H. Diels *ap.* DK II, 101 (= 68 A 69 DK); Diano (1969) 338 und (1974) 45–47, 132; Schmid (1955) 415–416; Huby (1969) und (1978); Asmis (1970) *passim* und (1984) 278–290; Arr.^{2} [34.30] und Arrighetti (1979); Laks (1981); Silvestre (1985) 123–155, insbes. 148 ff.; L&S II, 104–113 (Abschnitt 20, insbes. Texte A, B und j); Englert (1987) insbes. 48–62 und 119–151, dazu Asmis (1990); Mitsis (1988) 129–166; Laursen (1988), (1990), und (1997) 70–72; Verlinsky (1996); Leone (2000) insbes. 31–32. Über die verschiedenen Deutungen von Hammerstaedt (2003) und Masi (2006) siehe unten.

69 Wenn wir hier die Lesung ταὐτόμạṭ[ο]ν annehmen: Siehe Gigante (1981) 57–58 und Masi (2006) 99 Anm. 375.

70 Sedley (1983) 30.

71 Siehe Morel (1996) 66–75, 266–291, (2007) 119–123.

72 Insofern siehe die verschiedenen Meinungen von Sedley (1983) 27 ff. und Masi (2006) 62 ff., 152–157.

dieser Begriff von Lukrez mit dem lateinischen Wort *clinamen* übersetzt.[73] Eine Neulesung der Herkulanensischen Papyri des Buchs XXV führte J. Hammerstaedt zur These, dass der Begriff der Abweichung der Atome bereits an denjenigen Stellen des Buchs XXV auftrat, in denen Epikur die verschiedenen Verantwortungsebenen des sogenannten „Produkts" (τὸ ἀπογεγεννημένον) im Bezug auf die „ursprüngliche Konstitution" (ἡ ἐξ ἀρχῆς σύστασις) der Realität definierte: In einigen Fällen könnte das „Produkt" der Realität etwas anderes leisten als das, was es aufgrund seiner „ursprünglichen Konstitution" notwendigerweise leisten sollte, so dass es die Bewegung der Atome beeinflusse und sogar verändere und diese Bewegung mit unserem freien Willen zusammenfalle.[74] Einer der Einwände gegen diese Hypothese besteht darin, dass der Zweck des oben erwähnten Passus nicht darin besteht, zu zeigen, dass das „Produkt" in der Lage ist, die Bewegung der Atome zu verändern, sondern dass das „Produkt" in der Lage ist, seine *Kausalkraft* auf einzelne Atome zu übertragen. Auch im Lichte der späteren Zeugnisse von Ciceros *De fato*[75] und des oben genannten Fr. 54 des Diogenes von Oinoanda[76] konnte man schlussfolgern, dass die παρέγκλισις/*clinamen*-Lehre von Epikur nicht zur Zeit der Komposition des Buchs XXV von Περὶ φύσεως entwickelt wurde, sondern erst später, in einem reiferen Stadium seiner Spekulation und vor allem im Rahmen der schulinternen Debatte über dieses Thema.[77] Diese wichtige theoretische Neuerung war im Wesentlichen durch zwei philosophische Forderungen motiviert: Einerseits diejenige zur Bewahrung und Rechtfertigung der wahren Natur der Phänomene; andererseits das Erfordernis, zahlreiche (noch ungelöste) Aporien zu erklären, welche das Buch XXV in Bezug auf die kausale Kraft des Handelns und die Macht der Selbstbestimmung des Geistes hervorrief.

Die anti-demokritische Kritik in Fr. 54 Smith lässt sich mit derjenigen in Fr. 7 Smith (vgl. § 1) verbinden. In diesem Fall sind die physikalischen Aspekte der Lehre Demokrits das Element, das es Diogenes ermöglicht, die Kontroverse um ethische Fragen noch deutlicher mit epistemologischen Fragen zu verknüpfen. Anders gesagt erscheint der Atomismus Demokrits nicht nur inakzeptabel, da er die Willensfreiheit ausschließt, sondern auch, da er dem Prinzip der Sinnenevidenz widerspricht.[78]

---

73 Lucr. 2.251–293 Deufert, insbes. 292: Dazu, z. B., Sedley (1983) 46–49 und Masi (2006) 229–254.

74 Eine solche Idee wurde schon von Arr.², 631–632 und Laursen (1992) 154 Anm. 31 geäußert. Nach Hammerstaedt (2003) 157–158 findet sich ein Beweis davon in Epicur. *De nat.* XXV, *PHerc.* 1191, Cr. 4, Pz. 2, Z. 4 (= -20 *inf.*) / *PHerc.* 1191, Cr. 7, Pz. 1, Z. 5 (= -19 *sup.*) + *PHerc.* 697, Cr. 3, Pz. 1, Z. 3 (= fr. [34.22] Arr.²) + *PHerc.* 1056, Cr. 5, Z. 3 Laursen (1997) 22; *PHerc.* 1191, Cr. 7, Pz. 2, Z. 1 (= -19 *inf.*) / *PHerc.* 1191, Cr. 7, Pz. 1, Z. 6 (= -18 *sup.*) + *PHerc.* 697, Cr. 3, Pz. 1, Z. 4 (= fr. [34.23] Arr.²) Laursen (1997) 23.

75 *Fat.* 23 = L&S I, 20 E.

76 Koll. II.3–III.14 Smith = L&S I, 20 G.

77 Masi (2006) 223 ff.; doch siehe Sedley (1998) 127, der misstrauisch gegenüber jedem diesbezüglichen *argumentum e silentio* ist.

78 Siehe Gigante (1981) 77–78.

Col. II (...) ἐσφά|λη δ' ἀναξίως ἑαυτοῦ | καὶ Δημόκριτος, v τὰς | ἀτόμους μόνας κατ' ἀ|λήθειαν εἰπὼν ὑπάρχειν | ἐν τοῖς οὖσι, v τὰ δὲ λοιπὰ | νομιστεὶ ἅπαντα. κατὰ | γὰρ τὸν σὸν λόγον, ὦ Δη|μόκριτε, οὐχ ὅπως τὸ ἀ|ληθὲς εὑρεῖν, ἀλλ' οὐδὲ | ζῆν δυνησόμεθα, μή|τε τὸ πῦρ φυλαττόμε|νοι [μήτε τ]ὴν σφαγὴν | | Col. III μήτ' [ἄλλην τινὰ δύνα]|μι[ν - - -[79]

Sogar Demokrit täuschte sich auf eine für ihn unwürdige Weise, als er behauptete, dass die Atome allein gemäß der Wahrheit existieren in den seienden Dingen, alles übrige aber Konvention sei. Gemäß deiner Lehre, Demokrit, werden wir nicht [nur] nicht vermögen das Wahre zu finden, sondern nicht einmal zu leben, da wir uns weder vor dem Feuer, Totschlag noch [einer anderen Gewalt] in Acht nehmen werden, (...).

Der erste Teil dieser Stelle zielt auf ein seit langem etabliertes Problem der demokritischen Epistemologie, das durch einige bekannte Zeugnisse bei Sextus Empiricus und Galen gut zusammengefasst wird. Sextus sagt, Demokrit habe in seinen *Kanones* zwei Formen des Wissens (γνώσεις) deutlich voneinander unterschieden: a) Eine Wissensform, die auf den Sinnen (διὰ τῶν αἰσθήσεων) basiere, unauthentisch (σκοτίην) und auf die Grenzen der Meinung beschränkt sei; b) eine andere Wissensform, die dagegen auf der Vernunft (διὰ τῆς διανοίας) begründet sei. Diese zweite (vernünftige) Wissensform sei authentisch (γνησίην) und die einzige, die dazu befähige, über die Wahrheit der Dinge zu urteilen.[80] Mit dieser Wissensform seien nur die Atome und das Leere verbunden, d. h. die einzigen Entitäten, die zur Sphäre des Seins gehörten; alles andere, d. h. die sinnlichen Qualitäten (wie das Bittere, die Hitze, die Kälte, die Farbe, usw.), seien nur das Ergebnis von Konvention (νόμῳ) und daher völlig subjektiv.[81] Galen beschriebt seinerseits einen Demokrit, der in völligem Wissen über die Aporien seiner Kritik gegen die Wahrnehmung sei:

τοῦτο καὶ Δημόκριτος εἰδὼς ὁπότε τὰ φαινόμενα διέβαλε "νόμῳ χροιή, νόμῳ γλυκύ, νόμῳ πικρόν", εἰπὼν "ἐτεῇ δ' ἄτομα καὶ κενόν" (= 68 B 9 DK) ἐποίησε τὰς αἰσθήσεις λεγούσας πρὸς τὴν διάνοιαν οὕτως· "τάλαινα φρήν, παρ' ἡμέων λαβοῦσα τὰς πίστεις ἡμέας καταβάλλεις; πτῶμά τοι τὸ κατάβλημα."[82]

Das wusste auch Demokrit; als er die Erscheinungen verleumdete, indem er sagte: «Der Bestimmung zufolge [gibt es] Farbe, der Bestimmung zufolge Süßes, der Bestimmung zufolge Bitteres, in Wirklichkeit aber nur Atome und Leeres», ließ er die Sinne folgendermaßen gegen den Verstand reden: «Unglückselige Intelligenz, von uns nimmst Du deine Beweise und streckst uns damit nieder? Dieses Niederstrecken ist dein eigener Sturz».[83]

79 Diog. Oen., Fr. 7, Koll. II.2–III.2 Smith.

80 Sext. Emp. *Math.* 7.138 (= 68 B 11 DK = Fr. 83 Luria). Zu diesen zwei Erkenntnisformen der Demokritischen Epistemologie verweise ich auf die Testimonien, die in den Frr. 79–97 Luria gesammelt sind.

81 Sext. Emp. *Math.* 7.135 (= 68 B 9 DK = Fr. 55 Luria).

82 Gal. *Subfig. emp.* fr. 23b, S. 102.5–11 Deichgräber (= 68 B 125 DK = fr. 79 Luria). Vgl. auch Id. *Elem. Hipp.* 1.2, S. 60.12–19 De Lacy (= 68 A 49 DK = fr. 90 Luria).

83 Übersetzung von Mansfeld u. Primavesi (2021^2) 731.

Die ‚skeptischen' Folgerungen dieser Stellungnahme Demokrits und die polemische Reaktion Epikurs sind bekannt.[84] Epikur behauptete insbesondere, dass die Form, die Farbe, die Größe, das Gewicht sowie im Allgemeinen alle Eigenschaften eines atomischen Aggregats *bestehende Realitäten* seien (οὔτε ὅλως ὡς οὐκ εἰσίν) und daher wesentliche Teile (συμβεβηκότα) eines Körpers darstellten, obwohl sie nicht in sich selbst vorhanden seien (οὔθ' ὡς καθ' ἑαυτάς εἰσι φύσεις).[85] Im oben erwähnten Fragment der *Physik* des Diogenes wird die extreme und schädliche Folge des ‚Skeptizismus' unterstrichen, zu dem eine andere diesbezügliche Theorie als die epikureische führt. Tatsächlich wendet Diogenes sich direkt an Demokrit (*Du-Stil*) und beschuldigt ihn, das Leben eigentlich unmöglich zu machen (ἀλλ' οὐδὲ | ζῆν δυνησόμεθα). Dieses Zeugnis brachte Bignone dazu, den Epikureer Kolotes, und insbesondere sein Pamphlet *Nach der Lehre der anderen Philosophen kann man nicht leben* (Περὶ τοῦ ὅτι κατὰ τὰ τῶν ἄλλων φιλοσόφων δόγματα οὐδὲ ζῆν ἔστιν) – ein Werk, das wir dank Plutarch kennen[86] – zur Quelle dieses Fragments zu machen. Meines Erachtens ist ein Einfluss des Kolotes auf Diogenes plausibel, doch ist es schwer zu glauben, wie dies Bignone behauptete, dass Kolotes die *einzige* Quelle des ganzen Abschnitts der Inschrift, der in den Frr. 6–7 Smith überliefert ist, gewesen sei.[87]

In der Inschrift entwickelt sich die Polemik gegenüber dem demokritischen ‚Skeptizismus' anhand der Diskussion über das Sehen der Bilder und die Natur der Träume. Die Frage ist kompliziert. Sie bezieht grundlegende Texte der epikureischen Tradition, wie die Bücher II[88] und XXXIV[89] von Epikurs Περὶ φύσεως, ein. Darüber hinaus verweist die richtige Deutung der epikureischen Lehre bezüglich dieses Problems auf eine alte Tradition, die die Epikureer oft verspottete: So hätten die Epikureer in der Absicht, die Sinnesevidenz zu verteidigen, auch die Orestes verfolgenden Erinyen[90] oder die τεράσματα des Empedokles für „wahr" erachtet, mit anderen Worten – wie dies Plutarch böswillig hinzufügt[91] – ungeheuerliche Wesenheiten, wodurch sie die Epikureer selbst lächerlich gemacht hätten![92] Die Vermischung von Lehre und Polemik erklärt die Schwierigkeiten, die das Testimonium des Diogenes über dieses Thema bietet. Dieses Zeugnis liegt auf halbem Weg zwischen dem epikureischen Standpunkt und der (impliziten) Absicht, diesen zu verteidigen. Eine solche Verteidigung wird durch einen Sei-

---

84 Siehe u. a. Isnardi Parente (1991).

85 Epicur. *Ep. Hdt.* 68–71, insbes. 68–69.

86 Vgl. insbesondere Plut. *Adv. Col.* 1109A–C.

87 Bignone (2007) 16–18.

88 Siehe Leone (2012) und Masi u. Maso (2015).

89 Siehe Leone (2002) und Leone u. a. (2020).

90 Sext. Emp. *Math.* 8.63–65 (= Epicur. fr. 253 Us.).

91 Plut. *Adv. Col.* 1123B (= Epicur. fr. 254 Us.), wo die Frr. 31 B 60–61 DK des Empedokles zitiert sind.

92 Vgl. Lucr. 5.878–924 Deufert.

tenhieb realisiert, der nicht nur gegen die Vorsokratiker (in diesem Falle Demokrit), sondern auch gegen die Stoiker und die ‚Skeptiker' im Allgemeinen verübt wird.[93]

Abkürzungen

Arr.^{2}	Graziano Arrighetti, *Epicuro: Opere*, Turin 1973^2 (1. Aufl. 1960).
As	Georg Wöhrle, *Die Milesier: Anaximander und Anaximenes*, mit Beiträgen von Oliver Overwien, Berlin/New York 2011.
CPH	Christian Vassallo, *Corpus Praesocraticorum Herculanense*, in: Vassallo (2021) 85–319.
DG	Hermann Diels, *Doxographi Graeci*, Berlin 1879 (1976, Nachdr. der 4. Aufl. 1965).
DK	Hermann Diels, *Die Fragmente der Vorsokratiker* (Bd. 1, Berlin 1903; rev. Aufl. in 2 Bde., Berlin 1906^2; 1912^3; 1922^4), 6. Aufl. verb. von Walter Kranz, 3 Bde., Berlin 1951–1952^6 (5. Aufl. 1934–1937).
L&M	André Laks and Glenn W. Most (Hgg.), *Early Greek Philosophy*, in collaboration with Gérard Journée and assisted by Leopoldo Iribarren and David Lévystone, 9 Bde., Cambridge (MA)/ London 2016.
L&S	Anthony A. Long und David N. Sedley, *The Hellenistic Philosophers*, 2 Bde., Cambridge 1987.
M&R5	Jaap Mansfeld und David T. Runia, *Aëtiana: The Method and Intellectual Context of a Doxographer*, vol. 5: *An Edition of the Reconstructed Text of the* Placita *with a Commentary and a Collection of Related Texts*, 4 Teile, Leiden/Boston 2020.
Th	Georg Wöhrle, *Die Milesier: Thales*, mit einem Beitrag von Gotthard Strohmaier, Berlin/New York 2009 (*The Milesians: Thales*, Translation and additional material by Richard McKirahan, Berlin/Boston 2014).
Us.	Hermann Usener, *Epicurea*, Leipzig 1887.

Literaturverzeichnis

Annas (1992): Julia Annas, *Hellenistic Philosophy of Mind*, Berkeley.

Arrighetti (1979): Graziano Arrighetti, „Un passo dell'opera *Sulla natura* di Epicuro, Democrito e Colote", *Cronache Ercolanesi* 9, 5–10.

Asmis (1970): Elisabeth Asmis, *The Epicurean Theory of Free Will and its Origin in Aristotle*, Diss. Yale.

Asmis (1984): Elisabeth Asmis, *Epicurus' Scientific Method*, Ithaca (NY)/London.

Asmis (1990): Elisabeth Asmis, „Free Action and the Swerve: Review of Walter G. Englert, *Epicurus on the Swerve and Voluntary Action*", *Oxford Studies in Ancient Philosophy* 8, 275–291.

Atherton (2007): Catherine Atherton, „Reductionism, Rationality and Responsability: A Discussion of Tim O'Keefe, *Epicurus on Freedom*", *Archiv für Geschichte der Philosophie* 89, 192–230.

Bignone (2007): Ettore Bignone, *L'Aristotele perduto e la formazione filosofica di Epicuro*, Mailand (Nachdr. der 2. Aufl. Florenz, 1973^2, 2 Bde.; 1. Aufl. 1936).

Bobzien (2000): Susanne Bobzien, „Did Epicurus Discover the Free Will Problem?", *Oxford Studies in Ancient Philosophy* 19, 287–337.

93 Den Kollegen Dr. Markus Hafner und Dr. Kilian J. Fleischer möchte ich meine Dankbarkeit für ihre sprachliche Revision des Manuskripts ausdrücken.

Capasso (1987): Mario Capasso, *Comunità senza rivolta: Quattro saggi sull'epicureismo*, Vorwort von Marcello Gigante, Neapel.
Capasso (1987a): Mario Capasso, „Epicureismo e Eraclito: Contributo alla ricostruzione della critica epicurea alla filosofia presocratica", in: Capasso (1987) 59–102 [= Id., in: Livio Rossetti (Hg.), *Atti del Symposium Heracliteum 1981*, 2 Bde., Bd. 1: *Studi*; Bd. 2: *La 'fortuna' di Eraclito nel pensiero moderno*, Rom 1983, I, 423–457].
Capasso (1987b): Mario Capasso, „Epicureismo ed Eleatismo: Secondo contributo alla ricostruzione della critica epicurea alla filosofia presocratica", in: Capasso (1987) 103–163 [= Id., in: Mario Capasso, Francesco De Martino und Pierpaolo Rosati (Hgg.), *Studi di filosofia preplatonica*, Vorwort von Marcello Gigante, Neapel 1985, 253–309].
Casanova (1984): Angelo Casanova, *I frammenti di Diogene d'Enoanda*, Florenz.
Chilton (1967): Cecil W. Chilton, *Diogenis Oenoandensis Fragmenta*, Leipzig.
Clay (2007): Diskin Clay, „The Philosophical Inscription of Diogenes of Oenoanda", in: Richard Sorabji und Robert W. Sharples (.), *Greek and Roman Philosophy 100 BC–200 AD*, 2 Bde., London, I, 283–291.
Corrado (2020): Alberto Corrado, „A New Supplement to Diogenes of Oenoanda's Fr. 6 Smith: A Case of Epicurean Language Selection", *Philologus* 164, 269–276.
Cousin (1892): Georges Cousin, „Inscriptions d'Oenoanda", *Bulletin de Correspondance Hellénique* 16, 1–70.
Diano (1969): Carlo Diano, „Le problème du libre arbitre dans le περὶ φύσεως", in: *L'épicurisme romain : Actes du VIIIe congrès G. Budé*, Paris, 337–342 [= Id., *Scritti epicurei*, Florenz 1974, 337–341].
Diano (1974): Carlo Diano, *Epicuri ethica et epistulae*, Florenz (Nachr. der 1. Aufl. 1946).
Diels u. a. (2013[3]): *Lukrez, Von der Natur, Lateinisch – deutsch*, Herausgegeben und übersetzt von Hermann Diels, Mit einer Einführung und Erläuterungen von Ernst G. Schmidt und einem Geleitwort von Albert Einstein, Berlin (1. Aufl. 1991).
Dorandi (2015): Tiziano Dorandi, „Libri dell'opera *Sulla natura* di Epicuro in più esemplari", in: Francesca G. Masi u. Stefano Maso (Hgg.), *Epicurus on Eidola:* Peri Phuseos *Book II. Update, Proposals, and Discussions*, Amsterdam, 17–34.
Englert (1987): Walter G. Englert, *Epicurus on the Swerve and Voluntary Action*, Atlanta.
Erler (2017): Michael Erler, „Diogenes against Plato: Diogenes' Critique and the Tradition of Epicurean Antiplatonism", in: Jürgen Hammerstaedt, Pierre-Marie Morel und Refik Güremen (Hgg.), *Diogenes of Oinoanda: Epicureanism and Philosophical Debates / Diogène d'Œnoanda: Épicurisme et controverses*, Leuven, 51–65.
Giannattasio (1989): Rosa Giannattasio Andria, *I frammenti delle «Successioni dei filosofi»*, Neapel.
Gigante (1981): Marcello Gigante, *Scetticismo e epicureismo: Per l'avviamento di un discorso storiografico*, Neapel.
Goedeckemeyer (1897): Albert Goedeckemeyer, *Epikurs Verhältnis zu Demokrit in der Naturphilosophie*, Diss. Straßburg.
Gomperz (1866): Theodor Gomperz, *Herkulanische Studien*, vol. 2: *Philodem: Über Frömmigkeit*, Leipzig.
Gomperz (1879): Theodor Gomperz, „Die Ueberreste eines Buches von Epikur Περὶ φύσεως", in: *Wiener Studien* 1, 27–31 [= Tiziano Dorandi (Hg.), *Theodor Gomperz: Eine Auswahl herkulanischer kleiner Schriften (1864–1909)*, Leiden/New York/Köln 1993, 102–106].
Gourinat (2017): Jean-Baptiste Gourinat, „La critique des stoïciens dans l'inscription d'Œnoanda", in: Jürgen Hammerstaedt, Pierre-Marie Morel und Refik Güremen (Hgg.), *Diogenes of Oinoanda: Epicureanism and Philosophical Debates / Diogène d'Œnoanda: Épicurisme et controverses*, Leuven, 165–185.
Grilli (1960): Alberto Grilli, *Diogenis Oenoandensis Fragmenta*, Mailand/Varese.
Hammerstaedt (2003): Jürgen Hammerstaedt, „Atomismo e libertà nel XXV libro del Περὶ φύσεως di Epicuro", *Cronache Ercolanesi* 33, 151–158.
Hammerstaedt (2011): Jürgen Hammerstaedt, „Philosophie auf Stein", in: Günter Blamberger und Dietrich Boschung (Hgg.), *Morphomata: Kulturelle Figuration – Genese, Dynamik und Medialität*, München, 223–260.

Hammerstaedt (2017): Jürgen Hammerstaedt, „The Philosophical Inscription of Diogenes in the Epigraphic Context of Oinoanda: New Finds, New Research, and New Challenges", in: Jürgen Hammerstaedt, Pierre-Marie Morel und Refik Güremen (Hgg.), *Diogenes of Oinoanda: Epicureanism and Philosophical Debates / Diogène d'Œnoanda: Épicurisme et controverses*, Leuven, 29–50.

Hammerstaedt u. a. (2017): Jürgen Hammerstaedt, Pierre-Marie Morel und Refik Güremen (Hgg.), *Diogenes of Oinoanda: Epicureanism and Philosophical Debates / Diogène d'Œnoanda: Épicurisme et controverses*, Leuven.

Hammerstaedt u. Smith (2014): Jürgen Hammerstaedt und Martin F. Smith, *The Epicurean Inscription of Diogenes of Oinoanda: Ten Years of New Discoveries and Research*, Bonn.

Heberdey u. Kalinka (1897): Rudolf Heberdey und Ernst Kalinka, „Die philosophische Inschrift von Oinoanda", *Bulletin de Correspondance Hellénique* 21, 346–443.

Henrichs (1974): Albert Henrichs, „Die Kritik der stoischen Theologie im *PHerc.* 1428", *Cronache Ercolanesi* 4, 5–32.

Huby (1969): Pamela M. Huby, „The Epicureans, Animals and Freewill", *Apeiron* 3, 17–19.

Huby (1978): Pamela M. Huby, „Epicurus' Attitude to Democritus", *Phronesis* 23, 80–86.

Isnardi Parente (1991): Margherita Isnardi Parente, „I Democritei e l'antiscetticismo di Epicuro", in: Ead., *Filosofia e scienza nel pensiero ellenistico*, Neapel, 149–169 [= Ead., „I democritei e l'antiscetticismo di Epicuro (*Ratae Sententiae* XXIII–XXIV)", in: Vv. Aa., *La storia della filosofia come sapere critico: Studi in onore di Mario Dal Pra*, Mailand 1984, 106–121].

Kingsley (1994): Peter Kingsley, „Empedocles and his Interpreters: The Four-Element Doxography", *Phronesis* 39, 235–254.

Laks (1981): André Laks, „Une légèreté de Démocrite (Epicurus, *De natura liber incertus* = 34. 30, 7–15 Arrighetti[2])", *Cronache Ercolanesi* 11, 19–23.

Laks (2008[2]): André Laks, *Diogène d'Apollonie : Edition, traduction et commentaire des fragments et témoignages*, Sankt Augustin (1. Aufl. Lille 1983).

Laursen (1987): Simon Laursen, „Epicurus, *On Nature*, Book XXV", *Cronache Ercolanesi* 17, 77–78.

Laursen (1988): Simon Laursen, „Epicurus *On Nature* XXV (Long-Sedley 20, B, C and j)", *Cronache Ercolanesi* 18, 7–18.

Laursen (1990): Simon Laursen, „‚Against Democritus – Towards the End'", in: Mario Capasso, Gabriella Messeri Savorelli und Rosario Pintaudi (Hgg.), *Miscellanea Papyrologica in occasione del bicentenario dell'edizione della Charta Borgiana*, 2 Bde., Florenz, I, 3–22.

Laursen (1992): Simon Laursen, „The Summary of Epicurus *On Nature* Book 25", *Papyrologica Lupiensia* 1, 141–154.

Laursen (1997): Simon Laursen, „The Later Parts of Epicurus, *On Nature*, 25th Book", *Cronache Ercolanesi* 27, 5–82.

Leone (1984): Giuliana Leone, „Epicuro, *Della natura*, Libro XIV", *Cronache Ercolanesi* 14, 17–107.

Leone (2000): Giuliana Leone, „Epicuro fondatore del Giardino e l'opera sua conservata nei papiri", *Cronache Ercolanesi* 30, 21–33.

Leone (2002): Giuliana Leone, „Epicuro, *Della natura*, libro XXXIV (*PHerc.* 1431)", *Cronache Ercolanesi* 32, 7–135.

Leone (2007): Giuliana Leone, „Epicuro ed Empedocle", in: Giovanni Casertano (Hg.), *Empedocle tra poesia, medicina, filosofia e politica*, Neapel, 221–240.

Leone (2012): Giuliana Leone, *Epicuro: Sulla natura, libro II*, Neapel.

Leone u. a. (2020): Giuliana Leone, Francesca G. Masi, and Francesco Verde (Hgg.), *'Vedere' l'invisibile: Rileggendo il XXXIV libro* Sulla natura *di Epicuro (*PHerc. *1431)*, Neapel.

Mansfeld (1985): Jaap Mansfeld, „Aristotle and Others on Thales, or the Beginnings of Natural Philosophy: With Some Remarks on Xenophanes", *Mnemosyne* 38, 109–129 [= Mansfeld (1990) 126–146].

Mansfeld (1986): Jaap Mansfed, „Aristotle, Plato and the Preplatonic Doxography and Chronography", in: Cambiano (1986a) 1–59 [= Mansfeld (1990) 22–83].

Mansfeld (1990): Jaap Mansfeld, *Studies in the Historiography of Greek Philosophy*, Assen/Maastricht.

Mansfeld (2000): Jaap Mansfeld, „Physical *doxai* in the *Phaedo*“, in: Maria Kardaun und Joke Spruyt (Hgg.), *The Winged Chariot: Collected Essays on Plato and Platonism in Honour of Lambertus M. de Rijk*, Leiden/Boston/Köln, 1–17 [= Jaap Mansfeld und David T. Runia, *Aëtiana: The Method and Intellectual Context of a Doxographer*, vol. 3: *Studies in the Doxographical Traditions of Greek Philosophy*, Leiden/Boston 2010 183–201].

Mansfeld u. Primavesi (2021²): Jaap Mansfeld und Oliver Primavesi, *Die Vorsokratiker: Griechisch / Deutsch*, Stuttgart (1. Aufl. Jaap Mansfeld 1983; mit Oliver Primavesi 2011).

Masi (2006): Francesca G. Masi, *Epicuro e la filosofia della mente: Il XXV libro dell'opera* Sulla natura, Sankt Augustin.

Masi u. Maso (2015): Francesca G. Masi u. Stefano Maso (Hgg.), *Epicurus on Eidola:* Peri Phuseos *Book II. Update, Proposals, and Discussions*, Amsterdam.

Mitsis (1988): Phillip Mitsis, *Epicurus' Ethical Theory: The Pleasures of Invulnerability*, Ithaca (NY).

Morel (1996): Pierre-Marie Morel, *Démocrite et la recherche des causes*, Paris.

Morel (2007): Pierre-Marie Morel, „Democrite et l'object de la philosophie naturelle : A propos des sens de φύσις chez Democrite“, in: Aldo Brancacci und Pierre-Marie Morel (Hgg.), *Democritus: Science, the Arts, and the Care of the Soul*, Leiden/Boston, 105–123.

O'Keefe (2005): Tim O'Keefe, *Epicurus on Freedom*, Cambridge/New York.

Philippson (1937): Robert Philippson, Rez. Vogliano (1931–1932) und Schmid (1936), *Göttingische Gelehrte Anzeigen* 199, 466–489.

Rist (1972): John M. Rist, *Epicurus: An Introduction*, Cambridge (Nachdr. 1977).

Ritter-Schmalz u. Schwitter (2019): Cornelia Ritter-Schmalz und Raphael Schwitter (Hgg.), *Antike Texte und ihre Materialität: Alltägliche Präsenz, mediale Semantik, literarische Reflexion*, Berlin/Boston.

Roskam (2017): Geert Roskam, „Diogenes' Polemical Approach, or How to Refute a Philosophical Opponent in an Epigraphic Context“, in: Jürgen Hammerstaedt, Pierre-Marie Morel und Refik Güremen (Hgg.), *Diogenes of Oinoanda: Epicureanism and Philosophical Debates / Diogène d'Œnoanda: Épicurisme et controverses*, Leuven, 241–269.

Rouse u. Smith (1992²): William H. D. Rouse und Martin F. Smith, *Lucretius: De rerum natura*, Cambridge (MA)/London (1. Aufl. 1924).

Schmid (1955): Wolfgang Schmid, Rez. von Diano (1974: 1. Aufl. 1946), *Gnomon* 27, 405–431.

Sedley (1983): David N. Sedley, „Epicurus' Refutation of Determinism“, in: Vv. Aa., *ΣΥΖΗΤΗΣΙΣ: Studi sull'epicureismo greco e romano offerti a M. Gigante*, 2 Bde., Neapel, I, 11–51.

Sedley (1998): David N. Sedley, *Lucretius and the Transformation of Greek Wisdom*, Cambridge.

Silvestre (1985): Maria L. Silvestre, *Democrito e Epicuro: Il senso di una polemica*, Neapel.

Smith (1993): Martin F. Smith, *Diogenes of Oinoanda: The Epicurean Inscription*, Neapel (© 1992).

Smith (1998): Martin F. Smith, „Excavations at Oinoanda 1997: The New Epicurean Texts“, *Anatolian Studies* 48, 125–170.

Smith (2000): Martin F. Smith, „Elementary, My Dear Lycians: A Pronouncement on Physics from Diogenes of Oinoanda“, *Anatolian Studies* 50, 133–137.

Smith (2003): Martin F. Smith, *Supplement to Diogenes of Oinoanda: The Epicurean Inscription*, Neapel.

Smith (2020): Martin F. Smith, „Fifty Years of New Epicurean Discoveries at Oinoanda“, *Cronache Ercolanesi* 50, 241–258.

Straume-Zimmermann u. a. (2014²): *Marcus Tullius Cicero, Hortensius – Lucullus –Academici libri, Lateinisch – deutsch*, Herausgegeben, übersetzt und kommentiert von Laila Straume-Zimmermann, Ferdinand Broemser und Olof Gigon, München (1. Aufl. 1997).

Vassallo (2021): Christian Vassallo, *The Presocratics at Herculaneum: A Study of Early Greek Philosophy in the Epicurean Tradition. With an Appendix on Diogenes of Oinoanda's Criticism of Presocratic Philosophy*, Berlin/Boston 2021.

Verlinsky (1996): Alexander Verlinsky, „Do Animals Have Freewill? Epicurus, *On Nature*, Book XXV, 20 B and 20 j Long-Sedley“, *Hyperboreus* 2, 125–138.

William (1907): Johann William, *Diogenis Oenoandensis fragmenta*, Leipzig.

Bernhard Zimmermann

Komödientitel. Zwischen Testimonium und Fragment

I

Es ist eine Binsenwahrheit, dass unser Blick auf die Geschichte und Entwicklung der Gattung Komödie bis vor wenigen Jahrzehnten im Großen und Ganzen durch zwei Autoren bestimmt war, von deren Werk wir komplette Texte besitzen: durch Aristophanes, von dessen ca. 45 Komödien[1] immerhin elf Stücke auf dem Weg der direkten Überlieferung erhalten sind, und durch Menander, von dessen umfangreichem, 105 oder gar 109 Stücke umfassenden Oeuvre, von dem 96 Titel bekannt sind,[2] seit Ende des 19. Jahrhunderts durch Papyrusfunde wenigstens ein Stück ganz (*Dyskolos*) und einige andere in größeren Teilen (*Samia, Epitrepontes, Aspis, Perikeiromene*) lesbar sind. Dies änderte sich allmählich, nachdem seit 1983 kontinuierlich die von Rudolf Kassel und Colin Austin herausgegebenen Bände der *Poetae Comici Graeci* (PCG) erschienen, die die Beschäftigung mit der griechischen Komödie auf ein philologisch sicheres Fundament stellten. Kommentare und Monographien zu einzelnen Autoren erweiterten die Kenntnis der Gattungsgeschichte;[3] vor allem Heinz-Günter Nesselraths Untersuchung zur Mittleren Komödie ist ein Meilenstein der Komödienforschung.[4] Seit 2011 besteht das von der Union der Akademien geförderte Freiburger Forschungsprojekt ‚Kommentierung der Fragmente der griechischen Komödie', das es sich zum Ziel gesetzt hat, auf der Basis der *Poetae Comici Graeci* alle Komikerfragmente durch Kommentare unter allen möglichen Gesichtspunkten zu erschließen und so das Bild der griechischen Komödie zu ergänzen, zu erweitern oder gar zu revidieren.[5] Die Arbeit mit Fragmenten, die von der Absicht getragen ist, nicht nur die sprachlichen und metrischen Aspekte zu klären und die sog. Realien zu erhellen, sondern die Texte unter literaturwissen-

---

1 Zimmermann (2011) 768.

2 Scardino (2015) 1062.

3 Zu nennen sind vor allem der monumentale Kommentar von Arnott (1996) zu Alexis und die Monographien von Storey (2003) zu Eupolis und Bakola (2010) zu Kratinos. Zwei Komödien des Eupolis sind umfangreiche Kommentare gewidmet: Napolitano (2012) zu den *Kolakes* und Telò (2007) zu den *Demen*. Ausgewählte Fragmente kommentiert unter thematischen Schwerpunkten Olson (2007). Als eine erste Bestandsaufnahme, die den auf Aristophanes zentrierten Blick revidiert, ist Harvey & Wilkens (2000) anzusehen. Belardinelli (1998) und Papachrysostomou (2008) erschließen einige der *comici minores* der Archaia und Mese. Bonanno (1972) zu Krates und Hunter (1983) zu Eubulos erschienen vor PCG.

4 Nesselrath (1990).

5 https://www.komfrag.uni-freiburg.de/. Zuletzt abgerufen am: 25.03.2022. Zum Fortgang der Arbeit vgl. die jährlichen Arbeitsberichte im Jahrbuch der Heidelberger Akademie der Wissenschaften, auch auf der Homepage des Projekts nachlesbar.

https://doi.org/10.1515/9783111508788-014

schaftlichen Gesichtspunkten zu behandeln und aus den Bruchstücken eventuell sogar etwas zum Inhalt und zur Handlung eines Stückes beizutragen, ist ein dorniges Feld und ein methodisch äußerst schwieriges und dementsprechend in der wissenschaftlichen Diskussion höchst umstrittenes Gebiet. Man befindet sich gleichsam in der Lage eines Archäologen, der aus einzelnen Steinchen verschiedener Größe ein Mosaik zu rekonstruieren oder wenigstens in Grundzügen kenntlich zu machen versucht. Es bedarf nicht nur Mut zur Hypothese, sondern auch das Bewusstsein, dass man häufig mit Zirkelschlüssen arbeitet, und deshalb die Bereitschaft, die Hypothesen im Dialog zu erhärten oder sie sich widerlegen zu lassen. Die Alternative zur literaturwissenschaftlichen Hypothesenbildung dagegen ist wenig verlockend. Wenn man sich allein auf das Beweisbare zurückzöge, müsste man sich auf sprachliche und metrische Belange und die Erörterung der Realien beschränken.[6] Und gerade bei den Realien genauso wie im Sprachlichen und Metrischen ist das, was erschlossen und kommentiert werden kann, begrenzt, so dass eine Kommentierung aller Komödienfragmente seinen Sinn verlöre.

In den Bänden der *Fragmenta Comica* (FrC) trennen wir deshalb Sicheres von Hypothetischem. Während der nach Lemmata strukturierte Kommentarteil der philologischen und altertumswissenschaftlichen Erschließung dient, werden in dem den Kommentaren vorangestellten Teil ‚Inhalt' Möglichkeiten der inhaltlichen Rekonstruktion und der Handlung des jeweiligen Stücks durchgespielt. Zwar getrennt vom Abschnitt ‚Inhalt', aber eng damit zusammenhängend ist der einleitende Abschnitt ‚Titel', in dem die sprachliche Form, die Bedeutung und die Konnotationen eines Komödientitels unter Einbeziehung gleicher oder ähnlicher Titel beleuchtet werden. Es versteht sich von allein, dass die Überlegungen mit desto größeren Unwägbarkeiten belastet sind, je weniger Fragmente oder zusätzliche Informationen (z. B. in Hypotheseis oder Scholien) vorliegen.

II

Dass Komödien- im Gegensatz zu Tragödientiteln eine höhere Bedeutung in der Interaktion zwischen Publikum und Autor/Text zukommt, wurde zwar immer gesehen, eine systematische Untersuchung fehlt jedoch bis heute. Die folgenden Überlegungen können dies nicht leisten, sondern wollen als Prolegomena Möglichkeiten der Beschäftigung mit Komödientiteln aufzeigen. An sechs Komödien, die jeweils nur durch den Titel und wenige Fragmente bezeugt sind und dementsprechend in der Forschung kaum Aufmerksamkeit auf sich zogen und die aus unterschiedlichen Phasen der Komödie

6 Vgl. zum Zirkelschluss als einer unvermeidbaren hermeneutischen Herangehensweise an fragmentarische Texte Zimmermann (2020) 34–36.

stammen, soll das Zusammenspiel von Titel und Fragment(en) bei Überlegungen zum Inhalt und zur Handlung ausgeführt werden.[7]

Alkaios, Ἀδελφαὶ μοιχευόμεναι (*Die verführten Schwestern*):[8] Der Titel ist nur für Alkaios (Ende 5./Beginn 4. Jahrhundert) bezeugt; vergleichbar sind Stücke, die den Titel Ἀδελφαί oder Ἀδελφοί aufweisen oder im weiteren Sinne Frauenstücke wie Aristophanes' *Thesmophoriazusen* oder *Ekklesiazusen*. Das Adjektiv μοιχευόμεναι verweist auf Ehebruch als zentrales Handlungselement, wobei passivisches μοιχευόμεναι die Rolle der Frau hervorhebt. Da das Partizip präsentisch ist, legt dies die Annahme nahe, dass sich der Ehebruch im Verlauf des Stücks ereignet. Der pluralische Titel ist kein Hinweis, wie es sonst häufig der Fall ist, auf den Chor, sondern auf zwei oder höchstens drei Schwestern, die sich im Verlauf des Stücks verführen lassen. Unter dramaturgischen Gesichtspunkten gibt es, da Schwestern im Mittelpunkt des Stücks stehen, mindestens zwei Möglichkeiten: Es könnte sich eine Verwechslungskomödie handeln, insbesondere wenn es Zwillingsschwestern sind, oder die Handlung könnte auf dem unterschiedlichen Charakter der Geschwister aufbauen. Nicht zu klären ist, ob die Schwestern unverheiratet – in diesem Fall wohnen sie wohl im selben Haus – oder ob es verheiratete Frauen sind, die in zwei Häusern leben und ihren Ehemännern (oder nur einem, wenn eine der Frauen moralisch integer ist) Hörner aufsetzen. Möglich wäre auch, dass es sich um einen vermeintlichen Ehebruch handelt, zum Beispiel um die Liebhaber oder Ehemänner eifersüchtig zu machen. All diese Hypothesen lassen sich weder durch Fragmente noch durch andere Zeugnisse stützen. Das einzige erhaltene Fragment (1 PCG) ἠλίθιον εἶναι νοῦν τε πολύποδος ἔχειν („dumm/naiv sein und den Verstand eines Kraken haben") bietet keine wirkliche Hilfe. Wie Orth ausführt, „könnte beispielsweise eine der Schwestern einem Ehebrecher mit diesen Worten raten, sich der Dummheit ihres Ehemannes anzupassen (und sich damit wie ein Polyp zu verhalten, der seine Farbe der Umgebung anpasst), um auf diese Weise dessen Vertrauen zu gewinnen."[9]

Heniochos, *Trochilos*: Bleiben wir bei einem weiteren Titel, der nur einmal bezeugt ist und ein kleines Rätsel aufgibt: dem *Trochilos* des Heniochos (2. Hälfte 4. Jahrhundert).[10] Das einzige Fragment (Fr. 4 PCG) beschäftigt sich mit diätetischen Fragen und der Person eines gewissen Pauson, dessen Identität umstritten ist.[11] Was die Erklärung des Titels angeht, haben wir drei Möglichkeiten: Entweder handelt es sich um eine zoologische Bezeichnung, um einen Zaunkönig,[12] oder es ist ein *servus currens* mit dem Spitznamen Trochilos, abgeleitet von τρέχειν, ‚laufen',[13] wobei gemeinhin bekannte Eigenschaften des Vogels auf einen Menschen übertragen würden, wie dies

7 Zum Zusammenspiel von Titel und Inhalt siehe unten Abschnitt III.

8 Vgl. Orth (2013) 26f., dessen Argumentation ich wiedergebe.

9 Orth (2013) 31.

10 Vgl. Mastellari (2020) 192 (zur Chronologie), 224f. (zur Komödie).

11 Vgl. die Diskussion bei Mastellari (2020) 230–233.

12 Die ornithologische Bestimmung ist nicht eindeutig; vgl. Arnott (2007) 247–249.

13 Zum Wortspiel Dunbar (1995) 159.

bei ‚Amsel' (κόττυφος) und ‚Spatz' oder ‚Sperling' (στρουθός) nachweisbar ist.[14] Im Falle der Amsel könnte das *tertium comparationis* die „Leichtigkeit der Glieder", beim Spatz die „ärmliche Erscheinung", vielleicht sogar in Verbindung mit einer gewissen sexuell konnotierten[15] „Charakterschwäche", sein.[16] Der Zaunkönig ist ein behänder, schwer im Gebüsch zu entdeckender Vogel, der sein Futter zu finden äußerst findig ist.[17] Er hat also durchaus Eigenschaften, die sich ohne weiteres auf einen verschlagenen Sklaven übertragen ließen. Schließlich könnte der Zaunkönig in einer Tierkomödie in der Rolle eines *servus currens* eingeführt werden. Als Stütze für diese Argumentation ließe sich anführen, dass in den *Vögeln* des Aristophanes der Zaunkönig in einem etymologischen Wortspiel als *servus currens* des Wiedehopfs vorgestellt wird (79 Θεράπων. Τρέχω 'πὶ τορύνην. Εὐελπίδης. Τρόχιλος ὄρνις οὑτοσί).[18] Eine Entscheidung kann nicht getroffen werden.

Die angeführten Möglichkeiten haben jedoch unter literaturgeschichtlichen Aspekten weitreichende Konsequenzen. Ist es tatsächlich ein Vogel, würde der *Trochilos* des Heniochos in der Tradition der Tier-Komödien stehen, wie wir sie aus der Alten Komödie des 5. Jahrhunderts kennen; das Stück des Heniochos würde also gleichsam auf die Archaia zurückgreifen. Ist es allerdings ein *servus currens*, würde die Komödie einen ‚stock character' der Nea vorwegnehmen,[19] der allerdings schon in den aristophanischen *Vögeln* einen Vorläufer hat. Ist dies so, wäre dies ein weiterer Beleg für die Entwicklung von Motiven, Charakteren oder typischen Handlungskonstellationen: Aus Subdominaten werden unter dem Druck, dem sich Komödiendichter ausgesetzt sahen, dem Publikum ständig etwas Neues zu bieten,[20] Dominanten, aus Rollen, die nur am Rand eine für die Handlung unwichtige Funktion innehaben, handlungsbestimmende Charaktere.[21]

Timokles (2. Hälfte 4. Jahrhundert),[22] Heniochos und Diphilos (ausgehendes 4./ beginnendes 3. Jahrhundert), *Polypragmon*: Ein weiteres interessantes Beispiel sind drei Komödien mit dem Titel *Polypragmon*: von Timokles (Fr. 29 PCG), Heniochos (Fr. 3) und Diphilos (Fr. 67, 68 PCG). Das Adjektiv πολυπράγμων ist im 5. Jahrhundert wie sein Gegenteil ἀπράγμων eindeutig politisch konnotiert.[23] Während πολυπράγμων und das Substantiv πολυπραγμοσύνη die typische athenische Eigenschaft der Umtrie-

---

14 Bechtel (1898) 8, 17. Zu weiteren vom Aussehen von Vögeln (insbesondere dem Schnabel) abgeleiteten Spitznamen Bechtel (1898) 26–29.

15 Henderson (1991) 129 (Nr. 98): „στρουθός, sparrow, meaning phallus".

16 Bechtel (1898) 17.

17 So Arnott (2007) 247.

18 Vgl. Dunbar (1995) 159.

19 Vgl. dazu Krieter-Spiro (1997) 83–85.

20 Zu diesem ‚agonalen Dialog' der Dichter vgl. Biles (2011).

21 Heath (1990) spricht von einem „comic repertoire", aus dem die Dichter schöpfen und in den sie ständig neue Ideen einbringen.

22 Apostolakis (2019) 9 f.

23 Vgl. Neil (1901) 208.

bigkeit beschreibt – man denke an die Synkrisis des athenischen und spartanischen Charakters in der Rede der Korinther bei Thukydides (1, 70)[24] und an die ‚Gerichtsbesessenhei' (φιλοδικία), die in den aristophanischen Komödien als extremer Auswuchs der πολυπραγμοσύνη kritisiert wird –, ist die ἀπραγμοσύνη die arrogante Noblesse der Aristokraten, die sich aus dem politischen Alltag heraushalten und damit eine Haltung an den Tag legen, die Perikles im Epitaphios heftig anprangert und als ‚Nutzlosigkeit' bezeichnet (Thukydides 2, 40, 2: μόνοι γὰρ τόν τε μηδὲν τῶνδε μετέχοντα οὐκ ἀπράγμονα, ἀλλ' ἀχρεῖον νομίζομεν).[25]

Die wenigen aus den drei Komödien erhaltenen Fragmente geben keinen Anhaltspunkt, welche Konnotation πολυπράγμων hat.[26] Bei Timokles erzählt jemand, wie er auf einen gewissen Kallimedon mit dem Spitznamen Hummer traf, der so stark schielte, dass er zwar den Erzähler anschaute, aber einen anderen ansprach.[27] Im Fragment des Heniochos berichtet jemand, wie er an einem Vorgebirge im Meer eine unglaubliche Schar von Fischen gesehen habe.[28] Und in Diphilos Fr. 67 klagt die *persona loquens* über die üble Gattung der Fischverkäufer, die überall, und nicht nur in Athen, wie er früher annahm, gerissene Betrüger seien.

Der Titel der drei Komödien verweist auf die Hauptfigur und die deren Verhalten bestimmende Eigenschaft der ‚Geschäftigkeit'.[29] Ob diese πολυπραγμοσύνη sich allerdings auf den privaten Raum beschränkt und eine Person beschreibt, die sich in anderer Leute Angelegenheiten wie auch immer einmischt,[30] oder ob sie sich in öffentlichen Angelegenheiten auslebt – z. B. könnte der Protagonist als Sykophant[31] tätig sein –, kann nicht geklärt werden. So könnten wie im Falle des *Trochilos* die Komödien entweder auf die politische Dimension von πολυπράγμων in der Archaia zurückverweisen oder das Verhalten in einem privaten Raum vorführen, wie es typisch für die Nea ist.[32]

Timokles, *Orestautokleides*: Ebenfalls nur Titel und ein Fragment sind von Timokles' *Orestautokleides* erhalten. Allerdings verweist in diesem Fall der aus zwei Namen zusammengesetzte Titel auf eine Reihe ähnlicher Titelbildungen[33] und auf eine seit der Alten Komödie beliebte Spielform: Eine Person A nimmt die Rolle einer Person B an. Zu dieser Gruppe von Stücken gehört z. B. der *Aiolosikon* des Aristophanes. „Diese Titel

---

24 Gomme (1945) 230; Hornblower (1991) 114f.
25 Vgl. Gomme (1956) 121–123; Hornblower (1991) 305.
26 Mastellari (2020) 217f.
27 Apostolakis (2019) 214–216.
28 Vgl. die Diskussion bei Mastellari (2020) 220. Die Beschreibung könnte auf einen aus Fischen bestehenden Chor verweisen.
29 Vergleichbar ist ein Titel wie Menanders *Dyskolos*, der die zentrale Charaktereigenschaft des Protagonisten beschreibt.
30 Vgl. Dover (1974) 188.
31 Vgl. Pellegrino (2010) 202f. zur sykophantischen πολυπραγμοσύνη; vgl. auch Leigh (2013) 30 Anm. 77.
32 Mastellari (2020) 217; vgl. auch Apostolakis (2019) 211. Zur Begriffsgeschichte von πολυπραγμοσύνη vgl. Leigh (2013).
33 Liste bei Orth (2017) 9; vgl. auch Apostolakis (2019) 203 zu den Titeln und ähnlichen Wortbildungen.

deuten auf eine doppelte Identität, z. B. durch Verkleidung, Verwandlung oder Übernahme einer anderen Rolle (vgl. auch Ar. Ran. 499 τὸν Ἡρακλειοξανθίαν) und oft stammt (wie im Fall von Αἰολοσίκων) ein Bestandteil aus dem Alltagsleben, der andere aus dem Mythos".[34] Das bekannteste Beispiel dürfte der *Dionysalexandros* des Kratinos sein, in dem das Spiel mit wechselnden Identitäten auf die Spitze getrieben wird. Dionysos übernimmt die Rolle des Paris, verwandelt sich zwischenzeitlich in einen Widder und, wie man der Hypothesis entnehmen kann, ist hinter dem Dionysalexandros unschwer Perikles zu erkennen.[35]

Oft ist es aufgrund des fragmentarischen Erhaltungszustands schwierig festzustellen, welcher Teil des Titels für die Handlung entscheidend ist, oder anders ausgedrückt: wer nachahmt und wer nachgeahmt wird. Fr. 27 PCG legt die Vermutung nahe, dass der zweite Bestandteil des Namens, Autokleides,[36] der komische Held ist. Jemand schildert, wie er den „Unglückseligen" (τὸν πανάθλιον) von einer Gruppe von schlafenden alten Frauen umlagert sah, und lässt dann wohl als Aprosdoketon einen Katalog von Hetären folgen.[37] Dies nimmt deutlich Bezug auf Pythias Beschreibung des von den Erinyen umlagerten Orest im Prolog der aischyleischen *Eumeniden* (40–48). Wenn die Hetären den Chor bilden, kann man annehmen, dass Timokles eine Aktualisierung des Orest-Stoffes unter erotischen Gesichtspunkten vornimmt. Der moderne Orestes namens Autokleides wird nicht zum Opfer alter Gottheiten, der Erynien, sondern ihrer modernen Nachfahren, der Hetären. Wenn denn, wie es wahrscheinlich ist, sich hinter dem komischen Protagonisten ein wegen ausschweifenden Lebensstils stadtbekannter Autokleides verbirgt,[38] würde bereits im Titel der komödientypische persönliche Spott (ὀνομαστὶ κωμῳδεῖν) anklingen.

III

Fragmente sind in ihrer ursprünglichen Bedeutung physische Objekte, ‚Bruchstücke' z. B. einer Statue oder einer Vase oder eines unvollständig erhaltenen Beschreibstoffes, z. B. Teile einer Papyrusrolle oder eines Pergamentkodex oder eines Steines, auf dem eine Inschrift eingemeißelt ist.[39] In diesem Sinn sind die unvollständig erhaltenen Komödien Menanders, selbst wenn sie mehrere hundert Verse umfassen, Fragmente.

---

34 Orth (2017) 9f.

35 Vgl. Bianchi (2016) 198–301.

36 Zu Autokleides vgl. Apostolakis (2019) 204: „A strong candidate might be the Autocleides mentioned in Aeschines (PA 2079; LGPN 2; PAA 238785), as a man of uncontrolled sexual habits and an associate of Timarchus and other notorious pederasts".

37 Vgl. Apostolakis (2019) 205–209, Auhagen (2009) 75.

38 Vgl. Apostolakis (2019) 204.

39 Zur Begriffsgeschichte vgl. Zinn (1994), zur Definition Dionisotti (1997) 1f., Most (2010) 30: Kassel und Austin sprechen in der Praefatio von PCG III 2 (Aristophanes) von „Aristophanis disiecti membra".

Davon zu unterscheiden sind all die Texte, die Zitate von auf dem Weg der direkten Überlieferung nicht erhaltenen Werken enthalten – Texte, die man als Zitatträger oder Trägertexte bezeichnen könnte. Da es sich in diesem Fall um eigenständige literarische Werke handelt wie den *Deipnosophisten* des Athenaios,[40] sind diese Zitate in den Kontext des Trägertextes eingebettet und haben in ihm eine bestimmte Funktion. Sie dienen dazu, etwas zu belegen oder etwas zu erklären (z. B. eine grammatikalische Schwierigkeit, eine besondere Wortwahl, ein historisches oder literaturgeschichtliches Faktum usw.)[41] oder die Belesenheit und Bildung des Autors deutlich zu machen. Zum Fragment, zum Überbleibsel, zum trümmerhaft erhaltenen Überrest eines vollständig nicht erhaltenen Werks,[42] werden diese Zitate, wenn man sie aus dem Kontext des Trägertextes exzerpiert und in einer Ausgabe mit der Absicht zusammenstellt, ein nicht vollständig erhaltenes Werk oder einen Autor sichtbar werden zu lassen. Vom Fragment in diesem Sinne zu unterscheiden sind Testimonien, Zeugnisse zum Leben und Werk eines Dichters, Biographien oder biographische Notizen in Lexika mit Titellisten oder Inschriften, die die Aufführung von Stücken dokumentieren.

Die exemplarischen Analysen der sechs Komödien im vorangehenden Abschnitt II verdeutlichen, dass Komödientitel eine Zwischenstellung zwischen Testimonium und Fragment einnehmen. Testimonium sind sie insofern, als sie in Listen wie z. B. in der *Suda* ein bestimmtes Werk für einen Dichter ohne Rücksicht auf den Inhalt bezeugen. Testimoniencharakter kommt einer Titelnennung auch als Quellenangabe eines Zitats z. B. bei Athenaios zu. Titel werden aus dem bloßen Testimonium zu einem inhaltlichen Element und damit zu einem Fragment, wenn wir sie als wichtigen Bestandteil eines Textes ansehen. Sie enthalten, wenn sie vom Dichter selbst stammen, eine erste, die Erwartung des Rezipienten bestimmende Information zum Inhalt des Werks und spielen eine wichtige Rolle in der Interaktion zwischen Rezipient und Autor oder Text.[43] Während es bei der Tragödie genüge – wie eine *persona loquens*, wohl die personifizierte Komödie oder Dichtkunst selbst in der *Poiesis* des Antiphanes (Fr. 189 PCG) räsoniert – ‚Oidipus' zu hören und man dann die ganze Geschichte in seinem literarischen Gedächtnis aktivieren könne, wer der Vater und die Mutter sei, wer die Kinder, was er erlitten und getan habe, müsse der Komödiendichter alles neu erfinden, die *dramatis personae*, die Fabel des Stücks mit allen Verwicklungen und Wendungen vom Anfang bis zum Ende. Dieser Zwang zur ständigen Erfindung, zum καινὰ λέγειν, betrifft nicht nur den Inhalt einer Komödie, sondern auch, da es keinen festgelegten komischen

---

40 Zu Athenaios als Zitatträger vgl. Nesselrath (1990) 66–79; zu den Lexika als Zitatträgern vgl. Nesselrath (1990) 79–102; Arnott (2000).

41 In diesem Sinne sind auch Scholien kleine Trägertexte, da sie mit erklärender Absicht sich mit einem Werk auseinandersetzen. Vgl. auch Montanari 2021.

42 Zinn (1994) 30.

43 Bereits Breitenbach (1908) versucht, die inhaltliche Dimension von Komödientiteln zu durchleuchten. Vgl. Pfister (1977) 69 zur Vorinformation, die Titel dramatischer Werke für Rezipienten haben. Eine ausführliche Behandlung zur Funktion von Titeln findet sich in Genette (2021) 58–102.

Mythos gibt, die Titel.[44] Während der Tragiker mit einem Titel – meist dem Namen des Protagonisten – das Publikum auf den Stoff verweist, in dem sein Stück verwurzelt ist, und im Prolog genauer lokalisiert, in welcher Episode eines Mythos die Tragödie angesiedelt ist, enthalten Komödientitel eine Vielzahl verschiedener Informationen.[45] Ein Komödientitel, der vom Dichter im Odeion des Perikles anlässlich des Proagons[46] bekannt gegeben wird,[47] stellt häufig ein Rätsel dar[48] und kann die Zuschauer in eine gespannte Vorfreude auf die Auflösung des Rätsels wenige Tage danach im Dionysostheater versetzen. So lässt, um nur ein Beispiel anzuführen, der pluralische Titel *Wolken* die Zuschauer zwar an den Chor der Komödie denken. Dass wir es allerdings mit einer Intellektuellenkomödie zu tun haben und die Wolken die in die Chorperson umgesetzte Metapher der Abgehobenheit der sophistischen Philosophen sind, wird erst im Verlauf des Stücks bis zum überraschenden Ende (1458–1461), als der Chor sein wahres Wesen enthüllt, entwickelt.

Titel spielen mit der aktiven und passiven Theatererfahrung des Publikums, die es sich als Choreut und im Theater erworben hat. Sie erwecken eine durch die Gattungstradition bestimmte Erwartung, die im Verlauf der Aufführung eingelöst oder nicht selten enttäuscht wird, wie es, um nur ein Beispiel zu nennen, in den aristophanischen *Fröschen* geschieht. Der Titel lässt die Tradition der aus Tieren zusammengesetzten Chöre anklingen. Dass es sich um eine literaturkritische Komödie handelt und die Frösche nicht den eigentlichen Chor der Komödie bilden, ist eine Überraschung.

Ein Titel kann eine Komödie einer bestimmten Spielform[49] zuordnen wie der Demen-,[50] Tier-[51] oder Intellektuellenkomödie.[52] Der Inhalt eines Stücks kann in einem prägnanten Titel zusammengefasst werden wie im Fall von literaturkritischen Komö-

---

44 Vgl. Schmalzriedt (1970) 27, der von Notwendigkeit spricht, dass Titel „im Konnex von Entstehung und Aufführung“ entstanden, wie die Titelzitate bei Aristophanes belegen: In *Wolken* 553 f. spricht er davon, dass Eupolis im *Marikas* seine Ritter verhunzt habe. Nennung tragischer Titel bei Aristophanes: Euripides, *Palamedes* (Thesm. 770), 848), *Helena* (Thesm. 850), *Andromeda* (Ran. 52 f.). Zu komischen Titeln und Doppel- bzw. Alternativtitel vgl. Castelli (2020) 140.

45 Die mannigfachen Funktionen von Titeln literarischer Werke werden in essayistischer Form von Bergengruen (1960) durchgespielt; vgl. auch Sommerstein (2010) 22, 24.

46 Testimonien zum Proagon bei Csapo & Slater (1994) 109 f. Ob es einen Proagon auch bei den Lenäen gegeben hat, ist umstritten, aber nicht ausgeschlossen. Falls nicht, müssen die Titel der Dramen auf anderen Wegen bekannt geworden sein.

47 Vgl. Sommerstein (2010) 21.

48 Zu Rätseln in der Komödie vgl. Aristophanes, *Frieden* 47 und im Dionysoskult vgl. Seaford (1984) 41 f.

49 Zu den verschiedenen Spielformen vgl. Zimmermann (2011) 694–696.

50 Eupolis, *Demen*, *Prospaltier*; Aristophanes, *Acharner*.

51 Zusammenstellung der auf Tierchöre verweisenden Titel bei Zimmermann (2011) 689 Anm. 97.

52 Vor allem Aristophanes, *Wolken*; Eupolis, *Kolakes*, *Autolykos*; Ameipsias, *Konnos*; vgl. Imperio (1998).

dien,[53] Mythentravestien oder Tragödienparodien.[54] Ein Titel kann Hinweise zum Protagonisten und zum Chor geben. Er kann eine Information zum Charakter,[55] zur Herkunft,[56] zur sozialen Stellung,[57] zu Verwandtschaftsverhältnissen,[58] zum Beruf oder zur Tätigkeit[59] einer Bühnenperson enthalten oder auf ein entscheidendes Element der Handlung verweisen wie den aus einem mythischen und lebensweltlichen Bestandteil zusammengesetzten Eigennamen oder bei den aus einem Substantiv und einem Partizip bestehenden Titeln.

Ein Überblick über die bezeugten Titel zeigt, dass ein Dichter eine bestimmte Titelform einführte, die in der Folge von anderen übernommen wurde. Zu nennen sind die pluralischen Titel wie *Archilochoi*, *Odysses* oder *Kleobulinai* des Kratinos oder die *Hesiodoi* des Telekleides, die sowohl auf die Zusammensetzung des Chores (Gefährten des Odysseus oder der Kleobulina, Anhänger oder Bewunderer des Archilochos oder Hesiod) als auch auf den Inhalt (Odyssee-Parodie oder -Imitation, Dichtungskritik) verweisen. Die dem persönlichen Spott ausgesetzte Person des öffentlichen Lebens in den Titel zu rücken, scheint auf Platon zurückzugehen.[60] Der agonale Dialog der komischen Dichter findet also offensichtlich nicht nur im Inhalt und der Inszenierung, sondern bereits in der Titelgebung statt.

Die als Prolegomena gedachten Überlegungen zeigen, dass eine gründliche zusammenfassende Untersuchung der ca. 1650 bezeugten Titel ein wirkliches Desiderat der Komödienforschung darstellt.[61] Je mehr der geplanten Bände der Reihe *Fragmenta Comica* vorliegen, auf desto sichererem Boden stehen wir bei unseren Überlegungen. Wünschenswert wäre es, auf der Basis der Titel-Diskussionen in den Bänden der *Fragmenta Comica* eine Systematik der komischen Titel zu erstellen, die auch Konnotationen untersucht, die im zeitgenössischen Kontext ein bestimmter Titel haben kann.

Doch auch wenn wir am Ende über sehr viel mehr Vergleichsmaterial verfügen, als dies im Moment noch der Fall ist, werden wir uns trotzdem weiterhin in argumen-

53 So die zahlreich bezeugten Titel Ποιηταί oder Ποίησις oder Phrynichos, *Musen*, Alkaios und Anaxandrides, *Komodotragodia*. Titel wie *Die Proben* (Πεῖραι) des Ekphantides, *Didaskaliai* des Kratinos, Platons *Requisiten* (Σκευαί) oder der aristophanische *Proagon* verweisen auf Metatheater.

54 Vgl. die von C. Orth zusammengestellte Liste der bezeugten Komödientitel auf der Homepage der Forschungsstelle: https://www.komfrag.uni-freiburg.de/ Bei mythologischen Titeln kann natürlich immer Tragödienparodie eine Rolle spielen. Vgl. Zimmermann (2011) 755.

55 Z. B. Phrynichos, *Montropos*, Platon, *Der Überempfindliche* (Περιάλγης), Menander, *Dyskolos*.

56 Z. B. Anaxandrides und Poseidippos, *Lokrides*; Alexis und Menander, *Lokroi*; Antiphanes, *Lydos*; Magnes, *Lydoi*; Menander, *Sikyonios*, *Samia*.

57 Z. B. Aristophanes, *Ritter*; vielleicht auch die Strattis oder Pherekrates zugeschriebenen Ἀγαθοί.

58 Besonders zahlreich sind die Ἀδελφοί und Ἀδελφαί betitelten Komödien.

59 Z. B. Aristophanes, *Bauern*; Hermippos, *Lastenträger* (*Phormophoroi*); oft sind es mit dem Symposion zusammenhängende Tätigkeiten wie das Aulos-Spiel, vgl. in der Titelliste die Αὐλητής und Αὐλητρίς benannten Stücke.

60 Pirrotta (2009) 42–45.

61 Vgl. die Liste der bezeugten Komödientitel unter: https://www.komfrag.uni-freiburg.de/.

tativen hermeneutischen Zirkelschlüssen bewegen, wenn wir Unbekanntes oder Unsicheres mit Argumenten stützen, die ebenfalls auf Unsicherem beruhen. Wie die Dichter ihr Publikum durch einen Titel in eine falsche Richtung lockten, so geht es auch uns heutigen Philologinnen und Philologen, wenn wir Titel und Fragmente in eine Beziehung setzen und Überlegungen zum Inhalt und zur Handlung eines Stücks anstellen. Derartige Hypothesen aber ganz aus der Arbeit mit Fragmenten auszuschließen, wäre zu kurz gegriffen, solange man diese Gedankengänge als hypothetisch, als eine Möglichkeit klar zu erkennen gibt. Denn nur aus Diskussion und vor allem aus Widerspruch entsteht schließlich wissenschaftlicher Erkenntnisgewinn.

Literaturverzeichnis

Apostolakis (2019): Kostas Apostolakis, *Timokles. Translation and Commentary*, Göttingen (FrC 21).
Arnott (1996): W. Geoffrey Arnott, *Alexis. The Fragments. A Commentary*, Cambridge.
Arnott (2000): W. Geoffrey Arnott, „On editing fragments from literary and lexicographic sources", in: David Harvey & John Wilkins (Hgg.), *The Rivals of Aristophanes*, London, 1–13.
Arnott (2007): W. Geoffrey Arnott, *Birds in the Ancient World*, Milton Park, Abdingdon.
Auhagen (2009). Ulrike Auhagen, *Die Hetäre in der griechischen und römischen Komödie*, München.
Bakola (2010): Emmanuela Bakola, *Cratinus and the Art of Comedy*, Oxford.
Bechtel (1898): Fritz Bechtel, *Die einstämmigen männlichen Personennamen des Griechischen, die aus Spitznamen hervorgegangen sind*, Berlin.
Belardinelli (1998): Anna Maria Belardinelli u. a. (Hgg.), *Tessere. Frammenti della commedia greca: studi e commenti*, Bari.
Bergengruen (1960): Werner Bergengruen, *Titulus*, Zürich.
Bianchi (2016): Francesco Paolo Bianchi, *Kratinos, Archilochoi – Empipramenoi. Introduzione, traduzione, commento*, Heidelberg (FrC 3.2).
Biles (2011): Zachary P. Biles, *Aristophanes and the Poetics of Competition*, Cambridge.
Bonanno (1972). Maria Grazia Bonanno, *Studi su Cratete comico*, Padova.
Breitenbach (1908): Hermann Breitenbach, *De genere quodam titulorum comoediae Atticae*, Basel.
Castelli (2020): Emannuele Castelli, *La nascita del titolo nella letteratura greca dall'epica alla prosa di età classica*, Berlin/Boston.
Csapo & Slater (1994): Eric Csapo & William J. Slater, *The Context of Ancient Drama*, Ann Arbor.
Dionisotti (1997): Anna Carlotta Dionisotti, "On Fragments in Classical Scholarship", in: Glenn W. Most, *Collecting Fragments*, Göttingen, 1–33.
Dover (1974): Kenneth J. Dover, *Greek Popular Morality in the Time of Plato and Aristotle*, Oxford.
Dunbar (1995): Nan Dunbar, *Aristophanes, Birds*, Oxford.
Genette (2021): Gérard Genette, *Paratexte. Das Buch vom Beiwerk des Buches*, Frankfurt/M. [8]2021.
Gomme (1945): Arthur W. Gomme, *A Historical Commentary on Thucydides*, Bd. 1, Oxford.
Gomme (1956): Arthur W. Gomme, *A Historical Commentary on Thucydides*, Bd. 2, Oxford.
Harvey & Wilkens (2000): David Harvey & John Wilkins, *The Rivals of Aristophanes. Studies in Athenian Old Comedy*, London.
Heath (1990). Malcolm Heath, „Aristophanes and His Rivals", *Greece & Rome* 37, 143–158.
Henderson (1991): *The Maculate Muse. Obscene Language in Attic Comedy*, New York/Oxford.
Hornblower (1991): Simon Hornblower, *A Commentary on Thucydides*, Bd. 1, Oxford.
Hunter (1983): Richard L. Hunter, *Eubulus. The Fragments*, Cambridge.

Imperio (1998): „La figura dell'intellettuale nella commedia greca", in: Anna Maria Belardinelli u. a. (Hgg.), *Tessere. Frammenti della commedia greca: studi e commenti*, Bari, 43–130.
Krieter-Spiro (1997): Martha Krieter-Spiro, *Sklaven, Köche und Hetären. Das Dienstpersonal bei Menander*, Stuttgart/Leipzig.
Leigh (2013): Matthew Leigh, *From Polypragmon to Cuiosus. Ancient Concepts of Curious and Meddlesome Behaviour*, Oxford.
Mastellari (2020): Virginia Mastellari, *Eubulides – Mnesimachos. Introduzione, traduzione e commento*, Göttingen (FrC 16.5).
Montanari (2021): Franco Montanari, „Le tortuose strade del frammento. Citazioni d'autore nell'erudizione antica", in: Virginia Mastellari (Hg.), *Fragments in Context – Frammenti e dintorni*, Göttingen, 23–38.
Most (2010) : Glenn W. Most, „Sehnsucht nach Unversehrtem", in : Pál Kelemen, Ernó Kulcsár Szabó & Ábel Tarnás (Hgg.), *Kulturtechnik Philologie. Zur Theorie des Umgangs mit Texten*, Heidelberg, 27–43.
Napolitano (2012): Michele Napolitano, *I Kolakes di Eupoli. Introduzione, traduzione, commento*, Mainz.
Olson (2007): S. Douglas Olson, *Broken Laugther. Select Fragments of Greek Comedy*, Oxford.
Orth (2013): Christian Orth, *Alkaios – Apollophanes. Einleitung, Übersetzung, Kommentar*, Heidelberg (FrC 9.1).
Orth (2017): Christian Orth, *Aristophanes, Aiolosikon – Babylonioi. Übersetzung und Kommentar*, Heidelberg (FrC 10.3).
Papachrysostomou (2008): Athina Papachrysostomou, *Six Comic Poets. A Commentary on Selected Fragments of Middle Comedy*, Tübingen.
Pellegrino (2010): Matteo Pellegrino, *La maschera comica del Sicofante*, Lecce.
Pfister (1977): Manfred Pfister, *Das Drama*, München.
Pirrotta (2009); Serena Pirrotta, *Plato comicus. Die fragmentarischen Komödien. Ein Kommentar*, Berlin.
Scardino (2015): Carlo Scardino, „Menander", in: Bernhard Zimmermann & Antonios Rengakos (Hgg.), *Handbuch der griechischen Literatur der Antike*. 2. Band, München, 1061–1070.
Schmalzriedt (1970): Egidius Schmalzriedt, *Peri Physeos. Zur Frühgeschichte der Buchtitel*, München.
Seaford (1984): Richard Seaford, Euripides, *Cyclops*, Oxford.
Sommerstein (2010): Alan H. Sommerstein, *The Tangled Ways of Zeus*, Oxford.
Storey (2003): Ian C. Storey, *Eupolis. Poet of Old Comedy*, Oxford.
Telò (2007): Mario Telò, *Eupolidis Demi*, Firenze.
Zimmermann (2011): Bernhard Zimmermann, „Die attische Komödie", in: Bernhard Zimmermann (Hg.), *Handbuch der griechischen Literatur der Antike*. 1. Band, München, 671–800.
Zimmermann (2020): Bernhard Zimmermann, „On the Hermeneutics of the Fragment", in: Anna A. Lamari, Franco Montanari & Anna Novokhkatko, *Fragmentation in Ancient Greek Drama*, Berlin/Boston 2020, 21–38.
Zinn (1994): Ernst Zinn, *Viva Vox*, Frankfurt/M. u. a., 29–41.

Index notabiliorum

https://doi.org/10.1515/9783111508788-015

www.ingramcontent.com/pod-product-compliance
Lightning Source LLC
LaVergne TN
LVHW060617300926
849162LV00008B/1646
* 9 7 8 3 1 1 1 5 0 1 3 7 6 *